"十二五"普通高等教育本科国家级规划教材

计算机网络工程实用教程
（第3版）

石炎生　郭观七　主　编

周细义　刘利强　方　欣　杨　勃　副主编

安淑梅　主审

电子工业出版社

Publishing House of Electronics Industry

北京·BEIJING

内 容 简 介

本书为"十二五"普通高等教育本科国家级规划教材。本书按照使"知识、能力、素质"协调发展的目标，全面系统地介绍计算机网络工程的理论、规范、方法、技术和实践。全书分为理论篇和实践篇两部分。理论篇以实际网络工程项目实施为主线，从网络工程基础知识开始，系统介绍网络工程综合布线、交换机技术、路由器技术、网络安全技术、服务器技术等的原理、配置方法与应用部署方式，最后综合介绍网络规划与设计，以及网络工程管理。实践篇为网络工程实验、实践指导，依托先进的网络设备，以实际工程案例为背景，按照基础类、综合类、设计类三个层次设计网络工程训练项目。

本书教学实例和实验主要基于锐捷网络平台，提供基于江西国鼎实训平台的实训内容与视频、课程设计、实用电子教案、配套的参考资料、综合性与设计性实验参考配置命令等教学资料。

本书可作为高等院校计算机和电子信息类相关专业计算机网络工程教材，也可作为网络工程技术与管理人员的技术参考书。

未经许可，不得以任何方式复制或抄袭本书之部分或全部内容。
版权所有，侵权必究。

图书在版编目(CIP)数据

计算机网络工程实用教程 / 石炎生，郭观七主编. —3版. —北京：电子工业出版社，2015.8
ISBN 978-7-121-26913-4

Ⅰ. ①计… Ⅱ. ①石… ②郭… Ⅲ. ①计算机网络－高等学校－教材 Ⅳ. ①TP393

中国版本图书馆 CIP 数据核字（2015）第 185996 号

策划编辑：章海涛
责任编辑：章海涛   特约编辑：何 雄
印   刷：涿州市京南印刷厂
装   订：涿州市京南印刷厂
出版发行：电子工业出版社
         北京市海淀区万寿路173信箱 邮编 100036
开   本：787×1 092 1/16 印张：23.25 字数：650千字
版   次：2007年8月第1版
         2015年8月第3版
印   次：2019年5月第9次印刷
定   价：45.00元

凡所购买电子工业出版社图书有缺损问题，请向购买书店调换。若书店售缺，请与本社发行部联系，联系及邮购电话：(010) 88254888。

质量投诉请发邮件至 zlts@phei.com.cn，盗版侵权举报请发邮件至 dbqq@phei.com.cn。
服务热线：(010) 88258888。

第 3 版前言

本书第 2 版自 2011 年 3 月出版以来，全国很多高校将本书作为网络工程课程的教材，给予了充分肯定和帮助。特别是在电子工业出版社的大力支持下，2014 年 10 月本书被教育部选为"十二五"普通高等教育本科国家级规划教材。近几年来，计算机网络已深入普及到各行各业，网络技术在不断更新，网络工程的建设也出现了很多新模式、新设备以及多种新技术的融合。因此，我们根据近几年来的教学和工程实践，在保留第 2 版基本构架和主要内容的基础上，对内容进行了修改、更新、整合和优化，增加了许多网络工程的新知识和新技术，更加贴近网络工程实际，更加适应网络工程教学与实践的要求。

全书分为理论篇和实践篇。

理论篇包括第 1~8 章。

第 1 章网络工程基础，重点介绍网络工程的建设内容、建设过程，以及网络工程招标与投标的基础知识。

第 2 章网络工程综合布线，系统地介绍网络工程综合布线系统的最新规范、常用线缆、系统组成、施工技术和综合布线系统管理。

第 3 章交换机技术与应用，重点介绍交换机的基本配置、交换机的接口与配置、交换机互连技术、VLAN 技术和生成树技术。

第 4 章路由器技术与应用，重点介绍路由器的基本配置、路由器的接口与配置、路由协议与配置、访问控制列表技术和网络地址转换技术。

第 5 章网络安全技术与应用，重点介绍网络防火墙技术、虚拟专用网技术、入侵检测与入侵防御技术和上网行为管理技术。

第 6 章服务器技术与应用，重点介绍服务器系统主要技术、服务器的应用模式和部署方式、服务器集群、负载均衡技术、服务器存储与备份技术和网络存储技术。

第 7 章网络规划与设计，结合网络工程实例，系统地介绍网络系统建设规划与设计的原则和方法，包括网络建设需求分析、网络系统逻辑设计、网络工程综合布线系统设计、网络中心机房设计、网络安全系统设计、网络服务与应用设计、网络管理设计以及网络设备选型。

第 8 章网络工程管理，重点介绍网络工程项目管理、网络系统测试的标准、方法和流程，网络工程验收的规范与方法。

实践篇包括第 9~10 章。

第 9 章基础性实验，采用问题式实验训练模式介绍实验内容，使学生通过问题去设计实验方案，完成实验过程，从而进一步理解和运用相应的网络工程方法和技术。

第 10 章综合性和设计性实验，目的是使读者牢固掌握各种网络技术在网络工程中的综合运用，能够独立设计安全稳定、性能优良的网络系统，能够独立管理和维护各种计算机网络，能够及时排除网络系统运行的各种故障。

本书还编写了基础性综合性内容，考虑到篇幅，没有放入本书，但是免费提供给作者，读者可以扫描本书封面中的二维码，其中包含下载地址，或者登录华信教育资源网（http://www.hxedu.com.cn），注册之后进行下载。

这次修订中，石炎生同志修订了第 1、2、6、7、8 章，郭观七同志修订了第 5、7、8 章，周细义同志修订了第 9、10 章，刘利强同志修订了第 4、6 章，方欣同志修订了第 1、3 章，杨勃负责了部分实验项目的试做。锐捷网络大学安淑梅经理对全书进行主审，湖南农业大学沈岳教授为本次修改提出了宝贵意见。浪潮（北京）电子信息产业有限公司、江西国鼎科技有限公司为本书的修订提供了很多宝贵的资料，在此表示衷心的感谢！

本书的系统配置实例和实验主要基于锐捷网络平台。

本书配套提供的实训内容与视频主要基于江西国鼎科技有限公司的网络实训平台，都放置在华信教育资源网和相关 MOOC 平台上，供读者免费下载。

本书建议理论学时为 36 学时，实践为 40 学时，教师可根据实际情况进行适当取舍。

本书为教师提供实用的电子教案、综合性与设计性实验参考资料等教学资料，请登录到华信教育资源网（http://www.hxedu.com.cn），注册之后进行免费下载。

由于网络工程技术发展迅速，加之作者的学识有限、时间仓促，疏漏和错误在所难免，敬请广大读者批评指正。

作 者

目 录

第1章 网络工程基础 ·· 1
1.1 网络工程的含义 ·· 1
1.2 网络工程组织机构及其职责 ·· 2
1.3 网络工程建设内容 ·· 5
1.3.1 网络规划与设计 ·· 5
1.3.2 网络工程综合布线 ··· 5
1.3.3 网络设备安装与系统集成 ·· 6
1.3.4 网络应用部署与软件安装 ·· 6
1.3.5 工程竣工验收与技术培训 ·· 7
1.4 网络工程建设过程 ·· 8
1.5 网络工程招投标 ··· 8
1.5.1 招标 ··· 8
1.5.2 投标 ·· 10
1.5.3 开标与评标 ··· 11
1.6 网络工程新技术简介 ·· 12
1.6.1 下一代网际协议 IPv6 ·· 12
1.6.2 40G/100G 以太网 ·· 13
1.6.3 物联网 ··· 13
1.6.4 虚拟化 ··· 14
1.6.5 云计算 ··· 15
思考与练习 1 ·· 16

第2章 网络工程综合布线 ··· 17
2.1 综合布线系统概述 ·· 17
2.2 综合布线系统常用线缆 ·· 19
2.2.1 双绞线 ··· 19
2.2.2 光纤 ·· 22
2.2.3 大对数双绞线电缆 ·· 26
2.2.4 同轴电缆 ·· 26
2.3 综合布线系统组成与规范 ··· 28
2.3.1 综合布线系统组成 ·· 28
2.3.2 工作区子系统 ·· 32
2.3.3 配线子系统 ··· 35
2.3.4 电信间 ··· 37
2.3.5 干线子系统 ··· 46
2.3.6 设备间 ··· 49
2.3.7 建筑群子系统 ·· 52
2.3.8 进线间 ··· 53
2.4 综合布线系统工程施工技术 ·· 54

        2.4.1 综合布线工程施工要求与程序 54
        2.4.2 综合布线工程施工常用工具 55
        2.4.3 施工前期准备工作 57
        2.4.4 管槽敷设与安装施工技术 57
        2.4.5 线缆布放施工技术 62
        2.4.6 线缆端接施工技术 70
    2.5 综合布线系统管理 75
        2.5.1 系统管理方式与要求 75
        2.5.2 标识管理 76
        2.5.3 色标管理 78
    思考与练习 2 79
第 3 章 交换机技术与应用 80
    3.1 交换机概述 80
        3.1.1 交换机的分类 80
        3.1.2 交换机的工作原理与基本功能 83
        3.1.3 交换机的端口与配置线缆 85
    3.2 交换机配置基础 88
        3.2.1 交换机的管理方式 89
        3.2.2 交换机配置命令简介 90
        3.2.3 交换机基本配置 93
    3.3 交换机的互连技术 107
        3.3.1 交换机级联 107
        3.3.2 交换机堆叠 108
        3.3.3 交换机堆叠配置 110
    3.4 交换机的 VLAN 技术 111
        3.4.1 VLAN 技术概述 111
        3.4.2 VLAN 的基本配置 114
        3.4.3 相同 VLAN 之间的通信 116
    3.5 交换机的生成树技术 118
        3.5.1 冗余链路问题 118
        3.5.2 生成树技术简介 118
        3.5.3 生成树的形成过程 121
        3.5.4 生成树的配置 123
    3.6 交换机的性能与选型 128
        3.6.1 交换机的性能参数 128
        3.6.2 交换机的选购 132
    思考与练习 3 135
第 4 章 路由器技术与应用 136
    4.1 路由器概述 136
        4.1.1 路由器的定义与结构 136
        4.1.2 路由器的功能与工作原理 140
        4.1.3 路由器的端口与连接线缆 141

4.2 路由器配置基础 143
4.2.1 路由器的管理方式 143
4.2.2 路由器配置命令简介 144
4.2.3 路由器基本配置 147
4.3 路由器连接与接口配置 154
4.3.1 路由器的硬件连接 154
4.3.2 接口配置类型及其共性配置 154
4.3.3 LAN 接口配置 156
4.3.4 WAN 接口配置 157
4.3.5 逻辑接口配置 159
4.4 路由协议及其配置 161
4.4.1 路由协议基础 161
4.4.2 静态路由协议 165
4.4.3 RIP 路由协议 166
4.4.4 OSPF 路由协议 169
4.4.5 PPP 协议 170
4.4.6 BGP 协议 172
4.5 三层交换技术 173
4.5.1 三层交换机 173
4.5.2 三层交换接口 174
4.5.3 路由器与三层交换机的区别 175
4.5.4 三层交换技术的应用 175
4.6 访问控制列表 176
4.6.1 访问控制列表的基本概念 176
4.6.2 访问控制列表的工作原理 177
4.6.3 访问控制列表的配置 178
4.6.4 访问控制列表的应用 181
4.7 网络地址转换技术 182
4.7.1 网络地址转换 182
4.7.2 网络地址端口转换 NAPT 185
4.8 路由器的性能与选型 188
思考与练习 4 189

第 5 章 网络安全技术与应用 190
5.1 网络安全体系与技术 190
5.1.1 网络安全体系结构 190
5.1.2 网络安全技术简介 192
5.2 防火墙技术 193
5.2.1 防火墙概述 193
5.2.2 防火墙的接口 195
5.2.3 防火墙的部署模式 196
5.2.4 防火墙的命令配置 197
5.2.5 防火墙的 Web 管理 203
5.2.6 防火墙的性能与选购 204

- 5.3 虚拟专用网技术 205
  - 5.3.1 虚拟专用网技术概述 205
  - 5.3.2 隧道技术 206
  - 5.3.3 VPN 的应用类型 208
  - 5.3.4 VPN 解决方案及实施步骤 209
- 5.4 入侵检测技术 211
  - 5.4.1 入侵检测技术概述 211
  - 5.4.2 IDS 的分类 212
  - 5.4.3 IDS 的应用与部署 213
- 5.5 上网行为管理技术 215
- 思考与练习 5 216

第 6 章 服务器技术与应用 217

- 6.1 服务器概述 217
  - 6.1.1 服务器的功能与分类 217
  - 6.1.2 服务器系统主要技术 220
  - 6.1.3 服务器应用模式 225
- 6.2 常用网络服务器介绍 227
- 6.3 服务器部署方式 231
  - 6.3.1 服务器部署架构 231
  - 6.3.2 负载均衡技术与部署 233
  - 6.3.3 安装操作系统 234
- 6.4 服务器存储备份技术 235
  - 6.4.1 服务器双机热备份 235
  - 6.4.2 服务器双机互备援 236
  - 6.4.3 磁盘阵列 237
  - 6.4.4 服务器集群 241
- 6.5 网络存储技术 244
  - 6.5.1 DAS 技术 245
  - 6.5.2 NAS 技术 245
  - 6.5.3 SAN 技术 246
  - 6.5.4 网络存储技术的比较 247
- 6.6 服务器的性能与选型 248
- 思考与练习 6 251

第 7 章 网络规划与设计 252

- 7.1 网络规划与设计基础 252
  - 7.1.1 网络规划与设计的原则 252
  - 7.1.2 网络规划与设计的标准与规范 253
  - 7.1.3 网络规划与设计的内容 254
  - 7.1.4 网络工程实例 254
- 7.2 网络建设需求分析 255
  - 7.2.1 需求分析的目的与要求 255
  - 7.2.2 需求分析的内容 256

7.2.3　需求分析实例 258
　7.3　网络系统逻辑设计 265
　　　7.3.1　网络类型与规模 265
　　　7.3.2　网络拓扑结构 266
　　　7.3.3　网络接入模式 267
　　　7.3.4　无线网络覆盖 269
　　　7.3.5　IP 地址分配方案 269
　　　7.3.6　网络性能与可靠性 271
　7.4　网络工程综合布线系统设计 273
　　　7.4.1　综合布线系统的等级与类别 274
　　　7.4.2　综合布线系统的设计要求 274
　　　7.4.3　综合布线系统设计流程 275
　　　7.4.4　综合布线系统设计内容 275
　7.5　网络中心机房设计 277
　7.6　网络安全系统设计 282
　7.7　网络服务与应用设计 283
　7.8　网络管理设计 283
　7.9　网络设备选型 284
　7.10　网络规划与设计实例 284
　　　7.10.1　网络系统逻辑设计 285
　　　7.10.2　综合布线系统设计 287
　　　7.10.3　网络中心机房设计 289
　　　7.10.4　网络安全与管理平台设计 292
　　　7.10.5　网络服务与应用平台设计 293
　　　7.10.6　网络设备选型与配置 293
　思考与练习 7 293

第 8 章　网络工程管理 295

　8.1　网络工程项目管理 295
　　　8.1.1　项目组织管理 295
　　　8.1.2　项目实施方案 296
　　　8.1.3　项目进度管理 296
　　　8.1.4　项目施工管理 297
　　　8.1.5　项目质量管理 299
　　　8.1.6　项目安全管理 301
　　　8.1.7　项目文档管理 302
　8.2　网络测试基础 302
　　　8.2.1　网络测试标准与规范 302
　　　8.2.2　网络性能测试要求 303
　　　8.2.3　常用测试工具简介 305
　8.3　综合布线系统测试与验收 307
　　　8.3.1　双绞线测试 308
　　　8.3.2　光缆系统的测试 309
　　　8.3.3　综合布线系统工程验收 312

  8.4 网络测试 ·· 314
    8.4.1 测试前的准备 ·· 314
    8.4.2 硬件设备检测 ·· 315
    8.4.3 子系统测试 ·· 315
    8.4.4 全网测试 ·· 318
  8.5 网络工程验收 ·· 319
    8.5.1 工程初步验收 ·· 319
    8.5.2 工程竣工验收 ·· 320
  思考与练习 8 ·· 323

第 9 章 基础性实验 ··· 324
  9.1 交换机的连接和基本配置 ·· 324
  9.2 交换机堆叠的连接与配置 ·· 325
  9.3 跨交换机相同 VLAN 间通信 ·· 327
  9.4 生成树技术的应用 ·· 328
  9.5 路由器连接与静态路由配置 ·· 329
  9.6 RIP 动态路由协议的应用 ·· 330
  9.7 OSPF 动态路由协议的应用 ·· 332
  9.8 访问控制列表技术的应用 ·· 333
  9.9 网络地址转换技术的应用 ·· 334
  9.10 防火墙的配置与应用 ·· 335
  9.11 网络常用服务器构建 ·· 337

第 10 章 综合性、设计性实验 ·· 339
  10.1 VLAN 之间的通信实现 ·· 339
  10.2 局域网设计 ·· 340
  10.3 局域网与互联网的连接 ·· 341
  10.4 无线网络应用 ·· 343
  10.5 网络设备远程管理 ·· 344
  10.6 网络互连 ·· 346
  10.7 多网段 IP 地址自动分配 ·· 347
  10.8 网络服务应用 ·· 348
  10.9 VRRP 技术应用 ·· 349
  10.10 路由重分布技术应用 ·· 350
  10.11 小型网络安全设计 ·· 352
  10.12 VPN（PPTP）技术应用 ·· 353
  10.13 企业网络搭建及应用 ·· 355
  10.14 网络故障排除 ·· 356

参考文献 ·· 361

第 1 章　网络工程基础

【本章导读】

计算机网络工程是一项复杂的系统工程，涉及多方面的理论知识和实用技术。本章主要介绍计算机网络工程的含义、组织机构及其职责、建设内容与过程，以及网络工程招投标的基础知识。

对于学好网络工程应具备的计算机网络体系结构、MAC 地址与 IP 地址、IPv4 与 IPv6 协议、局域网的体系结构与协议标准等基础知识，读者可以扫描书中二维码或登录 MOOC 进行学习。

1.1　网络工程的含义

1. 工程的含义及特点

简单地讲，工程是有一个明确的目标、在指定的组织领导下，按计划进行的工作。工程是一个比较大的工作，与其他一般的日常工作比较，工程具有如下特点：

- 有明确的目标，并且这个目标在工程进行的过程中不能随意更改。
- 有详细的规划，规划又分为不同的层次，如总体规划、技术实施方案、施工方案等。
- 有成文的标准作为依据，如国际标准、国家标准、行业标准、地方标准等。
- 有一系列完整的技术文档资料，如可行性分析报告、总体规划方案、总体设计方案、具体实施方案等。
- 有法定或指定的责任人，并有完善的组织实施机构，如项目经理、承包商、领导小组或指挥部等。
- 有预先设计好的切实可行的实施计划和实施方法。
- 有客观的监理措施和一套有效的验收标准。

2. 计算机网络工程的特点

计算机网络工程是工程的一个子概念，除具备一般工程所具有的内涵和特点外，还包含：

- 有明确的网络应用、网络业务和网络功能需求。
- 有具体的网络建设规范、网络规划设计方案和工程实施方案。
- 有完善的工程组织机构、工程设计人员、工程管理人员和网络管理人员。
- 工程设计人员要熟练掌握计算机网络的原理与协议，熟练掌握网络规划与设计的步骤、要点、流程以及网络设备的性能与选型，熟练掌握网络工程综合布线技术、网络施工与设备配置技术、网络安全防御技术、网络应用开发技术等。
- 工程管理人员要懂得网络工程的组织实施过程，准确把握网络工程的施工、监理、测试、验收、评审等各个环节。
- 网络管理人员能够在网络工程竣工之后，熟练地对网络实施有效的管理和维护，使建成的计算机网络能够安全、稳定、高效地运行，发挥应有的效益。

3. 网络工程的定义

综上所述，我们可以给计算机网络工程下一个描述性的定义：

计算机网络工程是在采用信息系统工程方法，在完善的组织机构指导下，根据用户对数据、语音、视频等方面的应用需求，按照计算机网络系统的标准、规范和技术，详细规划设计网络系统建设方案，将计算机网络设备、语音设备、视频设备以及相关软件进行系统集成，建成一个满足用户需求、高效快速、安全稳定的计算机网络系统。

从严格意义上讲，计算机网络工程与网络工程还不是等同的概念，在本书中为了方便起见，我们把计算机网络工程简称为网络工程。

1.2 网络工程组织机构及其职责

为了确保网络工程顺利实施，必须有一个组织机构来负责组织、协调、实施和管理。由于网络工程的实际情况各不相同，因此具体的组织机构也不可能完全相同。对所有的网络工程进行抽象，归纳出一种通用的组织形式，简称为三方结构，分别是甲方、乙方和监理方。这三方的基本关系如图1-1所示。

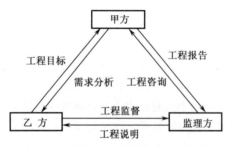

图 1-1 网络工程组织的三方结构

1. 甲方

甲方是网络工程中的用户，是工程建设方，即网络工程的提出者和投资方。例如，某校园网建设工程中的学校就是甲方。

甲方的人员组成主要包括行政联络人和技术联络人。行政联络人是甲方的工程负责人，一般由甲方的行政领导担任，负责甲方的组织协调工作。技术联络人是甲方的工程技术负责人，就工程中的有关技术问题，乙方和监理方可以与甲方技术联络人协调。

甲方的主要职责如下：

① 提出网络工程建设项目，进行网络需求分析，编制用户网络需求书。甲方在提出网络工程建设项目后，网络需求分析是网络建设的重要过程，甲方要对自身目前的网络现状、新建网络的目的和范围、新建网络要实现的功能和应用、未来对网络的需求等进行仔细分析，编制网络工程建设需求书，为招标和乙方投标提供重要依据。

② 编制网络工程项目招标书。招标书要根据用户网络工程建设需求书，详细说明甲方要求的网络工程任务、网络工程技术指标参数和网络工程建设要求等内容。

③ 组织或委托招标代理公司进行工程项目招标。甲方将编制好的招标书送交主管部门审定后，自己组织或委托招标代理公司向社会进行工程项目公开招标。有时也可只向少数专业公司公布（称为邀标），只请他们来投标。

④ 设备验收、协助施工、工程质量监督。在网络工程项目开始建设后，甲方要对所采购的设

备严格验收,对工程质量进行全面监督。对于技术力量相对薄弱的甲方,其监督工作的重点一般放在工程的进度和资金上,而对有关工程技术方面的监督工作可以请专业的监理公司来负责。

⑤ 组织工程竣工验收。在网络工程建设工作全部完成后,甲方要成立由专家组、甲方、乙方和监理方组成的工程验收小组对新建的网络进行竣工验收。这项工作也可以请监理方组织。

⑥ 组织技术人员与管理人员参加乙方组织的培训,对网络系统进行试运行。

2. 乙方

乙方是网络工程的承建者。例如,校园网由 A 公司承建,则 A 公司是工程乙方。有时由于网络工程的规模比较大,可以由多个公司承担网络工程的建设任务,此时就存在多个乙方。

乙方在承建网络工程时多采用项目经理制。项目经理制是指网络工程由一名乙方任命的经理来具体负责工程的实施,项目经理下设人员包括网络规划设计工程师、网络综合布线工程师、设备安装调试工程师,及相应的设计技术人员和技术工人等。项目经理制的人员结构如图 1-2 所示。

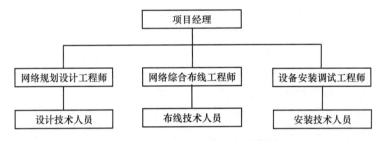

图 1-2 项目经理制的人员结构图

项目经理制人员结构中的网络规划设计工程师负责网络的规划与设计、网络设备的选型、网络应用软件的开发等。网络综合布线工程师负责网络工程中的网络布线。设备安装调试工程师负责设备的采购、安装、配置、调试和试运行。

乙方的主要职责如下:

① 编制投标书。乙方在接到甲方的招标书后,按照招标书的要求制订自己的方案,编制投标书,参与甲方或招标代理公司组织的公开招(竞)标。

② 签订网络工程合同。如果中标,乙方要与甲方签订工程合同。工程合同由甲方起草,双方经过反复的协商修改后,签字生效。

③ 进行详细的网络需求调查。在甲方发布的用户网络需求书的基础上,乙方要对甲方网络系统的用户需求进行详细的调查分析,以确定网络工程应具备的功能和应达到的指标。

④ 进行网络规划设计。乙方在进行用户网络需求分析的基础上,对所承建的网络系统进行规划和设计,形成一个详细的网络设计方案。该方案是工程施工的技术依据,要由甲方聘请的评审专家进行评审。

⑤ 制订网络工程实施方案。网络设计方案通过评审后,网络工程进入实施阶段。乙方要制订一个网络工程实施方案,对网络工程的工期、分工、具体施工方法、资金使用、网络测试、竣工验收、网络运行、技术培训等内容,进行详细说明。实施方案是网络工程具体施工的基本依据,是网络工程建设的具体指导性文件。

⑥ 网络产品选型。乙方根据技术设计方案的要求,选择合适的产品,包括网络硬件设备和软件系统。产品选型要以用户应用需求为目标,以技术设计方案为依据,在做好市场调研的基础上,兼顾产品的适用性、稳定性、先进性和可扩充性。

⑦ 网络系统集成。做好上述工作后，工程进入到系统集成阶段。系统集成是指按照技术方案和实施方案的要求，进行网络综合布线、网络设备安装与调试、软件环境配置、网络系统测试等。

⑧ 网络系统试运行，人员培训。网络系统集成工作结束后，乙方对甲方的网络技术人员和管理人员进行培训，双方共同对建成的网络系统进行试运行，试运行时间一般至少需要一个月。

⑨ 工程竣工验收。网络系统试运行结束后，乙方要准备网络工程竣工验收的所有材料。

3. 监理方

网络工程监理，是指为了帮助用户建设一个性能优良、技术先进、安全可靠、性价比高的网络系统，在网络工程建设过程中，给用户提供前期咨询、网络方案论证、确定系统集成商、网络质量控制等服务。提供工程监理服务的机构就是监理方。监理方一般是具有丰富的网络工程经验、掌握网络技术发展方向、了解市场动态的专业公司。

监理方的人员组织包括总监理工程师、监理工程师、监理技术人员等。

总监理工程师负责协调各方面的关系，组织监理工作，任命委派监理工程师，定期检查监理工作的进展情况，并且针对监理过程中的工作问题提出指导性意见；审查施工方提供的需求分析、系统分析、网络设计等重要文档，并提出改进意见；主持甲乙双方重大争议纠纷，协调双方关系。

监理工程师接受总监理工程师的领导，负责协调各方面的日常事务，具体负责监理工作，审核施工方需要按照合同提交的网络工程、软件文档，检查施工方工程进度与计划是否吻合；主持甲乙双方的争议解决，针对施工中的问题进行检查和督导，起到解决问题、正常工作的目的；监理工程师有权向总监理工程师提出合理化建议，并且在工程的每个阶段向总监理工程师提交监理报告，使总监理工程师及时了解工作进展情况。

监理技术人员负责具体的监理工作，接受监理工程师的领导；负责具体硬件设备验收、具体布线、网络施工督导，并且编写监理日志向监理工程师汇报。

监理方的主要职责如下：

① 网络建设项目可行性论证。可行性论证的目的是论证甲方是否确实需要建设网络系统、拟建的网络系统在技术上是否可行以及是否具备建设网络系统的条件。可行性论证要就工程的背景、目标、工程的需求和功能、可选择的技术方案、设计要点、工程进度、工程组织、监理、经费等方面做出客观的描述和评价，为工程建设提供基本的依据。在可行性论证过程中，甲方要明确提出自己的用户需求、建设目标、网络系统的功能、技术指标、现有条件、工期、资金预算等方面的内容。

可行性论证结束后，要形成《可行性论证报告》，并组织有关专家进行评审，《可行性论证报告》评审通过即意味着网络工程可以进行，也意味着可行性论证阶段工作的结束。接下来的工作是由甲方进行网络需求分析、编制招标文件和组织招投标，监理方可以协助。

② 帮助用户做好网络需求分析。这项工作，一方面，可以使甲方对用户网络需求做得更加细致完善，另一方面，监理方可以深入了解用户需求，把握工程质量。

③ 帮助用户控制工程进度。监理方的专业技术人员可以帮助用户控制工程进度，按期分段对工程验收，保证工程按期、高质量完成。

④ 帮助用户控制工程质量。监理方通过以下几方面来帮助用户控制工程质量：系统集成方案是否合理，所选设备质量是否合格，能否达到企业要求；基础建设是否完成，网络综合布线是否合理；信息系统硬件平台环境是否合理，可扩充性如何，软件平台是否统一合理；应用软件能否实现相应功能，是否便于使用、管理和维护；培训教材、时间、内容是否合适等。

⑤ 帮助用户做好网络的各项测试工作，工程监理人员按照相关标准、规范，对网络综合布线、网络设备和整个网络系统进行全方面的测试。

⑥ 协同甲方和乙方做好网络工程竣工验收。在进行网络工程竣工验收时，监理方要对所建成的网络系统作出客观的评价，阐明监理方对工程竣工的意见和建议。

1.3 网络工程建设内容

网络工程的建设涉及计算机、通信、电子、电器、防雷接地、建筑装修等多个学科及其技术，其建设目标是工程的建设方和施工方，在遵守国家相关法律、法规，遵循国际、国家和行业标准的前提下，完成网络工程的规划、设计、施工、调试和验收等工作，建成一个满足用户需求、高效快速、安全稳定的计算机网络系统。

网络工程的建设内容可以分为网络规划与设计、网络工程综合布线、网络设备安装与系统集成、网络应用部署与软件安装、工程竣工验收与技术培训等5方面。

1.3.1 网络规划与设计

网络规划与设计是网络工程建设中非常重要和关键的环节，是根据网络系统建设方（以下简称用户）的网络建设需求和用户的具体情况，在进行详细需求分析的基础上，以"实用、够用、好用、安全"为指导思想，为用户设计一套科学的、先进的、实用的、完整的网络系统建设方案，其内容包括如下几方面：

- ⊙ 网络需求分析。
- ⊙ 网络类型与规模设计。
- ⊙ 网络分层与拓扑结构设计。
- ⊙ IP 地址规划、子网划分与 VLAN 设计。
- ⊙ 网络中心设计。
- ⊙ 网络工程综合布线设计。
- ⊙ 网络安全与管理设计。
- ⊙ 网络服务与应用设计。
- ⊙ 网络设备选型。

网络规划与设计的合理与否对建立一个功能完善、安全可靠、性能先进的网络系统至关重要。一个网络工程项目的成功，切合实际的网络规划与设计是重要的前提和保证。因此，网络规划与设计要处理好整体建设与局部建设、近期建设与远期建设之间的关系，要根据用户的近期需求、经济实力和中远期发展规划，结合网络技术的现状和发展趋势进行综合考虑。

网络规划与设计应解决以下几个主要问题：

- ⊙ 为什么要建设计算机网络——建设计算机网络的目的。
- ⊙ 建设的计算机网络可以解决哪些问题——建设计算机网络的目标。
- ⊙ 建设什么样的计算机网络——建设计算机网络的方案。

1.3.2 网络工程综合布线

网络综合布线系统是网络系统的基础，网络工程综合布线是网络工程建设施工的首要工程，是按照网络规划与设计中的网络综合布线方案，将建筑物内的计算机网络系统、电话系统、电视系统、广播系统、监控系统、消防报警系统等各种通信光缆和铜缆，敷设在规划的位置，完成综合布线系统中工作区子系统、配线子系统、干线子系统、建筑群子系统、电信间、设备间和进线间等 7 个子系统的建设任务，构建一个传输数据、语音、图像、多媒体业务、以及各种控制信号的"高速公路"。

网络工程综合布线的质量直接关系到网络系统运行的速度和稳定性，因此，必须遵循国家最新发布的《综合布线系统工程设计规范》(GB50311—2007)、《综合布线工程验收规范》(GB50312—2007)、《综合布线系统工程设计与施工》(08X101-3)、国际、国家和行业相关的标准与规范。

网络工程综合布线中采用的光缆主要有多模光纤和单模光纤，铜缆主要有大对数线、双绞线和同轴电缆等。

1.3.3 网络设备安装与系统集成

网络设备安装与系统集成是网络工程建设的一个最重要的工程，其主要任务如下：

① 按照网络规划设计方案，将所有选型的网络设备，按照设备的安装方法和要求，正确安装到网络系统中的相应位置，并接通电源。

② 按照规划设计的网络系统拓扑结构和相应的规范与标准，将综合布线所敷设的光缆和铜缆与安装的各种网络设备连接在一起，实现网络系统互连，形成一个完整的网络系统。

③ 根据所建网络的拓扑结构、网络应用与功能要求，对各种网络设备进行相应的配置和调试，实现网内所有终端设备之间、内网与外网之间互连互通，使各种数据、语音、图像、视频等能够通畅、快捷、安全、稳定地传输。

目前，组建网络系统常用的网络设备可以分为网络互连设备、网络安全设备和无线网络设备三类。网络互连设备主要包括交换机、路由器和网关；网络安全设备主要包括防火墙、入侵检测系统、入侵防御系统、上网行为管理系统、安全审计系统等；无线网络设备主要包括无线网卡、无线接入点（AP）、无线路由器和天线等。这些设备的结构原理、配置调试方法和在网络系统中的部署方式，在后续相关章节中将详细叙述。

1.3.4 网络应用部署与软件安装

网络应用部署与软件安装是根据用户的业务应用需求，按照网络规划与设计完成各种应用服务器的部署及相应软件安装工作，使得网络系统建成后，能够充分满足预期和后期的业务应用需求，充分发挥网络带来的各种效益，主要从如下 4 方面进行设计与部署。

① 网络系统运行服务器，主要有 DNS 服务器和 DHCP 服务器。

② 基本应用服务器，主要有 Web 服务器、FTP 服务器和邮件服务器等。

③ 业务应用服务器。根据业务应用的范围、规模、级别和数据存储量的大小不同，部署服务器的方式也有所区别。对于一般数据量较小的业务应用系统，部署应用服务器和数据库服务器即可；对于业务数据量较大的应用，需要部署应用服务器、数据库服务器和磁盘阵列，以及各种类型的网络存储，其部署的数量要根据业务数据量的大小确定；对于需要进行大量计算的应用业务，则需要部署服务器集群，或者是云计算；为了确保业务数据的安全，一般部署服务器双机热备份，或者双机互备援，或者异地容灾备份。

④ 数据中心。对于海量的数据应用问题，需要考虑部署数据中心或虚拟数据中心。数据中心是数据大集中而形成的集成 IT 应用环境，是数据处理、数据存储、数据交换和各种业务提供的中

心。近年来，数据中心建设成为全球各行业的 IT 建设重点，国内数据中心建设的投资年增长率更是超过 20%，金融、制造业、政府、能源、交通、教育、互联网和运营商等各个行业正在规划、建设和改造各自的数据中心。

1.3.5 工程竣工验收与技术培训

网络工程建设任务基本完成后，应当对所建的网络系统进行 1～3 个月的试运行，进入工程竣工验收阶段，这个阶段的主要工作如下：

（1）网络系统测试。网络系统测试是指分别对所建网络的综合布线系统、硬件设备、子系统和全网进行性能与连通性测试，测试方法要遵循相关标准与规范，要制定详细的测试方案，设置合理的测试参数，并详细记录测试数据，作为系统验收的依据。

（2）工程文档整理。工程文档包括网络规划设计方案、工程施工方案、网络设备的具体配置文档、综合布线系统文档、设备安装与使用技术文档、工程施工过程中的各种表单和文件、网络系统测试数据文档、以及用户培训与使用手册等。

（3）工程技术培训。为了使用户的网络技术人员、网络管理人员尽快掌握所建网络系统的操作、管理和维护，使用户的所有员工尽快掌握业务应用软件的操作与使用方法，在网络系统试运行期间，必须对网络技术管理人员以及一般的员工进行技术培训。技术培训主要包括系统管理培训、系统运行维护培训和系统操作培训三部分。

① 系统管理培训：对用户单位的系统管理员进行系统日常管理培训，其目的是使系统管理员掌握系统的软硬件安装、系统与数据备份、系统日常操作、管理维护、基本的故障诊断等，能够承担系统的日常管理工作，确保系统安全可靠运行。

② 系统运行维护培训：对用户单位的运行维护人员进行系统运行、管理和维护方法进行培训，目的是使用户单位的系统运行维护人员既掌握系统技术原理的理论基础，又具有进行系统维护的实际操作能力。

③ 系统操作培训：对用户单位的领导、系统管理员、一般员工进行各子系统的具体操作培训，目的是让不同的用户能够对自己所使用的系统进行熟练操作。

（4）工程竣工验收。工程竣工验收是由网络工程建设方（用户或甲方）组织，聘请业内专家以及甲方、乙方和监理方代表共同组成工程竣工验收组，进行下列验收工作，并形成《网络工程竣工验收报告》。

① 审验网络工程技术文档是否完整、规范、齐全。
② 核实设备的品牌、型号、规格、数量，质量能否达到系统运行要求和用户应用需求。
③ 网络综合布线是否规范、合理，是否留有扩展空间，测试性能是否达到要求。
④ 硬件设备安装调试是否正常，配置是否正确，各种应用环境是否已经实施。
⑤ 网络应用是否实现了用户要求的功能，是否已进行系统快速恢复测试。
⑥ 网络系统测试方法是否遵循相关标准进行，测试参数设置是否合理，测试数据是否合格，确认各阶段测试与验收结果。
⑦ 技术培训教材、内容是否合适，培训效果是否达到预期目标。

（5）工程售后服务。工程售后服务是在工程竣工验收后，为了确保工程硬件设备质量和建设质量，确保网络系统高效快速、安全稳定地运行，承建方为建设方做出的售后服务承诺和服务措施，至少要包括质保与服务期限、故障服务响应时间、服务方式和技术支持承诺等。

1.4 网络工程建设过程

根据网络工程的建设内容,网络工程的建设过程可以分为网络规划与设计、工程实施与系统集成、工程竣工验收与技术培训三个阶段,其建设流程以及甲方、乙方和监理方是否参与如图1-3所示,图中的实线表示参与,虚线表示可参与也可不参与。

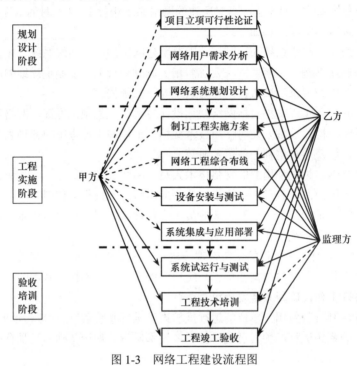

图1-3 网络工程建设流程图

1.5 网络工程招投标

招标和投标(简称招投标)是一种国际上普遍运用的、有组织的市场交易行为,是在进行大宗货物买卖、工程建设项目发包与承包、服务项目采购与提供时,所采用的一种交易方式。在这种交易方式下,通常是由项目采购(包括货物的购买、工程的发包和服务的采购)的采购方作为招标方,项目的提供方作为投标方。国际招投标与国内招投标的不同之处是,国内招投标要遵循《中华人民共和国招标投标法》、《中华人民共和国招标投标法实施条例》、《中华人民共和国政府采购法》、《中华人民共和国政府采购法实施条例》以及其他相关法律法规的规定实施招标投标活动;国际招投标要遵循世贸采购条例及国际行业法则进行招标投标活动。

目前,我国实行招投标的类型主要有建筑工程类招投标和政府采购类招投标两大类,政府采购类招投标的适用范围包括工程建设、货物采购、服务需求、合作经营和大宗商品交易等,网络工程建设属于政府采购类招投标。所以,下面主要叙述政府采购类招标、投标、开标和评标的有关概念和方法。

1.5.1 招标

招标是指采购方(业主、买方、甲方,以下统称招标人)通过发布招标公告或者向一定数量的特定供应商、承包商发出招标邀请书等方式发出招标采购的信息,说明采购项目(货物、工程或服务)的范围、性能指标、数量、质量与技术要求、交货期、竣工期或提供服务的时间、供应商(承包商、卖方、乙方,以下统称投标人)的资格要求等具体内容,由各有意提供采购所需货物、工程或服务的报价及其他响应招标要求条件的投标人在规定的时间、地点,按照一定的程序参加投标竞争,并与所提条件对招标人最为有利的投标人签订采购合同的一种行为。

1. 招标的方式

政府采购招标主要有公开招标、邀请招标、竞争性谈判、单一来源采购和询价等 5 种方式。

① 公开招标。公开招标是一种无限竞争性招标。采用这种方式时,招标人要在国内主要报刊、指定的网站或其他媒体上刊登招标公告,凡对该项招标内容有兴趣的法人、企业单位或者其他组织均可以购买招标文件,作为投标人参加投标竞争,招标人从中择优选择中标投标人。

公开招标是政府采购的主要招标方式。

② 邀请招标。邀请招标是一种有限竞争招标,招标人不发布招标公告,而是根据采购项目的特点选择若干供应商或承包商,向其发出投标邀请,作为投标人参加投标竞争,招标人从中择优选择中标投标人。

符合下列情形之一的货物或者服务,可以采用邀请招标方式采购:
- 具有特殊性,只能从有限范围的供应商处采购的。
- 采用公开招标方式的费用占政府采购项目总价值的比例过大的。

③ 竞争性谈判。竞争性谈判方式基本上与公开招标相同,不同的是,全部满足招标人的条件且合理投标价最低的投标人为中标投标人。

符合下列情形之一的货物或者服务,可以采用竞争性谈判方式采购:
- 招标后没有供应商投标或者没有合格标的或者重新招标未能成立的。
- 技术复杂或者性质特殊,不能确定详细规格或者具体要求的。
- 采用招标所需时间不能满足用户紧急需要的。
- 不能事先计算出价格总额的。

④ 单一来源采购。单一来源采购是一种非竞争性的招标。招标人根据采购项目的特殊性只邀请一家供应商或承包商进行商务和技术谈判,谈判成功,签订合同。

符合下列情形之一的货物或者服务,可以采用单一来源方式采购:
- 只能从唯一供应商处采购的。
- 发生了不可预见的紧急情况不能从其他供应商处采购的。
- 必须保证原有采购项目一致性或者服务配套的要求,需要继续从原供应商处添购,且添购资金总额不超过原合同采购金额 10%的。

⑤ 询价。询价采购是直接向三家以上政府采购协议供货商发出询价通知书和采购货物清单,接到采购清单的供货商在规定的时间内返回供货报价,价格最低的供货商为中标单位。

若采购货物的规格、标准统一,现货货源充足且价格变化幅度小的政府采购项目,可以采用询价方式采购。

2. 招标的程序

招标过程可以由招标人自己组织,也可以委托招标代理机构组织完成,招标的程序如下:
(1)招标人编制计划,报政府采购管理部门审核。
(2)政府采购管理部门与招标代理机构办理委托手续,确定招标方式。

（3）招标代理机构进行市场调查，与招标人确认采购项目后，编制招标文件。
（4）招标代理机构发布招标公告或发出招标邀请书。
（5）招标代理机构出售招标文件，对有意参与投标的投标人资格进行预审。
（6）临时组成评标委员会或谈判小组或询价小组。
（7）在公告或邀请书中规定的时间、地点接受投标人的投标书，公开开标。
（8）由评标委员会（谈判小组）对投标人的资格进行审核，对投标文件进行评审。
（9）依据评标原则、标准及程序确定中标人，并至少公示7个工作日。
（10）招标代理机构向中标人发送中标通知书。
（11）政府采购管理部门、招标代理机构组织中标人与招标单位签订合同。
（12）政府采购管理部门进行合同履行的监督管理，解决中标人与招标单位的纠纷。

1.5.2 投标

投标是指投标人应招标人的邀请，按照招标文件规定的要求，在规定的时间和地点主动向招标人递交投标文件和相关资料，并以中标为目的的行为。

1．投标工作流程

投标工作是决定能否中标的关键，有时一个很小的疏忽，就会失去中标的机会，因此，一定要根据招标文件的具体要求和项目的实际情况做好投标工作。投标工作的一般流程如下：

（1）前期工作

对于一个招标项目，是否有意参与投标，需要对该项目做前期调查，包括项目内容、工期、资金到位情况等，对照调查了解的情况，并结合自身实际，决定是否适合投标。

（2）投标报名

若有意参与投标，则要按照招标公告的要求，认真准备报名资料，在规定的时间内到指定地点办理报名手续，购买或者从指定的网站下载招标文件。对于报名资格，如果是资格预审，则需要带全所要证书证件的原件和复印件；如果是资格候审，则要按资格候审的要求办理。

为了防止投标人在投标后撤标或在中标后拒不签订合同，并确保中标投标人能够按期保质完成项目的内容，招标人通常要投标人交纳一定数量的投标保证金，投标人必须在报名期内按要求以转帐汇款的方式将投标保证金转入指定的帐户，否则没有资格参加投标。

（3）勘测现场

对于工程类或服务类项目，勘测现场是一项必不可少程序，是编制投标文件时所需数据的重要来源。招标人在投标报名结束后，一般会按招标文件的要求组织投标人进行现场勘测，进一步明确招标项目的内容与要求，解答投标人提出的问题，并形成书面材料，报招标投标监督机构备案。若招标人不组织现场勘测，投标人自己也必须做好该项工作。

（4）产品选型

产品选型是根据招标文件给定的招标货物、工程或服务项目的技术规格、参数及要求，选择性价比最优的产品的品牌、型号与规格。在选择产品时，一定要原制造厂商提供产品的详细技术规格与性能参数、产品的价格、产品的彩页介绍、使用方法介绍、权威部门的检测报告、相关证书复印件以及针对本项目出具的产品授权书和售后服务承诺书等，并加盖原厂商公章。所选产品的技术规格与性能参数必须满足或高于招标书的要求。

（5）编制投标文件

报名完成取得招标文件后，需要对招标文件认真研究、熟悉招标文件内容及相关要求，按要求编制投标文件。

（6）投标准备

必须仔细阅读招标文件，严格按照招标文件的要求准备投标所需的原件、复印件和编制的投标文件，不能有任何错误和遗漏。

（7）递交投标文件

授权委托代理人必须带齐所有投标资料，在招标文件规定的投标截止时间之前到招标文件指定的地点签到，并递交投标文件和所需的投标资料，遵守开标现场纪律，积极配合开标现场工作人员做好开标评标工作，随时回答评标委员会需要澄清的各种问题，等候评标结果。

（8）投标总结

每次投标完成，无论是否中标，都要平静进行总结，看有没有失误、有没有好的做法，以备以后投标参考，如果中标，要按招标文件要求办理中标通知书、签订合同、组织施工（或供货）。

2．投标文件的组成

投标文件一般由商务文件、技术文件和报价文件三部分组成，各部分的具体内容及章节顺序，要根据招标项目的内容、评标方法与标准以及招标文件的具体要求来确定，一般在招标文件中有具体的参考格式。

3．编制投标文件

投标文件是评标的主要依据，是事关投标人能否中标的关键。所以，编制投标文件要做到认真、细致、严谨、求精，要认真仔细研读招标文件的每一部分内容，不能遗漏每个细节，要按招标文件的每一项要求做出相应的实质性响应。

1.5.3 开标与评标

（1）开标

开标是招标人或招标代理公司在招标公告中规定的投标截止时间（即开标时间）和规定的地点组织投标人法定代表人或其授权委托代理人签到，接受投标人递交投标文件和投标资料，组建评标委员会（谈判小组），对投标人的资格和投标文件进行评审，确定中标候选人。

开标时，公布在投标截止时间前递交投标文件的投标人名称，并当众检查投标文件的密封情况，经确认无误后，签收投标文件及投标资料。

（2）评标

评标是评标委员会（谈判小组）成员遵循招标投标法和政府采购法的有关规定，按照客观、公正、审慎的原则，根据招标文件规定的采购内容与要求、评审程序、评审方法和评审标准，对所有投标人递交的投标文件进行独立仔细地评审，提出评审意见，确定中标候选投标人。

（3）评标委员会组成

评标委员会（谈判小组或询价小组）是开标当天从评标专家库中随机抽取组成，成员人数视招标项目大小而定，必须是3人或以上单数，其成员中1人为业主评委（招标人派出的评委，也可以不设），其他成员是从评标专家库中随机抽出的社会评标专家。社会评标专家中有1人为经济类或法律类评委，其他为专业类评委。主任评委当场推荐产生。

（4）评标方法

政府采购招标评标方法分为综合评分法和最低评标价法。

综合评分法是指投标文件满足招标文件全部实质性要求且按照评审因素的量化指标（即评标方法与标准）评审得分最高的投标人为中标候选人的评标方法。

采用综合评分法时，评标标准中的分值设置应当与评审因素的量化指标相对应；一般推荐评审得分从高到低前三名投标人进行公示。

最低评标价法是指投标文件满足招标文件全部实质性要求、且投标报价最低的投标人为中标候选人的评标方法。技术、服务等标准统一的货物和服务项目，一般采用最低评标价法。

1.6 网络工程新技术简介

近年来，计算机网络技术特别是互联网技术高速发展，一方面给人们的工作和生活带来了巨大的变化和前所未有的网络应用体验，另一方面不断开拓创新，出现了许多网络新技术。

1.6.1 下一代网际协议 IPv6

IPv6（Internet Protocol Version 6，Internet 协议第六版）是 IETF（Internet Engineering Task Force）负责设计的下一代网际协议，于 1995 年 1 月正式公布，研究修订后于 1999 年确定开始部署。

IPv6 是为了解决 IPv4 的地址不足等一些问题而提出的。与 IPv4 相比，除了保留 IPv4 获得成功的一些性质外，IPv6 还具有如下主要特性：

① 近乎无限的地址空间。IPv6 采用 128 位地址长度，地址总数约有 2^{128} 个，几乎可以不受限制地提供 IP 地址，从而确保了端到端连接的可能性。

② 提高了网络的整体吞吐量。由于 IPv6 的数据包可以远远超过 64 KB，应用程序可以利用最大传输单元（MTU），获得更快、更可靠的数据传输。同时，IPv6 对数据报头进行了简化，由 40 字节定长的基本报头和多个扩展报头构成。使路由器加快数据包处理速率，提高了转发效率，从而提高网络的整体吞吐量。

③ 整个服务质量得到很大改善。报头中的业务级别和流标记通过路由器的配置可以实现优先级控制和 QoS 保障，从而极大改善了 IPv6 的服务质量。

④ 安全性有了更好的保证。采用 IPSec 可以为上层协议和应用提供有效的端到端安全保证，能提高在路由器水平上的安全性。

⑤ 支持即插即用和移动性。设备接入网络时通过自动配置可自动获取 IP 地址和必要的参数，实现即插即用，简化了网络管理，易于支持移动节点。而且，IPv6 不仅从 IPv4 中借鉴了许多概念和术语，还定义了许多移动 IPv6 所需的新功能。

⑥ 更好地实现了组播功能。在 IPv6 的组播功能中增加了"范围"和"标志"，限定了路由范围和可以区分永久性与临时性地址，更有利于组播功能的实现。

IPv6 地址采用冒分十六进制数表示法（Colon Hexadecimal Notation），每 16 位为 1 节，用十六进制数表示，各节之间用冒号分隔，如 68E6:8C64:FFFF:FFFF:0000:1180:960A:FFFF。冒分十六进制数表示法包含两种技术：一是允许零压缩，即连续的零可以用一对冒号取代，如 FF05:0:0:0:0:0:0:B3 可以写成 FF05::B3；二是与 IPv4 地址的 CIDR 表示法类似的地址前缀，如 12AB:0:0:CD30::/60，表示一个前缀为 60 位的网络地址空间，地址的其他部分为 68 位。这种技术在 IPv4 向 IPv6 过渡阶段用得较多。

RFC1881 规定，IPv6 地址空间的管理必须符合 Internet 团体的利益，必须是通过一个中心权威机构来分配。目前，这个权威机构就是 IANA（Internet Assigned Numbers Authority，Internet 分配号码权威机构）。IANA 会根据 IAB（Internet Architecture Board）和 IEGS 的建议来进行 IPv6 地址的分配。

目前，IANA 已经委派以下三个地方组织来执行 IPv6 地址分配的任务：欧洲的 RIPE-NCC（www.ripe.net），北美的 INTERNIC（www.internic.net），亚太平洋地区的 APNIC（www.apnic.net）。

1.6.2 40G/100G 以太网

40G/100G 以太网也称为下一代超高速光传输技术，其技术标准由 IEEE 802.3ba 支持。2010 年 IEEE 组织发布 IEEE 802.3ba 标准，同时定义了 40GBE 和 100GBE 两种传输速率的基于光纤传输的网络应用，有 4 种应用标准：40GBASE-CR4、40GBASE-SR4、100GBASE-CR10、100GBASE-SR10。其中，40GBASE-CR4 和 100GBASE-CR10 定义使用铜缆传输，但最远距离只有 7 米，40GBASE-SR4 和 100GBASE-SR10 定义使用多模光纤传输。

40GBASE-SR4 和 100GBASE-SR10 标准是第一次使用多于 2 芯光纤传输的以太网应用，基于原有已成熟的双工多模光纤 10Gbps 的数据传输技术，40GBASE-SR4 使用 8 芯多模光纤进行传输，100GBASE-SR10 使用 20 芯多模光纤进行传输。因此，这些传输网络需要使用多于 2 芯光纤的连接器 MPO，如图 1-4 所示。

（a）12 芯 MPO　　　　　　　　（b）24 芯 MPO

图 1-4　MPO 光纤连接器

近年来，随着社交媒体、电子商务、网络银行、网络游戏、企业与政府的大型数据中心等高速数据业务需求的迅猛增长，加速驱动了传输网向 40Gbps 特别是 100Gbps 的转换的进程。由于互联网、高性能计算、云计算、物联网等业务的蓬勃发展，必然会催生数量可观的大型数据中心，而大型数据中心之间的数据交互必然要求 100Gbps 提供高带宽的保障，在数据中心将众多服务器集中在一起的服务模式下，100Gbps 技术的采用，不仅可以满足数据中心互联的海量带宽需求，还可以有效减少接口，降低机房占地面积和设备功耗，帮助运营商和互联网企业部署高密度、万兆互连的新一代数据中心。

1.6.3 物联网

物联网的概念最初在 1999 年由美国麻省理工学院（MIT）提出，2005 年 11 月 17 日国际电信联盟（ITU）发布的《ITU 互联网报告 2005：物联网》报告中，对物联网做了如下定义：物联网是通过二维码识读设备、射频识别（RFID）装置、红外感应器、全球定位系统和激光扫描器等信息传感设备，按约定的协议，把任何物品与互联网相连接，进行信息交换和通信，以实现智能化识别、定位、跟踪、监控和管理的一种网络。

物联网的核心和基础仍然是互联网，是在互联网的基础上将用户端延伸和扩展到任何物品与物品之间，进行信息交换和通信。从技术架构上，物联网的结构可以分为三层：感知层、网络层和应用层，如图1-5所示。

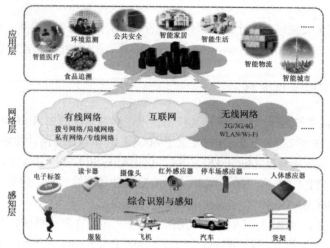

图1-5 物联网的结构

感知层：由各种传感器构成，包括温湿度传感器、二维码标签、RFID 标签和读写器、摄像头、红外线、GPS 等感知终端，是物联网识别物体、采集信息的来源，主要完成信息的收集与简单处理。

网络层：由各种有线网络、无线网络、互联网、广电网、云计算平台、物联网管理与信息中心等组成，是整个物联网的中枢，负责传递和处理感知层获取的信息。

应用层：物联网和用户（包括人、组织和其他系统）的接口，与行业需求结合，实现物联网的智能应用。

物联网的应用中主要有标识、感知、信息传送和数据处理4个环节，其中的核心技术主要包括射频识别技术、传感技术、网络和通信技术、数据的挖掘和融合技术等。

物联网的用途非常广泛，遍及智能交通、环境保护、政府工作、公共安全、平安家居、智能消防、工业监测、环境监测、路灯照明管控、景观照明管控、楼宇照明管控、广场照明管控、老人护理、个人健康、花卉栽培、水系监测、食品溯源、敌情侦查和情报搜集等领域。

物联网的应用会让地球上的每一粒沙子都能够"开口说话"，由此而产生的数据流量则是无法想象的。所以，物联网的广泛应用将加速40G/100G以太网部署。

1.6.4 虚拟化

在计算机中，虚拟化（Virtualization）是一种资源管理技术，是将计算机的各种实体资源，如服务器、网络、内存及存储等，予以抽象、转换后呈现出来，打破实体结构间的不可切割的障碍，使用户可以比原本的组态更好的方式来应用这些资源。通过虚拟化技术可以将一台高性能的计算机虚拟为多台逻辑计算机，在一台计算机上同时运行多台逻辑计算机，每台逻辑计算机可运行不同的操作系统，并且应用程序都可以在相互独立的空间内运行而互不影响，从而显著提高计算机的工作效率。

虚拟化使用软件的方法重新定义划分IT资源，可以实现IT资源的动态分配、灵活调度、跨域共享，提高IT资源利用率，使IT资源能够真正成为社会基础设施，服务于各行各业中灵活多变的应用需求。这些资源的新虚拟部份是不受现有资源的架设方式、地域或物理组态所限制。一般所指的虚拟化资源包括计算能力和资料存储。

在实际的生产环境中，虚拟化技术主要用来解决高性能的物理硬件产能过剩和老的旧的硬件产能过低的重组重用，透明化底层物理硬件，从而最大化地利用物理硬件。

未来的虚拟化发展将会是多元化的，包括服务器、存储、网络等更多的元素，用户将无法分辨哪些是虚，哪些是实。虚拟化将改变现在的传统IT架构，而且将互联网中的所有资源全部连在一起，形成一个大的计算中心，而我们却不用关心所有这一切，而只需关心提供给自己的服务是否正常。虽然虚拟化技术前景看好，但是，这一过程还有很长的路要走，因为还没有哪种技术是不存在潜在缺陷甚至陷阱的。但是相信，虚拟化技术将会成为未来的主要发展方向。

1.6.5 云计算

云计算（cloud computing）将计算任务分布在互联网中大量计算机构成的资源池上，使各种应用系统能够按需获取计算力、存储空间和信息服务。云计算也是分布式计算技术的一种，它通过网络将庞大的计算处理程序自动分拆成无数较小的子程序，再交由许多分布在Internet上不同位置的廉价计算资源所组成的庞大系统经搜寻、计算分析之后将处理结果回传用户。云计算可以让你体验每秒10万亿次的运算能力、处理数以千万计甚至亿万计的信息，达到与"超级计算机"同样强大效能的网络服务。在云计算的模式中，用户所需的应用程序并不是运行在用户自己的个人电脑、笔记本、手机等终端上，而是运行在互联网上大规模的服务器集群中；用户所处理的数据也并不存储在本地，而是保存在互联网上的云数据中心。提供云计算服务的企业负责管理和维护这些数据中心的正常运行，保证足够强的计算能力和足够大的存储空间为用户服务。

云计算主要提供以下几种层次的服务：基础架构即服务（IaaS），平台即服务（PaaS）和软件即服务（SaaS）。

IaaS（Infrastructure-as-a-Service）给用户提供一种完善的云计算基础设施服务，例如：硬件服务器租用。用户能够部署和运行任意软件，包括操作系统与应用程序。控制存储空间、或有限制的网络组件，如防火墙、负载均衡器等。

PaaS（Platform-as-a-Service）实际上是指将软件研发的平台作为一种服务，以SaaS的模式提交给用户。因此，PaaS也是SaaS模式的一种应用。但是，PaaS的出现可以加快SaaS的发展，尤其是加快SaaS应用的开发速度，如软件的个性化定制开发。

SaaS（Software-as-a-Service）是一种通过Internet提供软件的模式，用户无需购买软件，而是向提供商租用基于Web的软件，来管理企业经营活动，如阳光云服务器。

云计算的应用越来越广泛，如云计算为物联网提供了一种新的高效率计算模式，可通过网络按需提供动态伸缩的廉价计算，具有相对可靠并且安全的数据中心，同时兼有互联网服务的便利、廉价和大型机的能力，可以轻松实现不同设备间的数据与应用共享，用户无需担心信息泄露，黑客入侵等棘手问题。

云计算和虚拟化密切相关但并非是捆绑技术，二者可以通过优势互补为用户提供更优质的服务。云计算方案使用虚拟化技术使整个IT基础设施的资源部署更灵活。反过来，虚拟化方案也可以引入云计算的理念，为用户提供按需使用的资源和服务。在一些特定业务中，云计算和虚拟化是分不开的，只有同时应用两项技术，服务才能顺利开展。

思考与练习 1

1. 简述计算机网络工程的含义。
2. 简述网络工程的组织机构及其主要职责。
3. 简要描述网络工程建设内容与流程。
4. 简要描述网络工程招投标工作流程。
5. 简要描述网络工程投标书的格式与编制方法。
6. 简要描述网络工程评标的方法和过程。
7. 搜索、下载、整理招投标的有关法律法规文件,认真研读,写一篇学习总结。
8. 调查了解物联网技术在我国的产业应用状况,写一篇综述报告。
9. 综述物联网的射频识别技术,传感技术,网络与通信技术和数据的挖掘与融合技术。
10. 调查了解云计算技术在我国的产业应用状况,写一篇综述报告。
11. 调查了解虚拟数据中心在我国的产业应用状况,写一篇综述报告。

第 2 章 网络工程综合布线

【本章导读】

网络综合布线系统是跨学科、跨专业的系统工程,将计算机技术、电子技术、通信技术、控制技术和建筑工程融为一体,是网络系统的传输通道和基础。网络工程综合布线是网络系统建设施工的首要工程,其主要任务是按照网络规划与设计中的网络综合布线方案,完成建筑物内的计算机网络系统、电话系统、电视系统、广播系统、监控系统、消防报警系统等各种通信光缆和铜缆的敷设。综合布线的质量直接关系到网络系统的通信速度、通信质量和通信安全。本章以《综合布线系统工程设计规范》(GB50311—2007)和《综合布线工程验收规范》(GB50312—2007)为标准,系统介绍网络综合布线系统常用线缆、系统组成、施工技术、工程管理。综合布线系统规划与设计在第 7 章中介绍。

结合实践篇中综合布线的实训,本书提供相应的视频资料,读者可以扫描书中的二维码或登录到 MOOC 平台进行学习。

2.1 综合布线系统概述

1. 什么是综合布线系统

综合布线系统(Premises Distribution System,PDS)是用数据和通信电缆、光缆、各种软电缆及有关连接硬件构成的通用布线系统,是能支持语音、数据、影像和其他控制信息技术的标准应用系统。综合布线系统是指按标准的、统一的和简单的结构化方式编制和布置建筑物(或建筑群)内各种系统的通信线路,包括计算机网络系统、电话系统、电视系统、广播系统、监控系统、消防报警系统等。

综合布线系统采用模块化结构设计和物理分层星型拓扑结构,易于扩展和管理维护,彻底解决了传统布线中的布线复杂、费用高、使用难、扩展难等诸多缺陷。目前,综合布线系统主要应用于语音、数据、图像、多媒体业务以及控制信息的传输。

2. 综合布线系统的基本形式

综合布线系统可以分为基本型、增强型和综合型三种常用形式。

基本型综合布线系统能够支持所有语音和数据传输应用,支持语音、综合型语音/数据高速传输,系统管理维护方便、简单。其突出特点是能够满足用户当前对语音和数据等的基本使用要求,而不考虑更多未来变化的需要,是一个经济、有效、高性价比的布线方案。

增强型综合布线系统不仅支持语音和数据的应用,还支持图像、影像、影视、视频等多媒体业务的应用,系统管理维护方便、简单、灵活。其突出特点是采用数据、语音和光纤配线架进行管理;在工作区有两个信息插座,任何一个插座都可以提供语音和高速数据传输。

综合型综合布线系统的主要特点是引入光缆到工作区,可用于规模较大的智能大楼。

3. 综合布线系统的标准与规范

综合布线起源于美国，综合布线国际标准自然也就起源于美国。美国国家标准学会制定的综合布线工程纲领性奠基文件如下：《商业建筑物电信布线标准》（ANSI/TIA/EIA568A），《商业建筑物电信布线路径和空间标准》（ANSI/TIA/EIA569）。

我国综合布线系统现行标准体系主要包括综合布线系统工程的设计和验收系列标准、建筑及居住区数字化技术应用系列标准、信息技术住宅通用布线规范系列标准。综合布线行业的标准与规范由住房与城乡建设部归口和立项，由中国工程建设标准化协会组织编写，住房与城乡建设部和国家质量监督检验检疫总局联合发布。2007年4月6日发布实施的综合布线标准与规范如下：《综合布线系统工程设计规范》（GB50311—2007），《综合布线工程验收规范》（GB50312—2007），《综合布线系统工程设计与施工》（08X101-3）。

2008年以来，中国工程建设标准化协会信息通信专业委员会综合布线工作组连续发布了下列技术白皮书，2010年启动了修订和上报为国家标准的工作，以满足综合布线技术的快速发展和市场需求。

- 中国《综合布线系统管理与运行维护技术白皮书》，2009年6月发布。
- 中国《数据中心布线系统设计与施工技术白皮书》，2008年7月发布。
- 中国《数据中心布线系统工程应用技术白皮书》（第二版），2010年10月发布。
- 中国《屏蔽布线系统设计与施工检测技术白皮书》，2009年6月发布。
- 中国《光纤配线系统设计与施工技术白皮书》，2008年10月发布。

建筑及居住区数字化技术应用系列标准将面向建筑及居住社区的数字化技术应用服务，规范建立包括通信系统、信息系统、监控系统的数字化技术应用平台，分别从硬件、软件和系统的角度，制定了相应的可操作的技术检测要求。并且在基础名词术语定义、系统总体结构与互连、设备配置、系统技术参数和指标要求以及信息系统安全等方面，相互保持兼容和协调一致，2006年以来，正式发布实施了下列标准：

- 《建筑及居住区数字化技术应用　第1部分：系统通用要求》（GB/T 20299.1—2006）。
- 《建筑及居住区数字化技术应用　第2部分：检测验收》（GB/T 20299.2—2006）。
- 《建筑及居住区数字化技术应用　第3部分：物业管理》（GB/T 20299.3—2006）。
- 《建筑及居住区数字化技术应用　第4部分：控制网络通信协议应用要求》（GB/T 20299.4—2006）。
- 《居住区数字系统评价标准》（CJ/T376—2011）。
- 《信息技术　住宅通用布缆》（GB/T 29269—2012）。

本章内容主要遵循国家发布有关综合布线的最新标准和规范：《综合布线系统工程设计规范》（GB50311—2007）、《综合布线工程验收规范》（GB 50312—2007）和《综合布线系统工程设计与施工》（08X101-3）。

4. 综合布线系统常用符号与缩略词

本章在后面叙述中会出现一些符号与缩略词，其含义如表2.1所示。

表2.1　综合布线系统常用符号与缩略词

英文缩写	英文名称	中文名称或解释
ACR	Attenuation to Crosstalk Ratio	衰减串音比
BD	Building Distributor	建筑物配线设备
CD	Campus Distributor	建筑群配线设备

续表

英文缩写	英文名称	中文名称或解释
CP	Consolidation Point	集合点
dB	dB	电信传输单元,分贝
d.c.	Direct Current	直流
EIA	Electronic Industries Association	美国电子工业协会
ELFEXT	Equal Level Far End Crosstalk Attenuation(10ss)	等电平远端串音衰减
FD	Floor Distributor	电信间配线设备
FEXT	Far End Crosstalk Attenuation(10ss)	远端串音衰减（损耗）
IEC	International Electrotechnical Commission	国际电工技术委员会
IL	Insertion 10SS	插入损耗
ISDN	Integrated Services Digital Network	综合业务数字网
ISO	International Organization for Standardization	国际标准化组织
LCL	Longitudinal to Differential Conversion lOSS	纵向对差分转换损耗
OF	Optical Fibre	光纤
PSNEXT	Power Sum NEXT attenuation(10ss)	近端串音功率和
PSACR	Power Sum ACR	ACR 功率和
PS ELFEXT	Power Sum ELFEXT attenuation(10ss)	ELFEXT 衰减功率和
RL	Return Loss	回波损耗
SC	Subscriber Connector(optical fibre connector)	用户连接器（光纤连接器）
SFF	Small Form Factor connector	小型连接器
TCL	Transverse Conversion Loss	横向转换损耗
TE	Terminal Equipment	终端设备
TIA	Telecommunications Industry Association	美国电信工业协会
TO	Telecommunication Outlet	（数据）信息点（信息插座）
TP	Telephone	语音（电话）点

2.2 综合布线系统常用线缆

网络传输线缆（又称为传输介质）是连接网络上各种网络设备的物理通道,是网络的基本构件。目前,网络系统建设中采用的传输介质主要有双绞线、光纤、大对数电缆、同轴电缆、无线传输介质。其中,大对数电缆主要用于语音信息传输,同轴电缆主要用于模拟视频信息传输。综合布线系统中主要涉及双绞线、光纤、大对数电缆和同轴电缆。

2.2.1 双绞线

双绞线（Twisted Pair,TP）是网络综合布线工程中最常用的一种传输介质。双绞线由两根具有绝缘保护层的 22、24、26 号绝缘铜导线按照一定密度互相扭绞而成。把两根绝缘铜导线按一定密度互相扭绞在一起的目的是为了降低信号干扰的程度,每根导线在传输中辐射的电波会被另一根线上发出的电波抵消。如果把一对或多对双绞线封装在一个绝缘套管中便形成了双绞线电缆,习惯上仍称为双绞线。为了最大限度减少双绞线内的信息干扰,必须使不同线对的扭绞长度控制在 3.8（1.5 英寸）～14 cm（5.5 英寸）标准范围内,并按逆时针（左手）方向扭绞,相邻线对的扭绞长度在 1.27 cm（1/2 英寸）以上。

局域网常用的双绞线分为屏蔽双绞线（Shielded Twisted Pair,STP）和非屏蔽双绞线（Unshielded Twisted Pair,UTP）两种。它们均包含 4 对双绞线,且用不同的颜色来区分,其色彩标记方法如表 2.2 所示。

双绞线的最大传输距离为 100 m，如果要延长传输距离，可以通过交换机或集线器，采用级联的方式进行，最大传输距离只能达到 500 m。

表 2.2 双绞线色彩标记

线对	色彩码
1	白橙，橙
2	白绿，绿
3	白蓝，蓝
4	白棕，棕

1．非屏蔽双绞线

非屏蔽双绞线只在塑料绝缘封套内包裹绝缘铜导线对，没有屏蔽层，每对导线相互缠绕，每对导线在每英寸长度上相互缠绕的次数决定了抗干扰的能力和通信的质量，缠绕得越紧密，通信质量越高，就可以支持更高的网络数据传输速率，当然其成本就越高。

EIA/TIA（Electronic Industries Alliance /Telecommunication Industry Association，美国电子工业协会/美国通信工业协会）为非屏蔽双绞线电缆定义了 1 类、2 类、3 类、4 类、5 类、超 5 类、6 类、超 6 类等 8 种规格。数字越大，版本越新，技术就越先进，带宽也相应越宽，当然价格就越贵。超 5 类和 6 类双绞线的结构如图 2-1 所示。

(a) 超5类非屏蔽双绞线

(b) 6类非屏蔽双绞线

图 2-1 非屏蔽双绞线的结构

1 类双绞线（CAT1）：ANSI/EIA/TIA-568A 标准中最原始的非屏蔽双绞铜线电缆，但开发之初的目的不是用于计算机网络数据通信，而是用于电话语音通信。

2 类双绞线（CAT2）：ANSI/EIA/TIA-568A 和 ISO 2 类/A 级标准中第一个可用于计算机网络数据传输的非屏蔽双绞线电缆，传输频率为 1 MHz，数据传输速率达 4 Mbps，主要用于语音传输和最高数据传输速率为 4 Mbps 的数据传输，如 4 Mbps 规范令牌传递协议的旧令牌网。

3 类双绞线（CAT3）：ANSI/EIA/TIA-568A 和 ISO 3 类/B 级标准中专用于 10Base-T 以太网络的非屏蔽双绞线电缆，传输频率为 16 MHz，数据传输速率可达 10 Mbps，用于语音传输及最高数据传输速率为 10 Mbps 的数据传输。

4 类双绞线（CAT4）：ANSI/EIA/TIA-568A 和 ISO 4 类/C 级标准中用于令牌环网络的非屏蔽双绞线电缆，传输频率为 20 MHz，数据传输速率达 16 Mbps，用于语音传输和最高数据传输速率 16 Mbps 的数据传输，主要用于基于令牌的局域网和 10/100Base-T。

5 类双绞线（CAT5）：ANSI/EIA/TIA-568A 和 ISO 5 类/D 级标准中用于快速以太网和 FDDI 网络的非屏蔽双绞线电缆，传输频率为 100 MHz，数据传输速率达 100 Mbps，用于语音传输和数据传输，主要用于 10Base-T 和 100Base-T 网络。

超 5 类双绞线（CAT5e）：ANSI/EIA/TIA-568B.1 和 ISO 5 类/D 级标准中用于快速以太网的非屏蔽双绞线电缆，传输频率也为 100 MHz，数据传输速率可达 155 Mbps。与 5 类线缆相比，超 5 类在近端串扰、串扰总和、衰减和信噪比 4 个主要指标上都有较大的改进。

6 类双绞线（CAT6）：ANSI/EIA/TIA-568B.2 和 ISO 6 类/E 级标准中规定的一种非屏蔽双绞线电缆，主要用于百兆位快速以太网和千兆位以太网中。其传输频率可达 200～250 MHz，是超 5 类线带宽的 2 倍，最大数据传输速率可达 1000 Mbps，能满足千兆位以太网需求。

超 6 类双绞线（CAT6a）：6 类线的改进版，同样是 ANSI/EIA/TIA-568B.2 和 ISO 6 类/E 级标准中规定的一种非屏蔽双绞线电缆，主要用于千兆位以太网中。在传输频率方面与 6 类线一样，也是 200～250 MHz，最大数据传输速率可达 1000 Mbps，只是在串扰、衰减和信噪比等方面有较大改善。

目前，网络工程综合布线系统一般使用超 5 类、6 类或者超 6 类 UTP。超 5 类 UTP 价廉质优，在网络工程中应用最多。

2．屏蔽双绞线

屏蔽双绞线使用金属箔或金属网线包裹其内部的信号线，在屏蔽层外面再包裹绝缘外皮。根据屏蔽方式的不同，屏蔽双绞线又分为 STP（Shielded Twisted-Pair）和 FTP（Foil Twisted-Pair）两类。STP 是指每条线对都有各自屏蔽层的屏蔽双绞线，FTP 则是采用整体屏蔽的屏蔽双绞线。超 5 类、6 类屏蔽双绞线的结构如图 2-2 所示。

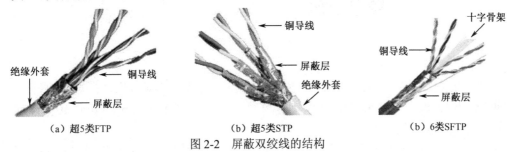

图 2-2 屏蔽双绞线的结构

屏蔽层用来有效地隔离外界电磁信号的干扰。屏蔽层被正确接地后，可将接收到的电磁干扰信号变成电流信号，与在双绞线中形成的干扰信号电流反向。只要两个电流是对称的，它们就可抵消，而不给接收端带来噪声，减少辐射，防止信息被窃听。

STP 具有较高的数据传输速率（如 5 类 STP 在 100 m 内可达 155 Mbps），抗干扰性好，但价格较高，安装时要比非屏蔽双绞线电缆困难。类似于同轴电缆，STP 必须配有支持屏蔽功能的特殊连接器和相应的安装技术，在高频传输时衰减增大，如果没有良好的屏蔽效果，平衡性会降低，也会导致串扰噪声。STP 一般分为 5 类、超 5 类、6 类、超 6 类和 7 类等 5 种规格。

7 类屏蔽双绞线（CAT7）：ANSI/EIA/TIA-568B.2 和 ISO 7 类/F 级标准中最新的一种双绞线，主要是为适应万兆位以太网技术的应用和发展而制定的屏蔽双绞线标准。其传输频率可达 600 MHz，数据传输速率可达 10 Gbps，是 6 类和超 6 类非屏蔽双绞线的 2 倍以上。

目前，对数据传输速度和质量要求较高，且有数据保密性要求的用户，网络工程综合布线系统一般使用超 5 类、6 类、超 6 类甚至 7 类屏蔽双绞线和配套的连接器件。

3．双绞线的性能与识别方法

双绞线的性能参数主要有衰减（Attenuation）、串扰、直流电阻、特性阻抗、衰减串扰比（ACR）、信噪比（SNR）、传播时延（T）、线对间传播时延差、回波损耗（RL）和链路脉冲噪声电平等。这些性能参数的具体说明，可参看双绞线电缆的说明书，必要时可通过专用仪器测得。

识别双绞线的方法主要是看其绝缘外皮上的标注。例如，"AMP SYSTEMS CABLE E138034 0100 24 AWG (UL) CMR/MPR OR C(UL) PCC FT4 VERIFIED ETL CAT5 O22766 FT 0307"，其中的 AMP 代表公司名称，0100 表示 100 Ω，24 表示线心是 24 号铜导线，AWG 表示美国线缆规格标准，UL 表示通过认证的标记，FT4 表示 4 对线，CAT5 表示 5 类线，O22766 为双绞线的长度，

FT 为英尺缩写，0307 表示生产日期为 2003 年第 7 周。

2.2.2 光纤

目前，光纤在网络中的应用已非常普及，无论是局域网、城域网的骨干网络，还是远距离通信，都采用光纤传输。

1. 光纤的结构

光纤（Fiber Optic Cable）也称为光导纤维，以光脉冲的形式来传输信号。光纤裸纤一般由纤芯、包层和涂层组成，其结构如图 2-3 所示。

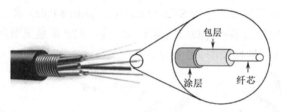

图 2-3 光纤的结构

纤芯：光传播的通道，其制造材料有超纯二氧化硅、多成分玻璃纤维、石英玻璃纤维、氟化物纤维和塑料纤维，一般都采用高折射率玻璃纤芯。其直径一般有 8.3 μm、9 μm、10 μm、50 μm、62.5 μm、100 μm 等规格。

包层：由低折射率硅玻璃纤维构成，用来将光线反射到纤芯上，使光的传输性能相对稳定。其外直径一般有 125 μm、140 μm 等规格。

涂层：涂层材料为树脂，包括一次涂覆、缓冲层和二次涂覆，起到保护光纤不受水汽的侵蚀和机械的擦伤，又增加光纤的柔韧性，起着延长光纤寿命的作用。

光纤由一根或多根光纤捆在一起放在光缆中心，外部加一些保护材料而构成。对于室内光缆（也称为尾纤或跳线），外部保护材料一般使用抗拉纤维、皱纹钢带铠装和塑料外套，如图 2-4 所示。对于室外光缆，外部保护材料一般有纤膏、松套管、阻水材料、塑料复合带、皱纹钢带铠装、加强钢丝和 PE 外护套等，如图 2-5 所示。

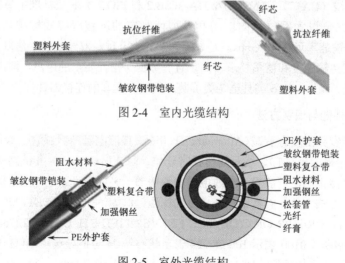

图 2-4 室内光缆结构

图 2-5 室外光缆结构

2. 光纤的分类与规格

光纤的种类很多，分类方法也是各种各样的。

① 按照制造光纤所用的材料分，光纤可分为石英玻璃光纤、多成分玻璃光纤、塑料包层石英芯光纤、全塑料光纤和氟化物光纤。

塑料光纤是用高度透明的聚苯乙烯或聚甲基丙烯酸甲酯（有机玻璃）制成的。它的特点是制造成本低廉，相对来说，芯径较大，与光源的耦合效率高，耦合进光纤的光功率大，使用方便。但由于损耗较大，带宽较小，这种光纤只适用于短距离低速率通信，如短距离计算机网络链路、船舶内通信等。目前，通信中普遍使用的是石英玻璃光纤和多成分玻璃光纤。

② 按光在光纤中的传输模式分，光纤可分为多模光纤和单模光纤。

多模光纤（Multi Mode Fiber，MMF）：以发光二极管或激光作光源。纤芯较粗，纤芯直径有 50 μm 和 62.5 μm 两种规格，包层外直径均为 125 μm。传输模式如图 2-6(a)所示，可传输多种模式的光，光线会沿着光纤的边缘壁不断反射，有许多的色散和光能量的浪费，传输效率低。端接容易，价格比较便宜。适用于短距离与低速通信，传输距离一般在 2 km 以内。

单模光纤（Single Mode Fiber，SMF）：以激光作光源，纤芯较细，纤芯直径有 8.3 μm、9 μm 和 10 μm 三种规格，包层外直径均为 125 μm。传输模式如图 2-6(b)所示，只能传输一种模式的光，即光线只沿着光纤的轴心传输，完全避免了色散和光能量的浪费，传输效率高。端接难，价格比较贵。适用于长距离与高速通信，传输距离一般在 2 km 以上。

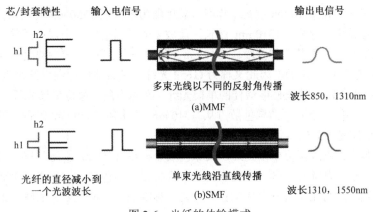

图 2-6　光纤的传输模式

③ 按最佳传输频率窗口分，光纤可分为常规型单模光纤和色散位移型单模光纤。

常规型：光纤生产厂家将光纤传输频率最佳化在单一波长的光上，如 1310 nm。

色散位移型：光纤生产厂家将光纤传输频率最佳化在两个波长的光上，如 1310 nm 和 1550 nm。

④ 按光纤的工作波长分，光纤可分为 850 nm 波长区、1300 nm 波长区和 1500 nm 波长区。

850 nm 波长区：多模通信所用的 800～900 nm 短波段。1300 nm 波长区：单模或多模通信所用的 1250～1350 nm 长波段。1500 nm 波长区：单模通信所用的 1530～1580 nm 长波段。

光纤损耗一般随波长加长而减小，850 nm 的损耗为 2.5 dB/km，1310 nm 的损耗为 0.35 dB/km，1550 nm 的损耗为 0.20 dB/km，这是光纤的最低损耗，波长 1650 nm 以上的损耗趋向加大。波长为 1310 nm 的光波在普通单模光纤中传播时，能够达到零色散。所以，目前计算机网络主干线路和室外连接光纤的工作波长通常采用 850 nm、1310 nm 和 1550 nm 三种波长。

⑤ 按折射率分布情况分，光纤可分为跳变式和渐变式光纤。

跳变式光纤：纤芯的折射率和包层的折射率都是一个常数。在纤芯和包层的交界面，折射率呈阶梯形变化，如图 2-7(a)所示。

渐变式光纤：纤芯的折射率随着半径的增加按一定规律减小，在纤芯与包层交界处减小为包层的折射率。纤芯的折射率的变化近似于抛物线，如图 2-7(b)所示。

（a）光束在跳变式光纤中的传输过程　　　　（b）光束在渐变式光纤中的传输过程

图 2-7　光在折射率分布类光纤中的传输过程

3．光纤的工程应用的类型和标准

多模光纤：50/125 μm 欧洲标准（其中 50 表示纤芯直径，125 表示包层的外直径），62.5/125 μm 美国工业标准。

单模光纤：8.3/125 μm，9/125 μm，10/125 μm。

医疗和低速网络：100/140 μm，200/230 μm。

塑料：98/1000 μm，用于汽车控制。

我国使用的单模光纤主要类型与标准如下。

① G.652：指 1310 nm 波长性能最佳的单模光纤，又称为色散未移位单模光纤，可用于 1310 nm 和 1550 nm 窗口工作。在 1310 nm 波长工作时，总色散为零；在 1550 nm 波长工作时，传输损耗最低，但色散系数较大。这样，1310 nm 波长区就成了光纤通信的一个很理想的工作窗口，也是现在实用光纤通信系统的主要工作波段。1310 nm 常规单模光纤的主要参数是由 ITU-T（国际电信联盟）在 G652 建议中确定的，因此又称为 G.652 光纤，是目前广泛应用的常规单模光纤。

② G.653：指 1550 nm 波长性能最佳的单模光纤，又称为色散移位单模光纤（DSF）。这种光纤可以对色散进行补偿，使光纤的零色散点从 1310 nm 处移到 1550 nm 附近。这种光纤又称为 1550 nm 零色散单模光纤，代号为 G.653。

③ G.655：即非零色散移位单模光纤，其零色散点不在 1550 nm，而是移至 1510～1520 nm 附近或 1600 nm 以后，从而在 1550 nm 波长区内仍保持很低的色散。这种光纤主要用于现在的单信道、超高速传输，还可用于波分复用的扩容，是一种既满足当前需要又兼顾将来发展的理想传输媒介。

在网络工程实际应用中，若主干通信在 2 km 以内，一般采用多模光纤；若在 2 km 以上，则采用单模光纤。多模光纤一般采用 50/125 μm 或 62.5/125 μm 两种规格，用波长为 850 nm 或 1310 nm 的激光，实际上大多采用 850 nm 波长。单模光纤一般采用 9/125 μm 或 10/125 μm 两种规格，用波长为 1310 nm 或 1550 nm 的激光。至于光缆需要多少纤芯、选定哪种规格，都要根据实际需求来确定。

4．光缆的型号与识别

光缆的型号由型式和规格两大部分组成，其间用 1 个空格相隔。型式由分类、加强构件、结构特性、护套和外护层 5 部分组成。规格由光纤数和光纤类别组成。光缆型号组成的格式如图 2-8 所示。

各部分均用代号表示，代号及其意义说明如下。

① 分类、加强构件、结构特性和护套，如表 2.3 所示。

图 2-8 光纤型号的格式

表 2.3 型式的代号及其意义

型 式	代 号	意 义	代 号	意 义
分类	GY	通信用室（野）外光缆	GM	通信用移动式光缆
	GJ	通信用室（局）内光缆	GS	通信用设备内光缆
	GH	通信用海底光缆	GT	通信用特殊光缆
加强构件	F	非金属加强构件	G	金属重型加强构件
	无符号	金属加强构件		
结构特性	D	光纤带结构	S	光纤松套被覆结构
	J	光纤紧套被覆结构	无符号	层绞式结构
	G	骨架槽结构	X	缆中心管（被覆）结构
	T	填充式结构	B	扁平结构
	Z	阻燃	C	自承式结构
护套	Y	聚乙烯	V	聚氯乙烯
	F	氟塑料	U	聚氨酯
	E	聚酯弹性体	A	铝带-聚乙烯黏结护层
护套	S	钢带-聚乙烯黏结护层	W	夹带钢丝的钢带-聚乙烯黏结护层
	L	铝	G	钢
	Q	铅		

② 外护层。当有外护层时，可包括垫层、铠装层和外被层的某些部分或全部，其代号用两组数字表示（垫层不需表示），第一组表示铠装层，可以是一位或两位数字，其意义见表 2.4；第二组表示外被层或外套，为一位数字，其意义见表 2.5。

表 2.4 铠装层代号

代 号	铠装层
0	无铠装层
2	绕包双钢带
3	单细圆钢丝
33	双细圆钢丝
4	单粗圆钢丝
44	双粗圆钢丝
5	皱纹钢带

表 2.5 外被层或外套代号

代 号	外被层或外套
1	纤维外被
2	聚氯乙烯套
3	聚乙烯套
4	聚乙烯套加覆尼龙套
5	聚乙烯保护套

③ 光纤数，用光缆中同类别光纤的实际有效数目的数字表示。

④ 光纤类别。光纤类别代号采用光纤产品的分类代号表示，即用大写 A 和 B 分别表示多模光纤和单模光纤，再用小写字母或数字表示不同类别的多模光纤或单模光纤，如表 2.6 所示。

例如，若光缆型号为 GYFTY04 24B1，其中，GY 表示通信用室外光缆，F 表示非金属加强固件，T 表示填充式，Y 表示聚乙烯护套，0 表示无铠装层，4 表示加覆尼龙套，24 表示 24 根光

表 2.6 光纤类别代号

代 号	光纤类别
A1a 或 A1	50/125μm 二氧化硅系渐变型多模光纤
A1b	62.5/125μm 二氧化硅系渐变型多模光纤
B1.1 或 B1	非色散位移单模光纤（ITU-T G652A、ITU-T G652B 光纤）
B1.3	波长扩展的非色散位移单模光纤（ITU-T G652C、ITU-T G652D 光纤）
B4	二氧化硅系非零色散位移单模光纤（ITU-T G655 光纤）

纤，B1 表示非色散位移单模光纤。所以，此光缆是松套层绞填充式、非金属中心加强件、聚乙烯护套加覆防白蚁尼龙层的通信用室外光缆，包含 24 根非色散位移单模光纤。

2.2.3 大对数双绞线电缆

大对数双绞线电缆（简称为大对数线）由 25 对或 100 对 3 类具有绝缘保护层的双绞线组成。目前已有 5 类大对数线，分为屏蔽和非屏蔽两种类型，如图 2-9 所示。

(a) 25 对非屏蔽大对数线　　(b) 100 对非屏蔽大对数线　　(c) 100 对屏蔽大对数线

图 2-9 大对数线的结构

大对数线的色标识别在网络工程施工过程中非常重要，以 100 对大对数线为例，其色标分组规则是：100 对对绞线按蓝、橙、绿、棕色标分成 4 个 25 对线组，每个 25 对线组分成白、红、黑、黄、紫 5 个基本组，每个基本组分成蓝、橙、绿、棕、灰 5 对对绞线。一个 25 对线组的色标分别为：

白组：白蓝/蓝、白橙/橙、白绿/绿、白棕/棕、白灰/灰
红组：红蓝/蓝、红橙/橙、红绿/绿、红棕/棕、红灰/灰
黑组：黑蓝/蓝、黑橙/橙、黑绿/绿、黑棕/棕、黑灰/灰
黄组：黄蓝/蓝、黄橙/橙、黄绿/绿、黄棕/棕、黄灰/灰
紫组：紫蓝/蓝、紫橙/橙、紫绿/绿、紫棕/棕、紫灰/灰

2.2.4 同轴电缆

1. 结构与规格型号

同轴电缆（Coaxial Cable）由中心导体、绝缘层、外部导体以及外部 PVC 封套组成，其结构如图 2-10 所示。内部中心导体可以是单股实心铜线，也可以是多股绞合线；外部导体一般是金属网线编织的网状屏蔽层，能很好地阻隔外界的电磁干扰，提高通信质量。有些同轴电缆在绝缘层与网状屏蔽层之间加封一层铝箔纸。

同轴电缆可分为两种基本类型，基带同轴电缆和宽带同轴电缆。目前基带同轴电缆的屏蔽层通常是用铜线织成的网状，其特征阻抗为 50Ω；宽带同轴电缆的屏蔽层通常是用铝冲压成的，其

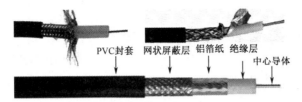

图 2-10 同轴电缆的结构

特征阻抗为 75 Ω。根据同轴电缆直径的粗细,50 Ω 的基带同轴电缆又可分为细缆和粗缆两种。细缆和粗缆其直径并没有严格的规定,不同的厂家生产的线缆其粗细各有区别。

最常用的同轴电缆有 RG-8 或 RG-11(50 Ω 阻抗)粗缆、RG-58 A/U 或 C/U(50 Ω 阻抗)细缆、RG-59(75 Ω 阻抗)CATV 电缆、RG-62(93 Ω 阻抗)。

计算机网络最常使用的是 RG-58 以太网细缆和 RG-8 以太网粗缆,用于数字信号传输,数据传输率可达 10 Mbps。RG-59 用于电视系统。RG-62 用于 ARCnet 网络和 IBM3270 网络。

2. 布线结构

在计算机网络布线系统中,对同轴电缆的粗缆和细缆有三种不同的结构方式,即细缆结构、粗缆结构和粗/细缆混合结构。下面介绍前两种结构的要点。

(1)细缆结构

① 硬件配置:50 Ω BNC 终端接头、BNC 接头、T 形接头、BNC 接口网卡,如图 2-11 所示。

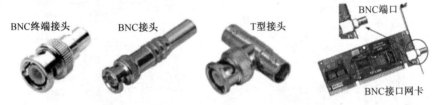

图 2-11 细同轴电缆的配件

② 网段及其扩展:对于使用细缆的以太网,每个干线段的长度不能超过 185 m,可以用中继器连接两个干线段,以扩充主干电缆的长度。每个以太网中最多可以使用 4 个中继器,连接 5 段干线段电缆。

③ 技术参数包括:最大的干线段长度,185 m;最大网络干线电缆长度,925 m;每条干线段支持的最大节点数,30 个;T 形连接器之间的最小距离,0.5 m。

(2)粗缆结构

① 硬件配置:AUI 接口网卡、收发器(Transceiver)、AUI 电缆、RG-11 A/U 粗缆、N-系列连接器插头、N-系列桶型连接器、N-系列 50 Ω 终端匹配器。

② 网段及其扩展:对于使用粗缆的以太网,每个干线段的长度不超过 500 m,可以用中继器连接两个干线段,以扩充主干电缆的长度。每个以太网中最多可以使用 4 个中继器,连接 5 段干线段电缆。

③ 技术参数包括:最大的干线段长度,500 m;最大网络干线电缆长度,2500 m;每条干线段支持的最大节点数,100 个;收发器之间最小距离,2.5 m;收发器电缆的最大长度,50 m。

目前,同轴电缆在网络工程中主要是用于模拟监控信号的前端传输,随着高清数字监控摄像机的普及,同轴电缆将会完全被双绞线或光缆替代。

2.3 综合布线系统组成与规范

2.3.1 综合布线系统组成

综合布线系统采用开放式、模块化和分层星型拓扑结构,每个子系统都是相对独立的单元,对某个分支子系统改动都不影响其他子系统。只要改变节点连接,就可使网络在星形、总线、环形等类型之间进行转换。

1. 综合布线系统子系统划分

综合布线系统按照传统的方法,划分为工作区子系统、水平子系统、管理间子系统、垂直干线子系统、设备间子系统和建筑群子系统六个部分,其结构如图2-12所示。根据国家最新发布的《综合布线系统工程设计规范》(GB50311—2007)标准,并兼顾行业习惯,我们将综合布线系统划分为工作区子系统、配线子系统、电信间、干线子系统、设备间、建筑群子系统和进线间7个子系统进行讨论,其系统结构如图2-13所示。在新的划分方法中,将管理间称为电信间,新增了进线间子系统,以满足不同运营商接入的需要。

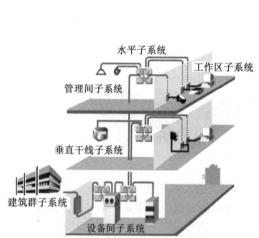

图2-12 传统综合布线系统结构

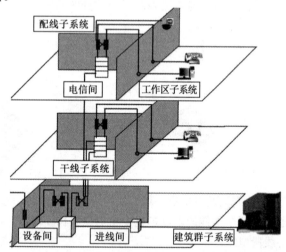

图2-13 最新综合布线系统结构

2. 综合布线系统工程子系统构成

在综合布线系统工程中,如何设置综合布线系统的子系统,以及子系统之间如何连接,要根据建筑物的实际结构和网络系统的需求进行设计与实施。综合布线子系统的基本构成如图2-14所示。其中,配线子系统中可以设置集合点,也可不设置集合点,视具体情况而定。

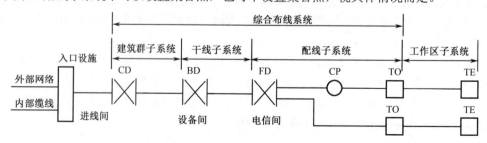

图2-14 综合布线系统基本构成

对于一栋建筑物,综合布线子系统的构成必须符合如图 2-15 所示的结构与连接要求,虚线表示 BD 与 BD 之间、FD 与 FD 之间可以设置主干缆线。建筑物 FD 可以经过主干缆线直接连至 CD,TO 也可以经过水平缆线直接连至 BD。

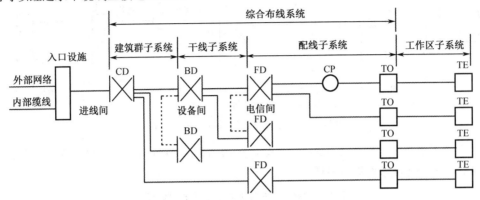

图 2-15 综合布线子系统构成

对于一个建筑群,综合布线系统的设置示意图如图 2-16 所示。

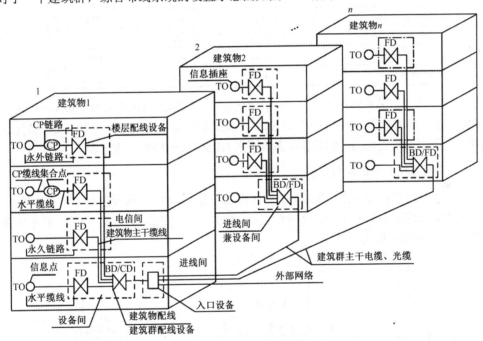

图 2-16 综合布线系统设置示意

3. 综合布线系统缆线及长度划分

综合布线系统缆线可分为工作区缆线、水平缆线、CP 缆线、主干缆线和入口缆线等,各部分缆线的关系如图 2-17 所示。各部分缆线的长度规定如下:

①综合布线系统水平缆线与建筑物主干缆线及建筑群主干缆线之和所构成信道的总长度不应大于 2000 m。

②建筑物或建筑群配线设备之间(FD 与 BD、FD 与 CD、BD 与 BD、BD 与 CD 之间)组成的信道出现 4 个连接器件时,主干缆线的长度不应小于 15 m。建筑群与建筑物配线设备所设置的

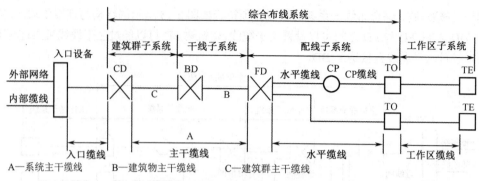

图 2-17 综合布线系统缆线组成示意图

跳线长度不应大于 20 m，超过 20 m 时主干长度应相应减少。主干缆线的长度要求参考表 2.7，在实际应用时，表中各线段数据可做适当变化。

表 2.7 综合布线系统主干缆线长度限值

缆线类型	各线段长度限值/m		
	A	B	C
100Ω 对绞电缆（语音主干）	800	300	500
62.5μm 多模光缆	2000	300	1700
50μm 多模光缆	2000	300	1700
单模光缆	3000	300	2700

需要说明的是，如果单模光纤用于主干链路传输，则传输距离允许达到 60 km，但被认为是《综合布线系统工程设计规范》（GB50311—2007）规定以外范围的内容，对于电信业务经营者在主干链路中接入电信设施能满足的传输距离也不在 GB50311—2007 规定之内。

4．综合布线系统电缆链路与信道

综合布线系统电缆信道由水平缆线、工作区缆线、设备缆线、跳线及最多 4 个连接器件构成，永久链路则由水平缆线及最多 3 个连接器件构成，构成方式如图 2-18 所示。电缆信道中各缆线的长度划分应符合下列要求：

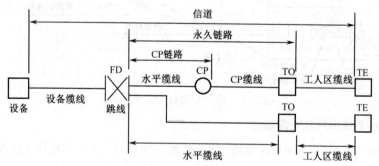

图 2-18 综合布线系统电缆链路与信道构成

① 电缆信道的最大长度不应大于 100 m。

② 工作区缆线、电信间配线设备（FD）跳线和设备缆线之和不应大于 10 m，当大于 10 m 时，水平缆线长度（90 m）应适当减少。

③ 电信间配线设备跳线、设备缆线及工作区缆线各自的长度不应大于 5 m。

5. 综合布线系统光纤信道

综合布线系统光纤信道的构成方式有下列 3 种。

① 水平光缆和主干光缆都连接到楼层电信间的光纤配线设备，再经光纤跳线连接构成，如图 2-19 所示。

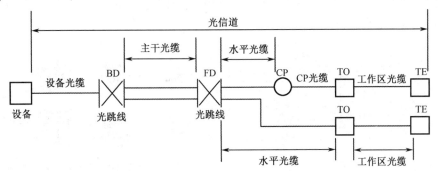

图 2-19 综合布线系统光纤信道构成（一）

② 水平光缆和主干光缆连接到楼层电信间后，再经过端接（熔接或光纤连接器）构成，如图 2-20 所示，其中 FD 只设光纤之间的连接点。

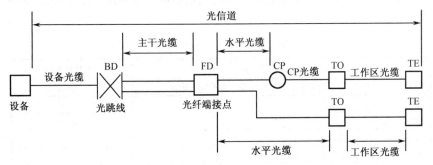

图 2-20 综合布线系统光纤信道构成（二）

③ 水平光缆经过电信间直接连接到大楼设备间光配线设备构成，如图 2-21 所示，其中 FD 安装于电信间，只作为光缆路径的场合。

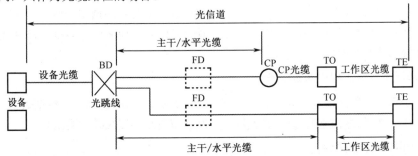

图 2-21 综合布线系统光纤信道构成（三）

注意：当工作区用户终端设备或某区域网络设备需直接与公用数据网进行互通时，应将光缆从工作区直接布置为进线间电信入口设施的光配线设备。

2.3.2 工作区子系统

1. 工作区的构成

工作区子系统（Work Area Subsystem）又称为服务区子系统，由配线子系统的信息插座（信息接入点）延伸到终端设备处的连接缆线及适配器组成，是一个需要设置终端设备（TE）的独立区域，如图2-22所示。工作区的每个信息插座均应支持计算机、电话机、数据终端、电视机、监控设备等终端设备的设置和安装，如图2-23所示。

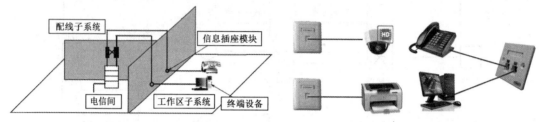

图2-22 工作区子系统的结构　　　　图2-23 工作区子系统构成

2. 工作区基本要求

① 一个独立的需要设置终端设备的区域宜划分为一个工作区。

② 每个工作区的服务面积，应根据不同的应用功能和应用场合，做具体的分析后确定，表2.8给出了工作区面积需求的参考数据。

表2.8 工作区面积划分表

建筑物类型及功能	工作区面积/m^2
网管中心、呼叫中心、信息中心等终端设备较为密集的场地	3～5
办公区	5～10
会议、会展	10～60
商场、生产机房、娱乐场所	20～60
体育场馆、候机室、公共设施区	20～100
工业生产区	60～200

③ 工作区的信息插座模块应支持不同的终端设备接入，每个8位模块通用插座应连接1根4对对绞电缆；对每个双工或2个单工光纤连接器件及适配器连接1根2芯光缆。

④ 工作区信息点为电端口时，应采用与线缆配套的8位模块通用插座（RJ-45），如采用7类双绞线布线时，信息点应采用RJ-45或非RJ型的屏蔽8位模块通用插座。光端口宜采用SFF小型光纤连接器件及适配器。

3. 工作区子系统工程的基本任务

工作区子系统工程的基本任务主要有如下3项：① 确定工作区信息点（包括数据点和语音点）的位置和数量；② 信息插座的选型与安装；③ 制作双绞线连接线缆（跳线）。

4. 工作区信息点的配置

工作区信息点的配置一般不应少于2个，在实际工程中应按用户的性质与应用需求、网络结构和终端设备的摆放位置来确定信息点的位置和数量，并预留适当数量的冗余。

（1）信息点的确定

每个工作区信息点数量的确定范围比较大，从现有的工程情况分析，设置1～10个信息点的现象都存在,并预留了电缆和光缆备份的信息插座模块。因为建筑物用户性质不同,功能要求和实际需求不一样,信息点数量不能仅按办公楼的模式确定,尤其是对于专用建筑(如电信、金融、体育场馆、博物馆等建筑)及计算机网络存在内、外网等多个网络时,更应加强需求分析,做出合理的配置。表 2.9 做了一些分类,仅提供一个参考。

表 2.9 信息点数量配置参考表

建筑物功能区	信息点数量(每个工作区)			备 注
	电话	数据	光纤(双工端口)	
办公区(一般)	1个	1个		
办公区(重要)	1个	2个	1个	对数据信息有较大的需求
出租或大客户区域	2个或2个以上	2个或2个以上	1个或2个以上	指整个区域的配置量
办公区(政务工程)	2~5个	2~5个	1个或1个以上	涉及内、外网络时

注:大客户区域也可以为公共设施的场地,如商场、会议中心、会展中心等。

(2)信息点总量计算

信息点数量的计算包括语音(电话)和数据(计算机)信息点的计算,一个建筑物内信息点的具体计算过程和方法如表 2.10 所示。如果综合布线系统涉及多个建筑物,则将每个建筑物信息点数量相加,计算出整个布线系统的信息点总量。

表 2.10 建筑物内信息点总量的计算过程和方法

计 算 项 目	计 算 公 式	参 数 说 明
分别计算各层工作区总面积 S_n	根据建筑物的工程平面图计算	不包含公共走廊、电梯厅、楼梯间,卫生间等面积
各层工作区的数量	$W_n = S_n \div S_b$	W_n 为各层工作区的数量;S_b 为一个工作区的服务面积
各层信息点的总量	$T_{pn} = W_n \times \Delta T_p$	T_{pn} 为第 n 层支持语音(电话)的信息点的数量;ΔT_p 为一个工作区内支持语音(电话)信息点的数量
	$T_{dn} = W_n \times \Delta T_d$	T_{dn} 为第 n 层支持数据(计算机)的信息点的数量;ΔT_d 为一个工作区支持数据(计算机)信息点的数量
	$T_n = T_{pn} + T_{dn}$	T_n 为第 n 层信息点的总量
建筑物内信息点的总量	$T_p = \sum_{n=1}^{N} T_{pn}$	T_p 为建筑物内语音(电话)的信息点总数;N 为建筑物的层数
	$T_d = \sum_{n=1}^{N} T_{dn}$	T_d 为建筑物内数据(计算机)的信息点总数;N 为建筑物的层数
	$T = T_p + T_d$	T 为建筑物内信息点的总量

5. 信息插座

信息插座是网络终端设备接入网络系统的连接点,在综合布线系统工程中,根据信息点的位置和使用功能要求,如何选择信息插座的类型,选择与传输线缆配套的信息模块、面板与底盒类型,如何根据信息点的数量计算信息模块、面板、底盒的数量等,是工作区子系统要做的工作。

(1)信息插座的类型

目前,网络工程中使用的信息插座主要有墙面型、桌面型和地面型三种,如图 2-24 所示。

(2)双绞线信息插座组件

双绞线信息插座由信息模块、信息面板和插座底盒组成,如图 2-25 所示。信息插座面板通常分为 86×86 mm 单口、双口和四口。目前,绝大多数知名布线产品供应商都能提供进口或国产的

(a) 墙面型　　　　　　　(b) 桌面型　　　　　　　(c) 地面型

图 2-24　信息插座的类型

国标面板以供用户选择。进口面板主要有两种。一种是以美国为代表的北美风格面板，通常不包括防尘弹簧拉门，而是采用插拔式防尘盖。其优点在于 RJ-45 模块可以 90°或 45°方式安装在面板上，具备良好的使用功能。另外一种是以法国、德国和英国产品为代表的欧洲风格，通常在面板上装有防尘弹簧拉门和可更换标示座。

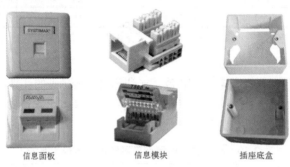

图 2-25　双绞线信息插座组件

信息插座底盒类型多种多样，安装方式各不相同。信息插座一般分为嵌入式、表面安装式（明装）式和多介质式三种。新建的建筑物应选用嵌入式信息插座，而对现有的建筑物通常采用表面安装式信息插座。嵌入式信息插座底盒（暗底盒）大小有 86×86 mm 单体盒和 86×172 mm 双体盒两种，明装式底盒大小为 86×86 mm。

（3）光纤信息插座组件

光纤信息插座由光纤连接器与耦合器、信息面板和插座底盒组成，其结构如图 2-26 所示。

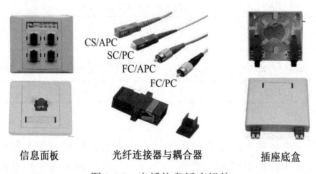

图 2-26　光纤信息插座组件

按照光纤连接器与耦合器的类别（参见电信间相关内容），光纤信息插座主要有 ST、SC、LC、MT-RJ 几种，按连接的光纤类型，又分为多模、单模两种。每条光纤传输通道包括两根光纤，一根接收信号，另一根发送信号，即光信号只能单向传输。如果收对收、发对发，光纤传输系统肯定不能工作。那么，如何保证正确的极性是综合布线中需要考虑的问题。ST 型通过繁冗的编号方式来保证光纤极性，SC 型为双工接头，在施工中对号入座就完全解决了极性这个问题。综合布线采用的光纤连接器配有单工和双工光纤软线。在水平光缆或干线光缆终接处的光缆侧，建议采用单工光纤连接器，在用户侧，采用双工光纤连接器，以保证光纤连接的极性正确。信息插座的规格有单孔、二孔、四孔、多用户等。

光纤信息插座模块安装的底盒大小，应根据水平光缆（2芯或4芯）终接光缆盘的大小和满足光缆对弯曲半径的要求来确定。

6．双绞线信息模块

双绞线信息模块是配线子系统双绞线电缆在工作区的端接器件，在综合布线系统工程中，根据双绞线的类型，主要有超5类、6类/超6类、7类 RJ-45 型和7类非 RJ 型几种，其结构如图 2-27 所示。双绞线信息模块的压线方式有打线式和扣锁式两种，打线式信息模块需要用专用打线钳，手工按色标将双绞线打入其 IDC 打线槽内，具体安装方式参见综合布线施工技术相关内容；而扣锁式信息模块只需按色标将双绞线插入其线槽，压紧扣锁帽即可，不需要使用打线钳。

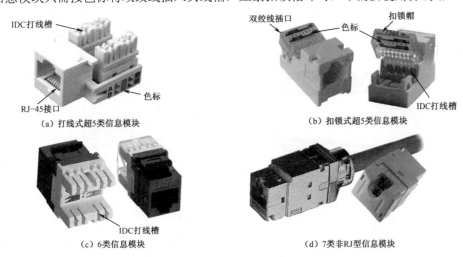

图 2-27 双绞线信息模块

7．信息模块与插座总量计算

① 信息模块的需求量。信息模块的需求量公式为：

$$M=N\times(1+3\%)$$

式中：M—信息模块的总需求量，N—信息点的总量，3%—留有的富余量。

② RJ-45 接头的需求量。RJ-45 接头的需求量的公式为：

$$m=n\times 4\times(1+15\%)$$

式中：m—RJ-45 的总需求量，n—信息点的总量，15%—留有的富余量。

③ 信息插座底盒与面板的需求量。信息插座底盒与面板的数量应以面板设置的开口数确定，每个底盒支持安装的信息点数量不宜大于2个，还可考虑2%的富余量。

2.3.3 配线子系统

1．配线子系统构成

配线子系统是由工作区的信息模块、信息模块至电信间配线设备（FD）的水平缆线、电信间的配线设备及设备缆线和跳线等构成。图 2-28 为配线子系统的标准构成示意图，在电信间采用两

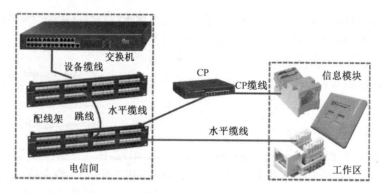

图 2-28 配线子系统

组配线架,一组通过设备缆线与交换设备连接,另一组通过水平缆线与工作区信息模块连接,在两组配线架之间通过跳线实现交换设备的任意端口与工作区的任意信息插座的连通。图 2-29 是在网络工程中较实用的配线子系统构成示意图。

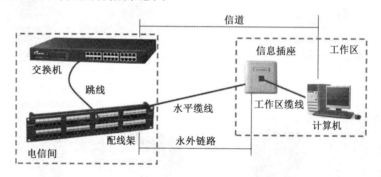

图 2-29 实用配线子系统

配线子系统是综合布线系统的分支部分,具有面广、点多等特点,结构一般为星型结构,遍及整个建筑的每个楼层,且与房屋建筑和管槽系统有密切关系,在设计中应注意相互之间的配合。

2. 配线子系统工程的基本任务

配线子系统工程要完成的基本任务有如下几方面:① 根据建筑物的实际结构和信息点的位置,设计线缆的路由,画出配线子系统布线图,即综合布线系统平面图;② 选定配线子系统线缆的类型、品牌、规格、型号和数量;③ 根据系统布线图敷设水平线缆;④ 端接工作区信息插座的信息模块;⑤ 端接电信间的数据和光纤配线架模块。

3. 配线子系统缆线配置

(1) 缆线选型

在通常情况下,配线子系统缆线(包括数据缆线和语音缆线)一般采用非屏蔽或屏蔽 4 对对绞电缆,具体类型和型号要根据建筑物内具体信息点的类型、容量、带宽和传输速率来确定。若使用 100 Ω 非屏蔽双绞线作为配线子系统的缆线,可根据信息点类型的不同采用不同类型的电缆。例如,语言信息点可采用 3 类双绞线,数据信息点可采用超 5 类甚至 6 类双绞线,电磁干扰严重的场合宜采用屏蔽双绞线。但是从系统的兼容性和信息点的灵活互换性角度出发,建议配线子系统采用同一种布线材料。

配线子系统在有高速率应用场合,应采用室内多模或单模光缆,从电信间至每个工作区水平光缆宜按 2 芯光缆配置；当满足用户群或大客户使用时，光纤芯数至少应有 2 芯备份，按 4 芯水平光缆配置。

配线设备交叉连接的跳线应选用综合布线专用的插接软跳线，电话跳线宜按每根 1 对或 2 对绞电缆容量配置，数据跳线宜按每根 4 对对绞电缆配置，光纤跳线宜按每根 1 芯或 2 芯光纤配置。

配线子系统设计时，缆线的具体型号和参数的选择要以综合布线系统的等级与类别为根据。在配线子系统中常用的缆线型号和规格如下：100 Ω非屏蔽或屏蔽双绞线（UTP/STP），8.3/125 μm 单模光纤，62.5/125 μm 多模光纤，50Ω同轴电缆。

注意：配线子系统信道长度限制为 100m，其中水平缆线最长 90 m、工作区设备缆线、电信间配线设备的跳线和设备缆线之和不应大于 10 m，且各自的长度不应大于 5 m。大于 10 m 时，90 m 的水平缆线长度应适当减少。永久链路最长为 90 m。连接至电信间的每根水平电缆/光缆应终接于相应的配线模块，配线模块与缆线容量相适应。

（2）配线子系统水平电缆用量计算

配线子系统水平电缆用量的计算，是根据电信间及各信息插座的位置，先计算出各层配线子系统水平电缆总长度，再计算出建筑物内配线子系统水平电缆总长度及总用量。一个建筑物内水平电缆的具体计算过程和方法如表 2.11 所示。如果综合布线系统涉及多个建筑物，则将每个建筑物水平电缆数量相加，计算出整个综合布线系统的水平电缆总量。

表 2.11 建筑物内水平电缆的计算过程和方法

计算项目	计算公式	参数说明
各层（区）配线子系统水平电缆的平均长度	$L_{hn}=(L_{min}+L_{max})\div 2+\Delta L$	L_{hn} 为第 n 层水平电缆的平均长度；L_{min} 为第 n 层电信间至最近信息插座水平电缆的长度；L_{max} 为第 n 层电信间至最远信息插座水平电缆的长度；ΔL 为在电信间电缆预留长度，长度一般为 0.5～2 m
各层（区）配线子系统水平电缆的总长度	$L_{hzn}=L_{hn}\times T_n$	L_{hzn} 为第 n 层水平电缆的总长度；T_n 为第 n 层信息点的总量
建筑物内配线子系统水平电缆的总长度	$L_{hz}=\sum L_{hzn}$	L_{hz} 为建筑物内水平电缆的总长度
建筑物内配线子系统水平电缆的总用量	$X_h=L_{hz}\div 305$	X_h 为建筑物内配线子系统水平电缆的总用量（取整数值，箱）；305 为每箱电缆的长度（米/箱）

（3）配线子系统水平光缆用量计算

根据电信间及信息插座的位置，计算出各层（区）配线子系统水平光缆总长度，再计算出建筑物内配线子系统水平光缆总用量。具体计算方法与系统水平电缆用量计算相同，要注意的是在电信间光缆预留长度一般为 3～5 m。

2.3.4 电信间

1. 电信间构成

电信间是配线子系统和干线子系统的交接场地，主要安装有楼层配线设备 FD 和楼层网络设备等。楼层配线设备 FD 一般由数据配线架、语音配线架、光纤配线架（或光纤连接盒）和理线架四部分组成。楼层网络一般是集线器和接入交换机。

电信间可以设置缆线竖井、等电位接地体、电源插座、UPS 配电箱等设施。在场地面积允许时，也可设置安防、消防、监控、无线信号覆盖等系统的设备等。如果综合布线系统与弱电系统设备同设于一个场地内，从建筑的角度出发，这个场地称为弱电间。

2. 电信间的功能和任务

电信间的功能是把从干线子系统过来的信息通过跳线分配给配线子系统的线缆传送到相应的信息点，同时把从配线子系统过来的信息通过跳线汇聚到干线子系统。电信间子系统工程的基本任务如下：正确安装楼层交换设备和楼层配线设备，正确插接各种跳线。

3. 电信间的布局

在进行电信间布局时，一般从以下几方面来考虑：

① 电信间的数量应按所服务的楼层范围及工作区面积来确定。如果楼层信息点数量不大于 400 个，配线电缆长度在 90 m 范围以内，可只设置 1 个电信间；超出这一范围时，应设 2 个或多个电信间；每层的信息点数量较少，水平缆线长度不大于 90 m 的情况下，应几个楼层合设一个电信间。

② 电信间的使用面积不应小于 5 m²，也可根据工程中配线设备和网络设备的容量进行调整。其布局如图 2-30 所示，图中设备布置尺寸仅供参考，实际工程需依所选设备确定。

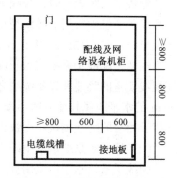

图 2-30 电信间设备布置示意

③ 电信间应采用外开丙级防火门，门宽宜为 0.7～1.0 m，应大于设备的最大宽度。室温应保持在 10℃～35℃，相对湿度宜保持在 20%～80%。如在机柜中安装计算机网络设备时，环境应满足设备提出的要求，温、湿度的保证措施由空调专门负责解决。

④ 电信间内或紧邻电信间应设置缆线竖井。电信间应与强电间分开设置，电信间应提供不少于两个 220 V 带保护接地的单相电源插座，但不作为设备供电电源。如果安装电信设备或其他网络设备时，设备供电应符合相应的设计要求。

4. 电信间的配置

① 一般采用 19 英寸标准机柜按照从上到下的顺序来安装光纤配线架、网络设备、数据配线架和语音配线架，底部空出 4U 的高度便于放置光纤收发器、光纤端接盒、电源插座等设备，理线架（1U 高）放在网络设备或配线架的下方。机柜尺寸通常为 600 mm（宽）×800 mm（深）×2000 mm（高），共有 42U 的安装空间，实际需要多高根据设备的多少而定。如果楼层电话和数据的信息点各达到 200 个及以上，一般将数据配线架与语音配线架分别安装在两个机柜里。以此测算电信间面积至少应为 2.5 m×2.0 m=5 m²。

② 连至电信间的每一根电缆/光缆都应终接于相应的配线模块，通常采用 RJ-45 配线模块和光纤连接盘支持数据配线。采用 IDC（Internet Data Center）配线模块支持干线侧的语音配线，IDC 配线模块或 RJ-45 配线模块支持水平侧的语音配线。在进行综合布线系统设计时，应该充分考虑配线设备的安装、使用场合以及与之连接的缆线的类型。表 2.12 列举了常用配线模块的类型、安装场地及连接缆线的类型。

③ 配线模块的配置应与缆线容量相适应。电信间 FD 主干侧各类配线模块，应按电话交换机、计算机网络的构成及主干电缆/光缆的所需容量要求及模块规格进行配置。对语音业务，大对数主干电缆的对数应按每个电话 8 位模块通用插座配置 1 对线，并在总需求线对的基础上至少预留 10% 的备用线对；对于数据业务应以集线器（Hub）或交换机（SW）群（按 4 个 Hub 或 SW 组成一群），或以每个 Hub 或 SW 设备设置 1 个主干端口配置，每群网络设备或每 4 个网络设备应考虑配置 1 个备份端口。主干端口为电口时，应按 4 对线容量配置，为光口时则按 2 芯光纤容量配置。

表 2.12 综合布线系统配线模块选用表

类别	产品类型		配线模块安装场地和连接缆线类型			
	配线设备类型	容量与规格	CP（集合点）	FD（电信间）	BD（设备间）	CD（设备间/进线间）
电缆配线设备	大对数卡接模块	采用 4 对卡接模块	4 对水平电缆/4 对 CP 电缆	4 对水平电缆/4 对主干电缆	4 对主干电缆	4 对主干电缆
		采用 5 对卡接模块	—	大对数主干电缆	大对数主干电缆	大对数主干电缆
	25 对卡接模块	25 对	4 对水平电缆/4 对 CP 电缆	4 对水平电缆/4 对主干电缆/大对数主干电缆	4 对主干电缆/大对数主干电缆	4 对主干电缆/大对数主干电缆
	回线型卡接模块	8 回线	4 对水平电缆/4 对 CP 电缆	4 对水平电缆/4 对主干电缆	大对数主干电缆	大对数主干电缆
		10 回线	—	大对数主干电缆	大对数主干电缆	大对数主干电缆
	RJ-45 配线模块	一般为 24 口或 48 口	4 对水平电缆/4 对 CP 电缆	4 对水平电缆/4 对主干电缆	4 对主干电缆	4 对主干电缆
光缆配线设备	ST 光纤连接盘	单工/双工，一般为 24 口	水平光缆/CP 光缆	水平光缆/主干光缆	主干光缆	主干光缆
	SC 光纤连接盘	单工/双工，一般为 24 口	水平光缆/CP 光缆	水平光缆/主干光缆	主干光缆	主干光缆
	SFF 小型光纤连接盘	单工/双工，一般为 24 口或 48 口	水平光缆/CP 光缆	水平光缆/主干光缆	主干光缆	主干光缆

④ 电信间 FD、设备间 BC（CD）采用的设备缆线和各类跳线，应以通信设施和计算机网络设备的端口容量或按信息点的比例进行配置。电话跳线应按每根 1 对或 2 对对绞电缆容量配置，跳线两端连接插头采用 IDC 或 RJ-45 型；数据跳线应按每根 4 对对绞电缆配置，跳线两端连接插头采用 IDC 或 RJ-45 型；光纤跳线应按每根 1 芯或 2 芯光纤配置，光跳线连接器件采用 ST、SC 或 SFF 型。

5. 数据配线架

数据配线架通常用于网络中心机房、设备间和电信间的数据配线，也可用于楼层配线设备 FD 水平侧的语音配线，其作用是将配线子系统中的数据信息点与网络设备相连，或将配线子系统中的语音点与语音主干大对数电缆相连，或将对绞线进行交叉连接等。

（1）数据配线架的结构

数据配线架由 RJ-45 配线模块、基座、标签组成。标准宽度为 19 英寸，高度分别有 1U、2U 和 4U 几种。基本规格为 24 个接口，也有 48 个接口，每个 24 接口数据配线架共有 4 个 RJ-45 配线模块，每个模块有 6 个 RJ-45 接口。按照配线模块的类型，数据配线架可分为超 5 类、6 类和 7 类等几种类型，如图 2-31 所示。

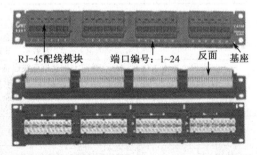

图 2-31 数据配线架结构

（2）RJ-45 配线模块

目前，超 5 类、6 类和 7 类配线模块都由 6 个 RJ-45 接口组成，每个端口可连接 1 根 4 对对绞电缆，则一个 RJ-45 配线模块可支持 6 个信息点。如图 2-32 所示，超 5 类、6 类和 7 类配线模块的正面为 RJ-45 端口和标签设置处；反面为 IDC 打线槽和色标索引条，但两种类型的结构不同，在超五类配线模块中，一根 4 对对绞电缆的 8 根导线一般压接在同一侧的 8 个 IDC 打线槽中。而在 6 类配线模块中，1 根 4 对对绞电缆的 8 根导线一般压接在两侧，且要使用锁线卡。

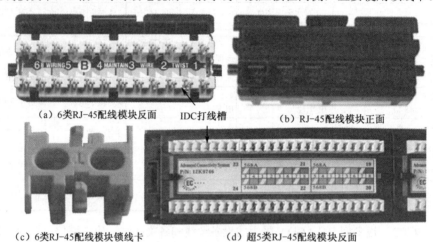

图 2-32　RJ-45 配线模块结构

（3）数据配线架与网络设备的连接

数据配线架采用数据跳线与网络设备的连接，其 RJ-45 配线模块各部分之间的关系如图 2-33 所示。

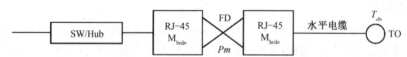

图 2-33　支持数据 FD 的各配线模块的关系

（4）数据配线架的容量计算

数据配线架既可以支持数据信息点配线，也可以支持语音点水平侧配线，以 24 口数据配线架为例，其容量计算如表 2.13 所示。

表 2.13　楼层配线设备 FD 的数据配线架容量计算

计算项目	计算公式	参数说明
至水平侧 FD 的数据配线架数量	$Mhr_{dn}=T_{dn}\div 24$	Mhr_{dn} 为第 n 层楼层配线设备 FD 至水平侧支持数据的数据配线架数量（取其最大整数值）；T_{dn} 为第 n 层数据信息点的数量
	$Mhr_{pn}=T_{pn}\div 24$	Mhr_{pn} 为第 n 层楼层配线设备 FD 至水平侧支持语音的数据配线架数量（取其最大整数值）；T_{pn} 为第 n 层语音信息点的数量
至干线侧 FD 的数据配线架数量	$Mbr_{dn}=Mhr_{dn}$	Mbr_{dn} 为第 n 层楼层配线设备 FD 至建筑物主干电缆侧支持数据的数据配线架数量
FD 的数据配线架总容量	$P_{rn}=(Mhr_{pn}+Mhr_{dn}+Mbr_{dn})\times 24$	P_{rn} 为第 n 层楼层配线设备 FD 支持数据和语音的 24 口数据配线架总容量
数据跳线	跳线根数=T_{dn} 根	跳线采用 4 对对绞电缆制作，两端连接 RJ-45 插头

6. 语音配线架

语音配线架通常用于设备间和电信间的语音配线，也可用于楼层配线设备 FD 水平侧的语音配线，其作用是将配线子系统中的语音点与语音主干大对数电缆相连。语音配线架有墙面安装、机架安装、机柜安装三种方式，一般安装在 19 英寸机柜中，语音主干配线架安装在机柜的最底部，语音水平配线架安装在语音主干配线架的上方。

（1）语音配线架的结构

语音配线架由 IDC 配线模块、基座和标签组成。标准宽度为 19 英寸，可安装 2 个 IDC 配线模块，如图 2-34 所示。

图 2-34 语音配线架结构

（2）IDC 配线模块

IDC 配线模块由 IDC 打线槽、4 对或 5 对 IDC 连接块、线管理器，定位器，交连跨接线、标签条（带）等组成。每条 IDC 打线槽有 25 对卡接端子，最多端接 25 对缆线，根据 IDC 打线槽的行数，IDC 配线模块有 25 对、50 对、100 对、200 对和 300 对等多种规格。100 对 IDC 配线模块的结构如图 2-35 所示，其中，4 对或 5 对 IDC 连接块的一端是金属卡接端子，用于插入 25 对 IDC 打线槽，上端也是 IDC 打线槽，用于打入跳线或插接软线，与其他 IDC 配线模块连接。

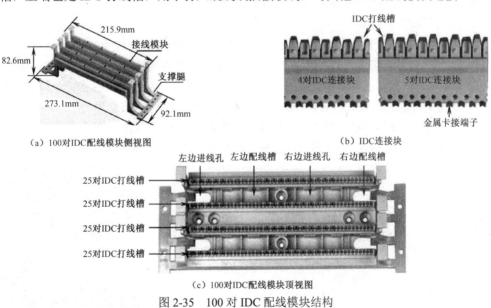

图 2-35 100 对 IDC 配线模块结构

（3）FD 的 IDC 配线模块配置

通常 FD 的支持语音的配线模块各部分之间的关系如图 2-36 所示，IDC 配线模块用于支持主干侧语音连接，RJ-45 配线模块用于支持水平侧语音连接。

① FD 的 IDC 配线模块基本单元数量。至建筑物主干侧支持语音 FD 的 IDC 配线模块基本单元（100 对）数量：

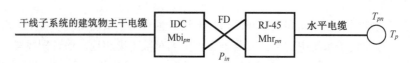

图 2-36 支持语音 FD 的各配线模块的关系图

$$\mathrm{Mbi}_{pn}=T_{pn}\times 1.1\div 100$$

式中，Mbi_{pn} 为第 n 层楼层配线设备 FD 至建筑物主干电缆侧支持语音 IDC 配线模块的基本单元数量（取整数值）；T_{pn} 为第 n 层支持语音（电话）的信息点的数量；1.1 中的 0.1 为备份系数，在进行语音链路设计时，一般按 10%冗余考虑。

② FD 的 IDC 配线模块总容量（总对数）

$$P_{in}=\mathrm{Mbi}_{pn}\times 100$$

式中，P_{in} 为第 n 层楼层配线设备 FD 支持语音（电话）100 对 IDC 配线模块的总容量。

③ FD 的支持语音跳线数量。跳线按每根 1 对对绞线缆容量配置，跳线一端连接插头采用 IDC 型，另一端连接插头采用 RJ-45 型，跳线的数量为 T_{pn} 根。

7．光纤配线架

光纤配线架（Optical Distribution Frame，ODF）一般安装在网络中心、设备间和电信间，其作用是将室外光纤转接到室内光纤适配器，通过室内光纤（尾纤）与干线子系统、配线子系统光缆以及网络设备连接等，是实现光缆的成端、固定、保护、直接以及与光纤跳线之间的插接等功能的连接设备。光纤配线架有封闭式或半封闭式两种。

（1）光纤配线架的结构

光纤配线架由箱体、光纤连接盘、面板三部分构成，标准宽度是 19 英寸，高度一般在 1U 和 3U 之间，如图 2-37 所示。光纤连接盘集光缆光纤熔接、尾纤收容、跳接线收容三种功能于一体，主要有熔接盒和绕线盘。光纤熔接点处的热熔管放在熔接盒中，并用盖板保护。余纤收容在两个特制的半圆塑料绕线盘上，保证光纤的弯曲半径大于 37.5 mm。面板有 2 口、4 口、6 口、12 口、24 口等规格，可安装 FC、SC、ST 和 LC 型等各种类型的光纤适配器。光纤配线架面板上接口较少时，一般制作成一个小光纤盒，称为光纤端接盒或光纤盒，如图 2-38 所示。

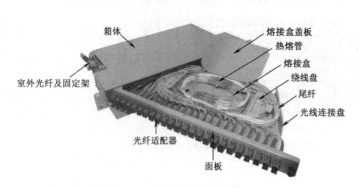

图 2-37 光纤配线架的结构

图 2-38 光纤端接盒的结构

（2）光纤配线架容量的确定

FD 的光纤连接盘各部分之间的关系如图 2-39 所示。

① 至水平侧光纤 FD 的光纤配线架数量

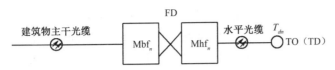

图 2-39 支持数据 FD 的光纤连接盘各部分之间的关系

$$Mhf_n = T_{dn} \div 12$$

式中，Mhf_n 为第 n 层楼层配线设备 FD 至水平侧支持数据光纤配线架（12 口双工连接器）数量（取整数值）；T_{dn} 为第 n 层的光纤信息点（双工）数量。

② 至干线侧 FD 的光纤配线架数量

$$Mbf_n = Mhf_n$$

式中，Mbf_n 为第 n 层楼层配线设备 FD 至建筑物主干侧支持数据光纤配线架（12 口双工连接器）数量。

③ FD 的光纤配线架总容量

$$P_{fn} = (Mbf_n + Mhf_n) \times 12$$

式中，P_{fn} 为第 n 层楼层配线设备 FD 支持数据光纤配线架（双工）的总容量。

8．光纤连接器

在网络工程中，要实现光纤传输，必须要解决三方面的问题：一是要将电信号与光信号进行相互转换，二是将具有光纤接口的网络设备进行相互连接，三是光纤链路的接续。光纤链路的接续又分为永久性接续和活动性接续两种。永久性接续大多采用熔接法、粘接法或固定连接器来实现；活动性接续以及上述第一个、第二个问题，一般采用光纤活动连接器件来实现。常用的光纤活动连接器件包括光纤收发器、光纤接口模块、光纤连接器和光纤跳线。

（1）光纤收发器

光纤收发器是一种将电信号和光信号进行相互转换的设备，是以太网传输媒体转换单元，在很多地方也被称为光电转换器（Fiber Converter）。其结构如图 2-40 所示。

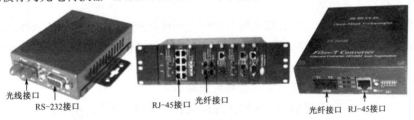

图 2-40 光纤收发器

光纤收发器一般应用在以太网电缆无法覆盖、必须使用光纤来延长传输距离的实际网络环境中，一般连接方法是：光纤接口通过光纤跳线与室外光纤的端接盒连接，RJ-45 接口通过双绞线跳线与交换机或其他网络设备的 RJ-45 接口连接。

目前，光纤收发器的种类很多，按光纤的性质，可以分为多模光纤收发器和单模光纤收发器。多模收发器一般的传输距离为 2～5 km，单模收发器覆盖的范围为 20～120 km。需要指出的是，因传输距离的不同，光纤收发器本身的发射功率、接收灵敏度和使用波长也会不一样。按工作层次/速率来分类，可以分为单 10 Mbps、100 Mbps 光纤收发器、10/100 Mbps 自适应的光纤收发器和 1000 Mbps 光纤收发器。其中，单 10 Mbps 和 100 Mbps 的收发器产品工作在物理层，而 10/100 Mbps 光纤收发器是工作在数据链路层。按结构来分类，光纤收发器可以分为桌面式（独立式）和机架式（模块化）。桌面式光纤收发器适合于单个用户使用，如满足楼道中单台交换机的上连。机架式光纤收发器适用于多用户的汇聚，如小区的中心机房必须满足小区内所有交换机的上连。使用机架便于实现对所有模块型光纤收发器的统一管理和统一供电，目前国内的机架多为16 槽产品，即一个机架中最多可加插 16 个模块式光纤收发器。按管理类型分类，光纤收发器可分为网管型光纤收发器和非网管型光纤收发器。

（2）光纤接口模块

光纤接口模块也是一种将电信号和光信号进行相互连接的设备，与光纤收发器不同的是它不能单独使用，必须插入交换机等网络设备的光纤插口，其结构如图 2-41 所示。

GBIC 光纤接口模块

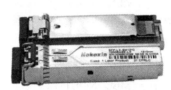
SFP 光纤接口模块

交换机光纤通信模块

图 2-41　光纤接口模块

光纤接口模块有 GBIC 和 SFP 两种封装。GBIC（Giga Bitrate Interface Converter）是千兆位接口转换器，使用 SC 光纤接口，可热插拔。SFP（Small Form-factor Pluggable）是小封装模块，其功能和应用与 GBIC 大体相同，但体积小，使用 LC 光纤接口，可热插拔。有些交换机厂商称 SFP 模块为小型化 GBIC（MINI-GBIC）。

GBIC/SFP 光纤接口模块可用于交换机间级联、堆叠、远距离通信、服务器/磁盘阵列高速通信等方面。与光纤一样，光纤接口模块分为单模和多模两种类型。多模主要应用于距离在 550～2000 m 内的千兆位传输环境，一般使用 850 nm 和 1310 nm 波长。单模主要应用于长距离传输，从 20～120 km 都有对应的模块可供选择，一般使用 1310 nm 和 1550 nm 波长。

（3）光纤连接器及其结构

光纤连接器，俗称活接头，是实现光纤与光纤之间可拆卸（活动）连接的器件，主要用于光纤线路与光发射机输出或光接收机输入之间，或光纤线路与其他光无源器件之间的连接。它把光纤的两个端面精密对接起来，以便使发射光纤输出的光能量能最大限度地耦合到接收光纤中去，并可使由于其介入光链路而对系统造成的影响减到最小。

现在已经广泛应用在光纤通信系统中的光纤连接器，其种类众多，结构各异。但细究起来，各种类型的光纤连接器的基本结构是一致的，即绝大多数的光纤连接器一般由两个插针和一个耦合管（器）组成，如图 2-42 所示。

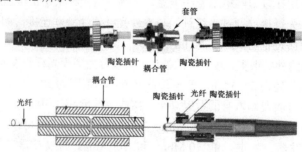

图 2-42　光纤连接器的结构

这种结构是将光纤穿入并固定在插针中,并将插针表面进行抛光处理后,在耦合管中实现对准。插针的外组件采用金属或非金属的材料制作。插针的对接端必须进行研磨处理,另一端通常采用弯曲限制构件来支撑光纤或光纤软缆以释放应力。耦合管一般是由陶瓷或青铜等材料制成的两半合成的、紧固的圆筒形构件做成,多配有金属或塑料的法兰盘,以便于连接器的安装固定。为尽量精确地对准光纤,对插针和耦合管的加工精度要求很高。

(4) 光纤跳线与光纤连接器的类型

光纤跳线,又称为尾纤,是用于从设备到光纤布线链路或设备到设备的跳接线,有较好的保护层,两端为光纤连接器(适配器),一般应用于室内连接。

光纤连接器的种类众多,按传输媒介的不同,可分为单模光纤连接器和多模光纤连接器;按结构的不同,可分为 FC、SC、LC、ST、MT–RJ、DIN4、MU 等;按连接器的插针端面,可分为 FC、PC(UPC)和 APC;按光纤芯数分,还有单芯、多芯之分。实际应用中,一般按照光纤连接器结构的不同来加以区分。下面简单介绍一些比较常见的光纤连接器及其相应的跳线。

① FC 型光纤连接器。这种连接器最早是由日本 NTT 研制的,如图 2-43 所示。FC 是 Ferrule Connector 的缩写,表明其外部加强方式是采用金属套,紧固方式为螺丝扣。早期 FC 类型连接器所采用的陶瓷插针的对接端面是平面接触方式(FC)。此类连接器结构简单,操作方便,制作容易,但光纤端面对微尘较为敏感,且容易产生菲涅尔反射,提高回波损耗性能较为困难。后来,对该类型连接器做了改进,采用对接端面呈球面的插针(PC),而外部结构没有改变,使得插入损耗和回波损耗性能有了较大幅度的提高。

② SC 型光纤连接器。这是一种由日本 NTT 公司开发的光纤连接器,如图 2-44 所示。其外壳呈矩形,所采用的插针和耦合套筒的结构尺寸与 FC 型完全相同,其中插针的端面多采用 PC 或 APC 型研磨方式;紧固方式是采用插拔销闩式,不需旋转。此类连接器价格低廉,插拔操作方便,介入损耗波动小,抗压强度较高,安装密度高。

图 2-43　FC/PC 型光纤连接器及跳线　　　　图 2-44　SC/PC 型光纤连接器及跳线

③ LC 型连接器。LC 型连接器是著名 Bell 研究所研究开发出来的,采用操作方便的模块化插孔(RJ)闩锁机理制成,如图 2-45 所示。其所采用的插针和套筒的尺寸是普通 SC、FC 等所用尺寸的一半,为 1.25 mm,这样可以提高配线架中光纤连接器的密度。目前,在单模 SFF 方面,LC 类型的连接器实际已经占据了主导地位,在多模方面的应用也增长迅速。

④ ST 型连接器。ST 型是由日本 NTT 公司开发的光纤连接器,如图 2-46 所示。连接器外部件为精密金属件,包含推拉旋转式卡口卡紧机构。此类连接器插拔操作方便,插入损耗波动小,抗压强度较高,安装方便,完全满足 EIA 604-2 标准和 YD/T-826-1996 标准,符合国际通用的 GR-326 规范,一般用于光纤通信网络、光纤宽带接入网、光纤局域网。

⑤ MT–RJ 型连接器。MT–RJ 起步于 NTT 开发的 MT 连接器,带有与 RJ-45 型 LAN 电连接器相同的闩锁机构,如图 2-47 所示,通过安装于小型套管两侧的导向销对准光纤,为便于与光收发机相连,连接器端面光纤为双芯(间隔 0.75 mm)排列设计,是主要用于数据传输的下一代高密度光纤连接器。

图 2-45　LC 型光纤连接器及跳线　　　　图 2-46　ST 型光纤连接器及跳线

⑥ DIN47256 型光纤连接器。这种连接器由德国开发的连接器，采用的插针和耦合套筒的结构尺寸与 FC 型相同，端面处理采用 PC 研磨方式，如图 2-48 所示。与 FC 型连接器相比，其结构要复杂一些，内部金属结构中有控制压力的弹簧，可以避免因插接压力过大而损伤端面。另外，这种连接器的机械精度较高，因而介入损耗值较小。

⑦ MU（Miniature unit Coupling）型连接器。MU 连接器是 NTT 研制生产的小型单元耦合型连接器，采用印刷电路板插入底板的方法，使印刷电路板上的光学元件与光缆相连。其连接芯线的方式与 SC 型连接器相同，并且达到与 SC 连接器相同的优越性能和高度可靠性，如图 2-49 所示。利用 MU 的 1.25 mm 直径套管，NTT 最近已开发出一系列 MU 连接器，它们有用于光缆连接的插座型连接器（MU-A 系列）、具有自保持机构的底板连接器（MU-B 系列）以及用于连接 LD/PD 模块与插头的简易插座（MU-SR 系列）等。

图 2-47　MT-RJ 型光纤连接器及跳线　　图 2-48　DIN4 型光纤连接器　　图 2-49　MU 型光纤连接器

在 ISO/IEC 11801 2002-09 标准中，提出除了维持 SC 光纤连接器用于工作区信息点以外，同时建议在设备间、电信间、集合点等区域使用 SFF 小型光纤连接器及适配器。小型光纤连接器与传统的 ST、SC 光纤连接器相比体积较小，可以灵活地使用于多种场合。目前，SFF 小型光纤连接器被布线市场认可的主要有 LC、MT-RJ、VF-45、MU 和 FJ 等。

2.3.5　干线子系统

1. 干线子系统构成

干线子系统由设备间至电信间的干线电缆和光缆，安装在设备间的建筑物配线设备（BD）及设备缆线和跳线组成。干线子系统负责把各个电信间的干线连接到设备间，干线子系统示意图如图 2-50 所示。

图 2-50　干线子系统示意

干线子系统主干缆线应选择较短的安全的路由，主干缆线一般采用点对点终接，也可采用分支递减终接。点对点终接是最简单、最直接的接合方法，干线子系统的每根干线电缆从设备间的配线架（电缆或光缆）直接连接到各楼层的电信间交换设备。干线缆线采用 6 类双绞线（如图 2-51 所示）或室内光纤（如图 2-52 所示）。分支递减终接是用一根容量足以支持若干个电信间或楼层的干线电缆，经过电缆接头保护箱分出若干根小电缆，再分别延伸到每个电信间或每个楼层,并终接于目的地的连接硬件。

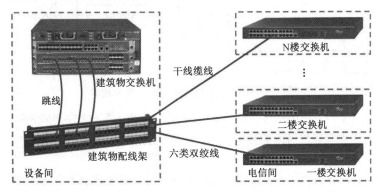

图 2-51 采用 6 类双绞线的干线子系统构成

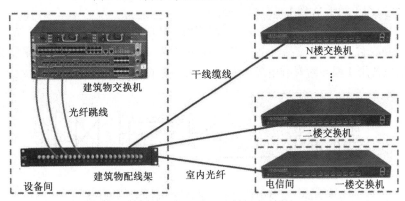

图 2-52 采用室内光纤的干线子系统构成

2．干线子系统工程的基本任务

干线子系统工程的基本任务是：① 配置干线子系统缆线（光缆、双绞线、大对数）的类型、品牌、规格、型号和数量；② 正确敷设各种线缆；③ 端接设备间和电信间中的数据配线架和语音配线架；④ 进行光纤熔接，端接光纤配线架；⑤ 正确插接各种跳线。

3．干线子系统缆线配置

在进行干线子系统配置时,要确定缆线中语音和数据信号的分设,语音信号采用大对数电缆,数据信号采用光缆或双绞线。干线子系统配置应满足 GB50311-2007 规范中所规定的干线子系统各段缆线长度要求,从 BD 到 FD 之间干线子系统缆线长度限值应小于或等于 300 m。

主干缆线应设置电缆与光缆,并互相作为备份路由。如果电话交换机和网络设备设置在建筑物内不同的设备间,宜采用不同的主干缆线来分别满足语音和数据的需要。

干线子系统所需要的电缆总对数和光纤总芯数,应满足工程的实际需求,并留有适当的备份容量,这对于综合布线系统的可扩展性和可靠性来说是十分重要的。

（1）支持数据的干线子系统光缆

支持数据的建筑物主干应当采用光缆,2 芯光纤可支持 1 台 SW（或 Hub）或 1 个 SW 群（或 Hub 群）,在光纤总芯数上备用 2 芯光纤作为冗余。干线子系统建筑物主干光缆各部分构成如图 2-53 所示。至各层支持数据的建筑物主干光缆用量的计算可按下列方法进行：

$$Lf_n=(Lbf_n+\Delta Lf_2+\Delta Lf_3)\times Gf_n$$

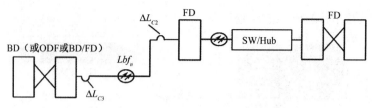

图 2-53 干线子系统主干光缆各部分构成

式中,Lf_n 为至第 n 层支持数据的干线光缆用量;Lbf_n 为第 n 层 FD 与 BD 之间缆线路由距离;ΔLf_2、ΔLf_3 分别为光缆在电信间和设备间的预留长度,长度一般为 3~5 m;Gf_n 为至第 n 层干线子系统光缆的根数。

将各层支持数据的建筑物主干光缆用量 Lf_n 相加,可计算出建筑物内支持数据的干线子系统光缆的总长度 Lf。

(2) 支持数据的干线子系统 4 对对绞电缆

支持数据的干线子系统 4 对对绞电缆的根数应由各楼层交换机或交换机群的数量和冗余数量确定。当采用交换机群时,每个交换机群备用 1~2 根 4 对对绞电缆作为冗余。未采用交换机群时,每 2~4 台交换机备用 1 根 4 对对绞电缆作为冗余。支持数据的干线子系统 4 对对绞电缆各部分构成如图 2-54 所示。

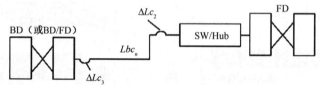

图 2-54 支持数据的干线子系统 4 对对绞电缆构成

至各楼层支持数据的干线子系统 4 对对绞电缆用量计算方法:

$$Lb_n=(Lbc_n+\Delta Lc_2+\Delta Lc_3)\times Gb_n$$

式中,Lb_n 为第 n 层支持数据的 4 对对绞电缆的长度;Lbc_n 为第 n 层 FD 与 BD 的间距;ΔLc_2 为在电信间电缆预留长度,一般为 0.5~2 m;ΔLc_3 为在设备间电缆预留长度,一般为 3~5 m;Gb_n 为至第 n 层支持数据的 4 对对绞电缆的根数。

将各层支持数据的干线子系统 4 对对绞电缆用量 Lb_n 相加,可计算出建筑物内支持数据的干线子系统 4 对对绞电缆的总长度 Lb,进而可以计算出 4 对对绞电缆的箱数。

(3) 支持语音的干线子系统大对数电缆

支持语音建筑物主干电缆的总对数应按水平电缆总对数的 25%计,即为每个语音信息点配 1 对对绞线,还应考虑 10%的线对作为冗余。支持语音建筑物主干电缆可采用规格为 25 对、50 对或 100 对的大对数电缆。支持语音的干线子系统大对数电缆各部分构成如图 2-55 所示。

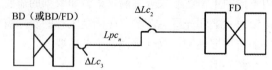

图 2-55 支持语音的干线子系统大对数电缆构成

至各层支持语音的干线子系统大对数电缆根数计算:

$$Gp_n=T_{pn}\times 1.1\div 线对数$$

式中，Gp_n 为至第 n 层支持语音的大对数（线对数可以为 25、50 或 100 对）干线电缆的根数（取整数值）。

至各层支持语音的干线子系统大对数电缆用量计算：
$$Lp_n=(Lpc_n+\Delta Lc_2+\Delta Lc_3)\times Gp_n$$
式中，Lp_n 为至第 n 层支持语音的大对数电缆的长度；Lpc_n 为第 n 层 FD 与 BD 的间距；ΔLc_2 为在电信间电缆预留长度，一般为 0.5～2 m；ΔLc_3 为在设备间电缆预留长度，一般为 3～5 m。

将各层支持语音的干线子系统大对数电缆用量 Lp_n 相加，可计算出建筑物内支持语音的干线子系统大对数电缆总用量（长度）。

2.3.6 设备间

1. 设备间的构成

设备间是大楼的电话交换机设备和计算机网络设备，以及建筑物配线设备（BD）安装的地点，也是进行网络管理的场所。对于综合布线系统而言，设备间主要安装建筑物总配线设备，根据需要，也可以安装建筑群配线设备。其构成示意图如图 2-56 所示。

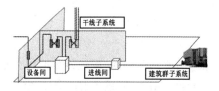

图 2-56 设备间构成示意

2. 设备间子系统工程的基本任务

设备间子系统工程的基本任务是：① 配置与安装光纤配线架、数据配线架和语音配线架等建筑物配线设备（BD）；② 正确插接楼层主干跳线。

3. 设备间配置

（1）设备间的数量与位置

每幢建筑物内应至少设置 1 个设备间，如果电话交换机与计算机网络设备分别安装在不同的场地或根据安全需要，也可设置 2 个或 2 个以上设备间，以满足不同业务的设备安装需要。

设备间的位置应根据设备的数量、规模、网络构成等因素，综合考虑确定。设备间应处于干线子系统的中间位置，并考虑主干缆线的传输距离与数量，尽可能靠近建筑物线缆竖井位置，有利于主干缆线的引入；当信息通信设施与配线设备分别设置时，考虑到设备电缆有长度限制的要求，安装总配线架（Main Distribution Frame，MDF）的设备间与安装电话交换机及计算机主机的设备间之间宜尽量靠近。设备间的位置应尽量远离高低压变配电、电机、X 射线、无线电发射等有干扰源存在的场地，同时应便于设备接地。

（2）设备间的大小与布局

设备间内应有足够的设备安装空间，其使用面积不应小于 10 m²（不包括程控用户交换机、计算机网络设备等设施所需的面积），设备间梁下净高不应小于 2.5 m，采用外开双扇门，门宽不应小于 1.5 m。设备安装时，应保证机架或机柜前面的净空不小于 800 mm，后面的净空不小于 600 mm，壁挂式配线设备底部离地面的高度不小于 300 mm。设备间的平面布置参考图如图 2-57 所示。

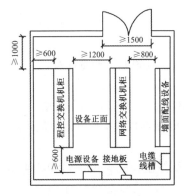

图 2-57 设备间平面布置示意

（3）设备间的环境与配电

设备间室内温度应保持 10℃～35℃，相对湿度应保持 20%～80%，并应有良好的通风，若设备间内安装有程控用户交换机或计算机网络设备时，室内温度和相对湿度应符合相关规定。

设备间应提供不少于两个 220 V 带保护接地的单相电源插座，作为设备供电电源。设备间如果安装电信设备或其他重要的信息网络设备时，设备供电应符合相应的设计要求，必要时应配置相当容量的 UPS 不间断电源。

4．配线设备类型及容量

在设备间内安装的 BD 配线设备干线侧容量应与主干缆线的容量相一致。设备侧的容量应与设备端口容量相一致或与干线侧配线设备容量相同。BD 配线设备与电话交换机及计算机网络设备连接时，配线设备应采用 8 位模块通用插座或卡接式配线模块或光纤连接器件及光纤适配器。

在小型综合布线系统工程设计中，建筑物配线设备 BD 通常采用支持铜缆 IDC 和/或 RJ-45 两种配线模块用于语音、数据的配线。在某些系统中可不设 FD，而将 BD 和 FD 合用配线设备，称为 BD/FD。但此时，电缆的长度应按≤100 m 考虑。

在大、中型综合布线系统工程设计中，建筑物配线设备 BD 通常由支持铜缆的 MDF 配线设备和支持光缆的 ODF 配线设备两部分组成，MDF 配线设备用于语音的配线，ODF 配线设备用于支持数据，MDF 应采用 IDC 配线模块。本节中涉及的 BD 包括 BD/FD 设备。

（1）支持语音 BD 的 IDC 配线模块

支持语音 BD 的 IDC 配线模块各部分之间的关系如图 2-58 所示。当 M_{ip2} 接入建筑群主干电缆时，应选用适配的信号线路浪涌保护器。

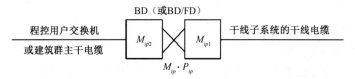

图 2-58　支持语音 BD 的 IDC 配线模块各部分之间的关系

① 第 n 层 FD 至 BD 支持语音的电缆对数计算

$$Dip_n = Gp_n \times 25$$

式中，Dip_n 为第 n 层 FD 至 BD 支持语音电缆的对数；Gp_n 为第 n 层支持语音规格 25 对的大对数干线电缆的根数。

将建筑物中每层 FD 至 BD 支持语音电缆的对数 Dip_n 相加，可计算出 BD 至各 FD 支持语音电缆的对数之和 Dip_1。

② 至建筑物主干电缆侧 BD 支持语音的 IDC 配线模块基本单元（100 对）数量计算

$$Mip_1 = Dip_1 \div 100$$

式中，Mip_1 为至建筑物主干电缆侧 BD 支持语音规格 100 对的 IDC 配线模块基本单元数量。

③ 至程控用户交换机或建筑群主干电缆侧支持语音 BD 的 IDC 配线模块基本单元数量计算

$$Mip_2 = T_p \div 100$$

式中，Mip_2 为至程控用户交换机或建筑群主干电缆侧 BD 的 IDC 配线模块基本单元（100 对）数量（取整数值）；T_p 为建筑物内所支持电话信息点数量之和。

④ 支持语音 BD 的 IDC 配线模块基本单元数量计算

$$Mip = Mip_1 + Mip_2$$

式中，Mip 为支持语音 BD 的 IDC 配线模块基本单元总数量。

⑤ 支持语音的 BD 的 IDC 配线模块容量 Pip（总对数）计算

$$Pip=Dip\times100$$

（2）支持数据 BD 的数据配线架

支持数据 BD 的数据配线架各部分之间的关系如图 2-59 所示。

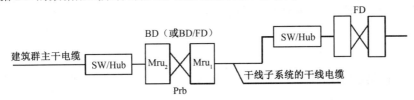

图 2-59　支持数据 BD 的数据配线架各部分之间的关系

① BD 至 FD 侧的数据配线架

$$Mru_1=(Hu+冗余数量)\div24$$

式中，Mru_1 为至支持交换机群或交换机干线电缆侧规格为 24 口数据配线架的数量（取整数值）；Hu 为 BD 所支持 FD 侧交换机群或交换机的总个数。

② 至建筑群主干电缆侧数据配线架数量

$$Mru_2=Hu\div24$$

式中，Mru_2 为建筑群主干电缆侧规格为 24 口数据配线架的数量（取整数值）。

③ BD 的数据配线架的数量

$$Mru=Mru_1+Mru_2$$

式中，Mru 为 BD 的数据配线架的总数量。

④ BD 的数据配线架总容量的计算

$$Prb=Mru\times24=(Mru_1+Mru_2)\times24$$

式中，Prb 为 BD 规格 24 口的数据配线架总容量。

（3）支持数据 BD 的光纤配线架

支持数据的 BD 光纤配线架各部分之间的关系如图 2-60 所示。

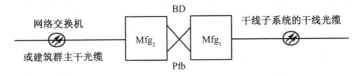

图 2-60　支持数据 BD 的光纤配线架各部分之间的关系

① 至各层 FD 侧 BD 光纤配线架的数量。BD 光纤配线架用于支持数据配线，其基本单元规格为 12 口（双工连接器）。

$$Mfg_1=Cfg_1\div12$$

式中，Mfg_1 为至各层 FD 侧 BD 光纤配线架的数量（取整数值），Cfg_1 为 BD 至各层 FD 光纤总芯数。

② 建筑群主干光缆侧 BD 光纤配线架的数量

$$Mfg_2=Cfg_2\div12$$

式中，Mfg_2 为至建筑群主干光缆侧 BD 光纤配线架的数量（取整数值）；Cfg_2 为网络交换机光端口数（每端口为 2 芯光纤）所需的光纤数或建筑群主干光缆光缆的总芯数。

③ BD 的光纤配线架的数量

$$Mfb=Mfg_1+Mfg_2$$

式中，Mfb 为 BD 光纤配线架的总数量。

④ BD 光纤配线架的总容量

$$Pfb=(Mfg_1+Mfg_2)\times 12$$

式中，Pfb 为 BD 光纤配线架的总容量。

2.3.7 建筑群子系统

1．建筑群子系统的构

建筑群子系统由网络中心机房连接到多个建筑物之间、或建筑物与建筑物之间的主干电缆和光缆、建筑群配线设备（CD）及设备缆线和跳线组成。配线设备宜安装在进线间或设备间，与入口设施或 BD 合用场地，建筑群主干缆线一般采用点对点终接方法，如图 2-61 所示。

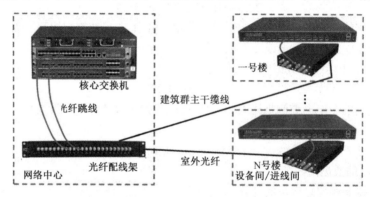

图 2-61　建筑群子系统构成

2．建筑群子系统工程的基本任务

建筑群子系统工程的基本任务是：① 确定建筑群子系统主干缆线（光缆与大对线）的路由；② 确定主干缆线（光缆、大对数）的类型、品牌、规格、型号和数量；③ 确定主干缆线的敷设方式，并正确敷设各种主干缆线；④ 光纤熔接，光纤配线架、语音配线架端接；⑤ 确定建筑群主干缆线、公用网和专用网线缆的引入及保护。

3．建筑群主干线缆配置

配线设备内侧的容量应与建筑物内连接 BD 配线设备的建筑群主干缆线容量一致，外侧的容量应与建筑物外部引入的建筑群主干缆线容量一致。确定建筑群子系统缆线参数涉及确认缆线的起点位置和端接点位置，建筑物和每座建筑物的层数，每个端接点所需的对绞线对数，有多个端接点的每座建筑物所需的对绞线总对数等。建筑群子系统缆线根数、配线设备（CD）及设备缆线和跳线的确定可参考设备间配线设备类型及容量相关内容。

在确定建筑群主干缆线的路由和敷设方式时，应根据建筑群体的信息需求的数量、时间和具体地点，采取相应的技术措施和实施方案，要使传输线路建成后，保持相对稳定，且能满足今后一定时期各种新的信息业务发展需要。缆线路由选择应尽量短捷、平直，并照顾用户信息点密集的建筑群，以节省建设投资。线路路由应沿较永久性的道路敷设，并应符合有关标准规定和各种管线以及建筑间的最小净距要求。除因地形或敷设条件限制，必须与其他管线合沟或合杆外，通信传输线路与电力线路应分开敷设,并保持一定的间距。建筑群子系统缆线路由的确定可从下列几方面考虑。

(1) 了解敷设现场特点

① 确定整个工地的大小。② 确定工地的地界。③ 确定共有多少座建筑物。

(2) 确定明显障碍物的位置

① 确定土壤类型:沙质土、粘土、砾土等。② 确定地下公用设施的位置。③ 查清在拟定的电缆路由中沿线的各障碍物位置或地理条件,如铺路区、桥梁、铁路、树林、池塘、河流、山丘、砾石地、截留井、人孔、其他等。④ 确定对管道的需求。⑤ 确定电缆的布线方法。

(3) 确定主电缆路由

① 对于每种待定的路由,确定可能的电缆结构。例如,所有建筑物共用一根电缆;或对所有建筑物进行分组,每组单独分配一根电缆;或每个建筑物单用一根电缆等。② 查清在电缆路由中哪些地方需要获准后才能通过。③ 比较每个路由的优缺点,从而选定最佳路由方案。

2.3.8 进线间

1. 进线间的构成与功能

进线间是建筑物外部通信和信息管线的入口部位,并可作为入口设施和建筑群配线设备的安装场地,通常一个建筑物应设置一个。

进线间一般位于地下层,外线应从两个不同的路由引入进线间,有利于与外部管道连通。进线间一般提供给多家电信业务经营者使用,主要作为室外电、光缆引入楼内的成端与分支及光缆的盘长空间位置。对于光缆至大楼(FTTB)、至用户(FTTH)、至桌面(FTTO)的应用及光缆数量日益增多的现状,进线间就显得尤为重要。由于许多的商用建筑物地下一层环境条件已大大改善,也可以安装电、光缆的配线架设备及通信设施。在不具备设置单独进线间或入楼电、光缆数量及入口设施容量较小时,建筑物也可以在入口处采用地沟或设置较小的空间,完成缆线的成端与盘长,入口设施则可安装在设备间,但应设置单独的场地,以便功能分区。

建筑群主干电缆与光缆、公用网和专用网电缆与光缆以及天线馈线等室外缆线进入建筑物时,应在进线间成端转换成室内电缆与光缆,并在缆线的终端处可由多家电信业务经营者设置入口设施,入口设施中的配线设备应按引入的电、光缆容量配置,并与 BD 或 CD 之间敷设相应的连接电缆、光缆,实现路由互通。缆线类型与容量应与配线设备相一致。

2. 进线间的配置

进线间的大小应按进线间的进线管道最终容量及入口设施的最终容量设计,同时考虑满足缆线的敷设路由、成端位置及数量、光缆的盘长空间和缆线的弯曲半径、充气维护设备、配线设备安装所需要的场地空间和面积等。进线间涉及因素较多,难以统一提出具体所需面积。图 2-62 给出了进线间平面布置参考图,也可根据建筑物实际情况,参照通信行业和国家现行标准进行设计。

进线间宜靠近外墙和在地下设置,以便于缆线引入。进线间设计应符合下列规定:

① 进线间应采用相应防火级别的防火门,门向外开,宽度不小于 1m。
② 进线间应防止渗水,应该设有抽、排水装置。
③ 进线间应与布线系统垂直竖井连通。
④ 进线间应设置防有害气体措施和通风装置,排风量达到换气次数不少于 5 次/小时。

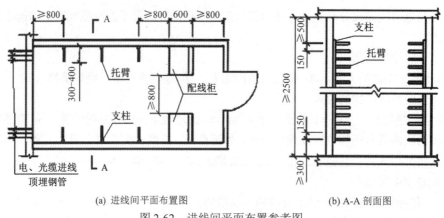

(a) 进线间平面布置图　　　　(b) A-A 剖面图

图 2-62　进线间平面布置参考图

⑤ 进线间的托臂根据工程需要可分层设置,托臂宽度及数量应根据工程要求确定;不同电信业务经营者电(光)缆安装在各自的托臂上,每个电信业务经营者用一排托臂。电信业务经营者的数量根据工程需要确定。

⑥ 多家电信业务引入时,进线间的长度根据盘留光缆数、电缆的容量(每列 800~1200 对)确定。层高可根据托臂数计算及成端头(每托臂 3 根/4 根大容量光、电缆)确定。

⑦ 与进线间无关的管道不宜通过。进线间如安装配线设备和信息通信设施时,应符合设备安装设计的要求。

2.4　综合布线系统工程施工技术

综合布线系统工程(简称综合布线工程,或布线工程)施工是遵循《综合布线系统工程设计规范》(GB50311—2007)、《综合布线工程验收规范》(GB 50312—2007)、《综合布线系统工程设计与施工》(08X101-3)以及与建筑工程相关的标准和规范,按照综合布线系统设计方案进行各个子系统的实施,施工的过程和质量对传输线路的性能影响很大,即使选择了高性能的线缆,如果施工质量粗糙,其性能也可能达不到所设计和要求的指标。因此,熟练掌握综合布线系统工程每道工序的施工规范和施工技术,是确保综合布线系统工程质量的关键。

2.4.1　综合布线工程施工要求与程序

(1) 综合布线施工基本要求

① 在进行综合布线时,一定要按照综合布线相应的标准和规范,并结合实际施工条件和用户需求进行施工。

② 综合布线工程施工应由专业人员实施,有监理人员和技术人员在现场进行监督和指导。

③ 在施工过程中要加强质量管理,严格依据相关标准和设计要求施工、随工检查和阶段验收,及时发现并处理各种影响或可能影响工程质量的问题。如果现场遇到不可预见的问题,应及时向工程建设单位汇报,并提出解决办法供建设单位当场研究解决,以免影响工程进度。对建设单位计划不周或新增信息点等问题,要协商解决方案,并及时在图纸上标明。

④ 在施工中要对线缆、配线架、信息插座等按设计方案及时进行编码标记。

⑤ 对隐蔽工程或重要工段,要及时进行阶段检查验收,确保工程质量。

⑥ 在对系统测试完成后，才能对墙洞、竖井等交接处进行修补，并清理现场，准备竣工验收材料。

（2）工程施工程序

① 施工前期准备工作。
② 敷设布放线缆的线管、线槽、桥架，安装信息底盒。
③ 布放配线子系统、干线子系统和建筑群子系统的各种线缆。
④ 安装电信间、设备间、进线间的机柜、配线设备（数据、语音、光纤配线架）及接地。
⑤ 将敷设好的各种线缆端接到相应配线设备和信息模块上。
⑥ 按设计的编码规则对所有线缆、配线架、信息插座等进行标识及安装标签。
⑦ 按照设计的系统测试标准和方案对布线系统进行全面测试。
⑧ 施工后期修补、清理工作。

2.4.2 综合布线工程施工常用工具

综合布线工程施工常用的工具可分为：双绞线电缆布线安装工具、同轴电缆布线安装工具、大对数线布线安装工具、光缆接续工具、线缆布线工具、线槽与桥架安装工具等。

（1）双绞线电缆布线安装工具有双绞线压线钳、信息模块打线钳和双绞线剥线钳等，如图 2-63 所示。

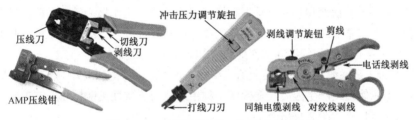

图 2-63　双绞线压线钳、打线钳、剥线钳

（2）同轴电缆布线安装工具有剪线钳、压线钳和剥线钳等，如图 2-64 所示。

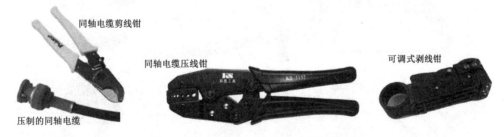

图 2-64　同轴电缆剪线钳、压线钳、剥线钳

（3）大对数线布线安装工具主要是 110 IDC 配线架打线钳，如图 2-65 所示。

（4）光缆接续工具主要有光纤剥线工具、光纤熔接机和光纤冷接子等，如图 2-65 所示。

（5）线缆布线工具

① 弯管器。在综合布线工程中，如果使用 PVC 管或钢管安装线缆，就要解决 PVC 管和钢管的弯曲问题。对于 PVC 管，先将弯管器放入 PVC 管内直到需要弯曲的位置，然后两手握住两边用力将 PVC 管折弯即可。对于钢管，先将管子需要弯曲的部位的前段放在弯管器内，焊缝放在弯

图 2-65 大对数线、光纤安装工具

曲方向背面或侧面，以防管子弯扁，然后用脚踩住管子，手板弯管器进行弯曲，并逐步移动弯管器，便可得到所需要的弯度。弯管器如图 2-66(a)、(b)所示。

(a) PVC 管弯管器　　(b) 钢管弯管器　　(c) 牵引线　　(d) 线缆绑扎机

图 2-66 线缆布线常用工具

② 牵引线，又称为穿管器，如图 2-66(c)所示。施工人员遇到线缆需穿管布放时，多采用铁丝牵拉。由于普通铁丝的韧性和强度不是为布线牵引设计的，操作极为不便，施工效率低，还可能影响施工质量。专用牵引线的材料具有优异的柔韧性和高强度，表面为低摩擦系数涂层，便于在 PVC 管或钢管中穿行，可使线缆布放作业效率和质量大大提高。

③ 线缆绑扎机。在线缆布放到位后应适当绑扎（每 1.5 m 绑扎一次），因双绞线结构的原因，绑扎不能过紧，不应使缆线产生应力。要确保工程中绑扎力一致性又能提高施工效率，就要依靠线缆绑扎机。线缆绑扎机如图 2-66(d)所示。

（6）线槽和桥架安装工具，常用的如图 2-67 所示。

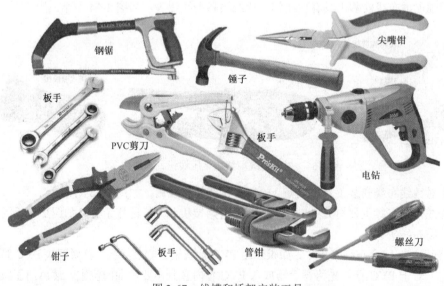

图 2-67 线槽和桥架安装工具

2.4.3 施工前期准备工作

(1) 工程设计技术交底

在工程实施前,工程设计部门应对工程进行技术交底,技术交底包括以下内容:① 工程项目简介;② 设计依据、设计原则、技术规范;③ 总体设计说明、详细设计图纸;④ 工程范围和内容;⑤ 综合布线系统信息点、配线架编码规则;⑥ 采用的布线标准(EIA/TIA568A/568B);⑦ 桥架和配管;⑧ 线缆敷设;⑨ 系统安装;⑩ 测试标准。

技术交底的过程是:设计部门对工程部门进行技术交底,工程部门对项目经理进行技术交底,项目经理对施工负责人进行技术交底,施工负责人对施工人员进行技术交底。

(2) 理解设计方案,熟悉施工图纸

施工部门组织技术人员和施工人员理解整个工程设计方案和设计图纸,为现场勘测作准备。

(3) 现场勘测

根据工程设计方案和设计图纸,对施工现场进行实地勘测,确定设计方案的可行性、安全性和可施工性,对施工细节进行详细标注和说明,编写现场勘测记录,为编制施工方案作准备。

(4) 编制施工方案

根据工程设计方案、设计图纸和现场勘测记录,编制详细的施工方案,其主要内容如下:① 工程组织机构;② 施工标准与系统编码规则;③ 详细的布线施工图和设备安装图;④ 施工质量过程控制方法和程序;⑤ 施工安全管理条例和安全规范;⑥ 隐蔽工程管理及报验程序;⑦ 系统测试标准与测试方案;⑧ 详细的施工计划与进度安排表;⑨ 技术培训计划。

(5) 准备施工工具、器材、场地和施工材料

主要是准备施工过程中所需要的布线工具与器材,布置现场办公用房、仓库用房、工人生活用房,采购布线材料等。

(6) 向工程建设单位提交开工报告

以上工作准备就绪后,应向工程建设单位提交开工报告,开始正式布线施工。

2.4.4 管槽敷设与安装施工技术

线管、线槽、桥架以及信息插座底盒,是综合布线工程中布放线缆的通道和端接点,管槽敷设与安装是综合布线系统工程施工的第一道工序,施工的内容包括管槽与桥架选型、线管敷设、线槽敷设和桥架安装,施工的质量不但直接影响到后期能否顺利地布放与端接各种线缆,而且对线缆的传输质量也有很大的影响。

1. 管槽的规格与类型

(1) 线槽规格与类型

综合布线系统中所用的线槽主要有金属线槽和 PVC 线槽两种类型。

金属线槽由槽底和槽盖组成,每根线槽一般长度为 2 m,布线工程常用的规格按照线槽截面(长×宽 mm)表示,有 100×50、100×100、200×100、300×100、400×200 等,线槽与线槽连接时使用相应尺寸的专用金属板和螺丝固定。

PVC 线槽的型号主要有:PVC-20、PVC-25、PVC-25F、PVC-30、PVC-40、PVC-50、PVC-100 等系列,规格(截面:长×宽 mm)有 20×12、25×12.5、25×25、30×15、40×20、50×50、100×50

等。与 PVC 线槽配套的连接件有阳角、阴角、直转角、平三通、左三通、右三通、连接头、终端头等。

(2) 线管规格与类型

综合布线系统中所用的线槽主要有金属管、金属软管、PE 阻燃导管、PVC 阻燃导管和塑料软管 5 种。

金属管主要用于布线工程中分支结构或暗埋的线路，常用的规格按外径有 D20、D25、D30、D40、D50、D63、D110 等。金属软管（俗称蛇皮管）主要供弯曲的地方或连接处使用。

PE 阻燃导管是一种塑料半硬导管，具有强度高、耐腐蚀、挠性好、内壁光滑等优点，明暗装布线兼用，常用的规格按外径有 D16、D20、D25、D32 等，以盘为单位，每盘长约 20 米。

PVC 阻燃导管可在常温下进行弯曲，便于施工，常用的规格按外径有 D16、D20、D25、D32、D40、D45、D50、D63、D110 等。与 PVC 管配套的连接件有：直接头、弯头、三通、接线盒等。塑料软管主要供弯曲的地方或连接处使用。

(3) 桥架

桥架是建筑物内综合布线不可缺少的支撑与布放线缆的支架，分为普通桥架、重型桥架和槽式桥架 3 种，重型桥架和槽式桥架在网络布线中很少使用，故不再叙述。

普通桥架又可分为普通型桥架和直通普通型桥架，一般采用钢质材料，目前已有采用铝合金或玻璃钢材质的桥架。桥架的结构分为槽式、托盘式和梯架式。桥架的配件有支架、托臂、膨胀管、膨胀螺丝、接地钢编制带、连接片、三通、四通、弯头、变径等。

2．管槽敷设施工规范与要求

(1) 线管线槽选型

在工作区一般使用 PVC 线管（槽）或金属线管，并且采用预埋方式；在配线子系统和干线子系统一般使用金属桥架或 PVC 线槽，且采用明装方式。预埋线槽宜采用金属线槽，预埋暗管宜采用金属线管或 PVC 阻燃硬质管。从金属（PVC）线槽至信息插座底盒间或金属（PVC）线槽与金属（PVC）管之间相连接时，宜采用金属软管或塑料软管敷设，但软管连接长度要小于 1.2 m。

(2) 线管敷设弯曲半径

预埋线管转弯时，不能采用直角弯头，布放线缆时很难穿过，必须按照表 2.14 所要求的弯曲半径进行施工。

表 2.14 线管敷设弯曲半径

缆线类型		弯曲半径（mm）/倍
光缆	2 芯或 4 芯水平光缆	>25mm
	其他芯数的主干光缆	不小于光缆外径的 10 倍
	室外光缆、电缆	不小于缆线外径的 10 倍
电缆	4 对非屏蔽对绞电缆	不小于电缆外径的 4 倍
	4 对屏蔽对绞电缆	不小于电缆外径的 8 倍
	大对数主干电缆	不小于电缆外径的 10 倍

(3) 对绞电缆与电力电缆敷设管槽最小净距

用于布放对绞电缆的管槽与布放电力电缆的管槽应分隔敷设，其敷设管槽间的最小净距应符合表 2.15 的要求。

表 2.15 对绞电缆与电力电缆管槽最小净距

条　件	最小净距/mm		
	380V, <2kV·A	380V, 2～5kV·A	380V, >5kV·A
对绞电缆与电力电缆平行敷设	130	300	600
有一方在接地的金属槽道或钢管中	70	150	300
双方均在接地的金属槽道或钢管中	10	80	150

（4）线槽截面利用率

缆线布放在线槽内的截面利用率，应根据不同类型的缆线做不同的选择，预埋或密封线槽的截面利用率应为 30%～50%。表 2.16 列出了常用线槽内截面利用率应为 30%～50%时能容纳的缆线根数，相应线槽内能容纳的 6 类非屏蔽电缆和超 5 类屏蔽电缆的根数是一样的，未重复列出。

表 2.16 线槽内容纳的综合布线缆线根数

缆线类型		线槽规格（长×宽, mm）/容纳缆线根数							
		50×50	100×50	100×70	200×70	200×100	300×100	300×150	400×150
4对对绞线	超5类（非屏蔽）	30～50	62～104	89～148	180～301	261～436	394～658	598～997	792～1320
	超5类（屏蔽）	19～33	41～68	58～97	119～198	172～288	260～434	522～658	702～871
	6类（屏蔽）	14～24	30～50	43～71	87～145	126～210	190～317	288～481	382～637
	7类	11～19	24～40	34～57	69～116	101～168	152～253	230～384	305～509
光缆	2芯光缆	38～63	78～131	112～187	228～380	330～550	498～830	755～1258	1000～1667
	4芯光缆	32～54	67～112	96～160	195～325	282～471	426～711	646～1077	856～1426
	6芯光缆	27～45	55～92	79～132	161～269	233～389	352～587	533～889	707～1178

（5）管径利用率和截面利用率

缆线布放在暗管内的管径利用率与截面利用率，应根据不同类型的缆线做不同的选择。管径利用率与截面利用率的计算公式如下：

管径利用率=d/D　　　　d 为缆线外径，D 为管道内径

截面利用率=A_1/A　　　　A_1 为穿在管内的缆线总截面积，A 为管子的内截面积

缆线布放在暗管内时，可以采用管径利用率和截面利用率公式，计算管道内可以布放缆线的根数。主干电缆为 25 对及以上，主干光缆为 12 芯及以上时，可采用管径利用率进行计算，选用合适规格的暗管。采用非屏蔽或屏蔽 4 对对绞电缆及 4 芯以下光缆时，为了保证线对扭绞状态，避免缆线受到挤压，可采用管截面利用率公式进行计算，选用合适规格的暗管。

管内穿放 4 对对绞电缆或 4 芯光缆时，截面利用率应为 25%～30%。图 2-68 表示了管径与能容纳 4 对对绞线的数量之间的关系。

3．线管敷设

布放缆线的线管有预埋暗管和线管明铺两种敷设方式，在施工时要遵循下列技术要求。

（1）预埋暗管

① 预埋在墙体中间暗管的最大管外径不宜超过 50 mm，楼板中暗管的最大管外径不宜超过 25 mm，室外管道进入建筑物的最大管外径不宜超过 100 mm，暗管内应安置牵引线或拉线。

② 直线布管每 30 m 处应设置过线盒，有转弯的管段长度超过 20 m 时应设置过线盒，有 2 个弯时不超过 15 m 应设置过线盒。

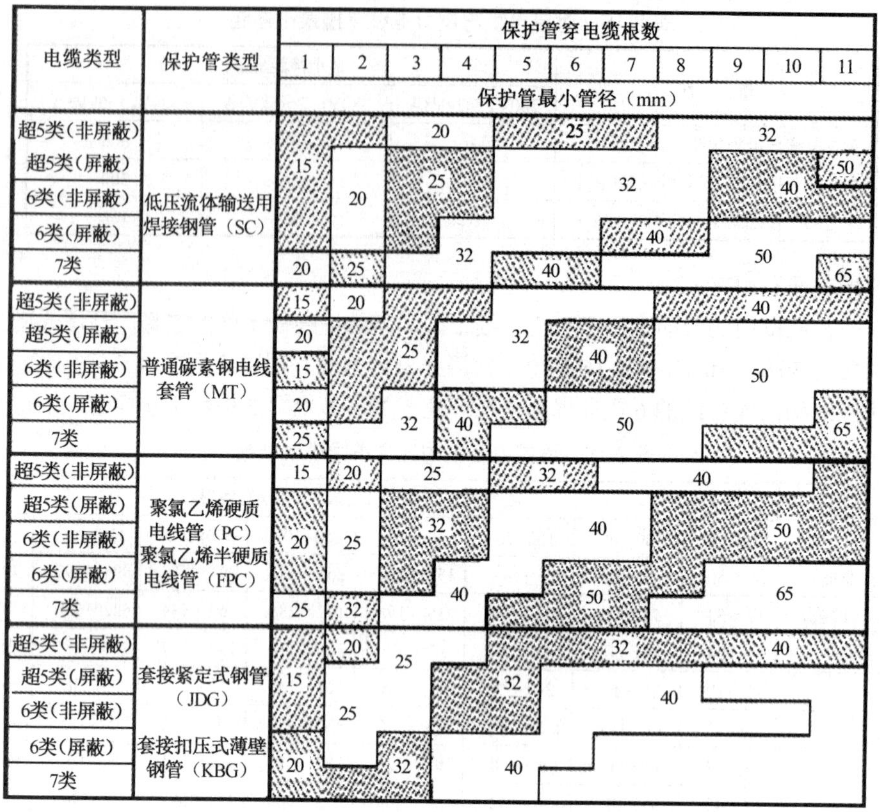

电缆类型	保护管类型	保护管穿电缆根数										
		1	2	3	4	5	6	7	8	9	10	11
		保护管最小管径（mm）										
超5类（非屏蔽）	低压流体输送用焊接钢管（SC）			20		25			32			
超5类（屏蔽）		15		25			32				40	50
6类（非屏蔽）			20					32			40	
6类（屏蔽）						32			40		50	
7类		20	25		32		40			50		65
超5类（非屏蔽）	普通碳素钢电线套管（MT）	15	20							40		
超5类（屏蔽）			20		25		32				50	
6类（非屏蔽）		15			25			40				
6类（屏蔽）			20			32			40	50		
7类			25		32	40		50				65
超5类（非屏蔽）	聚氯乙烯硬质电线管（PC）聚氯乙烯半硬质电线管（FPC）	15	20		25		32			40		
超5类（屏蔽）			20		25		32			40		
6类（非屏蔽）			20	25			32			40	50	
6类（屏蔽）												
7类			25	32		40		50		65		
超5类（非屏蔽）	套接紧定式钢管（JDG）套接扣压式薄壁钢管（KBG）		20	25				32			40	
超5类（屏蔽）		15				32				40		
6类（非屏蔽）				25								
6类（屏蔽）												
7类		20		32		40						

图 2-68　综合布线 4 对对绞线穿管最小管径图示

③ 在敷设暗管时应尽量减少弯头，每根暗管的转弯角不得多于 2 个，并不应有"S"弯出现，当要穿放较大截面的电缆时管道不允许有弯头。

④ 暗管的转弯角度应大于 90°，管路转弯的曲率半径不应小于所穿入缆线的最小允许弯曲半径，并且不应小于该管外径的 6 倍，当暗管外径大于 50 mm 时，不应小于 10 倍。

⑤ 所有转弯处均用弯管器完成，为标准的转弯半径；或采用专用的弯管，不得采用国家明令禁止的直角、三通、四通等。

⑥ 暗管管口应光滑，并加有护口保护，管口伸出部位宜为 25～50 mm。

⑦ 敷设暗管的两端宜用标志表示出编号、建筑物、楼层、房间、线材类型和长度等内容。

⑧ 在暗管孔内不得有各种线缆接头。

（2）明铺线管

明铺线管施工规范与预埋暗管的施工规范相同，只是有固定支承点的要求。金属管固定点间距不应超过 3 m，PVC 管管径较小时不应超过 1.5 m，当使用管径较大的 PVC 管时，要采用吊杆或托架安装。

4．线槽敷设

布放缆线的线槽同样有预埋线槽和明铺线槽两种敷设方式，在施工时要遵循下列技术要求。

（1）预埋线槽

在建筑物中预埋线槽，宜按单层设置并采用金属线槽，每个路由进出同一过线盒的预埋线槽不应超过 3 根，线槽截面高度不宜超过 25 mm，总宽度不宜超过 300 mm。线槽路由中若包括过线盒和出线盒，截面高度宜在 70～100 mm 范围内。当线槽直埋长度超过 30 m 或在线槽路由交叉、转弯时，应当设置过线盒以便于布放缆线和维修，过线盒盖能开启，并与地面齐平，盒盖处应具有防尘、防水和抗压功能。

（2）明铺线槽

金属线槽敷设时，在线槽接头处、每间距 3 m 处、转弯处以及线槽两端离出口 0.5 m 处应当设置支架或吊架。塑料线槽槽底固定点间距一般为 1 m。线槽转弯半径不应小于槽内线缆的最小允许弯曲半径，线槽直角弯处最小曲半径不应小于槽内最粗缆线外径的 10 倍。

5. 桥架安装

桥架只有明装一种方式，其安装固定方式有托臂式、悬吊式、直立式、侧壁式和混合式，施工时要遵循下列技术要求。

① 安装水平桥架时，缆线桥架底部应高于地面 2.2 m，顶部距建筑物楼板不宜小于 300 mm，与梁及其他障碍物交叉处间的距离不宜小于 50 mm，支撑间距一般为 1.5～3 m。

② 安装垂直桥架时，固定在建筑物构体上的间距宜小于 2 m，距地 1.8 m 以下部分应加金属盖板保护，或采用金属走线柜包封，但门应可开启。

③ 直线段桥架每超过 15～30 m 或跨越建筑物变形缝时，应设置伸缩补偿装置，桥架转弯半径不应小于槽内线缆的最小允许弯曲半径。

④ 桥架由室外进入建筑物内时，桥架向外的坡度不得小于 1/100。桥架与用电设备交越时，其间的净距不小于 0.5 m。两组桥架在同一高度平行敷设时，其净距不小于 0.6 m。

⑤ 弱电线缆与电力电缆合用桥架时，应将其各置一侧，中间采用隔板分隔。弱电线缆与其他低压电缆合用桥架时，应选择具有外屏蔽层的弱电电缆，避免相互间干扰。

6. 信息底盒安装

按照信息插座的安装方式，信息底盒安装相应地也有暗装和明装两种，信息插座的安装位置应符合工程设计的要求，既有安装在墙上的，也有埋于地板上的，以及安装在办公桌上，安装施工方法应区别对待。在施工时要遵循下列施工技术：

① 每个工作区至少要配置一个信息插座（底盒），对于墙面型，一般选用 86 系列普通信息插座，底盒为钢制或塑料制品。对于地面型，一般选用方形 120 系列和圆形 150 系列地弹信息插座，底盒为钢制。

② 安装在墙上的信息插座底盒，其安装位置宜高出地面 300 mm，与 220AV 强电插座的距离不小于 200 mm。信息模块安装在底盒内，接口面板安装在底盒上面。暗装底盒埋在墙内，表面应与墙面平齐，面板紧贴墙面。明装底盒应牢固安装在墙面上。

③ 安装在地面上或活动地板上的地面信息插座，插座面板有直立式（接线模块和盒盖固定在一起，与地面呈 45°，可以倒下成平面）和水平式等，底盒均埋在地面下，其盒盖面与地面平齐，可以开启，要求必须有严密防水、防尘和抗压功能。在不使用时，盒盖关闭、与地面齐平，不影响人们日常行动。

④ 安装在桌面上的信息插座，安装方法与地面上相同，底盒安装在桌子内部。

⑤ 光纤信息插座底盒的大小应充分考虑到水平光缆（2 芯或 4 芯）终接处的光缆盘留空间，以及光缆对弯曲半径的要求。

2.4.5 线缆布放施工技术

线缆布放是综合布线系统工程的第二道重要工序,施工的内容主要包括:配线子系统线缆布放、干线子系统线缆布放、建筑群子系统缆线布放设、电信间和设备间线缆布放、线缆整理与分组包扎等五个方面。施工的质量直接影响到线缆的传输质量,以及综合布线工程的工期。

1. 配线子系统线缆布放

配线子系统线缆布放是指将水平缆线从电信间的配线设备沿着预先敷设的线管、线槽或桥架,布放到同楼层各工作区的信息插座(TO)上,包括数据电缆、数据光缆、语音电缆等。

(1) 缆线布放方式

配线子系统缆线布放方式一般有吊顶内布放、地面穿管布放、地面线槽布放、墙体(立柱)内穿管或设置金属密封线槽布放、开放式(电缆桥架,吊挂环等)布放等几种方式,其立面示意图如图 2-69 所示。一个综合布线系统工程,根据建筑物的实际建筑结构,在不同地点可以采用不同的布放方式。

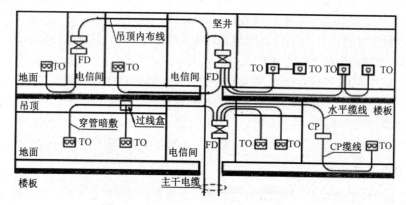

图 2-69 配线子系统缆线布放立面示意

① 吊顶内布放。吊顶内缆线布放通常有下列三种布放方式:

吊顶内设置集合点,见图 2-70 中虚线部分,是来自电信间的缆线先接入集合点 CP,再通过集合点将线缆布至各信息插座。这种方式适用于大开间工作环境,比较灵活经济。集合点应当设置在检修孔附近,便于更改与维护。

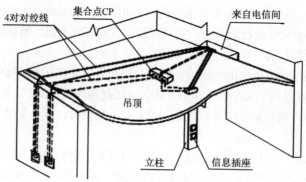

图 2-70 吊顶内的缆线布放方式

从电信间将水平缆线直接布放至信息插座,见图 2-70 中实线部分,适合于楼层面积不大,信息点不多的一般办公室和家居环境；吊顶内缆线保护宜选用金属管或阻燃硬质 PVC 管。

线槽与保护管相结合。该布放方式是指综合布线缆线和电源线分别通过各自的桥架或线槽连接到吊顶的某区域内，两种缆线分别套上保护管，再将线缆通过墙体（立柱）内预埋暗管或金属密封线槽布至各信息插座和电源插座。这种布放方式适用于大型建筑物或布线系统较复杂的场合。设计时应尽量将线槽放在走廊的吊顶内，去各房间的支管适当集中布放在检修孔附近，便于维修，一般走廊都处在整个建筑物的中间位置，布线平均距离最短。因此，这种方法既便于施工，工程造价相比较低，为综合布线工程普遍采用。

② 缆线地面穿管布放。缆线地面穿管布放分为穿保护管在楼板内布放和穿保护管在地板下布放两种方式。

穿保护管在楼板内布放时，从配线箱（集合点）引出的缆线经预埋在混凝土地板内的暗管，连接到各信息插座。这种方法适合楼层面积小的塔式楼，住宅楼等建筑，或用于信息点较少的场所。穿保护管在地板下布放是将综合布线的缆线，沿地板（一般是防静电活动地板）下敷设的线管布放到地面出线盒或墙上的信息插座，如图 2-71 所示。此方法安装简单，费用较低，且外观良好，适合于普通办公室和家居布线。

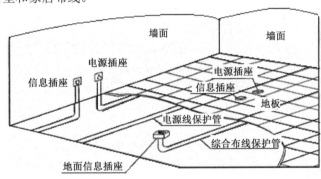

图 2-71 缆线穿保护管在地板下布放

③ 缆线地面线槽布放。该方式又分为地面垫层下金属线槽布放和地板下金属线槽布放两种方式。地面垫层下金属线槽布放方式是将线槽打在地面垫层中，每隔 4～8 m 拉一个过线盒或出线盒（在支路上出线盒起分线盒的作用），直到信息出口的出线盒，如图 2-72 所示。常用的金属线槽规格如表 2.17 所示。由于地面出线盒和分线盒不依赖于墙或柱体而直接走地面垫层或地板下，所以该方式适用于大开间或需要打隔断的场所。地面垫层的厚度≥650 mm。

地板下线槽布放方式是将综合布线的缆线，沿安装在地板（一般为防静电活动地板）下的线槽布放到地面出线盒或墙上的信息插座。综合布线的线槽宜与电源线槽分别设置，且每隔 4～8 m 或转弯处设置一个分线盒或出线盒。这种方法可提供良好的机械性保护、减少电气干扰，提高安全性，但安装费用较高，并增加了楼面荷载，适用于大开间工作环境。

④ 缆线利用立柱布放。在对配线子系统进行综合布线设计时，将服务的楼层区域分隔成若干区段，按建筑物四个相邻立柱之间的区域分隔。缆线从电信间引到各区段的中点，然后通过吊顶内的布线线槽将缆线引向立柱或墙内管道，向下布放到工作区信息插座，如图 2-73 所示。立柱为通信电缆和电源线从吊顶到工作区提供路径，电源线和通信电缆应分别从立柱两侧独立线槽布放。采用利用立柱的布线方式时，水平缆线为敞开布放方式，应选用相应等级的防火缆线。

利用立柱布线是综合布线经常采用的一种方法，特别适用于大开间工作环境。

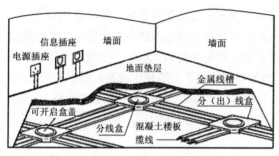

图 2-72 地面垫层下金属线槽布放方式示意

表 2.17 常用金属线槽规格

宽×高/mm	镀锌铜板壁厚/mm
50×25	1.0
75×50	1.0
100×75	1.2
150×100	1.4
300×100	1.6

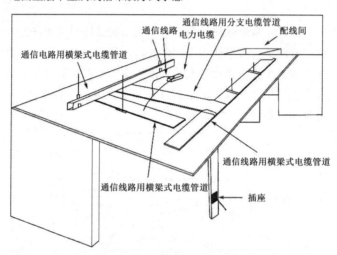

图 2-73 缆线利用立柱布放方式示意

（2）线缆布放方向

线缆布放方向一般有两种：一种是从工作区为起点布放线缆至电信间，另一种是从电信间为起点布放线缆至工作区。当工作区信息插座的位置还不能确定时，采用第二种方法，但在工作区端要以到工作区最远点的距离计算所有信息点的缆线长度。

（3）缆线布放要求

在布放配线子系统缆线的施工过程中，要遵循下列技术要求：

① 缆线的型号、规格应与设计规定相符。

② 缆线在各种环境中的布放设方式、布放间距均应符合设计要求。

③ 缆线的布放应自然平直，不得产生扭绞、打圈、接头等现象，不应受外力的挤压和损伤。

④ 缆线两端应打上专用标签标明缆线的编号，标签书写应清晰、端正和正确。为了确保编号安全，建议同时用油性笔在缆线两端适当位置写明缆线的编号。

⑤ 缆线在工作区和电信间应预留一定的长度，以便线缆端接、检测和变更。对绞电缆布放预留长度：工作区为 300～400 mm，电信间为 1～2 m，设备间为 2.5～3 m。室内光缆布放预留长度：工作区为 400～600 mm，电信间和设备间为 3.5～4 m。有特殊要求的应按设计要求预留长度。

⑥ 在暗管孔内不得有各种线缆接头。

⑦ 在水平桥架内布放缆线时，在缆线的首、尾、转弯及每间隔 5～10 m 处进行绑扎固定，楼内光缆在桥架敞开布放时应在绑扎固定段加装垫套。

⑧ 在垂直桥架中布放缆线时，在缆线的上端和每间隔 1.5 m 处应对缆线进行绑扎，并固定在

桥架的支架上。对绞电缆、光缆及其他信号电缆应根据缆线的类别、数量、缆径、缆线芯数分束绑扎，不宜绑扎过紧或使缆线受到挤压。为减少缆间串扰，6 类 4 对对绞电缆可采用电缆桥架和线槽中顺直绑扎或随意布放。针对"十"字、"一"字等不同骨架结构的 6 类 4 对对绞电缆，其布放要求不同，具体布放方式应根据生产厂家的要求确定。

⑨ 密封线槽内缆线布放应顺直，尽量不交叉，在缆线进出线槽部位、转弯处应绑扎固定；采用吊顶支撑柱作为线槽在顶棚内敷设缆线时，每根支撑柱所辖范围内的缆线可以不设置密封线槽进行布放，但应分束绑扎，缆线应阻燃，缆线选用应符合设计要求。

2．干线子系统线缆布放

干线子系统线缆布放是指将干线缆线从设备间的配线设备沿着预先敷设的垂直线管、线槽或桥架，布放到电信间的配线设备或网络设备上，包括主干电缆、主干光缆和主干语音电缆等。

（1）线缆布放方式

干线子系统线缆布放方式一般有电缆孔方式、电缆竖井方式和管道线槽方式等。干线子系统垂直通道穿过楼板时通常采用电缆竖井方式布线，也可采用电缆孔和管槽的方式布线。采用电缆竖井方式布线时，电缆竖井的位置应上下对齐。

① 电缆孔方式。干线通道中所用的电缆孔是很短的管道，通常用一根或数根外径 63～102 mm 的金属管预埋在楼板内，金属管高出地面 25～50 mm。缆线往往捆在钢绳上，而钢绳又固定到墙上已铆好的金属支架上。当电信间上下结构都能对齐时，一般采用电缆孔方法，如图 2-74 所示。

② 电缆竖井方式。电缆竖井是指在楼板上预留一个大小适当的长方形孔洞，并安装垂直桥架，使电缆通过垂直桥架穿过这些电缆井从这层楼布放到相邻的楼层，如图 2-75 所示。电缆井的大小依据工程实际所用电缆的数量而定，孔洞一般不小于 600 mm×400 mm，缆线捆扎在垂直桥架上。电缆竖井的选择性非常灵活，可以让粗细不同的各种缆线以任何组合方式通过，但在建筑物中用电缆井布放缆线造价较高，并且使用的电缆井很难防火。若在安装过程中没有采取措施去防止损坏楼板支撑件，则楼板的结构完整性将受到破坏。在新建工程中，推荐使用电缆竖井方式。

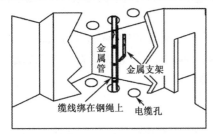

图 2-74 垂直干线的电缆孔方法

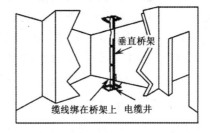

图 2-75 垂直干线的电缆井方法

③ 管道线槽方式。干线子系统缆线的布放可以采用明管、暗管敷设，也可以采用线槽方式敷设。关于用管道和线槽方式敷设的施工安装方法可以参考本章配线子系统布线的相关内容。

（2）缆线布放要求

① 主干缆线布放在线槽或垂直桥架内的截面利用率，应根据不同类型的缆线做不同的选择，一般为 30%～50%。表 2.18 列出了常用线槽内截面利用率应为 30%～50% 时，能容纳的缆线根数，表中所列大对数电缆为非屏蔽电缆。

② 管内穿放大对数电缆或 4 芯以上光缆时，直线管路的管径利用率为 50%～60%，弯管路的管径利用率为 40%～50%。表 2.19 列出了大对数电缆和 4 芯以上光缆与最小保护管管径的关系。

表2.18 线槽内容纳的大对数电缆和光缆根数

缆线类型		线槽规格（长×宽，mm）/容纳缆线根数							
		50×50	100×50	100×70	200×70	200×100	300×100	300×150	400×150
大对数电缆	25对（3类）	7～12	15～25	21～36	44～73	63～106	96～160	145～242	192～321
	50对（3类）	4～8	9～16	14～23	28～48	41～69	62～104	95～159	126～210
	100对（3类）	2～4	5～8	7～12	15～25	21～36	32～54	49～83	65～109
	25对（5类）	4～7	9～15	13～22	27～45	39～65	59～99	90～150	119～199
光缆	6芯光缆	27～45	55～92	79～132	161～269	233～389	352～587	533～889	707～1178
	12芯光缆	17～28	35～59	50～84	102～171	149～248	224～374	340～567	450～751
	24芯光缆	5～8	10～18	15～26	31～52	45～76	69～115	105～175	139～231

表2.19 大对数电缆和4芯以上光缆与最小保护管管径的关系

缆线类型		管道走向	保护管最小管径/mm			
			低压流体输送用焊接钢管 SC	普通碳素钢电线套管 MT	聚氯乙烯硬质电线管 PC	套接紧定式钢管 JDG
大对数电缆	25对（3类）	直（弯）管道	20（25）	25（32）	32（32）	25（32）
	50对（3类）	直（弯）管道	25（32）	32（40）	32（40）	32（40）
	100对（3类）	直（弯）管道	40（50）	50（50）	50（65）	40（-）
	25对（5类）	直（弯）管道	25（32）	32（40）	40（40）	-（-）
光缆	6芯光缆	直（弯）管道	15（15）	15（20）	15（20）	15（15）
	8芯光缆	直（弯）管道	15（15）	15（20）	15（20）	15（20）
	12芯光缆	直（弯）管道	15（20）	20（25）	20（25）	15（20）
	16芯光缆	直（弯）管道	15（20）	20（25）	20（25）	15（20）
	24芯光缆	直（弯）管道	25（32）	32（40）	32（40）	32（40）

③ 垂直布放的主干缆线，在设备间、电信间以及每间隔1.5 m处应对缆线进行绑扎，并固定在桥架的支架上。对绞电缆、光缆及其他信号电缆应根据缆线的类别、数量、缆径、缆线芯数分束绑扎，不宜绑扎过紧或使缆线受到挤压。

④ 室内主干线缆（包括光缆、对绞电缆、大对数线）布放预留长度应不少于3 m。

⑤ 缆线两端应打上专用标签标明缆线的编号，标签书写应清晰、端正和正确。为了确保编号安全，建议同时用油性笔在缆线两端适当位置写明缆线的编号。

3. 建筑群子系统缆线敷设

建筑群子系统主干缆线是建筑群体传输线路的骨架，必须根据所在地区的总体规划布置（包括道路和绿化等布局）和用户信息点的分布等情况来设计，并结合所在地区（校园或居住小区）的整体布局和传输线路的分布，有计划地实现传输线路的隐蔽化和地下化。建筑群子系统主干缆线敷设应尽量采用地下管道或电缆沟敷设方式，若采用架空方式（包括墙壁电缆引入方式），应尽量采取隐蔽方式引入；在施工过程中应根据实际的情况选择不同的敷设方式，或采用多种敷设方式混合使用，确保选择的敷设方法既要适用，又要经济，还能可靠地提供服务。

（1）管道缆线敷设

管道内布线是由管道和人孔井组成的地下系统，用来对网络内的每个建筑物进行互连。由于管道是由耐腐蚀材料做成的，所以这种方法对电缆提供了最好的机械保护，使电缆受损和维修停用的机会减少到最低程度，能保护建筑物的原貌。

一般来说,埋没的管道起码要低于地面 70 cm;或者应符合本地有关法规规定的深度,在电源人孔井和通信人孔井合用的情况下(人孔井里有电力电缆),通信电缆切不要在人孔井里进行端接,通信管道与电力管道必须至少用 8 cm 的混凝土或 30 cm 的压实土层隔开,安装时至少应埋设一个备用管道放进一根拉线,供以后扩充之用。采用管道敷设电缆时,一定要采取如表 2.20 所示的保护措施,防止缆线的机械损伤。要对人孔井内的光缆进行固定和保护。

表 2.20 管道缆线敷设的防机械损伤的措施

措 施	保护用途
蛇形软管	在人孔井内保护电缆:① 从电缆盘送出电缆时,为防止被人孔井角或管孔角摩擦损伤,采用软管保护;② 绞车牵引电缆通过转弯点和弯曲区,采用 PE 软管保护;③ 绞车牵引电缆通过人孔中不同水平(有高差)管孔时,采用软 PE 管保护
喇叭口	电缆进管口保护:① 电缆穿入管孔,使用两条互连的装有喇叭口的软金属管组成保护。管分别长 1 m 和 2 m;② 电缆通过人孔井进入另一管孔,将喇叭口装在牵引方向的管孔口
润滑剂	电缆穿管孔时,应涂抹中性润滑剂。当牵引 PE 护套电缆时,石蜡是一种较优润滑剂,对 PE 护套没有长期不利的影响。此外,可采用以尼龙微球(直径 0.2~0.6 mm)为基础的润滑剂,将微球吹进管道,或将微球置于石蜡中涂抹电缆以减小牵引时的摩擦系数
堵口	将管孔、子管孔堵塞,防止泥沙和鼠害

① 直通人孔井内光缆的固定和保护。光缆牵引完毕后,应将每个人孔井中的余缆沿孔壁放置于规定的托架上,一般尽量置于上层,采用蛇皮软管或 PE 软管保护后,用扎线绑扎使之固定。

② 接续用光缆在人孔井中的固定。人孔井内供接续用的光缆余留长度应不少于 8 m,由于接续往往在光缆敷设完成几天或较长的时间后进行,因此盘放余留光缆时注意应采用热收缩帽对端头做密封处理,防止光缆端头进水,应按光缆弯曲半径的要求,盘圈后挂在人孔井壁上或系在人孔井盖上,注意端头不要浸泡在水中。光缆在人孔井中的接续与固定如图 2-76 所示。

(2)架空缆线敷设

空架线路由电杆、裸线架和支撑设备组成。架空线缆布线要考虑建筑物四周环境、合适的线缆、线距和线杆距、线的跨度、建筑物附着物、承受暴风雪的能力和线的物理保护以及缆线数量和未来发展潜力等因素。

采用架空布线法时,由电缆杆支撑的缆线在建筑物之间悬空,这时可使用自支撑缆线或把缆线系在钢丝绳上。如果原先就有电线杆,这种方法的成本不高。但是这影响了美观、保密性、安全性和灵活性,因而是最不理想的建筑群布线方法。架空缆线通常穿入建筑物外墙保护套(或 U 型钢保护套向下延伸),从电缆孔进入建筑物内部,如图 2-77 所示。建筑物到最近处的电线杆通常相距不足 30 m,通信缆线与电力电缆之间的间距应服从当地的有关法规。

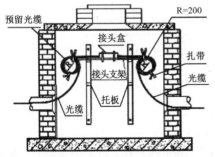

图 2-76 光缆在人孔井中的接续与固定示意

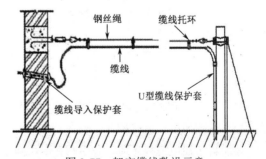

图 2-77 架空缆线敷设示意

架空缆线应具有良好的力学性能,使之能承受敷设施工时的牵引张力及敷设后的悬垂张力,并应具有良好的抗弯曲、抗振动性能；应具有良好的防潮、防水性能同时应具有良好的温度特性，以适应各种不同的使用环境。架空缆线线路架设的工作流程如图 2-78 所示。

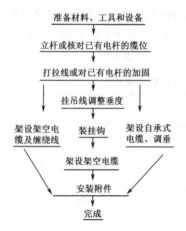

表 2.21 直埋式电缆的埋深

敷设地段	埋深/m
普通土、硬土	≥1.2
半石质（砂砾土、风化石）	≥1.0
全石质、流砂	≥0.8
市郊村镇	≥1.2
市区人行道	≥1.0
穿越铁路（距道碴底）公路（距路面）	≥1.2
沟、渠、水塘	≥1.2

图 2-77 架空缆线线路架设的工作流程

（3）直埋缆线敷设

采用直埋缆线敷设能够防止缆线各种外来的机械损伤，而且在达到一定深度后地温较稳定，减少了温度变化对光纤传输特性的影响，从而提高了缆线的安全性和传输质量。

由于直埋缆线多用于宽阔地域的野外敷设，适用于机械化或很多人同时施工，因此缆线盘长可达 2～4 km，减少了缆线接头，有利于降低全线路损耗，但同时也对缆线提出了更高的要求。由于直埋缆线埋深达 1.2 m，并且通常为大长度敷设，因此要求缆线有足够的抗拉力和抗侧压力，以适应较大的牵引拉力和回填土的重力；应有良好的防水、防潮性能，以适应地下水和潮湿的长期作用。缆线护套应具有防鼠、防白蚁、防腐蚀性能，避免老鼠、白蚁的啃咬破坏和化学侵蚀。

直埋式缆线线缆的敷设工作流程为：准备材料、工具和设备，挖沟，确定缆线的段长和配盘，填平沟底，布缆，小回填，设防护装置、铺放标志带、回填，埋设标识。开挖缆线沟时，挖沟应尽量保持直线路径，沟底要平坦，不得蛇形弯曲。对于不同土质和环境，缆线埋深有不同的要求，施工中应按设计规定地段的地质情况达到表 2.21 中的深度要求。对于全石质路径，在特殊情况下，埋深可降为 50cm，但应采取封沟措施。

缆线沟的横截面如图 2-79 所示，缆线沟底部宽度随缆线数目而变，如表 2.22 所示，缆线沟的顶宽可由"底部宽度+缆线的埋深×10%"来确定。

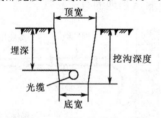

表 2.22 电缆数目与底宽

电缆数目/条	底宽/cm
1 或 2	40
3	55
4	65

图 2-79 电缆沟的横截面图

（4）缆线的引入及保护

建筑群干线电缆和光缆、公用网和专用网电缆和光缆（包括天线馈线）进入建筑物时，都应设置引入设备，并在适当位置终端转换为室内电缆和光缆。引入设备还应包括必要的保护装置，宜单独设置房间。

引入管道的管孔数量或预留洞孔尺寸应适当考虑备用量,以便今后发展。为保证通信安全和有利于维护管理,要求建筑设计和施工单位在引入管道或预留洞孔的四周,做好防水和防潮等技术措施。电缆和光缆引入建筑物的做法见本章进线间的相关内容。

4. 进线间线缆的引入

进线间电缆的规格与数量、光缆的规格与数量、进线预埋钢管的规格与数量、位置由工程设计确定。进线间应设置管道入口,在进线间缆线入口处的管孔数量应满足建筑物之间、外部接入业务及多家电信业务经营者缆线接入的需求,并应预留 2~4 孔的余量。进线间与建筑物红外线范围内的人孔井或手孔井采用管道或通道的方式互连。图 2-80 和图 2-81 分别表示电缆或光缆以直埋方法和穿保护管方式引入建筑物的做法。

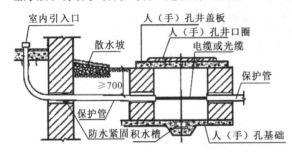

图 2-80 电缆或光缆以直埋方法引入建筑物

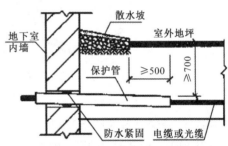

图 2-81 电缆或光缆以穿保护管方式引入建筑物

进线间入口管道口所有布放缆线和空闲的管孔应采取防火材料封堵做好防水处理,以免污水和潮气进入进线间。图 2-82 表示进线间入口管道口所布放电缆或光缆的固定和防水处理做法。

5. 电信间与设备间设备安装

安装在电信间与设备间的设备主要有综合布线系统的配线设备和计算机网络设备,这些设备都安装在 19 英寸标准机柜内,机柜的尺寸通常为 600×900 mm(宽×深),其高度要根据安装设备的数量而定,有 18U~42U 多种规格。在设备较少时,一般采用 6U~12U 壁挂式机柜。

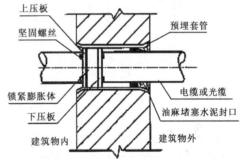

图 2-82 入口管道口缆线的固定和防水处理

机柜内设备的安装顺序,按照从上到下,一般是光纤配线架、网络设备、数据配线架和语音配线架,底部空出 4U 的高度便于放置光纤收发器、光纤端接盒、配电架或电源插座等设备,理线架(1U 高)放在网络设备和配线架的下方。设备安装顺序也可根据缆线进入电信间或设备间的方式确定,缆线采用地面出线时,一般缆线从机柜底部穿入机柜,配线架宜安装在机柜下部。采用桥架出线时,一般缆线从机柜顶部穿入机柜,配线架宜安装在机柜上部。

光纤配线架一般从离机柜顶部 2U 位置自上而下进行安装,相邻两个光纤配线架相隔 1U,以便安装 1U 理线架。光缆由机柜的顶、底及两侧进出时,应保证光缆的弯曲半径不小于光缆直径的 15 倍;纤芯和尾纤不论在何处转弯时,其曲率半径应大于 40 mm。光缆在进机柜前应留有 3.5~4.0 m 冗余。

设备间和电信间的电源应安装在机柜的旁边,一般安装 2~4 个 220V(三孔)电源插座,根据需要可安装稳压电源或 UPS 不间断电源。

2.4.6 线缆端接施工技术

1. 双绞线连接线缆制作

双绞线连接线缆又称数据跳线或跳线,主要用于工作区信息插座与终端设备的连接、电信间与设备间内配线架与配线架之间、网络设备与配线架之间端口的跳接等。

(1)连接线缆组件

连接电缆由双绞线两端压接 RJ-45 接头(又称为水晶头)制作而成,如图 2-83 所示。

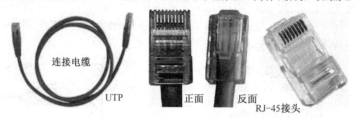

图 2-83 连接线缆及其组件

(2)双绞线与 RJ-45 接头的连接标准

双绞线与 RJ-45 接头的压接(压线)方法有两种国际标准:ANSI/EIA/TIA568A 和 ANSI/EIA/TIA568B(简称 T568A/T568B,下同),其线序如图 2-84 所示。

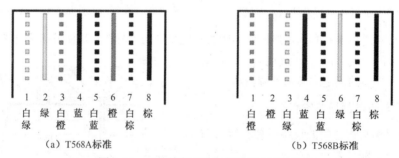

图 2-84 双绞线与 RJ-45 接头的压线标准

(3)连接电缆的制作

双绞线连接电缆主要有直通线缆和交叉线缆两种。直通线缆两端水晶头的压线都采用 T568A 标准或 T568B 标准,双绞线的每组线在两端是一一对应的,主要用于信息插座(交换机端口)与终端设备的连接、或网络设备之间的连接。交叉线缆一端水晶头的压线采用 T568A 标准,而另一端则采用 T568B 标准,主要用于交换机之间、其他网络设备之间的连接,或计算机与计算机之间的连接。在同一个布线工程中,直通线缆的制作只能统一使用一种标准,一般采用 T568B 标准。

双绞线与 RJ-45 头压接方法步骤如下:

<1> 利用双绞线压线钳的切线刀口剪取适当长度(至少 0.6 m,最多不超过 100 m)的网线,再利用剥线刀将双绞线的外皮除去 2~3 cm。

<2> 小心拧开每一对线,按 EIA/TIA568B 的标准排好,整理使之平、直。正确的线序为:白橙/橙/白绿/蓝/白蓝/绿/白棕/棕。注意,绿色条线应该跨越蓝色对线。这里最容易犯错的地方就是将白绿线与绿线相邻放在一起,这样会造成串扰,使传输效率降低。

<3> 将裸露出的双绞线用切线刀剪齐并只剩约 14 mm 的长度,水晶头正面向上,将 8 根导线同时插入水晶头的引脚内,注意第一只引脚内应该放白橙色的线,其余类推。

<4> 确定双绞线的每根线的位置正确,并都抵达水晶头的顶端之后,用压线钳的压线刀压接水晶头。同样方法压制另一端的 RJ-45 接头,制作好的水晶头如图 2-85 所示。

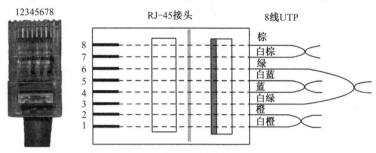

图 2-85　EIA/TIA568B 标准制作的水晶头

2. 双绞线信息模块端接

信息模块的端接实际上是配线子系统缆线在工作区端的终接,操作时一定要做到:

① 核对缆线标识内容是否正确。

② 缆线中间不应有接头,终接处必须牢固,接触良好;屏蔽对绞电缆的屏蔽层与连接器件终接处屏蔽罩应通过紧固器件 360°圆周可靠接触,接触长度不宜小于 10 mm。屏蔽层不应用于受力的场合。

③ 对绞电缆与连接器件连接应认准线号,线位色标,不得颠倒和错接。

④ 终接时,每对对绞线应保持扭绞状态。松开长度,3 类电缆不应大于 75 mm,5 类电缆不应大于 13 mm,6 类电缆应尽量保持扭绞状态,减小扭绞松开长度。

信息模块的压接方式有两种国际标准:ANSI/EIA/TIA568A 和 ANSI/EIA/TIA568B。无论是采用 T568A 还是采用 T568B 标准,均在一个模块中实现,但它们的线对分布不一样。在网络布线工程应用中,两种压接方式均可采用,但在同一布线工程中,两种压接方式不应混合使用。

对于扣锁式信息模块,只要按照压接标准和模块上的色标,将双绞线正确插入线槽,然后压紧扣锁帽即可。对于打线式信息模块,其压接方法步骤如下:

<1> 双绞线从布线底盒中拉出,剪至合适的长度(约 30 cm)。

<2> 用剥线钳剥除双绞线的绝缘层包皮 2~3 cm。

<3> 将信息模块置入掌上防护装置中,分开 4 个线对,但线对的两根缆线不要拆开,按照信息模块上色标所指线序,稍稍用力将导线逐一置入相应线槽内,如图 2-86 所示。

<4> 将打线钳的刀口对准信息模块上的线槽和导线,带刀刃的一侧向外,垂直用力向下压,听到"咯"的一声,模块外多余的线被剪断,即压好一根导线。重复该操作,将 8 条导线分别打入相应颜色的线槽中。如果多余的线不能被剪断,可调节打线钳上的旋钮,调整冲击压力。

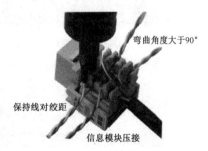

图 2-86　信息模块端接

<5> 将塑料防尘片沿缺口穿入双绞线,并固定于信息模块上。双手压紧防尘片,模块端接完成。将信息面板的外扣盖取下,将信息模块对准信息面板上的槽口轻轻压入,再将信息面板用螺丝钉固定在信息插座的底盒上,最后将外扣盖扣上。

3. 数据配线架缆线端接

数据配线架缆线端接是指将 4 对对绞电缆连接到数据配线架上,目前,主要有超 5 类数据配线架缆线端接和 6 类数据配线架缆线端接两种。

（1）超 5 类数据配线架缆线端接

超 5 类数据配线架缆线端接有 EIA/TIA568A 和 EIA/TIA568B 两种标准。标准的选用一定要按设计标准进行，以保证配线架所采用的标准（通常为 EIA/TIA568B）与信息模块的安装标准一致。下面以 RJ-45 配线模块为例，叙述与超 5 类 4 对对绞电缆端接的方法步骤。

<1> 在机柜上安装好配线架，按设计的压接标准放置好色标索引条。先把 4 对对绞电缆从机柜底部牵引到 RJ-45 配线模块上要端接的位置，每个配线模块布放 6 根，左边的缆线端接在配线模块的左半部分，右边的缆线端接在配线模块的右半部分。再在配线架的内边缘处将 6 根缆线束松弛地捆起来，在每条缆线上标记出剥除缆线外皮的位置，并在离标记内侧 10～20 cm 处写上每根缆线的编码，然后解开捆扎，在标记处刻痕后再放回原处，暂不要剥去外皮。

<2> 在每条缆线刻痕点之外最少 15 cm 处将缆线切断，并将刻痕的外皮滑掉，然后按色标，将每对对绞线拉入对应的 IDC 打线槽中，要注意线对弯曲度大于 90º，并尽量保证每对线的绞距，不要将线对散开。

<3> 检查线对是否安放正确或是否变形，无误后再用工具把每个线对压下并切除线头。完成缆线端接的 6 口 RJ-45 配线模块如图 2-87 所示。左右两侧 12 根缆线的端接顺序为先两端后中间。

<4> 每完成 6 根 4 对对绞线的端接后，应该用尼龙扎带在本模块单元捆扎缆线，整个配线架缆线端接完成后，应该在机柜左右两侧分配对 12 根 4 对对绞电缆进行捆扎。

<5> 插入标签条，做好信息点记录。

（2）6 类数据配线架缆线端接

6 类数据配线架缆线端接标准和方法基本上与超 5 类相同，只是对绞缆线在压入 IDC 打线槽之前，要先穿入锁线卡，如图 2-88 所示。

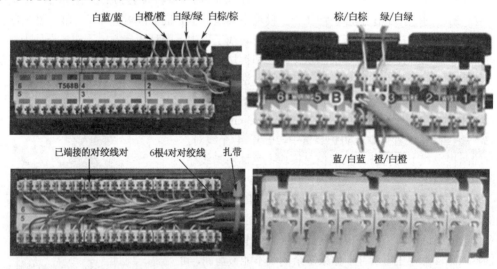

图 2-87　超 5 类 RJ-45 配线模块缆线端接　　　图 2-88　6 类 RJ-45 配线模块缆线端接

4．语音配线架缆线端接

语音配线架端接是将 4 对对绞电缆或大对数线连接到语音配线架上，相应地有语音水平配线架与 4 对对绞电缆的端接和语音主干配线架与大对数电缆的端接两种端接方法。

（1）语音水平配线架与 4 对对绞电缆的端接

语音配线架用于支持水平侧语音点时，又称为语音水平配线架，一般与 4 对对绞电缆相连接，同样有 EIA/TIA568A 和 EIA/TIA568B 两种压接标准。目前一般采用 EIA/TIA568B 标准，每根 4 对对绞电缆色标顺序为：白蓝、蓝、白橙、橙、白绿、绿、白棕、棕（简称蓝、橙、绿、棕），如图 2-89(a)所示。但注意必须与信息模块的端接标准一致。

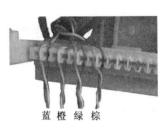
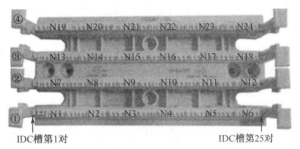

（a）缆线压接色标顺序　　　　　　　　　（b）24 根对绞电缆排列顺序

图 2-89　100 对 IDC 配线模块与 4 对对绞电缆端接顺序

语音水平配线架的基本单元是 100 对 IDC 配线模块，有 4 条 25 对 IDC 打线槽，由于每个 IDC 连接块只能卡接 1 根 4 对对绞电缆，若采用 6 个 4 对连接块（或 5 个 4 对连接块和 1 个 5 对连接块），则每条 IDC 打线槽可以端接 6 根 4 对对绞电缆（空余 1 对 IDC 槽），100 对 IDC 配线模块可端接 24 根 4 对对绞电缆，其端接排列顺序如图 2-88(b)所示。若采用 5 对连接模块，则只能端接 20 根 4 对对绞电缆。

100 对 IDC 配线模块与 4 对对绞电缆端接的方法步骤如下：

<1> 安装语音水平配线架。将 24 根对绞电缆分 4 个小组分别从 IDC 配线模块的 4 个穿线孔中拉出，拉出长度约 14～16 cm，如图 2-90 所示。注意，每小组内的线缆编号不完全连续。

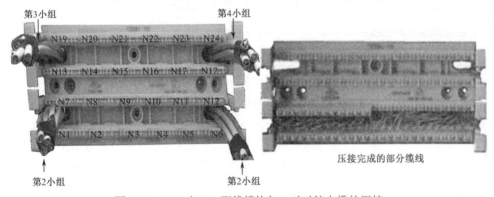

图 2-90　100 对 IDC 配线模块与 4 对对绞电缆的压接

<2> 在离线缆末端 14～16 cm 处做出割线标记，在割线标记内侧 1～2 cm 处抄写信息点编码。用剥线刀在标记处切割外皮，去掉外皮并检查是否割伤线对。

<3> 在每根对绞线的编号位置按照色标顺序将线缆对拉入相应的 IDC 槽，并用工具打入。

<4> 安装连接块和标签条。

（2）语音主干配线架与大对数电缆的端接

语音配线架用于支持楼层配线设备 FD 干线侧的语音配线时，又称为语音主干配线架，一般是与大对数主干电缆相连接。100 对 IDC 配线模块可连接 1 根 100 对大对数电缆，或 2 根 50 对大对数电缆，或 4 根 25 对大对数电缆。

100 对 IDC 配线模块与 100 对大对数电缆端接的方法如下：

<1> 安装语音主干配线架。

<2> 去掉大对数电缆的外皮。在离电缆末端 55～60 cm 处作割线标记，在割线标记内侧 1～2 cm 处抄写信息点编码。由于 100 对大对数电缆太粗，则采用 2 次剥线法去掉大对数电缆的外皮。第 1 次，在离末端 5～6 cm 处用割线刀割线，去掉外皮；第 2 次，利用电缆内带的撕裂线进行割线，并割到电缆割线标记处，去掉其外皮。

<3> 对线缆进行分组。将 100 对大对数电缆内部 4 种色带（蓝、橙、绿、棕）所缠绕的 4 个 25 对线组分开，并在割线标记处用相应的色带绑扎好线组。按图 2-91 所示，将 4 个线组从相应的进线孔拉出，并将电缆固定在配线架后面。

<4> 压接线缆。按图 2-90 所示的线位排列规则，将每对线拉入相应的 IDC 打线槽。检查无误后，用打线工具（排枪）将每对线压到位，并切除多余线缆。

<5> 安装连接块。每条 IDC 打线槽采用 5 个 5 对连接块进行连接，用 110IDC 打线工具将连接块压入 IDC 打线槽中。在安装时要注意连接块上的色标顺序，从左至右也是蓝、橙、绿、棕、灰。最后把标签条插入，做好标识。

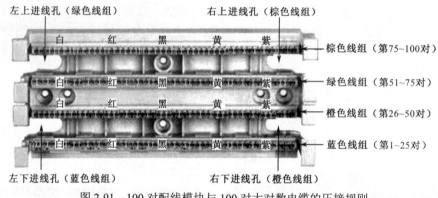

图 2-91 100 对配线模块与 100 对大对数电缆的压接规则

5. 光纤配线架光纤熔接

室外光纤敷设到设备间或电信间后，要与网络设备或光纤配线设备连接，必须通过热熔接或光纤冷接子，将其转接为 FC、SC、LC 或 ST 型号的光纤连接器（称为光纤尾纤），这些光纤连接器一般都安装在光纤配线架上。光纤的熔接是一个细致的操作过程，其一般方法步骤如下：

<1> 制订色标顺序和光纤熔接损耗标准，并根据光纤类型和光纤熔接损耗标准制订光纤熔接参数。以 4 芯光缆为例，光纤色标顺序为：蓝、橙、绿、棕。

<2> 用双手从光纤配线架两侧轻抬面板后，抽出光纤连接盘，注意不能全部抽出。在面板上安装耦合器。

<3> 取 1.5 m 长的光纤尾纤，一端插入耦合器，另一端在离连接器头 0.9 m 处（根据适配器位置不同稍有长短）剪断尾纤，用激光笔对尾纤进行简单测试，并在连接器根部和外护套根部贴上同号的标识纸，将尾纤盘在绕线盘上并引入熔接盒，用扎带将尾纤固定在熔接盒片入口处。

<4> 将光缆固定到光纤配线架中。将光缆端部剪去约 1 m，然后取适当长度（约 1.5 m），剥除外层护套，在离开剥处 10 mm 的内侧抄写光缆编码。从光缆开剥处取金属加强芯约 85 mm 后剪去其余部分，将金属加强芯固定在接地桩上，并用尼龙扎带将光缆扎紧使其稳固。开剥后的光缆束管用 PVC 保护软管（约 0.9 m）置换后，盘在绕线盘上并引入熔接盒，在熔接盒入口处用扎带扎紧 PVC 软管。

<5> 将熔接盒移至箱体外进行光纤熔接。熔接点用热缩套管保护,并卡入熔接盒内的热缩管卡座内。完成后将熔接盒固定在箱体内并理顺、固定好光纤。

<6> 将光纤连接盘推回光纤配线架,光纤熔接完毕。

6. 光纤冷接

光纤的冷接用于光纤对接光纤或光纤对接尾纤(指光纤与尾纤的纤芯对接),这相当于做光纤的接头。用于这种冷接续的器件叫做光纤冷接子,它内部的主要部件就是一个精密的 V 形槽,在两根光纤拨纤之后利用冷接子来实现两根纤芯的对接。光纤冷接操作简单快速,比用熔接机熔接省时间,较多地用于尾纤对接尾纤,随着 FTTH 光纤到户的迅猛发展,对光纤冷接子的需求也大大增加。光纤冷接的具体操作步骤与采用的产品类型有关,按照产品的说明书操作即可。

2.5 综合布线系统管理

综合布线系统管理是综合布线系统工程中一个必不可少的环节,是对设备间、电信间、进线间和工作区的配线设备、缆线(电缆和光缆)、端接点、跳线、布线管道(即安装通道)、安装空间及接地装置等设施,依照 ANSI/TIA/EIA-606 标准,按一定的模式进行标识和记录,内容包括管理方式、色标、标识等。这些工作的实施,将给今后维护和管理带来很大的方便,有利于提高管理水平和工作效率。特别是对于较为复杂的综合布线系统,如果采用计算机进行管理,其效果将十分明显。

2.5.1 系统管理方式与要求

综合布线系统管理一般采用计算机进行文档记录与保存。简单且规模较小的综合布线系统可按图纸、表格、记录等纸质文档进行管理,并做到记录准确、及时更新、便于查阅。对于规模较大的布线系统工程,为提高布线工程维护水平与网络安全,应采用电子配线设备对信息点或配线设备进行管理,以显示与记录配线设备的连接、使用与变更状况。目前,电子配线设备应用的技术有多种,在工程设计中应考虑电子配线设备的功能、管理范围、组网方式、管理软件、工程投资等方面,合理地加以选用。

根据 TIA/EIA606 标准,综合布线系统管理方式主要有标识管理和色标管理两种。标识管理是按照设计的编码系统,将编码标注在对应设备、缆线、管道或组件的标签上。色标管理则是采用统一的管理色标区别不同的终端或服务业务等。在综合布线系统工程中,其应用和要求如下:

① 每根电缆和光缆的两端、工作区的信息插座采用标识管理,应标注相同的标识符,信息插座标在面板的标签上,缆线标在两端的护套上或在距每一端护套 300 mm 内设置不易脱落和磨损的标签。

② 电信间、设备间、进线间及其内安装的机柜采用标识管理,设置标签。

③ 设备间、电信间、进线间的配线设备采用色标管理,用不同的色标来区别各类不同业务与用途的配线区。由于配线区与配线模块相对应,所以,实际上是用不同的色标来区分配线模块。

④ 跳线采用标识管理并设置标签,标签应能使管理员方便地找出跳线所连接的设备(交换机或 HUB)及端口。

⑤ 接地体和接地导线采用标识管理并设置标签,标签应设置在靠近导线和接地体的连接处的明显部位。

综合布线系统各个组成部分的工作状态信息应及时做好记录，认真管理。状态信息包括：设备和缆线的用途，使用部门，组成局域网的拓扑结构，传输信息速率，终端设备配置状况，占用器件编号，色标，链路与信道的功能和各项主要指标参数及完好状况，故障记录等，还应包括设备位置和缆线走向等内容，对管道、缆线、连接器件及连接位置、接地以及相应的标识符、类型、状态、位置等信息也要记录到位。

综合布线管理系统应在无需改变已有标识符和标签的情况下，顺利升级和扩充。

2.5.2 标识管理

1. 标识方式

综合布线系统标识管理中，一般采用如下两种标识方式：

① 直接标记。即用油性笔，直接将永久性标识符写在组件上。有一些厂商，在其制造的组件上提供空白可书写区域，以便在其上做标识。这是一种最经济节省的方式。

② 标签标记。即采用专用的标签，标签上打印永久性标识符，按相应的方法固定到组件上。

2. 标签类型

常用的专用标签有粘贴型、管套型、旗型、插入型和吊牌型等 5 种，如图 2-92 所示。在综合布线工程应用中，可根据设置的部位不同，选用不同类型的标签。

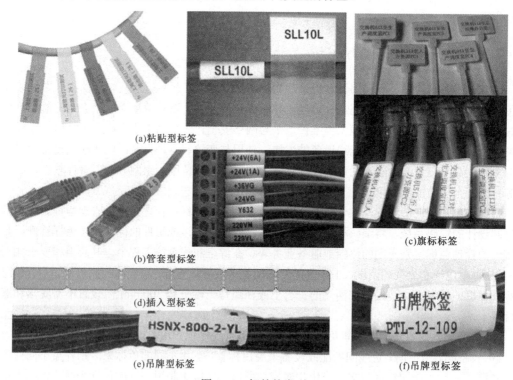

图 2-92 标签的类型

① 粘贴型：背面为不干胶的标签纸，可以直接贴到各种表面上，有的带有一层透明保护薄膜，可以覆盖标签表面，保护标识符免受磨损。缆线采用粘贴型标签时，标签在缆线上至少应缠绕一圈或一圈半。

② 管套型：放置标识纸的透明套管，有普通套管和热缩套管之分，热缩套管在热缩之前可以随便更换标识，经过热缩后，套管就成为能耐恶劣环境的永久标识。一般用于线缆标识，但要注意线缆的直径，并且在端接之前将其套在缆线上。

③ 旗型：可以打印或手写标识符的小标牌，具有固定线卡。一般用于线缆标识，光纤类线缆建议使用旗形标签。

④ 插入型：具有不同颜色的硬纸片，可以插入设备上的透明塑料夹里，一般用于配线架。插入型标签可以作为一种颜色代码标签，颜色编码可用于区别不同的服务功能（如数据和语音）、应用（如实验区与办公区）以及部门（如工程与财会部门），它提供一种简化管理系统、清晰易见的管理方案。目前，一些生产厂家提供颜色编码组件。

⑤ 吊牌型：是一种标识卡片，可以通过尼龙扎带或毛毡带与线缆捆固定，可以水平或者垂直放置。一般适用于成捆的线缆，大对数电缆建议使用吊牌。

标签的材质应符合并通过 UL969（或对应标准）认证，达到环保 RoHS 指令要求，以保证"永久标识"的要求，要符合工程应用环境要求，具有耐磨、抗恶劣环境、附着力强等性能。在选择标签材料时，一般要考虑如下原则：

首先要考虑的问题是标签所要接触的环境。标签的使用寿命需达到数年，有些标签的使用寿命需要与建筑物的使用寿命一样长！

第二个应考虑的问题是如何印制标签。点阵、激光、喷墨以及手持式印字机均能在印制某些标签材料上发挥其最佳的性能。

选择材料时，成本始终不能被作为一个主要问题来考虑。因为如果为了节省几块钱而选择不太合适环境的材料或印制方法的话，这样的标签可能会丢失或变得模糊难辨。到头来，很可能什么标签也不存在了。

3. 编码系统

编码系统是综合布线系统管理中最重要的标识符系统，要根据综合布线系统的拓扑结构、安装场地、配线设备、缆线管道、水平缆线、主干缆线、缆线终端位置、连接器件、接地等实际情况和特点，进行综合设计。编码系统要使综合布线系统中的每一组件都对应一个唯一标识符，标识符可由数字、英文字母、汉语拼音或其他字符组成，布线系统内各同类型的器件与缆线的标识符应具有同样特征（相同数量的字母和数字等）。

例如，对于所有信息点，采用图 2-93 所示的编码规则进行统一编码。

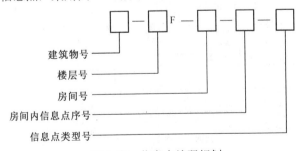

图 2-93　信息点编码规划

其中，F 表示楼层符号，信息点类型号有两种：D 表示数据，P 表示电话。例如，3 号楼第 5 层的 505 房间 2 号计算机数据信息插座可表示为 03-05F-505-02-D。

2.5.3 色标管理

色标管理是综合布线系统管理的一种比较直观的管理方式，用于区别不同的终端或服务业务等。表 2.23 列出了综合布线系统管理的色标，插入型标签的底色所代表的设备类型与此相同。

表 2.23 综合布线系统管理色标

终端类型	颜 色	典型应用
分界点	橙色	中心办公室连接（如公共网终接点）
网络连接	绿色	自电信部门的输入中继线
公共设备	紫色	连接到 PBX、大型计算机、局域网、多路复用器（例：交换机和数据设备）
关键系统	红色	连接到关键的电话系统或为将来预留
第一级主干	白色	实现干线和建筑群电缆的连接。端接于白场的电缆布置在设备间与干线/二级交接间之间或建筑群内各建筑物之间。连接 MC 到 IC 的建筑物主干电缆的终端
第二级主干	灰色	配线间与一级交接间之间的连接电缆或各二级交接间之间的连接电缆。连接 IC 到电信间的建筑物主干电缆的终端
建筑群主干	棕色	建筑物间主干电缆的终端
水平	蓝色	水平电缆的终端，与工作区的信息插座 TO 实现连接
其他辅助的和综合的功能	黄色	自控制台或调制解调器之类的辅助设备的连线。报警、安全或能量管理

注：在建筑群主干网中，棕色可取代白色或灰色。

在工程应用中，终接色标应符合缆线的布放要求，缆线两端终接点的色标颜色应一致。不同颜色的配线设备之间应采用相应的跳线进行连接，色标的规定及应用场合应符合下列要求，具体应用场合示例如图 2-94 所示。

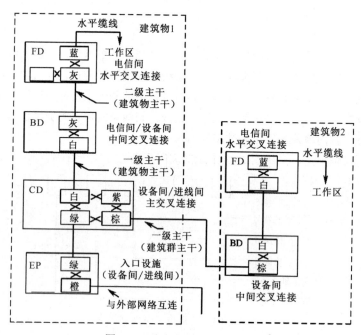

图 2-94 色标的应用场合示例

系统中用于区分不同服务的色标应保持一致，对于不同性能缆线级别所连接的配线设备，可用加强颜色或适当的标记加以区分。

思考与练习 2

1. 与传统网络工程布线相比，综合布线有哪些优点？
2. 收集、整理并认真阅读和理解《综合布线系统工程设计规范》(GB50311—2007)、《综合布线工程验收规范》(GB 50312—2007)、《综合布线系统工程设计与施工》(08X101-3)以及相关的技术白皮书等国家标准和规范。
3. 综合布线系统由哪些子系统组成？请画出综合布线系统分层星形结构图。
4. 简述综合布线各子系统的构成、基本任务、配置规范和要求。
5. 收集并掌握目前综合布线所使用的线管、线槽和桥架的品牌、型号、规格和外形图片，掌握配套的各种配件的类型和规格。
6. 收集并掌握目前综合布线所使用的光缆与电缆信息插座的品牌、型号、规格、外形图片、性能参数以及使用方法。
7. 收集并掌握目前综合布线所使用的数据配线架、光纤配线架和语音配线架的品牌、型号、规格、外形图片、性能参数以及使用方法。
8. 收集并掌握管线敷设施工中开槽、敷设、固定、封槽等施工工艺和注意事项。
9. 收集、整理光纤敷设、光纤熔接的详细方法和步骤，并通过实训掌握光纤熔接技术。
10. 收集、整理并通过实训掌握数据配线架、语音配线架端接的详细方法和步骤。
11. 收集、整理综合布线系统标识管理详细方法和技术，练习设计编码规则。
12. 看懂并理解综合布线系统的各种设计和施工图纸。

第 3 章 交换机技术与应用

【本章导读】

交换机是计算机网络系统中最常用、最重要的设备之一,在网络中的作用是将各种网络终端设备接入网络。本章介绍重点交换机的接口类型与管理方法、交换机的基本配置方法、交换机在网络工程中的实际应用技术。

对于交换机的结构、功能与工作过程,交换机的主要性能指标与选购方法等,读者可以扫描书中的二维码或登录到 MOOC 平台进行学习。

3.1 交换机概述

交换机的英文名称为"Switch",在网络拓扑结构中用图标  表示。

交换机是一种基于 MAC 地址识别,能够完成数据帧封装、转发功能的网络设备。以太网交换机类似于一台专用的计算机,由中央处理器(CPU)、随机存储器(RAM)和接口组成,工作在 OSI 模型中的第二层,用于连接工作站、服务器、路由器、集线器和其他交换机。其主要作用是快速高效、准确无误地转发数据帧。

3.1.1 交换机的分类

交换机具有许多优越性,在网络中的应用远远大于集线器,为了满足各种不同应用环境需求,出现了各种类型的交换机。下面介绍交换机的分类情况。

1. 按网络覆盖范围划分

根据网络覆盖范围划分,交换机可以分为广域网交换机和局域网交换机。广域网交换机主要应用于城域网互连、互联网接入等领域的广域网中,提供通信用的基础平台。局域网交换机即常见的交换机,应用于局域网,用于连接终端设备,如服务器、工作站、集线器、路由器等网络设备,提供高速、独立的通信通道。这也是本章要重点讲解的交换机。

2. 按传输介质和数据传输速率划分

根据交换机使用的网络传输介质和数据传输速率的不同,局域网交换机可以分为以太网交换机、快速以太网交换机、千兆位以太网交换机和万兆位以太网交换机等。

以太网交换机一般是指带宽在 100 Mbps 以下的以太网所使用的交换机,是使用最普遍、价格最便宜的交换机,其品种比较齐全,应用领域也非常广泛。以太网包括 3 种网络接口:RJ-45、BNC 和 AUI,所用的传输介质分别为双绞线、细同轴电缆和粗同轴电缆。双绞线类型的 RJ-45 接口在网络设备中最普遍。目前,细同轴电缆和粗同轴电缆接口的交换机已全部淘汰。

快速以太网交换机用于 100 Mbps 快速以太网。快速以太网是一种在普通双绞线或者光纤上实现 100 Mbps 传输带宽的网络技术。注意，快速以太网并不全是 100 Mbps 带宽的端口，目前基本以 10/100 Mbps 自适应型为主。一般这种快速以太网交换机采用的传输介质是双绞线，有的快速以太网交换机留有少数的光纤接口（SC），以便与其他光传输介质的网络互连。

千兆位以太网交换机用于千兆位以太网中，因为它的带宽可达 1000 Mbps。千兆位以太网采用的传输介质有光纤、双绞线两种，对应的接口有 SC 接口和 RJ-45 接口。千兆位以太网技术相对成熟，一般大型网络的骨干网段都采用千兆位以太网交换机。

万兆位以太网交换机主要是为了适应当今万兆位以太网络的接入，一般用于骨干网络上，采用的传输介质一般为光纤，其接口方式也就相应为光纤接口。

3．按交换机工作的协议层次划分

网络设备都是对应工作在 OSI 参考模型的一定层次上，工作的层次越高，则设备的技术性能越高，档次也就越高。根据工作的协议层次，交换机可分为第二层交换机、第三层交换机、第四层交换机和第七层交换机。

第二层交换机工作在 OSI 参考模型的第二层（数据链路层），根据数据链路层中的信息（如 MAC 地址）完成不同端口间的数据交换。因为它的价格便宜，功能符合中小企业实际应用需求，所以应用也最为普遍。所有的交换机在协议层次上来说都是向下兼容的，因此所有的交换机都能够工作在第二层。

第三层交换机工作在 OSI 参考模型的第三层（网络层），比第二层交换机的功能强，具有路由功能。第三层交换机能够根据 IP 地址信息决定数据传输路径，并实现不同网段间的数据交换。通常这类交换机采用模块化结构，以适应实际应用中灵活配置的需要。在大中型网络中，第三层交换机已经成为基本配备设备。

第四层交换机工作在 OSI 参考模型的第四层（传输层），其数据传输不仅仅依据 MAC 地址（第二层交换）、源/目标 IP 地址（第三层路由），而且依据 TCP/UDP 应用端口号。在第四层交换中的应用区间则由源端和终端 IP 地址、TCP 和 UDP 端口共同决定，一般采用模块结构。

第七层交换机工作在 OSI 参考模型的第七层（应用层），其数据传输不仅仅依据 MAC 地址、源/目标 IP 地址、TCP/UDP 端口（第四层地址），还可以根据内容（表示/应用层）进行。这样的处理更具有智能性，交换的不仅仅是端口，还包括内容。目前，关于第七层交换功能还没有具体的标准，因此目前在实际应用中比较少见。

4．按交换机的端口结构划分

根据交换机的端口结构，交换机可分为固定式交换机和模块化交换机。

固定式交换机所带有的端口是固定的，不能再扩展，如图 3-1(a)所示。这种交换机比较常见，价格便宜，一般适用于小型网络的交换环境。由于它只提供有限的端口和固定类型的接口，因此可连接的用户数量和可使用的传输介质都有一定的限制。

(a) 固定式交换机

(b) 模块化交换机

图 3-1 交换机的端口结构

模块化交换机的所有部件都是可插拔的部件，称为模块，如图 3-1(b)所示。模块可以分为几大类：一类是管理模块，相当于计算机的主板和 CPU，用于管理整个交换机的工作；一类是应用模块，相当于计算机的 I/O 模块，负责连接其他网络设备和网络终端；还有电源模块、风扇模块等。在实际的组网中，可根据用户的需求和网络的要求选择不同类型的模块。模块化交换机具有更大的灵活性和可扩充性，但在价格上要贵很多。

5．按网络分层结构划分

根据网络分层结构划分，交换机可分为核心层交换机、汇聚层交换机、接入层交换机。

核心层交换机的主要目的是尽可能快地交换数据，在该层不应该有费力的数据帧的操作或任何减慢数据交换的处理。它的主要工作是：提供交换区块的连接，提供到其他区块的访问，尽可能快地交换数据。

汇聚层交换机（也称为汇接层或分布层交换机）提供边界定义，并在该处对数据帧进行处理。汇聚层交换机具有如下功能：VLAN 聚合、部门级或工作组接入、广播域的定义、VLAN 间路由、介质转换等。汇聚层交换机被归纳为能够提供基于策略的连通性交换机。

接入层交换机是最终用户被允许接入网络节点的交换机，能够通过过滤或访问控制列表提供对用户流量的进一步控制。接入层交换机的主要功能是为最终用户提供网络接入，提供共享带宽，交换带宽及第二层功能。

6．按外观划分

按外观划分，交换机可分为机箱式交换机、机架式交换机和桌面型交换机。

机箱式交换机外观比较庞大，性能和稳定性都比较卓越，有很强的容错能力，其部件一般都采用模块化，支持交换模块的冗余备份，灵活性非常好。在实际网络工程中，对于核心层交换机或者汇聚层交换机，一般选用机箱式交换机，如图3-2所示。

图 3-2 机箱式交换机

机架式交换机，顾名思义，就是可以放置在标准机柜中的交换机。标准机柜的尺寸由电子工业协会（EIA）制定：网络设备（即机架）的宽度为 19 英寸（48.26 cm），高度为 1U 的倍数。U（unit）表示网络设备外部尺寸的单位，1U=4.445 cm。设计为能放置到 19 英寸机柜的交换机一般称为机架式交换机，如图 3-3 所示。

图 3-3 机架式交换机

桌面型交换机不具备标准的尺寸，一般外形较小，因可以放置在桌面上而得名，具有功率小、性能较低、噪音低的特点，适用于小型网络桌面办公或者家庭网络，如图 3-4 所示。

交换机的分类形式还有一些，例如：按交换机的应用规模层次划分，可分为企业级交换机、校园网交换机、部门级交换机和工作组交换机；按是否支持网管功能，分为网管型和非网管型两大类；按是否可以进行堆叠，可分为可堆叠和不可堆叠两大类等。

图 3-4　桌面型交换机

3.1.2　交换机的工作原理与基本功能

在网络数据通信中，交换机主要执行两个基本操作：一是交换数据帧，将从某一端口收到的数据帧转发到该帧的目的地端口；二是维护交换操作，构造和维护动态 MAC 地址表。

1. 交换数据帧

当交换机接收到从端口来的一个数据帧时，先检查该帧的源和目的 MAC 地址，然后与系统内部的动态 MAC 地址表进行比较。若数据帧的源 MAC 地址不在该表中，则将该源 MAC 地址及其对应的端口号加入 MAC 地址表中；如果目的 MAC 地址在该表中，则将数据帧发送到相应的目的端口，否则将该数据帧以广播方式发送到所有其他端口。

下面以图 3-5 为例来说明数据帧在交换机内的交换过程。

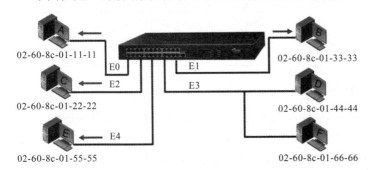

设备	端口	MAC
A	E0	02-60-8c-01-11-11
C	E2	02-60-8c-01-22-22
B	E1	02-60-8c-01-33-33
D	E3	02-60-8c-01-44-44
F	E3	02-60-8c-01-66-66

图 3-5　数据帧在交换机内的交换过程

<1> 当主机 D 发送广播帧时，交换机从 E3 端口接收到目的地址为 FFFF.FFFF.FFFF（广播地址）的数据帧，则向 E0、E1、E2 和 E4 端口转发该数据帧。

<2> 当主机 D 与主机 E 通信时，交换机从 E3 端口接收到目的地址为 0260.8C01.5555 的数据帧，查找 MAC 地址表后发现 0260.8C01.5555 并不在表中，因此交换机仍然向 E0、E1、E2 和 E4 端口转发该数据帧。

<3> 当主机 D 与主机 F 通信时，交换机从 E3 端口接收到目的地址为 0260.8C01.6666 的数据帧，查找 MAC 地址表后发现 0260.8C01.6666 也位于 E3 端口，即与源地址处于同一交换机端口，交换机不转发该数据帧，而是直接丢弃。

<4> 当主机 D 与主机 A 通信时，交换机从 E3 端口接收到目的地址为 0260.8C01.1111 的数据，查找 MAC 地址表后发现 0260.8C01.1111 位于 E0 端口，所以交换机将数据帧转发至 E0 端口，这样主机 A 即可收到该数据帧。

<5> 如果在主机 D 与主机 A 通信的同时，主机 B 也正在向主机 C 发送数据，交换机同样会把主机 B 发送的数据帧转发到连接主机 C 的 E2 端口。这时 E1 和 E2 之间，以及 E3 和 E0 之间，通过交换机内部的硬件交换电路，建立了两条链路，这两条链路上的数据通信互不影响，因此网络也不会产生冲突。所以，主机 D 和主机 A 之间的通信独享一条链路，主机 C 与主机 B 之间也独享一条链路。而这样的链路仅在通信双方有需求时才会建立，一旦数据传输完毕，相应的链路也随之拆除。

从以上交换操作过程可以看到，数据帧的转发都基于交换机内的 MAC 地址表。所以，建立和维护 MAC 地址表是交换机隔离冲突域的重要功能，也是交换机进行数据帧通信的基础。

2. 构造维护 MAC 地址表

交换机内有一张 MAC 地址表，表的每一项存放一个连接在交换机端口上的设备的 MAC 地址及其相应端口号。下面以图 3-6 所示的网络连接为例，介绍 MAC 地址表的建立和维护过程。

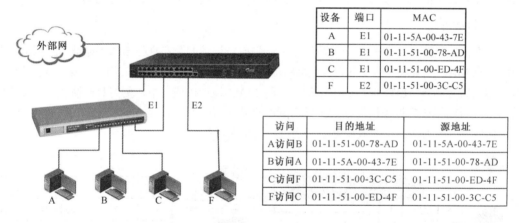

图 3-6 交换机地址学习功能

在交换机加电启动进行初始化时，其 MAC 地址表为空。当自检成功后，交换机开始侦测各端口连接的设备，一旦 A、B、C 互相访问，以及 A、B、C 访问 F，期间的数据流必然会以广播的形式被交换机接收到。当交换机接收到数据后，首先对数据帧拆包，将数据帧的源 MAC 地址拆分出来。如果在交换机内部的存储器中没有 A、B、C、F 的 MAC 地址，交换机会自动把这些地址记录并存储下来，同时把这些 MAC 地址所表示的设备和交换机的端口对照起来。保存下来的这些信息被称为 MAC 地址表。

当计算机和交换机加电、断电或迁移时，网络的拓扑结构会随之改变。为了处理动态拓扑问题，每当增加 MAC 地址表项时，均在该项中注明帧的到达时间。每当目的地址已在表中的帧到达时，将以当前时间更新该项。这样，由表中每项的时间即可知道该机器最后帧到来的时间。交换机中有一个进程定期地扫描 MAC 地址表，清除时间早于当前时间若干分钟的全部表项。于是，如果从一个物理网段上卸下一台计算机，连接到另一个物理网段上，则在几分钟内，它即可重新开始正常工作而无须人工干预。这个算法也意味着，如果机器在几分钟内无动作，那么发给它的帧将不得不广播，一直到它自己发送出一帧为止。

由于交换机中的内存有限，能够记忆的 MAC 地址数也有限，交换机设定了一个自动老化时间，若某个 MAC 地址在设定时间内不再出现，交换机将自动把该 MAC 地址从地址表中清除。当下一次该 MAC 地址出现时，将被当做新地址处理。交换机可以进行全双工传输，可以同时在多对节点之间建立临时专用通道,形成立体交叉的数据传输通道结构。

交换机的基本功能如下。

① 地址学习（Address Learning）。交换机能够学习到所有连接到其端口的设备的 MAC 地址。地址学习的过程是通过监听所有流入的数据帧,对其源 MAC 地址进行检验,形成一个 MAC 地址到其相应端口号的映射,并且将这一映射关系存储到其 MAC 地址表中。

② 转发/过滤决定（Forward/Filter Decisions）。交换机根据数据帧的 MAC 地址进行数据帧的转发操作,同时能够过滤（即丢弃）非法侵入的数据帧。交换机在进行转发/过滤操作时,遵循以下规则:

- 如果数据帧的目的 MAC 地址是广播地址或者组播地址,则向交换机所有端口转发（数据帧来的端口除外）。
- 如果数据帧的目的地址是单播地址,但这个地址并不在 MAC 地址表中,那么也向所有的端口转发（数据帧来的端口除外）。
- 如果数据帧的目的地址在 MAC 地址表中,那么就根据地址表转发到相应的端口。
- 如果数据帧的目的地址与数据帧的源地址在同一个物理网段上,就会丢弃这个数据帧,不会发生交换。

③ 避免环路（Loop Avoidance）。在局域网中,为了提供可靠的网络连接,一般设计了冗余链路,即设计了多个连接,以确保数据帧的传输,但网络中可能产生回路,造成"广播风暴"或"MAC 系统失效"。交换机通过使用生成树协议（Spanning-tree Protocol）来管理局域网内的环境,避免数据帧在网络中不断绕圈子的现象产生,即避免环路。

3.1.3 交换机的端口与配置线缆

1. 交换机的物理端口

交换机的端口是指交换机上的物理端口。其类型是随着网络和传输介质类型的发展而变化的,下面介绍目前仍在使用的一些交换机端口,如图 3-7 所示。

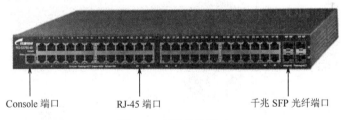

图 3-7 交换机的端口

① RJ-45 端口。这是见得最多、应用最广的一种端口类型,属于双绞线以太网接口类型。它不仅在最基本的 10Base-T 以太网中使用,还在目前主流的 100Base-TX 快速以太网、1000Base-TX 以太网以及 10000Base-TX 以太网中使用。它所使用的传输介质是双绞线,一般 10Base-T 使用 3 类线,100Base-TX 使用 5 类或超 5 类线,1000Base-TX 使用 6 类线。

② 千兆 SFP 光纤端口。SFP（Small Form Pluggable,小型可插拔式）是一种可热拔插的输入/输出端口,可插入千兆位以太网接口转换器（模块）,将千兆位电信号与光信号相互转换,并可通过光纤连接器与光纤网络连接起来。SFP 端口的外观与 RJ-45 端口非常类似,不过 SFP 端口看起来更扁,缺口更浅。其明显区别还是里面的触片,如果是 8 根铜弹片,则是 RJ-45 端口,如果是一根铜片,则是 SFP 光纤端口。

③ AUI 与 BNC 端口。如图 3-8 所示，AUI 端口是一种 D 型 15 针接口，专门用于连接粗同轴电缆，借助 AUI 收发转发器（AUI-to-RJ-45），可实现与 10Base-T 以太网络的连接。BNC 端口则是专门用于与细同轴电缆连接的接口。AUI 端口和 BNC 端口目前已淘汰。

图 3-8　交换机的 AUI 与 BNC 端口

④ Console 端口。支持网络管理的交换机一般有一个 Console 端口，它是专门用于对交换机进行配置和管理的。通过 Console 端口连接并配置交换机，是配置和管理交换机首先必须经过的步骤。因为其他方式的配置往往需要借助于 IP 地址、域名或设备名称才可以实现，而新购买的交换机显然不可能内置有这些参数，所以 Console 端口是最常用、最基本的交换机管理和配置端口。如图 3-9 所示，Console 端口一般有两种，一种是 RJ-45 端口，另一种是 DB-9 串口。在该端口的上方或下方或侧面都会有"CONSOLE"或"Console"字样。

图 3-9　交换机的 Console 端口

2. 交换机的接口类型

交换机在网络应用中，一般要根据网络的结构和应用功能需求，将相应的端口配置为不同的接口类型，锐捷交换机将其接口分为二层接口（L2 interface）和三层接口（L3 interface）两类。各种接口在网络中的应用如图 3-10 所示。

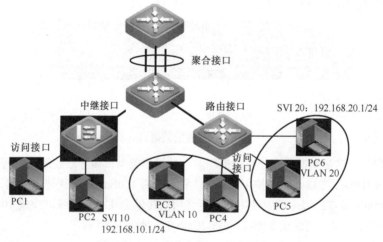

图 3-10　交换机接口类型应用

（1）二层接口

二层接口分为 Switch Port（交换接口）和 L2 Aggregate Port（二层聚合接口）两种类型。

① Switch Port。Switch Port 由交换机的单个物理端口构成，只有二层交换功能，其操作模式

分为 Access Port（访问接口）和 Trunk Port（中继接口）两种类型。

每个 Access Port 只能属于一个 VLAN，只传输属于这个 VLAN 的帧，其默认 VLAN 就是它所在的 VLAN，可以不用设置。Access Port 一般用于连接用户计算机。

每个 Trunk Port 可以属于多个 VLAN，能够接收和发送属于多个 VLAN 的帧，所以需要设置一个 Native VLAN 作为默认 VLAN。在默认情况下，Trunk Port 将传输所有 VLAN 的帧，但可以通过设置 VLAN 许可列表来限制 Trunk Port 传输哪些 VLAN 的帧。Trunk Port 一般用于设备之间的连接，也可以用于连接用户的计算机。

② L2 Aggregate Port。当两台交换机互连时，为了提高连接的带宽，可以将多个物理端口聚合在一起进行互连，构成一个逻辑 Switch Port，这个逻辑接口就称为 L2 Aggregate Port（简称 AP），L2 Aggregate Port 中的每个物理端口称为该 L2 Aggregate Port 的一个成员端口。

L2 Aggregate Port 具有如下特性：

- 从物理上看，L2 Aggregate Port 是由多个物理接口组成的，但在逻辑上，可以把它理解为一个高速接口，其带宽是组成它的各成员端口的带宽之和。
- 组成 L2 Aggregate Port 的成员端口可以是 Access Port 或 Trunk Port，但同一个 AP 的成员端口必须为同一类型，端口参数也必须相同，同属于一个 VLAN。
- 一个 L2 Aggregate Port 包含的物理端口数量一般不能超过 8 个。
- L2 Aggregate Port 具有流量平衡功能，通过 L2 Aggregate Port 发送的帧在其成员端口上进行流量平衡，当一个成员端口链路失效后，它会自动将这个成员端口上的流量分配到别的端口上，不影响该接口的使用。
- 每个 Aggregate Port 用一个整数标识，称为 AP ID，取值范围为 1～12。
- L2 Aggregate Port 也可分为 Access Port 或 Trunk Port。

（2）三层接口

对于三层接口，根据交换机的型号不同，一般可以分为：SVI（Switch Virtual Interface 交换虚拟接口）、Routed Port（路由接口）和 L3 Aggregate Port（三层聚合接口）三种。

① SVI。SVI 是与某个 VLAN 关联、用来实现三层交换的逻辑接口。每个 SVI 只能与一个 VLAN 关联，实际上，SVI 就是一个 VLAN 的接口，只要给该 VLAN 配置一个 IP 地址，它就成为了一个 SVI。

在实际应用中，SVI 可以作为本交换机的管理接口，用于对该交换机进行管理，也可以作为一个 VLAN 的路由接口（网关接口），用于三层交换机中跨 VLAN 之间的通信。在图 3-10 中，VLAN10 的主机可直接互相通信，无须通过三层设备的路由，若 VLAN10 内的主机 PC3 想与 VLAN20 内的主机 PC5 通信，必须通过 VLAN10 对应的 SVI10 和 VLAN20 对应的 SVI20 才能实现。

② Routed Port。Routed Port 是由三层交换机的单个物理端口构成的路由（网关）接口。Routed Port 不具备二层交换的功能，与 SVI 的区别是：SVI 是虚拟的接口，用于 VLAN 间的路由，实现不同 VLAN 之间的通信；Routed Port 是物理端口，用于点对点的链路路由，实现两个主干交换机的连接。

③ L3 Aggregate Port。L3 Aggregate Port 同 L2 Aggregate Port 一样，也是由多个物理成员端口汇聚构成的一个逻辑聚合接口。其成员端口必须为同类型的三层接口。L3 AP 不具备二层交换的功能，与 L2 AP 的区别在于，L3 AP 具有 IP 地址，可作为三层交换的网关接口连接一个子网。

3. 交换机接口的编号规则

对于以上各种接口，采用编号进行管理，其编号规则如下。

① 对于 Switch Port，其编号由两部分组成：插槽号/端口在插槽上的编号。

例如，端口所在的插槽编号为 2，端口在插槽上的编号为 3，则端口对应的接口编号为 2/3。插槽的编号是从 0 开始，其编号规则是：面对交换机的面板，插槽按照从前至后、从左至右、从上至下的顺序一次排列，对应的插槽号从 0 开始依次增加。静态模块（固定端口所在模块）编号为 0。插槽上的端口编号从 1 开始，编号顺序是从左到右。对于不同型号的交换机，可以通过 show interface 命令来查看插槽以及插槽上的端口信息。

② 对于 Aggregate Port，其编号的范围为 1～交换机支持的 Aggregate Port 个数。

③ 对于 SVI，其编号就是这个 SVI 对应的 VLAN 的 VID。

4. 交换机的配置线缆

无论交换机的 Console 端口是 RJ-45 接口，还是 DB-9 串行接口，在对交换机进行配置时，一般都需要通过专用配置线缆将 Console 端口与计算机的串行口连接，如图 3-11 所示。

一种是串行线，即两端均为串行接口（两端均为母头，如图 3-11(a) 所示；或一端为母头、另一端为公头，如图 3-11(b) 所示），分别接入计算机的串行口和交换机的 Console 端口（DB-9 串行口）。另一种是 RJ-45-to-DB-9 线，如图 3-11(c) 所示，即一端为 RJ-45 接头，另一头为串行母头，分别接入交换机的 Console 端口和计算机的串行口。

由于目前的笔记本电脑没有配置串行接口，若要使用笔记本进行交换机的配置，必须采用一种 USB 接口转串行接口的转接线，如图 3-11(d) 所示。

(a) DB-9-to-DB-9 线缆（两头为母头）

(b) DB-9-to-DB-9 线缆（一头为母头、另一头为公头）

(c) RJ-45-to-DB-9 线缆

(d) USB 口转串行接口线缆

图 3-11 交换机端口配置线缆

3.2 交换机配置基础

要让交换机更好地发挥作用，必须对交换机进行必要的配置，交换机的配置过程比较复杂，不同品牌、不同型号的交换机的具体配置命令会有所不同。本节主要以锐捷系列交换机为例，介绍交换机的管理方式、配置模式和基本配置方法。

3.2.1 交换机的管理方式

交换机为用户提供了 4 种管理方式（又称为访问方式），用于对交换机进行配置。
- 通过 Console 端口对交换机进行本地管理。
- 通过 Telnet 对交换机进行远程管理。
- 通过 Web 对交换机进行远程管理。
- 通过 SNMP 工作站对交换机进行远程管理。

第一种方式需要通过专用配置线缆将交换机的 Console 端口与计算机的串口直接相连后才能实现，称为带外管理。后面三种方式都是通过与交换机进行网络连接来实现，称为带内管理。可以通过开启或关闭驻留在交换机内的 Telnet Server、Web Server、SNMP Arent 来分别选择或禁用这三种管理方式。首次配置交换机或者无法进行带内管理时，只能采用第一种方式。

1. 带外管理

带外管理（Out-band management）方式一般采用 Windows 98//2000/XP 自带的超级终端程序来完成，当然，用户也可以采用自己熟悉的终端程序，其物理连接方式如图 3-12 所示，具体配置方法参见后续章节的实验。

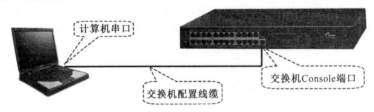

图 3-12　带外管理物理连接

2. 带内管理

带内管理方式是为了方便网管人员在异地远程管理交换机而设置的，连接方式如图 3-13 所示。

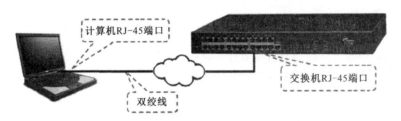

图 3-13　带内管理物理连接

采用带内管理方式应具备如下条件：
- 管理主机与交换机具有网络可连通性。
- 交换机配置了管理 VLAN 的 IP 地址。
- 交换机内开启了相应的管理服务。
- 交换机内设置了授权用户或没有限制用户访问。

由于每个厂商的交换机的配置不完全一样，这里只介绍 Telnet 和 Web 两种方式。

（1）通过 Telnet 管理交换机的方法步骤

<1> 通过带外管理方式给交换机设置 IP 地址，开启 Telnet Server，设置授权 Telnet 用户。

<2> 运行 Windows 自带的 Telnet 客户程序,指定 Telnet 的目的地址,如图 3-14 所示。

<3> 登录到 Telnet 界面,输入正确的登录名和口令,即可进入到交换机的图形界面。

(2)通过 HTTP(即 Web 方式)管理交换机的方法步骤

<1> 通过带外管理方式给交换机设置 IP 地址,开启 Web Server,设置授权 Web 用户。

<2> 在 Windows 的"运行"程序中执行 Windows 的 HTTP,如图 3-15 所示。或在浏览器地址栏输入 http://192.168.1.1(假设设置交换机的 IP 地址为 192.168.1.1)。

<3> 输入正确的登录名和口令,进入交换机的 Web 图形界面。

图 3-14 运行 Telnet 程序

图 3-15 执行 HTTP 协议

3.2.2 交换机配置命令简介

交换机的配置和管理可以通过多种方式实现,可以使用命令行方式或菜单方式,也可以使用 Web 浏览器方式或专门的网管软件来实现。本节介绍命令行方式的基本概念。

1. 命令模式

不同型号的交换机有不同的命令集,命令集中的命令需要在各自的命令模式下才能正确执行。锐捷交换机中使用的命令分成若干不同的模式,用户当前所处的命令模式决定了可以使用的命令。在命令提示符下输入"?"可以列出每个命令模式下可以使用的命令。

① 用户模式。当用户访问交换机时,自动进入用户模式。在用户模式下的用户级别称为普通用户级,在特权级别下的用户级别称为特权用户级。普通用户级别能够使用的 exec 命令(即可执行命令)是特权用户级别 exec 命令的一个子集。在这种情况下,用户通常只能进行一些简单的测试操作,或者查看系统的一些信息。

用户模式的提示符为设备的名称后紧跟">",如"switch>"。

② 特权模式。特权模式的命令管理着许多设备的运行参数,必须使用口令保护来防止非授权使用,从用户模式进入特权模式要输入正确的口令。在该模式下,可以使用各种特权命令、验证设置命令的结果。

特权模式的提示符为设备的名称后紧跟"#",如"switch#"。

在用户模式下使用 enable 命令进入特权模式。例如:

  switch>enable
  switch#

要返回到用户模式,输入 disable 命令。

③ 全局配置模式,提供从整体上对交换机运行的配置产生影响的配置命令。在特权模式下,使用 configure 命令进入该模式,命令的提示符改变为"switch(config)#"。例如:

  switch#configure terminal
  Enter configuration commands, one per line. End with CNTL/Z.
  switch(config)#

要返回到特权模式,输入 exit 命令或 end 命令,或者按快捷键 Ctrl+C。

④ VLAN 配置模式，用来配置 VLAN 的具体特性，用 VLAN 的 ID 来区分不同的 VLAN。在全局配置模式下，使用 vlan vlan-id 命令进入该模式，命令的提示符改变为"switch(config-vlan)#"。

```
switch(config)#vlan 20                            进入 vlan20
switch(config-vlan)#
```

要返回到特权模式，输入 end 命令，或按快捷键 Ctrl+C；要返回到全局配置模式，输入 exit 命令。

⑤ 接口配置模式，用于配置交换机各种接口的特性。在全局配置模式下，使用 interface type number 命令进入接口配置模式，命令的提示符改变为"switch(config-if)#"。例如：

```
switch(config)#interface fastEthernet 0/1         进入 fa0/1 号端口
switch(config-if)#
```

要返回到特权模式，输入 end 命令，或按快捷键 Ctrl+C；要返回到全局配置模式，输入 exit 命令。

⑥ 线路配置模式，用于配置访问交换机方式的线路模式。在全局配置模式下，使用 line {console 0|vty}命令进入相应的线路配置模式，命令的提示符改变为"switch(config-line)#"。例如：

```
switch(config)#line console 0                     配置控制台线路，0 是控制台的线路编号
switch(config-line)#
switch(config)#line vty 0 4                       配置远程登录线路，0~4 是远程登录的线路编号
switch(config-line)#exit
switch(config)#
```

要返回到特权模式，输入 end 命令，或按 Ctrl+C 键；要返回到全局配置模式，输入 exit 命令。

表 3.1 汇总了锐捷交换机各种命令模式的进入与离开方法、提示符及其可执行的操作。这里假定交换机的名字默认为"switch"。如果想执行某个命令，必须先进入相应的配置模式，否则可能会出现错误的结果。这在交换机的配置中很重要。

表 3.1 锐捷交换机命令模式列表

命令模式	进入方式	提示符	离开方法	可执行操作
User EXEC 用户模式	访问交换机时首先进入该模式	switch>	输入 exit 命令离开该模式	进行基本测试、显示系统信息
Privileged EXEC 特权模式	在用户模式下，使用 enable 命令进入该模式	switch#	输入 disable 命令，返回到用户模式	验证设置命令的结果。该模式有口令保护
Global configuration 全局配置模式	在特权模式下，使用 configure 命令进入该模式	switch(config)#	输入 exit 命令或 end 命令或按快捷键 Ctrl+C，返回到特权模式	配置影响整个交换机的全局参数
Interface configuration 接口配置模式	在全局配置模式下，使用 interface *type number* 命令进入该模式	switch(config-if)#	输入 end 命令或按 Ctrl+C 键，返回到特权模式；输入 exit 命令，返回到全局配置模式	配置交换机的各种接口参数
Config-vlan VLAN 配置模式	在全局配置模式下，使用 vlan *vlan_id* 命令进入该模式	switch(config-vlan)#	输入 end 命令或按 Ctrl+C 键，返回到特权模式；输入 exit 命令，返回到全局配置模式	配置 VLAN 参数
Config-line 线路配置模式	在全局配置模式下，使用 line console 0 或 line vty 命令进入该模式	switch(config-line)#	输入 end 命令或按 Ctrl+C 键，返回到特权模式；输入 exit 命令，返回到全局配置模式	配置访问交换机方式的线路参数

2．获得帮助

在对交换机进行配置时，可以在命令提示符下输入"?"，列出每个命令模式支持的各种命令，或者列出相同开头的命令关键字，或者列出每个命令的参数信息。也可以使用 Tab 键，使命令的

关键字完整。还可以使用 Help 命令，在任何命令模式下获得帮助系统的摘要描述信息。例如：

  switch#di?
  dir disable   显示出命令关键字开头相同的命令
  switch#show conf<Tab>
  switch#show configuration

3．简写命令

支持缩写命令，没有必要输入完整的命令和关键字，只要输入的命令所包含的字符长到足以与其他命令区别就足够了。例如，show configuration 命令可以写成 sh conf，可将 interface ethernet 0/2 命令缩写为 int e 0/2。

4．使用命令的 no 和 default 选项

几乎所有命令都有 no 选项。通常，使用 no 选项来禁止某个特性或功能，或者执行与命令本身相反的操作。

例如，接口配置命令 no shutdown 执行关闭接口命令 shutdown 的相反操作，即打开接口。使用不带 no 选项的关键字打开被关闭的特性或者打开默认是关闭的特性。

配置命令大多有 default 选项，命令的 default 选项将命令的设置恢复为默认值。大多数命令的默认值是禁止该功能，因此在许多情况下 default 选项的作用和 no 选项是相同的。然而部分命令的默认值是允许该功能，在这种情况下，default 选项和 no 选项的作用是相反的。这时 default 选项打开该命令的功能，并将变量设置为默认的允许状态。

5．常见的 CLI（命令行界面）错误提示信息

表 3.2 列出了用户在使用 CLI 管理交换机时可能遇到的错误提示信息。

表 3.2 CLI 管理交换机时的错误提示信息

错误信息	含义	如何获取帮助
% Ambiguous command: "show c"	用户没有输入足够的字符，交换机无法识别唯一的命令	重新输入命令，紧接着发生歧义的单词输入"?"，可能的关键字将被显示出来
% Incomplete command.	用户没有输入该命令必需的关键字或者变量参数	重新输入命令，输入空格和"?"，输入的关键字或变量参数将被显示出来
% Invalid input detected at '^' marker.	用户输入命令错误，符号"^"指明了产生错误的单词的位置	在所在地命令模式提示符下输入"?"，该模式允许的命令的关键字将被显示出来

6．常见的命令编辑方法

（1）使用历史命令

系统提供了用户输入的命令记录。该特性在重新输入长且复杂的命令时十分有用。从历史命令记录重新调用输入过的命令。例如，按 Ctrl+P 或 ↑ 键，可在历史命令表中浏览前一条命令。从最近的一条记录开始，重复使用该操作可以查询更早的记录。

在使用了 Ctrl+P 或 ↑ 组合键操作后，按 Ctrl+N 或 ↓ 组合键将在历史命令表中回到更近的一条命令。重复该操作可以查询更近的记录。

（2）使用编辑快捷键

- 左方向键或 Ctrl+B：光标移到左边一个字符。
- 右方向键或 Ctrl+F：光标移到右边一个字符。
- Ctrl+A：光标移到命令行的首部。

- Ctrl+E：光标移到命令行的尾部。
- Backspace 键：删除光标左边的一个字符。
- Delete 键：删除光标所在的字符。
- Enter 键：在显示内容时用回车键将输出的内容向上滚动一行，显示下一行的内容，仅在输出内容未结束时使用。输出时屏幕滚动一行或一页。
- Space 键：在显示内容时用空格键将输出的内容向上滚动一页，显示下一页内容，仅在输出内容未结束时使用。

3.2.3 交换机基本配置

当用户需要对一台新出厂的交换机进行配置，或需要更改现有的配置，或重新配置交换机时，可以通过 CLI 界面，在其中输入相关的命令来实现。交换机的配置命令有很多，本节主要介绍对交换机进行管理的基本配置命令。

1. 新出厂交换机的基本配置

对于新出厂的交换机，用户必须进行一系列的基本配置，才能正常使用，并通过带内进行管理。其基本配置包括：交换机的名称、IP 地址与子网掩码、默认网关、Enable 管理密码、Telnet 密码等。配置过程大致如下。

打开交换机电源，通过超级终端进入交换机的 Setup 模式，出现如下界面，按照提示对交换机进行基本配置。

```
--- System Configuration Dialog ---
At any point you may enter a question mark '?' for help.
Use ctrl-c to abort configuration dialog at any prompt.
Default settings are in square brackets '[]'.
Continue with configuration dialog? [yes/no]:y         询问是否要进入配置对话状态
Would you like to assign a ip address?[yes/no]:y       询问是否要设置 IP 地址
Enter IP address:192.168.1.10                           输入 IP 地址
Enter IP netmask:255.255.255.0                          输入子网掩码
Enter host name [Switch]:Myswitch                       输入交换机名称
The enable secret is a one-way cryptographic secret use
instead of the enable password when it exists.
Enter enable secret:123456                              输入 Enable 管理密码
Would you like to configure a Telnet password? [yes/no]:y
Enter Telnet password:123456                            输入 Telnet 密码
Would you like to disable web service?[yes/no]:y        询问是否要将 Web 服务关闭
The following configuration command script was created:
interface VLAN 1
ip address 192.168.1.10 255.255.255.0
!
hostname Myswitch
enable secret 5 $xH.Y*T7xC,tZ[V/xD+S(₩W&xG1X)sv'
enable secret level 1 5 $x,1u_;Cx&-8U0<Dx'.tj9=Gx+/7R:>H
!
end
Use this configuration? [yes/no]:y                      询问是否要将这些配置保存
Building configuration...
OK
```

配置完成后，交换机会根据用户输入的配置自动创建一个配置文件，下次启动时便使用该配置文件，而无须用户再干预。

注意：① 允许用户不为交换机配置 IP 地址和地址掩码；② 在配置过程中默认将 Web 服务关闭，用户如果需要通过 Web 管理交换机，则配置 Web 服务时需要选择 n，以打开 Web 服务；③ 在特权模式下输入 setup 命令，系统会重复上述的操作步骤，提示用户输入新的 IP 地址和掩码等设置，如同配置一台新出厂交换机。该操作会导致交换机原有的配置全部丢失，如果配置文件已经存在，该操作将会删除文件的全部内容并将根据用户的输入对文件进行更新。建议在使用 setup 操作之前备份当前的配置文件。

2．设置交换机的名称

交换机的名称（又称为主机名）用于标识交换机，通常会作为提示符的一部分显示在命令提示符的前面。交换机的默认名称一般是"Switch"，锐捷交换机的默认名称为"Ruijie"。可以用命令重新设置交换机的名称。

（1）给交换机命名

模式：全局配置模式

命令：hostname *name*

参数：*name* 是要设置的交换机名称，必须由可打印字符组成，长度不能超过 255 个字符。主机名一般会显示在提示符前面，显示时最多只显示 22 个字符。

（2）删除配置的主机名，恢复默认值

模式：全局配置模式

命令：no hostname

【配置举例】配置交换机的名字为 teacher。

```
Ruijie>enable                              进入特权配置模式
Ruijie#configure terminal                  进入全局配置模式
Ruijie(config)#hostname teacher            给交换机取名为：teacher
teacher(config)#no hostname                取消刚才设置的交换机名字，恢复到默认值
```

（3）查看交换机的名称

模式：特权模式

命令：show running-config

3．设置访问交换机的口令和划分特权级别

控制网络上的终端访问交换机的一个简单办法，就是使用口令保护和划分特权级别。口令可以控制对网络设备的访问，防范非法人员登录到交换机，修改设备的配置；特权级别可以在用户登录成功后，控制其可以使用的命令。

可以在几个不同位置设置口令（密码），以达到多重保护的目的，默认为没有设置任何级别的口令。口令有以下 3 种形式。

① 控制台口令：从连接在 Console 端口的控制台（计算机）登录交换机时，需要输入控制台口令。由于控制台是一种本地配置方式，所以不设置这个口令影响也不大。

② 远程登录口令：从网络中的计算机通过 Telnet 命令登录交换机时，需要输入远程登录口令。远程登录是一种远程配置方式，这个口令应该设置。在锐捷交换机中，若没有设置远程登录口令，则不能用 Telnet 命令登录。

③ 特权口令：登录交换机后，从用户模式进入特权模式，需要输入特权口令。由于特权模式

是进入各种配置模式的必经之路,在这里设置口令可有效防范非法人员对交换机的配置进行修改。在锐捷交换机中,特权模式可设置多个级别,每个级别可设置不同的口令和操作权限,可以根据实际情况让不同人员使用不同的级别。在锐捷交换机中,若没有设置特权口令,也不能用 Telnet 命令登录。

在实际应用中,特权口令和远程登录口令是必须设置的,并且口令不应该太简单,不同位置的口令也不应该相同。

(1) 设置控制台口令

模式:控制台线路配置模式。

命令:password *password*

参数:*password* 是要设置的控制台口令,其最大长度为 25 个字符。

说明:设置的口令中不能有问号和其他不可显示的字符。如果口令中有空格,则空格不能位于最前面,只有中间和末尾的空格可作为口令的一部分。

【配置举例】设置控制台口令为 123456。

```
Ruijie>enable
Ruijie#configure terminal
Ruijie(config)#line console 0              配置控制台线路,0 是控制台线路的编号
Ruijie(config-line)#login                   打开登录认证功能
Ruijie(config-line)#password 123456         设置控制台口令为:123456
Ruijie(config-line)#end
```

说明:如果没有设置 login 功能,即使配置了口令,登录时口令认证会被忽略。

(2) 删除配置的控制台口令

模式:控制台线路配置模式

命令:no password

(3) 设置远程登录口令

模式:远程登录线路配置模式

命令:password *password*

参数:*password* 是要设置的远程登录口令,其最大长度为 25 个字符。

说明:设置的口令中不能有问号和其他不可显示的字符。如果口令中有空格,则空格不能位于最前面,只有中间和末尾的空格可作为口令的一部分。

【配置举例】 为交换机设置远程登录密码为 123456。

```
Ruijie>enable
Ruijie#configure terminal
Ruijie(config)#line vty 0 4                 配置远程登录线路,0~4 是远程登录线路的编号
Ruijie(config-line)#login                   打开登录认证功能
Ruijie(config-line)#password 123456         设置远程登录口令为:123456
Ruijie(config-line)#end
```

说明:远程登录口令是用 Telnet 登录交换机的必备条件。

(4) 删除配置的远程登录口令

模式:远程登录线路配置模式

命令:no password

(5) 设置特权口令

模式:全局配置模式

命令：enable password [level *level*] {*password* | *encryption-type encrypted-password*}

  enable secret [level *level*] {*password* | *encryption-type encrypted- password*}

参数：*level* 表示口令的等级，其范围为 0～15。0～14 等级为普通用户级别，15 等级为特权用户级别。一般情况下不需要定义级别，默认为 15，即最高授权级别。

password 表示普通形式口令，以明文输入，口令的最大长度为 25 个字符（包括数字字符）。口令中不能有空格（单词的分隔符），不能有问号或其他不可显示字符。

encryption-type 表示加密类型，0 表示不加密，目前只有 5，即锐捷私有的加密算法。如果选择了加密类型，则必须输入加密后的密文形式的口令。

encryption-password 表示密文形式口令，密文固定长度为 32 个字符。

功能：创建一个新的特权口令或者修改一个已经存在的用户级别的口令。

说明：enable password 命令配置的口令在配置文件中是用简单加密方式存放的（有些种类的交换机是用明文存放的）。而 enable secret 命令配置的口令在配置文件中是用安全加密方式存放的。这两种口令只需要配置一种，如果两种都配置了，则两个口令不应该相同，且用 secret 定义的口令优先。例如：

  Ruijie(config)#enable secret level 2 5 %3tj9=G1W47R:>H.51u_;C,tU8U0<D+S

其中，命令中的 2 表示用户级别为 2 级，5 表示加密类型，"%3tj9=G1W47R:>H.51u_; C,tU8U0<D+S" 为加密后的 32 个字符。整个命令表示对用户级别为 2 的用户设置加密口令。

（6）删除配置的特权口令

模式：全局配置模式

命令：no enable password [*level*]

  no enable secret [*level*]

【配置举例】 设置特权口令为 123456，使用安全加密的密文存放。

  Ruijie>enable
  Ruijie#configure terminal
  Ruijie(config)#enable secret 123456   设置特权口令为：123456

对于以上命令设置的口令，可以在特权模式下，用命令 show running-config 查看。锐捷交换机的口令都是以密文存放的，所以看到的是乱码。

本部分配置的特权口令是为最高的 15 级设置的口令，如果想要使用多级别的特权模式，需要先用 privilege 命令为相应级别授权，再用 enable secret 命令配置该级别的口令。

（7）设置命令的使用级别

在默认情况下，系统只有两个受口令保护的授权级别：普通用户级别（1 级）和特权用户级别（15 级）。但是用户可以使用 privilege 命令为每个模式的命令划分 0～15 等 16 个授权级别。通过给不同的级别设置口令，就可以通过不同的授权级别使用不同的命令集合。如果将一条命令的权限授予某个级别，则该命令的所有参数和子命令都同时被授予该级别。

模式：全局配置模式

命令：privilege *mode* level *level command*

参数：*mode* 表示命令的模式，configure 表示全局配置模式，exec 表示特权命令模式，interface 表示接口配置模式等。

level 表示授权级别，范围为 0～15。level 0～14 是普通用户级别，level 15 是特权用户级别，在各用户级别间切换可以使用 enable 命令。

command 表示要授权的命令。

【配置举例】将 configure 命令授予级别 14 并设置级别 14 为有效级别（通过设置口令）。
  Ruijie(config)#privilege exec level 14 configure 设置级别 14
  Ruijie(config)#enable secret level 14 0 123456 设置口令 123456

可以在特权配置模式下使用 show running-config 命令查看刚才的配置情况。

若想让更多的授权级别使用某一条命令，则可以将该命令的使用权授予较低的用户级别；若想让命令的使用范围小一些，则可以将该命令的使用权授予较高的用户级别。

（8）登录和离开某个授权级别

模式：特权模式

命令：enable *level*   登录到指定的授权级别

    disable *level*   离开到指定的授权级别

参数：*level* 为指定的级别，范围为 0～15。

4．配置交换机的管理 IP、子网掩码及默认网关

新出厂的交换机在用控制台登录时，可以进行一些基础配置，其中包括管理 IP 地址等参数。如果需要修改管理 IP，可以在登录后用命令进行修改。

VLAN 1 管理 VLAN，vlan 1 接口属于 VLAN 1，是交换机上的管理接口，此接口上的 IP 地址将用于对此交换机的管理，如 Telnet、Web 和 SNMP 等。

（1）设置交换机的管理 IP 与子网掩码

模式：接口配置模式

命令：interface vlan 1   进入 VLAN 1 的 SVI 接口配置模式

    ip address *ip-address subnet-mask*   设置 IP 地址和子网掩码

参数：*ip-address* 是要设置的管理 IP 地址，*subnet-mask* 是要设置的子网掩码。

说明：通常把管理 IP 指定给 VLAN 1，因为在初始时，所有接口都属于 VLAN1，这样就可以通过任意一个接口管理交换机了。

（2）删除管理 IP 与子网掩码

模式：接口配置模式

命令：interface vlan 1

    no ip address

【配置举例】 配置交换机的管理 IP 为 192.168.10.1/24。

  Ruijie>enable
  Ruijie#configure terminal
  Ruijie(config)#interface vlan 1   进入接口配置模式
  Ruijie(config-if)#ip address 192.168.10.1 255.255.255.0
           设置交换机的 IP 地址为 192.168.10.1，子网掩码为 255.255.255.0
  Ruijie(config-if)#no shutdown   启用该接口
  switch(config-if)#exit   回到全局配置模式

说明：在命令中，子网掩码必须采用完整写法，不能简写为"/24"。

（3）配置交换机的默认网关

当交换机接收到一个不知该发往何处的数据报时，就把该数据报发往默认网关。只有二层交换机才需要配置默认网关，三层交换机是通过配置路由把数据报发送出去的。

模式：全局配置模式

命令：ip default-gateway *ip-address*

参数：*ip-address* 是要配置的默认网关的 IP 地址。

（4）删除配置的默认网关

模式：全局配置模式

命令：no ip default-gateway

【配置举例】 配置交换机的默认网关为 192.168.1.1。

   Ruijie>enable

   Ruijie#configure terminal

   Ruijie(config)#ip default-gateway 192.168.1.1

   Ruijie(config)#end

配置的默认网关可以在配置文件中看到。

（5）查看管理 IP 等配置状态

模式：特权模式

命令：show running-config

   show ip

5．配置访问交换机的方式

对交换机的访问方式有带外和带内两种，带外方式是将计算机与交换机直接相连进行访问，而带内方式则要通过网络的传输来实现，又分为 Telnet、Web、SNMP 三种访问方式。在实际应用中，用户可以根据需要通过打开或关闭驻留在交换机上的 Telnet Server、Web Server、SNMP Agent，来分别启用或禁用这三种访问方式。

在默认情况下，交换机上的 Telnet Server、SNMP Agent 处于打开状态，Web Server 处于关闭状态。

对于一台新购置的交换机，必须先用带外方式为交换机配置 IP 地址、远程登录密码和特权密码，才能用带内方式访问这台交换机。

（1）开启、关闭带内访问方式

模式：全局配置模式

命令：enable services *server-type*   开启带内访问方式

   no enable services *server-type*   关闭带内访问方式

参数：*server-type* 是带内访问方式类型，其取值为 telnet-server、web-server、snmp-agent，分别表示 Telnet、Web、SNMP 访问方式。

【配置举例】 关闭交换机的远程登录和工作站访问方式，开启 Web 访问方式。

   Ruijie>enable

   Ruijie#configure terminal   进入全局模式

   Ruijie(config)#no enable service telnet-server   关闭 telnet 访问方式

   Ruijie(config)#no enable service snmp-agent   关闭 snmp 访问方式

   Ruijie(config)#enable service web-server   开启 web 访问方式

说明：关闭 Telnet 访问不影响使用控制台、Web 和 SNMP 方式访问交换机。

（2）限制远程登录访问

当 Telnet Server 开启时，可以通过配置允许远程登录的 IP 地址，来限制用户只能从指定的计算机远程登录访问交换机。

模式：全局配置模式

命令：service telnet host *host-ip*

参数：*host-ip* 为允许远程登录的用户的 IP 地址。

说明：可以多次使用此命令设置多个允许远程登录的合法用户 IP。如果不配置此项，则默认是不限制使用者的 IP 地址。

【配置举例】 只允许 IP 地址为 192.168.1.10 和 192.168.1.30 以及 192.168.12.* 网段的用户用 Telnet 登录交换机。

```
Ruijie>enable
Ruijie#configure terminal
Ruijie(config)#service telnet host 192.168.1.10
Ruijie(config)#service telnet host 192.168.1.30
Ruijie(config)#services telnet host 192.168.12.0 255.255.255.0
```

说明：要允许某一个网段的用户登录，只能用完整的子网掩码表示。

（3）取消配置的 Telnet 登录限制

模式：全局配置模式

命令：no service telnet host *host-ip*　　　　删除指定的 IP

　　　no service telnet host　　　　　　　　删除所有的 IP

（4）设置远程登录的超时时间

用 Telnet 登录交换机后，如果在设定的超时时间内没有任何输入，交换机会自动断开该连接，所以设置超时时间有一定的保护作用。Telnet 的超时时间默认为 5 分钟，可以用命令修改它。

模式：远程登录线路配置模式

命令：exec-timeout *time*

参数：*time* 为设置的超时时间，单位为秒，取值为 0～3600，如果设置为 0，表示不限定超时时间。

说明：必须先用 line vty 命令进入远程登录的线路配置模式，再配置超时时间。

（5）取消配置的 Telnet 超时时间

模式：远程登录线路配置模式

命令：no exec-timeout

说明：取消超时时间后，超时时间恢复为默认的 5 分钟。

【配置举例】 设置远程登录的超时时间为 10 分钟（600s）。

```
Ruijie>enable
Ruijie#configure terminal
Ruijie(config)#line vty
Ruijie(config-line)#exec-timeout 600
```

（6）配置 Web 访问方式的 IP

模式：全局配置模式

命令：services web host *host-ip* [*subnet-mask*]

参数：*host-ip* 指明能够使用 Web 方式访问交换机的合法用户的 IP；*subnet-mask* 为子网掩码。

说明：可以通过多次使用此命令来配置多个合法用户的 IP，也可以通过设置子网掩码的方式来配置一个网段的 IP。若不配置，则表示不限制使用者的 IP 地址。

（7）取消配置 Web 访问方式的 IP

模式：全局配置模式

命令：no services web host *host-ip* [*subnet-mask*]　　删除已配置的合法访问 IP

　　　no services web all　　　　　　　　　　　　　删除所有的 IP

(8) 查看访问方式的状态

模式：特权模式

命令：show service

【配置举例】查看交换机访问方式的状态。

```
Ruijie>enable
Ruijie#show service
SSH-server:Enabled
Snmp-agent:Disabled
Telnet-server:Enabled
Web-server:Enabled
```

说明：show service 命令显示 SSH Server、SNMP Agent、Telnet Server 和 Web Server 四种管理方式的使用状态，"Enabled"为开启，"Disabled"为关闭。

在对交换机的访问方式配置完成后，可以通过网络中的一台计算机，在命令行下输入"telnet <交换机 IP 地址>"，远程登录到交换机，或在浏览器地址栏输入"http://<交换机 IP 地址>"，以 Web 方式访问交换机，并对交换机进行各种配置。

如果登录的交换机没有配置远程登录密码，会显示"Password required, but none set"错误提示信息；如果没有设置特权密码，在进入特权模式时会显示"%No password set"错误提示信息。

6．设置系统的日期和时间

对于交换机内部运行的时钟，可以用命令 clock set 进行设置，并且交换机的时钟将以用户设置的时间为准一直运行下去。

（1）设置交换机系统的日期和时间

模式：特权模式

命令：clock set *hh:mm:ss day month year*

参数：*hh:mm:ss* 分别表示小时（24 小时制），分钟和秒，*day* 表示日，范围为 1～31，*month* 表示月，范围为 1～12，*year* 表示年，不能使用缩写。例如，switch# clock set 16:20:00 18 12 2009 命令可设置系统时钟为 2009 年 12 月 18 日下午 4 点 20 分。

（2）显示交换机系统的时间信息

模式：特权模式

命令：show clock

7．显示交换机的系统信息

交换机的系统信息主要包括：系统描述，系统通电时间，系统的硬件版本，系统的软件版本，系统的 Boot 层软件版本等。用户可以通过这些信息来了解该交换机系统的概况。

模式：特权模式

命令：show version

【配置举例】显示交换机的设备和插槽的信息。

```
switch#show version devices        显示交换机当前的设备信息
switch#show version slots          显示交换机当前的插槽和模块信息
```

8．保存配置

交换机有两个配置文件，一个为当前正在使用的配置文件，也叫 running-config，还有一个是初始配置文件，也叫 startup-config。running-config 保存在 DRAM 中，如果没有保存，交换机断电后便丢失了。而 startup-config 是保存在 NVRAM 中，断电后文件内容也不会丢失。这两个配置文件的内容可以不一样，可以执行 show running-config 和 show startup-config 来查看系统中这两个配置文件的内容。

在系统启动时，对 startup-config 配置文件逐条命令解释执行，并且在执行的同时把 startup-config 复制到 running-config 中；在系统运行期间，可以随时利用系统提供的命令行接口，进入配置模式，对 running-config 进行修改。running-config 和 startup-config 两个配置文件之间，可以相互复制。

模式：特权模式。

命令：copy running-config startup-config

【配置举例】 将 running-config 复制到 startup-config 中。

    switch#copy running-config startup-config   保存配置
    Destination filename [startup-config]?   提示输入文件名
    Building configuration…

9．配置交换机接口

（1）配置一个接口

在全局配置模式下，可使用 interface 命令进入接口配置模式，配置某个接口的属性。

模式：全局配置模式。

命令：interface *port-id*

参数：*port-id* 是接口的标识（即类型和编号），可以是一个物理接口，也可以是一个 VLAN（此时应该把 VLAN 理解为一个接口），或者是一个 Aggregate Port。

说明：interface 命令用于指定（进入）一个接口，之后的命令都是针对此接口进行的。interface 命令可以在全局配置模式下执行，此时会进入接口配置模式，也可以在接口配置模式下执行，所以配置完一个接口后，可直接用 interface 命令指定下一个接口。

【配置举例】 开启交换机的 fastethernet 0/1 接口。

    switch#configure terminal   进入全局配置模式
    switch(config)#interface fa0/1   进入 fastethernet0/1 接口配置模式
    switch(config-if)#no shutdown   开启该接口

（2）配置一定范围的接口

用户可以在全局配置模式下使用 interface range（或 interface range macro）命令配置多个接口。

模式：全局配置模式。

命令：interface range *port- range*

参数：*port- range* 是指某范围的接口，其有效的接口范围格式为：vlan — *vlan-id-vlan-id*，vlan-id 范围为 1~4094；fastethernet — *slot*/{第一个 *port*} - {最后一个 *port*}；gigabitethernet — *slot*/{第一个 *port*} - {最后一个 *port*}；Aggregate Port — Aggregate port 号，范围为 1~*n*。

说明：如果有多个范围段，每个范围段可以使用","隔开。同一条命令中的所有范围段中的接口必须属于相同类型和具有相同特性，即全是 fastethernet，gigabitethernet，或者全是 Aggregate port，或者全是 SVI。

【配置举例】 开启交换机的 fastethernet 0/1~0/10、0/20~0/24 接口。

    switch#configure terminal
    switch(config)#interface range fastethernet 0/1-10,0/20-24
    switch(config-if-range)#no shutdown
    switch(config-if)#end

10. 给接口定义一个名称

为了有助于记住一个接口的功能,可以为一个接口起一个专门的名称来标识它,也就是接口的描述(Description)。

模式:接口配置模式

命令:interface *port-id*　　　　　　　　　　指定要配置的接口

　　　description *string*　　　　　　　　　　设置此接口的名称

参数:*port-id* 是接口的类型和编号,*string* 为给接口所定义的名称(描述文字)。

说明:接口的名称最多不得超过 32 个字符。在接口配置模式下,可以使用命令 no description 删除一个接口所设置的名称。

11. 禁用/启用交换机接口

交换机接口的管理状态有两种:up 和 down,交换机的所有接口默认是启用的,此时接口的状态为 up。如果禁用了一个接口,则该接口不能收发任何帧,此时接口的状态为 down。

模式:接口配置模式

命令:shutdown　　　　　　　　　　　　　禁用指定的接口

　　　no shutdown　　　　　　　　　　　　启用指定的接口

【配置举例】 禁用交换机的 gigabitethernet 0/1-5,并将 gigabitethernet 0/1 分配给 PC1 专门使用,即命名为"To PC1"。

```
switch#config terminal                          进入全局配置模式
switch(config)#interface gigabitethernet 0/1-5  进入接口配置模式
switch(config-if)#shutdown                      禁用 g0/1-5 端口
switch(config-if)#end                           回到特权模式
switch(config)#interface gigabitethernet 0/1    进入接口配置模式
switch(config-if)#description To PC1            将接口命名为"To PC1"
switch(config-if)#no shutdown                   启用 g0/1 端口
switch(config-if)#end
```

12. 配置接口的速率

交换机一般具有多种速率的自适应接口,FastEthernet 接口有 10 Mbps 和 100 Mbps 两种,GigabitEthernet 接口有 10 Mbps、100 Mbps、1000 Mbps 三种,默认情况下,用自协商方式确定其工作速率。利用配置命令,可指定只使用某一个固定速率。

模式:接口配置模式

命令:speed { auto |10 | 100 | 1000 }

参数:auto 表示使用自协商模式(默认值),10、100、1000 分别表示 10 Mbps、100 Mbps、1000 Mbps(只能用于 Gigabit Ethernet 接口)。

说明:当接口速率不是 auto 时,自协商过程被关闭,此时要求与该接口相连的设备必须支持此速率。

在接口配置模式下,可以使用命令 no speed 删除一个接口所设置的速率。删除接口配置的速率后,此接口的速率默认为 auto。

13. 配置接口的双工模式

交换机的接口可工作于半双工模式或全双工模式,默认情况下,它们用自协商方式确定其双工模式。利用配置命令可指定它们只使用某一种双工模式。

模式：接口配置模式

命令：duplex {*auto* | *half* | *full*}

参数：*auto* 表示使用自协商模式（默认值），*half* 表示半双工模式，*full* 表示全双工模式。

说明：当双工模式不是 auto 时，自协商过程被关闭，此时要求与该接口相连的设备必须支持此双工模式。

在接口配置模式下，可以使用命令 no duplex 删除一个接口所设置的双工模式。删除配置的双工模式后，此接口的双工模式默认为 auto。

14．配置接口的流控模式

模式：接口配置模式

命令：flowcontrol {*auto*|*on*|*off*}

参数：*auto* 表示使用自协商模式（默认值），*on* 表示启用流量控制（简称流控）模式，*off* 表示关闭流控模式。

在接口配置模式下，可以使用命令 no flowcontrol 删除一个接口所设置的流控模式。删除配置的流控模式后，此接口的流控模式默认为 auto。

【配置举例】 配置交换机 fastethernet 0/1 口的速率为 100 Mbps、全双工模式，并关闭流控。

```
Switch>enable
Switch#configure terminal
Switch(config)#interface f0/1                       进入接口 fastethernet 0/1
Switch(config-if)#speed 100                         配置接口速率为 100Mbps
Switch(config-if)#duplex full                       配置接口为全双工模式
switch(config-if)#flowcontrol off                   关闭接口的流量控制
Switch(config-if)#end
Switch#
```

15．配置 Switch Port

交换机二层接口的默认配置如表 3.3 所示，一个 Switch Port 默认工作在第二层，一个二层接口的默认操作模式是 Access Port，可以通过下列命令配置 Switch Port 的操作模式和工作层次。

（1）配置 Switch Port 的操作模式

模式：接口配置模式

命令：switchport mode {*access* | *trunk*}

参数：*access* 是指 Access Port 操作模式，*trunk* 是指 Trunk Port 操作模式。

（2）配置二层交换机接口的工作层次

模式：接口配置模式

命令：no switchport   将端口 shutdown 并转换为三层模式

　　　switchport   将端口 shutdown 并转换为二层模式

说明：一个 L2 Aggregate Port 的成员口，不能用 switchport/no switchport 命令进行层次切换。

【配置举例】将 fastethernet 0/1 设置为 Access Port 操作模式；将 gigabitethernet 0/1 设置为 Trunk Port 操作模式，再设置为三层接口，打开端口的安全功能。

```
switch#configure terminal                              进入全局配置模式
switch(config)#interface fastethernet 0/1              进入接口配置模式
switch(config-if)#switchport mode access               配置端口的操作模式为 access port
switch(config)#interface gigabitethernet 0/1           进入接口配置模式
switch(config-if)#switchport mode trunk                配置端口的操作模式为 trunk port
```

表 3.3 交换机二层接口的默认配置

属　性	默 认 设 置
工作模式	二层交换模式（Switchport 命令）
Switch Port 模式	Access Port
允许的 VLAN 范围	VLAN 1～VLAN 4094
默认 VLAN（对于 Access Port 而言）	VLAN 1
Native VLAN（对于 Trunk Port 而言）	VLAN 1
接口管理状态	Up
接口描述	空
速度	自协商
双工模式	自协商
流控	关闭
Aggregate Port	省略，则为没有任何接口被设为 Aggregate Port 接口
风暴控制	关闭
保护端口	关闭
端口安全	关闭

```
switch(config-if)#no switchport              将端口设置为三层接口
switch(config-if)#no shutdown                重新打开接口
switch(config-if)#switchport port-security   打开端口的安全功能
switch(config-if)#end                        回到特权模式
```

16．配置 L2 Aggregate Port

（1）创建 Aggregate Port

在全局配置模式下，通过 interface aggregateport 命令进入接口配置模式，并创建一个 L2 Aggregate Port。

模式：全局配置模式

命令：interface aggregateport *AP-id*

参数：*AP-id* 是要创建的 Aggregate Port 的编号，取值范围为 1～12。

说明：AP 接口不能设置端口安全功能。

（2）配置 Aggregate Port 的成员口

在接口配置模式下，通过 port-group 命令，可以将一个端口配置成一个 AP 的成员口，即将端口加入 Aggregate Port 中。

模式：接口配置模式

命令：interface *port-id*　　　　　　　　　　指定要加入 Aggregate Port 的物理端口
　　　port-group *AP-id*　　　　　　　　　　把该接口加入到指定的 Aggregate Port 中

参数：*port-id* 是要加入 Aggregate Port 的端口号，*AP-id* 是 Aggregate Port 的编号，取值范围为 1～12。

说明：① 如果指定的 Aggregate Port 还不存在，则先创建该接口，再加入指定的端口。重复上面的操作，可以向 Aggregate Port 添加多个端口；② 一个端口加入 AP，端口的属性将被 AP 的属性所取代；③ 配置为 AP 成员口的端口，其介质类型必须一致，否则无法加入到 AP 中。

（3）从 Aggregate Port 中删除端口

模式：接口配置模式。

命令：interface *port-id*

　　　　no port-group

参数：*port-id* 是要从 Aggregate Port 中删除的端口号。

说明：一个端口从 AP 中删除后，该端口的属性将恢复为加入之前的属性。

（4）配置 Aggregate Port 的流量平衡

AP 是根据报文的 MAC 地址或 IP 地址进行流量平衡的，即把流量平均地分配到 AP 的成员链路中去。流量平衡的方式有如下 3 种。

① 根据源 MAC 地址进行流量平衡：在 AP 各链路中，来自不同 MAC 地址的报文分配到不同的端口；来自相同 MAC 地址的报文使用相同的端口。该方式是默认配置方式。

② 根据目的 MAC 地址进行流量平衡：在 AP 各链路中，目的 MAC 地址相同的报文被分配到相同的端口；目的 MAC 地址不同的报文分配到不同的端口。

③ 根据源 IP 地址与目的 IP 地址对进行流量平衡：不同的源 IP-目的 IP 对的报文通过不同的端口转发，同一源 IP-目的 IP 对的报文通过相同的端口转发，其他的源 IP-目的 IP 对的报文通过其他的端口转发。该流量平衡方式一般用于三层 AP，在此流量平衡方式下收到的如果是二层报文，则自动根据源 MAC-目的 MAC 地址对进行流量平衡。

在全局配置模式下，通过 aggregateport load-balance 命令来配置流量平衡方式。

模式：全局配置模式。

命令：aggregateport load-balance {*dst-mac* | *src-mac* | *ip*}

参数：*dst-mac* 是指根据报文的目的 MAC 地址进行流量平衡；*src-mac* 是指根据报文的源 MAC 地址进行流量平衡；*ip* 是指根据源 IP 地址与目的 IP 地址对进行流量平衡。

说明：用 no aggregateport load-balance 命令，可将流量平衡方式恢复到默认配置方式。

（5）查看 Aggregate Port 的状态

模式：特权模式。

命令：show aggregateport [*AP-id*] { *load-balance* | *summary*}

参数：*AP-id* 是 AP 的编号；*load-balance* 是指显示 AP 的流量平衡方式；*summary* 是显示所有状态信息。

【配置举例】 把交换机的 fastethernet0/4 和 fastethernet0/5 组成一个 Aggregate Port，并按 IP 地址进行流量平衡。

```
Switch>enable
Switch#configure terminal                          进入全局配置模式
Switch(config)#interface f0/4                      进入接口配置模式
Switch(config-if)#port-group 1                     创建 AP1 并加入 F0/4 端口
Switch(config-if)#interface f0/5
Switch(config-if)#port-group 1                     加入 F0/5 端口
Switch(config-if)#exit
Switch(config)#aggregateport load-balance ip       配置 IP 流量平衡方式
Switch(config)#end
Switch#show aggregateport load-balanc              查看流量平衡配置
```

17．配置 Routed Port

在接口配置模式下，可通过 no switchport 命令将一个三层交换接口的二层交换接口 switch port 转变为三层交换接口，然后给该接口分配 IP 地址来创建一个 Routed Port。注意，当使用 no switchport 接口配置命令时，该端口关闭并重启，将删除该端口的所有二层特性。

模式：接口配置模式。

命令： interface *port-id*　　　　　　　　　选择端口，进入接口配置模式
　　　　no switchport　　　　　　　　　　将该端口 shutdown 并转换为三层接口
　　　　ip address *ip-address subnet-mask*　配置 IP 地址和子网掩码
　　　　no shutdown　　　　　　　　　　重新打开接口

18．配置 L3 Aggregate Port

在默认情况下，一个 Aggregate Port 是一个二层的 AP，要创建一个 L3 Aggregate Port 一般有两种方法：一是先用 no switchport 将一个无成员 L2 Aggregate Port 转为 L3 Aggregate Port 并分配 IP 地址，再向其中加入多个 Routed Port；二是先配置一个 L2 Aggregate Port，再把它转为三层接口。

模式：接口配置模式。

命令： interface aggregateport *AP-id*　　　　指定一个 L2 Aggregate Port，若不存在，则创建
　　　　no switchport　　　　　　　　　　把该接口 shutdown 并转为 L3 Aggregate Port
　　　　ip address *ip-address subnet-mask*　给这个 L3 Aggregate Port 设置 IP 地址和子网掩码
　　　　no shutdown　　　　　　　　　　重新打开接口

【配置举例】把交换机的 fastethernet0/4 和 fastethernet0/5 组成一个 L3 Aggregate Port。

```
Switch#configure terminal
Switch(config)#interface aggregateport 1
Switch(config-if)#no switchport
Switch(config-if)#ip address 192.168.8.1 255.255.255.0
Switch(config-if)#no shutdown
Switch(config-if)#interface f0/4
Switch(config-if)#port-group 1
Switch(config-if)#interface f0/5
Switch(config-if)#port-group 1
Switch(config-if)#end
```

19．查看交换机接口状态信息

在特权模式下，用 show interfaces 命令可查看交换机指定接口的设置和状态信息。

模式：特权模式。

命令： show interfaces [*port-id*] {*counters*|*description*|*status*|*switchport*|*trunk*}
　　　　show running-config interfaces　　　　　　显示当前运行的所有接口状态信息

参数：

port-id：可选，指定要查看的接口，可以是物理端口、VLAN 或 Aggregate Port 接口。

counters：可选，只查看接口的统计信息。

description：可选，只查看接口的描述信息。

status：可选，查看接口的各种状态信息，包括速率、双工、流控等。

switchport：可选，查看二层接口的信息，只对二层接口有效。

trunk：可选，查看接口的 Trunk 信息。

说明：如果未指定参数，则显示所有接口的全部信息。

【配置举例】① 显示接口 fastethernet 0/1 的接口配置信息。

```
Switch>enable
Switch#show interfaces f0/1 switchport
Interface    Switchport      Mode      Access    Native    Protected    VLAN lists
----------   -------------   -------   -------   -------   -----------  ------------
Fa 0/1       Enabled         Access    1         1         Enabled      All
```

② 显示接口 gigabitethernet 2/1 的接口描述。

```
Switch#show interfaces gigabitethernet 2/1 discription
Interface    Status      Administrative      Description
----------   --------    ----------------    ----------------
Gi2/1        down        down                Gi 2/1
```

3.3 交换机的互连技术

单独一台交换机的端口数量是有限的，不足以满足网络终端设备接入网络的需求，所以，可以说局域网是由很多台交换机相互连接而成的网络。交换机的互连主要有级联（Uplink）和堆叠（Stack）两种方式。

3.3.1 交换机级联

交换机级联是采用双绞线或光纤，两端分别接入两台交换机的某个 RJ-45 端口或光纤端口。连接的方法有多种，如图 3-16 所示。交换机级联是目前主流的连接技术，在网络工程实际应用中，核心交换机、汇聚交换机以及接入交换机之间一般都采用级联方式。

图 3-16 RJ-45 接口与 RJ-45 接口级联

若交换机的距离较近，如一栋建筑物内的主干线路，一般采用 6 类双绞线或室内光纤（尾纤）连接。若交换机的距离较远，如网络中心到楼栋或楼栋之间的建筑群主干线路，一般采用室外光纤连接，这时需要用光纤端接盒或光纤配线架转接到室内光纤才能实现交换机互连，见图 2-61。

采用交换机级联方式组建的结构化网络，有利于综合布线，易理解，易安装，可以方便地实现大量端口的接入，通过统一的网管平台，可以实现对全网络设备的统一管理。但是，当交换机级联层数较多时，层次之间存在较大的收敛比，将出现较大的延时。解决方法是提高交换机的性能或减少级联的层次。

注意：交换机不能无限制级联，超过一定数量的交换机进行级联，最终会引起网络广播风暴，导致网络性能严重下降甚至瘫痪。

3.3.2 交换机堆叠

交换机的堆叠就是采用交换机专用堆叠线通过堆叠模块把两台或多台交换机连接起来。

1. 堆叠的连接

交换机的堆叠模块有两个端口：一个是进口（IN 或 UP 向上线），一个是出口（OUT 或 DOWN 向下线），用厂商提供的一条专用连接电缆（堆叠线），从一台交换机的 DOWN 堆叠端口直接连接到另一台交换机的 UP 堆叠端口，如图 3-17 所示。

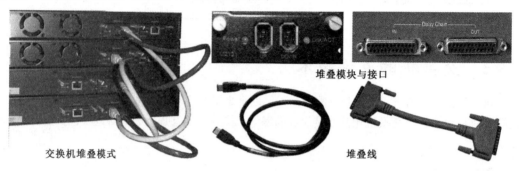

图 3-17　交换机的堆叠

注意：① 要从一台交换机的 UP 堆叠端口连接到另一台交换机的 DOWN 堆叠端口，不能接错；② 使用堆叠后就不要再使用级联，不然会产生环路，导致网络风暴；③ 锐捷产品中某些交换机具有自动堆叠功能，如 S2126G/S2150G 系列交换机，当用户将多台设备通过堆叠模块和堆叠线连接起来后启动交换机，交换机会自动切换到堆叠管理模式。

交换机堆叠具有下列优点：

① 通过堆叠，可以扩展端口密度，因为堆叠的端口数是由堆叠所有成员设备的端口相加得到，所有的端口可以当做一个设备的端口。

② 方便用户的管理操作。通过堆叠，用户可以将一组交换机作为一个逻辑对象，用一个 IP 来管理，减少 IP 地址的占用且方便管理。

③ 扩展上链带宽。如 8 台 S2126G/S2150G 交换机堆叠，上链可以有 8 个千兆位端口，8 个千兆位端口形成聚合端口，带宽可达 8 Gbps。

但是，堆叠交换机的数目有限制，一般最多允许对 8 台交换机进行堆叠，并且要求堆叠成员离自己的位置足够近。

2. 堆叠的管理

（1）堆叠中的成员及优先级

当堆叠建立之后，只有通过主机串口才能执行管理，所以要在建立堆叠之前先选定一台主机，并在单交换机模式下将其优先级修改为较高优先级，保证其在堆叠中为主机。设备优先级从低到高为 1~10，出厂默认设置为 1。堆叠启动后可用 show member 命令显示堆叠成员的信息，并可以根据堆叠成员 MAC 地址信息来确定堆叠中的设备以及排列顺序。

当确认主机之后，也可以根据堆叠线连接确定堆叠中的设备和排列顺序。主机堆叠模块的 DOWN 口连接的设备为"设备 2"，设备 2 堆叠模块 DOWN 口连接的设备为堆叠中的"设备 3"，以此类推。一般情况下，将需要堆叠的设备从设备 1~N 依次摆好后，再连接堆叠线以方便管理。

在堆叠中，系统首先根据设备优先级来确定堆叠的主机，优先级最高的设备将成为堆叠的主机；如果系统中多台设备的优先级相同，且没有更高优先级的设备存在，则系统根据设备的 MAC 地址确定堆叠的主机。比如，堆叠包含两台设备，二者的优先级都为 1，此时 MAC 地址小的设备将成为主机；如果设备 1 的优先级为 1，设备 2 的优先级为 2，则设备 2 成为堆叠中的主机。

（2）交换机堆叠的启动和停止

在启动阶段，如果交换机的插槽内未插入堆叠模块，则工作在单交换机模式下；若交换机的插槽中插入堆叠模块，将检测堆叠链路是否连通，若堆叠链路能够正常连通，则工作在堆叠模式下；若交换机在经过一段时间的检测，发现堆叠链路仍无法正常连通，则工作在单交换机模式下。

在堆叠环境中，若堆叠电缆连接中断，对堆叠的管理操作将会失败，如果在 10 s 内堆叠电缆恢复连接，则堆叠环境可以恢复正常工作，否则堆叠中的主机将发送堆叠链接中断通告。此时堆叠无法正常工作，网管人员需要恢复堆叠电缆连接。如果正常恢复，堆叠中的主机将发送堆叠链接恢复的通告。

若交换机插有堆叠模块并工作在单交换机模式下，此时相邻的交换机通电，该交换机将自动复位并试图重新建立堆叠。在网络流量过大的情况下，对堆叠的管理操作将会失败，此时不必重新启动交换机，待网络流量减小后，堆叠环境中的交换机又可恢复正常工作。

堆叠不支持热插拔，也就是说，不能在堆叠运行过程中插入、移出、更换成员设备。如果这么做，则堆叠系统会重新启动，重新建立堆叠。在稳定工作的堆叠环境中，若任何一台交换机断电并重新通电，堆叠中的所有其他交换机将自动复位并重新竞选，构建新的堆叠。

堆叠的参数信息保存在堆叠的主机上。堆叠启动初始化时，只使用在主机上的参数文件初始化整个堆叠系统。如果用户修改堆叠成员设备优先级导致主机修改，则原堆叠配置会丢失，堆叠使用新主机的配置文件来初始化堆叠。用户执行 setup 操作不影响设备的优先级配置。

3. 堆叠和级联的区别

① 实现的方式不同。堆叠和级联的主要目的是增加端口密度，级联是采用双绞线或光纤通过 RJ-45 或光纤端口将交换机连接在一起，对交换机的品牌和型号没有限制。而堆叠只能在相同厂家的设备之间，采用专用堆叠线缆，通过专用堆叠模块才可实现。

② 设备数目限制不同。交换机级联在理论上没有级联台数限制，而交换机堆叠，各个厂家的设备会标明最大堆叠台数。

③ 连接后性能不同。级联通过交换机的某个端口与其他交换机相连，如使用一个交换机 UPLINK 端口到另一个的普通端口。级联是有上下级关系的，多个设备级联会产生级联瓶颈。当层次太多时，级联就会产生较大的延时且每层的性能不同，最后一个的性能最差；而堆叠是通过交换机的背板连接起来的，它是一种建立在芯片级上的连接，交换机任意两端口之间的延时是相等的，即为每一台交换机的延时。

例如，两个百兆位交换机通过一根双绞线级联，则它们的级联带宽是百兆位。这样，不同交换机之间的计算机要通信，都只能通过百兆位带宽。而这样的两个交换机通过堆叠连接在一起，堆叠线缆将能提供高于 1 Gbps 的背板带宽，极大地减低了瓶颈。现在交换机有一种新的技术——Port Trunking，通过这种技术，可使用多根双绞线在两个交换机之间进行级联，这样可成倍地增加级联带宽。

④ 连接后逻辑属性不同。多台交换机堆叠在一起，从逻辑上来说，它们属于同一个设备。这样，如果用户想对这几台交换机进行配置，只要连接到任何一台设备上，就可看到堆叠中的其他交换机。而级联的交换机逻辑上是独立分层设备，如果要对这些设备进行配置，必须依次连接到

每台设备才能进行。

⑤ 连接距离限制不同。一般级联可以增加终端设备的接入距离。比如，一台计算机离交换机，超过了 100 m 距离，若采用双绞线，则可在中间再放置一台交换机来实现接入。但堆叠线缆最长也只有几米，所以，堆叠的交换机一般处于同一个机柜中。

3.3.3 交换机堆叠配置

1. 进入堆叠中的指定设备

模式：全局配置模式

命令：member *member*

参数：*member* 为堆叠中的设备号，范围为 1～最大设备号。

2. 给设备设置别名

用户可以为堆叠的每台设备设置一个别名。

模式：全局配置模式

命令：device-description member [*member*] *description*

参数：*member* 为设备号，范围为 1～最大设备号，不指明设备号则默认对设备 1 进行配置。*description* 是对指定设备所要设置的别名。

3. 配置堆叠的端口

由于堆叠中包含多台设备，在进行物理端口相关配置时需要指明物理端口所属设备的设备号，以便唯一确定该物理端口，其端口的编号规则为：设备号/插槽号/端口在插槽上的编号。端口所属的设备号可以由 show version devices 命令来查询，端口的插槽号和端口在插槽上的编号的规则与单交换机模式下相同。堆叠的每台成员设备通过堆叠模块和其他成员设备连接起来，堆叠模块会占用一个插槽，因此，用户不能对堆叠模块所在插槽进行配置。

端口的配置命令与单交换机模式下相同。

【配置举例】将堆叠中的 2 号设备命名为 maths，该设备的 fastethernet0/1-3 号端口设置为 trunk port。

```
switch#configure terminal                              进入全局配置模式
switch(config)#member 2                                进入设备 2 进行配置
switch@2(config)#device-description maths              设置设备 2 的设备别名为 maths
switch@2(config)#interface range fa0/1-3               对设备 2 上的端口 fa0/1-3 进行配置
switch@2(config-if)#switchport mode trunk              将这些端口设置为 trunk port
```

4. 设置设备的优先级

不管在单交换机模式下还是在堆叠模式下，允许用户用命令设置设备的优先级。

模式：全局配置模式

命令：device-priority [*member*] *priority*　　　　设置设备的优先级
　　　default device-priority　　　　　　　　　　　恢复优先级默认值

参数：*priority* 是设备的优先级别，范围为 1～10，默认值为 1；*member* 为设备号，在堆叠模式下，设备号为 1～设备个数，单交换机模式下设备号只能为 1，未指明设备号则默认对设备 1 进行设置。

说明：设备的优先级设置完毕要重新启动后才能生效。

【配置举例】在单交换机模式中设置设备的优先级为 3，在堆叠模式中设置设备 2 的优先级为 8。

switch#configure terminal	进入全局配置模式
switch(config)#device-priority 3	设置设备的优先级为 3
switch(config)#end	回到特权模式
switch#show version devices	显示设备信息
switch#configure terminal	进入全局配置模式
switch(config)#device-priority 2 8	设置设备 2 的优先级为 8
switch(config)#end	回到特权模式
switch#show version devices	显示设备信息

5. 查看堆叠信息

可以在特权模式下使用下列命令来显示堆叠的硬件信息和堆叠的成员信息。

模式：特权模式

命令： show version devices	显示交换机当前的设备信息
show version slots	显示交换机当前的插槽和模块信息
show member [*member*]	显示设备的成员信息

6. 文件同步

在堆叠环境中，允许用户将主交换机上的文件同步到所有从交换机上。

模式：特权模式。

命令：synchronize {*web* |*exec*|*flash*：*filename*}

参数：*web* 表示同步所有的 Web 相关文件；*exec* 表示同步主程序文件；*flash*：*filename* 表示同步 flash 中由 *filenam* 指定的文件。

说明：在单交换机模式下，该功能无效。

【配置举例】 同步所有的 Web 相关文件到从交换机上。

    switch#synchronize web

在堆叠环境下，用户从 TFTP 或 xmodem 下载文件时，在文件下载成功后，系统自动将文件同步到所有的从交换机上。

3.4 交换机的 VLAN 技术

交换机在以太网中的应用，解决了集线器所不能解决的冲突域问题，但传统的交换技术并不能有效地抑制广播帧，即当接入交换机的一台设备向交换机发送了广播帧后，交换机将把收到的广播帧转发到所有与交换机其他端口相连的设备上，造成网络上通信流量剧增，甚至导致网络崩溃。在传统网络中，由于用户能够访问网络上的所有设备，所以网络的安全性得不到保障。

传统的基于共享媒体的局域网络已不能满足人们对带宽的要求，其固有的弱点造成网络的瓶颈现象日趋明显。由此，在 20 世纪 90 年代中期，出现了交换机 VLAN 技术。

3.4.1 VLAN 技术概述

1. VLAN 的基本概念

VLAN 是虚拟局域网（Virtual Local Area Network）的简称，是在一个物理网络上划分出来的逻辑网络；是一种通过将局域网内的设备逻辑地而不是物理地划分成一个个网段，从而实现虚拟工作组的技术。VLAN 可以很好地解决传统网络的许多问题，具有如下特征：

① VLAN 与由物理位置决定的传统 LAN 有着本质不同，不受网络物理位置的限制，可跨越多个物理网络、多台交换机。可将网络用户按功能划分成多个逻辑工作组，每组为一个 VLAN。

② 同一个 VLAN 中的广播只有 VLAN 中的成员才能听到，而不会传输到其他 VLAN 中去。因此 VLAN 可隔离广播信息，每个 VLAN 为一个广播域，用户可以通过划分 VLAN 的方法来限制广播域，以防止广播风暴的发生。

如果要实现不同 VLAN 之间的主机通信，则必须通过一个路由器或者三层交换机。锐捷的三层交换机可以通过 SVI 接口来进行 VLAN 之间的 IP 路由。

③ 划分 VLAN 可有效提升带宽，我们可以将网络上的用户按业务功能划分成多个逻辑工作组，每一组为一个 VLAN，这样，日常的通信交流信息绝大部分被限制在一个 VLAN 内部，使带宽得到有效利用。

④ VLAN 均由软件实现定义与划分，使得建立与重组 VLAN 十分灵活，当一个 VLAN 中增加、删除或修改用户时不必从物理位置上调整网络。

2．VLAN 的分类

VLAN 是由支持 VLAN 协议的交换机来实现的，按照划分的方式，大致可以分为 5 类。

（1）基于端口的 VLAN

基于端口的 VLAN 是指由网络管理员使用网管软件或直接设置交换机，将某些端口直接地、强制性地分配给某个 VLAN。除非网管人员重新设置，否则，这些端口将一直属于该 VLAN。因此，这种划分方式也称为静态 VLAN，是最常用的一种划分 VLAN 的方式，目前，绝大多数支持 VLAN 协议的交换机都提供这种 VLAN 配置方法。注意，如果交换机某端口连接至一个集线器，那么该集线器以及其连接的所有计算机都将属于该端口的 VLAN。

这种划分方式的优点如下：一是定义 VLAN 成员时非常简单、也相对安全、且容易配置和维护，只要将所有的端口都定义为相应的 VLAN 即可，适合于任何大小的网络；二是由于不同 VLAN 间的端口不能直接相互通信，因此每个 VLAN 都有自己独立的生成树；三是交换机之间在不同 VLAN 中可以有多个并行链路，以提高 VLAN 内部的交换速率，增加交换机之间的带宽。四是可以设置跨越交换机的 VLAN，即将不同交换机的不同端口划分至同一 VLAN，这就完全解决了将位于不同物理位置、连接至不同交换机中的用户划为同一 VLAN 的难题。例如，在一个拥有数百台计算机的校园网中，为了提高网络传输效率，可以将所有用户划分为行政和教学两个 VLAN。虽然各学院、系、教研室位于不同的建筑物内，连接至不同的交换机，但仍然能够根据其连接的端口将其划分至同一 VLAN。

这种划分方式的缺点是，如果某用户离开了原来的端口，到了一个新的交换机的某个端口，必须重新定义。

（2）基于 MAC 地址的 VLAN

基于 MAC 的 VLAN 是指借助智能管理软件根据用户主机的 MAC 地址来划分 VLAN，即对每个 MAC 地址的主机都配置它属于一个 VLAN。交换机端口借助网络包的 MAC 地址将其划归不同的 VLAN。当一用户主机刚连接到交换机时，此端口尚未分配，于是，交换机通过读取用户主机的 MAC 地址，动态地将该端口划入某个 VLAN。一旦网管人员配置好后，用户的计算机就可以随意改变其连接的交换机端口，而不会由此而改变自己的 VLAN。当网络中出现未定义的 MAC 地址时，交换机可以按照预先设定的方式向网管人员报警，再由网管人员作相应的处理。

因此，基于 MAC 的 VLAN 也称为动态 VLAN。

这种划分方式的优点：一是当网络用户从一个物理位置移动到另一个物理位置时，自动保留其所属 VLAN 的成员身份，VLAN 不用重新配置；二是由于 MAC 地址具有世界唯一性，因此，该 VLAN 划分方式的安全性较高。

这种划分方式的缺点：一是初始化时，所有的用户都必须进行配置，如果用户多的话，配置是非常烦琐的，通常适用于小型局域网；二是这种划分方式使得交换机的每一个端口可能存在多个 VLAN 组的成员，保存了许多用户的 MAC 地址，查询起来相当不便。

（3）基于 IP 地址的 VLAN

基于 IP 地址的 VALN 是指根据 IP 地址来划分的 VLAN，一般地，每个 VLAN 都是和一段独立的 IP 网段（子网）相对应。因此，当某一用户设置有多个 IP 地址时，或该端口连接到的集线器中拥有多个 TCP/IP 用户时，通过基于 IP 地址的 VLAN，该用户或该端口就可以同时访问多个 VLAN。在该方式下，位于不同 VLAN 的多个部门（如每种业务设置成一个 VLAN）均可同时访问同一台网络服务器，也可同时访问多个 VLAN 的资源，还可让多个 VLAN 间的连接只需一个路由端口即可完成。

这种划分方式的优点如下：一是当某一用户主机的 IP 地址改变时，交换机能够自动识别，重新定义 VLAN，不需要管理员干预；二是有利于在 VLAN 交换机内部实现路由，也有利于将动态主机配置（DHCP）技术结合起来。

这种划分方式的缺点如下：一是由于 IP 地址可以人为地、不受约束地自由设置，因此，使用该方式划分 VLAN 也会带来安全上的隐患；二是效率要比基于 MAC 地址的 VLAN 差，因为查看三层 IP 地址比查看 MAC 地址所消耗的时间多。

（4）基于网络层协议的 VLAN

基于网络层协议的 VLAN 是指按网络层协议来划分 VLAN，一般可分为 IP、IPX、AppleTalk 等 VLAN 网络。

这种划分方式的优点如下：一是用户的物理位置改变了，不需要重新配置所属的 VLAN；二是可以根据协议类型来划分 VLAN，这对网络管理者来说很重要；三是这种方式不需要附加的帧标签来识别 VLAN，这样可以减少网络的通信量。

这种方式的缺点是效率低，因为要检查 IP 帧头，需耗费很多的时间。

（5）基于 IP 组播的 VLAN

基于 IP 组播的 VLAN 是指动态地把那些需要同时通信的端口定义到一个 VLAN 中，并在 VLAN 中用广播的方法解决点对多点通信的问题；即认为一个 IP 组播组就是一个 VLAN。

这种划分方式将 VLAN 扩大到了广域网，具有更大的灵活性，很容易通过路由器进行扩展，主要适用于不在同一地理范围的局域网用户组成一个 VLAN。

3. VLAN 数据帧的标识

传统的以太网数据帧不能对 VLAN 或子网进行标识，VLAN 帧的标识是在每个数据帧内放入一个唯一性的标识符，每台交换机都检查这个帧的标识符，以决定该帧所属的 VLAN，交换机可做出相应的判断，将该帧送到该 VLAN 内的目的端口。交换机还负责在帧被送到接收设备之前将 VLAN 信息删掉。

VLAN 帧的标识方法有 ISL、IEEE802.1q、LANE 等，最具有代表性的是 IEEE802.1q 和 ISL。锐捷交换机采用 IEEE802.1q 标准封装。

一般的数据帧格式如图 3-18 所示。

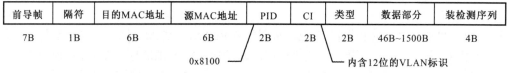

图 3-18　一般的数据帧格式

采用 IEEE 802.1q 方法标识的数据帧格式如图 3-19 所示。

图 3-19　采用 IEEE802.1q 方法标识的数据帧格式

采用 ISL 方法标识的数据帧格式如图 3-20 所示。

前导帧	隔符	ISL包头	目的MAC地址	源MAC地址	类型	数据部分	帧检测序列	帧检测序列1
7B	1B	26B	6B	6B	2B	46B~500B	4B	4B

包含VLAN标识信息　　　　　　　　保留原检测序列不变
　　　　　　　　　对从ISL包头到原检测序列为止重新计算检测序列

图 3-20　采用 ISL 方法标识的数据帧格式

4．VLAN 中的端口

一个 VLAN 是以 vlan-id 来标识的，最多支持 4093 个 VLAN（vlan-id 为 1～4094），其中，VLAN 1 是出厂默认设置的 VLAN，若没有对交换机进行配置，则所有与交换机连接的设备都属于 VLAN1，VLAN 1 是不可删除的 VLAN。

VLAN 的端口有两种类型：一种是 Access 端口，只能属于一个 VLAN，并且是通过手工设置指定 VLAN 的，这个端口不能直接从另一个 VLAN 接收信息，也不能向其他 VLAN 发送信息；另一种是 Trunk 接口，默认情况下是属于本交换机所有 VLAN 的，能够转发所有 VLAN 的帧。也可以通过设置许可 VLAN 列表（allowed-vlans）来加以限制。

一个端口默认工作在第二层模式，一个二层端口的默认类型是访问端口。

3.4.2　VLAN 的基本配置

1．显示 VLAN 信息

在特权模式下，可以用下列命令查看所有或指定 VLAN 的 ID、VLAN 状态、VLAN 成员端口及 VLAN 配置等信息。

模式：特权模式

命令：show vlan [id *vlan-id*]

参数：*vlan-id* 是所要查看的 VLAN 的 ID。

【配置举例】查看所有 VLAN 和 VLAN 2 的信息。

```
switch#show vlan                              查看所有 VLAN 的信息
switch#show vlan id 2                         查看 VLAN 2 的信息
```

2．创建、修改一个 VLAN

在全局配置模式下，可以通过 vlan 命令创建或者修改一个 VLAN，并进入 VLAN 配置模式，进行 VLAN 的其他配置。

模式：全局配置模式

命令：vlan *vlan-id*

参数：*vlan-id* 是要创建或修改的 VLAN ID 号，范围为 1~4094。

说明：如果输入的是一个新的 VLAN ID，则交换机会创建一个 VLAN，如果输入的是已经存在的 VLAN ID，则修改相应的 VLAN。

3．定义 VLAN 的名称

在 VLAN 配置模式下，可以通过 name 命令给 VLAN 取一个名字。

模式：VLAN 配置模式

命令：name *vlan-name*

参数：*vlan-nam* 是要给 VLAN 取的名字。

说明：如果不执行此命令，则交换机会自动为它起一个名字 VLANxxxx，其中 xxxx 是用 0 开头的 4 位 VLAN ID。比如，VLAN0006 就是 VLAN 6 的默认名字。

如果想把 VLAN 的名字改回默认名字，只需在 VLAN 配置模式下输入 no name 命令即可。

【配置举例】创建一个 VLAN 10，将它命名为 maths，并且显示 VLAN 情况。

switch#configure terminal	进入全局配置模式
switch(config)#vlan 10	创建 VLAN 10 并进入 VLAN 配置模式
switch(config-vlan)#name maths	命名为 maths
switch(config-vlan)#end	回到特权模式
switch#show vlan	显示 VLAN 配置信息
switch#configure terminal	进入全局配置模式
switch(config)#vlan 10	修改 VLAN 10
switch(config-vlan)#no name	将 VLAN 10 的名字改回默认名字
switch(config-vlan)#end	回到特权模式
switch#show vlan	显示 VLAN 配置信息

在特权模式下，输入 copy running-config startup-config 命令后，VLAN 的配置信息便被保存进配置文件。

4．删除一个 VLAN

在全局配置模式下，可以通过 no vlan 命令删除一个 VLAN。

模式：全局配置模式

命令：no vlan *vlan-id*

参数：*vlan-id* 是要删除的 VLAN 的 ID。

说明：不能删除默认 VLAN（即 VLAN 1）。

【配置举例】将上例的 VLAN 10 删除。

switch#configure terminal	进入全局配置模式
switch(config)#no vlan 10	删除 VLAN 10
switch(config-vlan)#end	回到特权模式
switch#show vlan	显示 VLAN 配置信息

5．把 Access 接口分配给指定 VLAN

在接口配置模式下，可以通过 switchport access vlan 命令将某个指定的 Access 接口分配给一个 VLAN，如果把一个接口分配给一个不存在的 VLAN，那么这个 VLAN 将自动创建。

模式：接口配置模式

命令：switchport access vlan *vlan-id*

参数：*vlan-id* 是 VLAN 的 ID。

【配置举例】将接口 fastethernet 0/10 分配给 VLAN 10。

```
switch#configure terminal                                   进入全局配置模式
switch(config)#interface fastethernet0/10                   指定端口 fastethernet 0/10
switch(config-if)#switchport mode access                    定义该端口为访问接口
switch(config-if)#switchport access vlan 10                 将这个接口分配给 VLAN 10
switch(config-if)#end                                       回到特权模式
switch#show interfaces fastethernet0/10 switchport          显示指定接口的信息
```

6．配置 SVI

（1）创建 SVI 接口

给一个 VLAN 配置一个 IP 地址，即可创建该 VLAN 的 SVI。其方法步骤如下：

模式：全局配置模式。

命令：interface vlan *vlan-id*   指定一个 VLAN，进入 SVI 接口配置模式

　　　ip address *ip-address subnet-mask*   给这个 VLAN 配置 IP 地址和子网掩码，即成为 SVI

（2）恢复 SVI 为 VLAN

只要将 SVI 的 IP 地址删除，就可将 SVI 恢复为 VLAN。

模式：全局配置模式。

命令：interface vlan *vlan-id*

　　　no ip address

【配置举例】创建一个 SVI 20，其中包含 fastethernet 0/1 和 fastethernet 0/2 两个端口。

```
Switch>enable
Switch#configure terminal
Switch(config)#interface f0/1
Switch(config-if)#switchport access vlan 20
Switch(config-if)#interface f0/2
Switch(config-if)#switchport access vlan 20
Switch(config-if)#interface vlan 20
Switch(config-if)#ip address 192.168.10.1 255.255.255.0
Switch(config-if)#end
Switch#show interfaces vlan 20
VLAN： V20
Description： SVI 20
```

3.4.3 相同 VLAN 之间的通信

跨交换机实现相同 VLAN 之间的通信要将交换机互连的端口设置为 Trunk 模式，并进行相关设置。跨交换机实现不同 VLAN 之间的通信则要借助于路由器或三层交换机，并进行相关设置。本节介绍第一种情况的配置方法。

1．配置 VLAN Trunk

Trunk 接口一般用来连接一个或多个以太网交换机端口和其他网络设备（如路由器），一个 Trunk 接口可以在一条链路上传输多个 VLAN 信息。

在接口配置模式下，通过 switchport mode trunk 命令可以把一个普通的以太网端口或

Aggregate Port 设置为一个 Trunk 接口。

若把 Trunk 接口的所有 Trunk 相关属性都复位成默认值，可使用 no switchport trunk 命令。

【配置举例】 将端口 fastethernet 0/10 设置为 Trunk 接口。

switch#configure terminal	进入全局配置模式
switch(config)#interface fastethernet0/10	指定端口 fastethernet0/10
switch(config-if)#switchport mode trunk	定义该端口为 trunk 接口
switch(config-if)#end	回到特权模式
switch#show interfaces fastethernet0/10 switchport	显示这个接口的完整信息
switch#show interfaces fastethernet0/10 trunk	显示这个端口的 trunk 设置

2．定义 Trunk 接口的许可 VLAN 列表

一个 Trunk 接口默认配置是可以传输本交换机支持的所有 VLAN（1～4094）的流量，也可以通过设置 Trunk 接口的许可 VLAN 列表，来限制某些 VLAN 不能通过这个 Trunk 接口，但是不能将 VLAN 1 从许可 VLAN 列表中移出。

模式：接口配置模式

命令：switchport trunk allowed vlan { all | [add| remove |except]} vlan-list

参数：vlan-list 是指 VLAN 列表，其中可以是一个 VLAN 或一系列 VLAN，中间用 "-" 连接，如 "10–20"；all 表示许可 VLAN 列表包含所有支持的 VLAN；add 表示将指定 VLAN 列表加入许可 VLAN 列表；remove 表示将指定 VLAN 列表从许可 VLAN 列表中删除；except 表示将除 VLAN 列表以外的所有 VLAN 加入许可 VLAN 列表。

说明：若将当前 Trunk 接口许可 VLAN 列表改为默认许可所有 VLAN 的状态，可使用 no switchport trunk allowed vlan 命令。

【配置举例】把 VLAN 2 从 Trunk 接口的 fastethernet 0/10 中移出。

Switch(config)# interface fastethernet0/10	指定端口 fastethernet0/10
Switch(config-if)#switchport trunk allowed vlan remove 2	把 VLAN 2 从 fastethernet 0/10 中移出
Switch(config-if)#end	回到特权模式
Switch#show interfaces fastethernet0/10 switchport	显示该端口的完整信息

3．配置 Native VLAN

Trunk Port 需要配置一个 Native VLAN 作为默认 VLAN。所谓 Native VLAN，就是指在这个接口上收发的 UNTAG 报文，都被认为是属于这个 VLAN 的。显然，这个接口的默认 VLAN ID 就是 Native VLAN 的 VLAN ID。同时，在 Trunk 上发送属于 Native VLAN 的帧，则必然采用 UNTAG 的方式。每个 Trunk 接口的默认 Native VLAN 是 VLAN1。在配置 Trunk 链路时，需要配置连接链路两端的 Trunk 接口属于相同的 Native VLAN。

模式：接口配置模式

命令：switchport trunk native vlan *vlan-id*

例如：

switch(config-if)#switchport trunk native vlan 10	配置该端口的 native VLAN

把 Trunk 的 Native VLAN 列表改回默认值 VLAN1，可用 no switchport trunk native vlan 命令。

4．验证连通性

模式：特权模式

命令：ping <目的 IP 地址>

3.5 交换机的生成树技术

3.5.1 冗余链路问题

在网络设计中，为了增强通信链路的可靠性，一般在交换机之间设计一条或多条冗余链路，冗余链路的添加，可以保证链路正常通信，但也可能会导致环路的产生。例如，在图 3-21 中，A 站点往 B 站点发数据，而交换机 A 和交换机 B 的地址表中都没有 B 站点的 MAC 地址。首先，数据通过网段 A 会传到交换机 A 的 1/1 端口和交换机 B 的 2/1 端口，因为交换机 A 和交换机 B 的地址表中都没有 B 站点的 MAC 地址，所以交换机会将数据以广播的形式向所有其他端口转发，这样，数据传到网段 B 的同时，又会通过交换机 B 回到网段 A，再通过网段 A 转发……这样就产生了一个环路。在广播密集型的网络中，环路会形成广播风暴，而将网络全部堵塞。

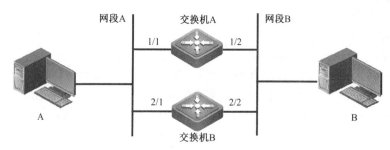

图 3-21 冗余链路问题

由上分析可知，对二层以太网来说，两个局域网之间只能有一条活动着的链路，否则就会产生环路，形成广播风暴。但是为了加强一个局域网的可靠性，建立冗余链路又是十分必要的，因此，其中的一些通路必须处于备份状态，若网络发生故障，活动链路失效时，冗余链路就必须被提升为活动状态。手工控制这样的过程是一项非常麻烦的工作，生成树协议（Spanning-Tree Protocol，STP）就能自动完成这项工作。

3.5.2 生成树技术简介

目前，在网络中普遍使用的生成树协议有 STP、RSTP（Rapid Spanning-Tree Protocol，快速生成树协议）和 MSTP（Multiple Spanning Tree Protocol，多生成树协议），它们遵循的标准分别是 IEEE802.1d、IEEE802.1w、IEEE802.1s。

1. STP 的基本思想

STP 的基本思想就是要生成一个稳定的树形拓扑网络。树的根是一台称为根桥的交换机(Root Bridge，简称根交换机，下同)，由根交换机开始，逐级形成一棵树，交换机为树的节点，链路为树枝。根交换机定时发送配置报文，非根交换机接收配置报文并转发，如果某台交换机能够从两个以上的端口接收到配置报文，则说明从该交换机到根有不止一条路径，便构成了循环回路，此时交换机根据端口的配置选出一个端口为转发状态，并把其他的端口阻塞，相应链路被阻断，成为备份链路，消除了循环。当某个端口长时间不能接收到配置报文的时候，交换机认为该端口失效，网络拓扑可能已经改变，此时生成树就会重新计算，激活其他的备份链路，生成新的树形拓扑，并强制将原来的故障链路变为备份链路，这时端口状态也会随之改变，以保证数据的传输路径是唯一的。用于构造这棵树的算法称为生成树算法 STA（Spanning Tree Algorithm）。

STP 是一种二层管理协议，通过有选择性地阻塞网络冗余链路来达到消除网络环路的目的，同时具备链路冗余备份的功能。

RSTP 是 STP 的扩展，其主要特点是增加了端口状态快速切换机制，能够实现网络拓扑的快速转换。如果一个局域网内的交换机都支持 RSTP 协议且管理员配置得当，一旦网络拓扑改变而要重新生成拓扑树时，只需要不超过 1 s 的时间（传统 STP 需要大约 50 s）。

STP/RSTP 是单生成树（SST）协议，在局域网内的所有交换机共享一棵生成树，不能按 VLAN 阻塞冗余链路，与 VLAN 没有任何联系。因此在特定网络拓扑下有些 VLAN 可能会不通且无法实现负载分担。

2．网桥协议数据单元 BPDU

交换机之间通过交换 BPDU（Bridge Protocol Data Units，网桥协议数据单元）帧来获得建立最佳树形拓扑结构所需要的信息。这些帧以组播地址 01-80-C2-00-00-00（十六进制）为目的地址。每个 BPDU 由以下要素组成。

- Root Bridge ID：本交换机所认为的根交换机的标识，即 ID。
- Root Path cost：本交换机到根交换机的路径花费，称为根路径花费。
- Bridge ID：本交换机的标识，即 ID。
- Message age：报文（帧）已存活的时间。
- Port ID：发送该报文的端口，即端口 ID。
- Forward-Delay Time、Hello Time、Max-Age Time：三个协议规定的时间参数。
- 其他一些网络拓扑变化、本端口状态的标志位。

当交换机的一个端口收到高优先级的 BPDU（Bridge ID 更小、Root path cost 更小等），就在该端口保存这些信息，同时向所有端口更新并传播信息。如果收到比自己低优先级的 BPDU，交换机就丢弃该信息。

3．交换机标识 Bridge ID

按 IEEE802.1w 标准规定，生成树协议中的每台交换机都有唯一标识（Bridge ID），生成树算法就是以它为标准来选出根交换机（Root Bridge）的。Bridge ID 由交换机的优先级和 MAC 地址组成，共 8 字节，后 6 字节为该交换机的 MAC 地址，前 2 字节如表 3.4 所示，前 4 位表示优先级（priority），后 12 位表示 System ID，为以后扩展协议而用，在 RSTP 中该值为 0，因此给交换机配置优先级必须是 4096 的倍数。

表 3.4　交换机标识的前 2 字节结构

	Priority value				System ID										
位	16	15	14	13	12	11	10	9	8	7	6	5	4	3	2	1
值	32768	16384	8192	4096	2048	1024	512	256	128	64	32	16	8	4	2	1

4．生成树的定时器

在生成树协议中，有下列 3 个定时器影响到整个生成树的性能：

- Hello timer：根交换机向其他交换机广播一次 BPDU 的时间间隔，默认值为 2 s。
- Forward-Delay timer：端口状态改变的时间间隔，默认值为 15 s。
- Max-Age timer：BPDU 报文消息生存的最长时间，默认值为 20 s。

5. 端口的角色和端口状态

在生成树协议中，交换机的端口可分为有下列 5 种角色（Port Role）。
- Root port：根端口，指到根交换机的路径花费为最短的端口。
- Designated port：指派端口，每个 LAN 通过该端口连接到根交换机。
- Alternate port：根端口的替换端口，一旦根端口失效，该端口就立刻变为根端口。
- Backup port：Designated port 的备份端口。若一个交换机有两个端口都连在一个 LAN 上，则高优先级的端口为 Designated port，低优先级的端口为 Backup port。
- Disable port：非活动端口，当前不处于活动状态的端口。

在没有特别说明情况下，端口优先级为：Root port→Designated port→Alternate port→Backup port。每个端口在 STP 中有 5 种状态（port state），在 RSTP 中有 3 种状态，用来表示是否转发数据帧，从而控制着整个生成树拓扑结构。
- Discarding：阻塞状态，既不对收到的帧进行转发，也不进行源 MAC 地址学习。
- Learning：学习状态，不对收到的帧进行转发，但进行源 MAC 地址学习。
- Forwarding：转发状态，既对收到的帧进行转发，也进行源 MAC 地址的学习。

对一个已经稳定的网络拓扑，只有 Root port 和 Designated port 才会进入 Forwarding 状态，其他端口只能处于 Discarding 状态。

6. MSTP 介绍

传统的 STP/RSTP 是单生成树（SST）协议，在局域网内的所有交换机共享一棵生成树，不能按 VLAN 阻塞冗余链路，与 VLAN 没有任何联系。因此在特定网络拓扑下有些 VLAN 可能会不通且无法实现负载分担。为了解决这个问题，产生了 MSTP，MSTP 是在传统的 STP/RSTP 的基础上发展而来的新的生成树协议，既继承了 RSTP 端口快速 Forwarding 机制，又解决了 RSTP 中不同 VLAN 必须运行在同一棵生成树上的问题，且通过形成多棵生成树实现负载均衡。

（1）MSTP 的基本概念

① 多生成树实例（MST Instance，MSTI）：一台交换机的一个或多个 VLAN 的集合。在一台交换机里，最多可以创建 64 个 instance，ID 从 1～64，instance 0 是默认存在的。在交换机上可以通过配置命令将 1～4094 个 VLAN 和不同的 instance 进行映射（即分配给不同的 instance），每个 instance 对应一个或一组 VLAN，每个 VLAN 只能对应一个 instance，没有被映射的 VLAN 默认属于 instance 0。

② 多生成树域（MST region）：由交换网络中有着相同实例映射规则和配置的交换机以及它们之间的网段构成。域内所有交换机都有相同的 MST 域配置信息，包括：
- MST 域名：最长可用 32 字节长的字符串来标识。
- MST 修订级别（MST revision number）：用 16 位来标识，范围为 0～65535。
- 多生成树实例与 VLAN 的映射对应表。

③ 内部生成树（Internal Spanning Tree，IST）：MST 区域内的一个生成树，对于每个域而言的，保证了每个域的连通性。IST 使用编号 0。

④ 公共生成树（Common Spanning Tree，CST）：连接交换网络内部的所有 MST 区域的单生成树。每个域在 CST 中只是一个节点。如果把每个 MST 域看成一台大"交换机"，CST 就是这些"交换机"通过 STP/RSTP 协议计算生成的一棵生成树。

⑤ 公共和内部生成树（Common and Internal Spanning Tree，CIST）：IST 和 CST 共同构成了整个网络的 CIST。CIST 是连接一个交换网络内所有交换机的单生成树。

⑥ 域根：指 MST 域内 IST 和 MSTI 的树根。MST 域内各生成树的拓扑结构不同，域根也可能不同。

⑦ 总根（Common Root Bridge）：指 CIST 的树根，即一个交换网络的根。

⑧ 端口角色：在 MSTP 的计算过程中，端口角色主要有：

- 根端口：负责向树根转发数据的端口。
- 指派端口：负责向网段或交换机转发数据的端口。
- Master 端口：连接 MST 域到总根的端口，位于整个域到总根的最短路径上。
- 域边缘端口：连接不同 MST 域、MST 域和运行 STP 的区域、MST 域和运行 RSTP 的区域的端口，位于 MST 域的边缘。
- Alternate 端口：Master 端口的备份端口，如果 Master 端口被阻塞，Alternate 端口将成为新的 Master 端口。
- Backup 端口：当同一台交换机的两个端口互相连接时就存在一个环路，此时交换机会将其中一个端口阻塞，Backup 端口是被阻塞的那个端口。

⑨ 端口状态：MSTP 中，端口的状态类型与 STP/RSTP 中相同。

（2）MSTP 的基本原理

MSTP 的基本原理与 STP/RSTP 大同小异，可简单概述如下：MSTP 将整个二层网络划分为多个 MST 域，经过比较配置消息后，在整个网络中选择一个优先级最高的交换机作为 CIST 的树根；在每个 MST 域内通过计算生成 IST；同时 MSTP 将每个 MST 域作为单台交换机对待，通过计算在 MST 域间生成 CST。CST 和 IST 就构成一个整体的生成树 CIST。

3.5.3 生成树的形成过程

交换机在运行 STP/RSTP 后，通过交换 BPDU 帧来获得建立最佳树形拓扑结构所需要的信息，从而形成一个生成树。形成生成树的过程如下：

（1）**决定根交换机**。最开始所有的交换机都认为自己是根交换机；交换机向与之相连的 LAN 广播发送配置 BPDU，其 Root bridge ID 与 Bridge ID 的值相同；当交换机收到另一个交换机发来的配置 BPDU 后，若发现收到的配置 BPDU 中 Root bridge ID 字段的值大于该交换机中 Root bridge ID 参数的值，则丢弃该帧，否则更新该交换机的 Root bridge ID、Root path cost 等参数的值，该交换机将以新值继续广播发送配置 BPDU。结果是可以选择一个交换机为根交换机。

（2）**决定根端口**。根端口存在于非根交换机上，除根交换机外的每台交换机都有一个根端口。决定一个端口为根端口的条件是它的根路径花费为最低。若有多个端口具有相同的最低根路径花费，则具有最高优先级的端口为根端口。若两个或多个端口具有相同的最低根路径花费和最高优先级，则端口号最小的端口为默认的根端口。

（3）**认定 LAN 的指派交换机**。在同一个 LAN 中，具有最低根路径花费的交换机为该 LAN 的指派交换机。开始时，所有的交换机都认为自己是 LAN 的指派交换机，并计算到根交换机的路径花费。如果在一个 LAN 中，有两个或多个交换机具有同样的根路径花费，具有最高优先级的交换机被选为指派交换机。在一个 LAN 中，只有指派交换机可以接收和转发帧，其他交换机的所有端口都被置为阻塞状态。如果指派交换机在某个时刻接收了 LAN 上其他交换机因竞争指派交换机而发来的配置 BPDU，则该指派交换机将发送一个回应的配置 BPDU，以重新确定指派交换机。

（4）**决定指派端口**。LAN 的指派交换机中与该 LAN 相连的端口就是指派端口。若指派交换机有两个或多个端口与该 LAN 相连，那么具有最低标识的端口为指派端口。

（5）**根端口和指派端口进入 Forwarding 状态**。其他不在生成树中的端口都处于 Discarding 状态。在决定了根交换机、交换机的根端口以及每个 LAN 的指派交换机和指派端口后，一个生成树的拓扑结构也就决定了。

【例 3-1】 生成树举例。如图 3-22 所示，假设交换机 A、B、C 的 Bridge ID 是递增的，即交换机 A 的优先级最高。A 和 B 间是 1000 Mbps 链路，A 和 C 间为 10 Mbps 链路，B 和 C 间为 100 Mbps 链路。交换机 A 作为该网络的骨干交换机，对交换机 B 和交换机 C 都做了链路冗余。显然，如果让这些链路都生效会产生广播风暴，需要配置生成树。

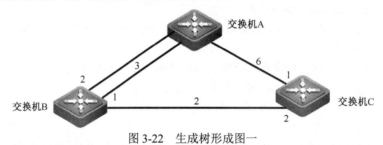

图 3-22　生成树形成图一

如果这 3 台交换机都打开了 STP，它们通过交换 BPDU 选出根交换机为交换机 A。交换机 B 发现有两个端口都连在交换机 A 上，它就选出优先级最高的端口 2 为 Root port，另一端口 1 就被选为 Alternate port。而交换机 C 发现它既可以通过 B 到 A，也可以直接到 A，通过计算发现：通过 B 到 A 的路径花费比直接到 A 的低（各种链路对应的链路花费可查内部的链路花费表），于是交换机 C 就选择了与 B 相连的端口 2 为 Root port，与 A 相连的端口 1 为 Alternate port。于是就形成了生成树，如图 3-23 所示。

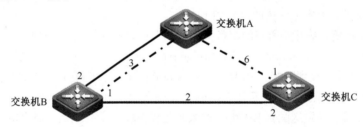

图 3-23　生成树形成图二

如果交换机 A 和交换机 B 之间的活动链路出了故障，那么 STP 立即将替换端口 1 作为根端口转换为转发状态，将原根端口 2 阻塞，备份链路就会立即产生作用，其生成树如图 3-24 所示。

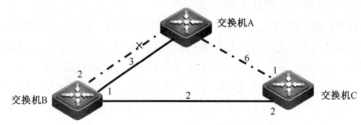

图 3-24　生成树形成图三

如果交换机 B 和交换机 C 之间的链路也出了故障，那么交换机 C 就会自动把 Alternate port 转为 Root port，如图 3-25 所示。

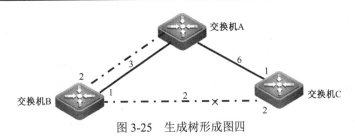

图 3-25 生成树形成图四

3.5.4 生成树的配置

STP、RSTP 和 MSTP 在交换机中都有各自的默认配置，STP 的默认配置如表 3.5 所示。

表 3.5 采用 STP 时 Spanning Tree 的默认配置

项 目	默 认 值	项 目	默 认 值
Enable State	Disable，不打开 STP	Path Cost 的默认计算方法	长整型
Forward-delay Time	15 秒	Tx-Hold-Count	3
Hello Time	2 秒	STP Priority	32768
Link-type	根据端口双工状态自动判断	STP port Priority	128
Max-age Time	20 秒	STP port cost	根据端口速率自动判断
Maximum hop count	20		

生成树的配置能够修改。如果想让 spanning tree 参数恢复到默认配置，可在全局配置模式下使用 spanning-tree reset 命令。

1. 查看生成树的配置

模式：特权模式

命令：show spanning-tree   查看 STP/RSTP 的配置
　　　show spanning-tree mst *instance-id*   查看 MSTP 的配置
　　　show spanning-tree interface *interface-id* 查看某端口的 STP 相关信息

参数：*instance-id* 指实例号，范围为 0～64；*interface-id* 指接口号。

2. 打开、关闭 STP 协议

锐捷交换机的默认状态是关闭 STP 协议的，如果网络在物理上存在环路，必须手工打开 STP 协议，交换机才开始运行生成树协议。

模式：全局配置模式

命令：spanning-tree   打开 STP 协议
　　　no spanning-tree   关闭 STP 协议

3. 设置生成树协议模式

生成树协议的默认类型根据交换机的型号而异，但可以用命令指定所需的类型。

模式：全局配置模式

命令：spanning-tree mode [stp | rstp | mstp]   指定生成树协议的类型
　　　no spanning-tree mode   将生成树版本恢复至默认值

4. 配置交换机优先级（Switch Priority）

设置交换机的优先级关系着到底哪个交换机为整个网络的根，同时也关系到整个网络的拓扑结构。应该把核心交换机的优先级设得高些（数值小），这样有利于整个网络的稳定。

模式：全局配置模式。

命令：spanning-tree mst *instance-id* priority *priority*　　　　　为 MSTP 配置交换机的优先级
　　　spanning-tree priority *priority*　　　　　　　　　　　　　为 STP/RSTP 配置交换机的优先级
　　　no spanning-tree mst *instance-id* priority　　　　　　　　恢复到默认值

参数：*instance-id* 指实例号，若不指定，则是对 instance 0 进行配置；*priority* 指交换机的优先级别，取值范围为 0～61440，按 4096 的倍数递增，默认值为 32768。

5. 配置端口优先级（Port Priority）

模式：接口配置模式

命令：spanning-tree mst *instance-id* port-priority *priority*　　　为 MSTP 配置端口的优先级
　　　spanning-tree port-priority *priority*　　　　　　　　　　 为 STP/RSTP 配置端口的优先级
　　　no spanning-tree mst *instance-id* port-priority　　　　　　恢复到默认值

参数：*instance-id* 指实例号，若不指定，则是对 instance 0 进行配置。*priority* 指端口的优先级别，取值范围为 0～240，按 16 的倍数递增，默认值为 128。

6. 配置端口的路径花费（Path Cost）

交换机是根据端口到根交换机的 path cost 总和最小而选定根端口的，因此端口 path cost 的设置关系到本交换机根端口。它的默认值是按端口的链路速率自动计算的，速率高的花费小，如果没有特别需要可不必更改它。如果要更改，可以使用如下命令。

模式：接口配置模式

命令：spanning-tree mst *instance-id* cost *cost*　　　　　　　　为 MSTP 配置端口的路径花费
　　　spanning-tree cost *cost*　　　　　　　　　　　　　　　为 STP/RSTP 配置端口的优先级
　　　no spanning-tree mst cost　　　　　　　　　　　　　　　恢复到默认值

参数：*cost* 指端口的路径花费，取值范围为 1～200 000 000；默认值根据端口的链路速率自动计算。

7. 配置 Hello Time、Forward-Delay Time 和 Max-Age Time

模式：全局配置模式

命令：spanning-tree hello-time *seconds*　　　　　　　　取值范围为 1～10 s，默认值为 2 s
　　　spanning-tree forward-time *seconds*　　　　　　　取值范围为 4～30 s，默认值为 15 s
　　　spanning-tree max-age *seconds*　　　　　　　　　取值范围为 6～40 s，默认值为 20 s

8. 配置 MST region

要让多台交换机处于同一个 MST region，就要让这几台交换机有相同的名称（name）、相同的 revision number 和相同的 instance-vlan 对应表。一般要在关闭 STP 的模式下配置 instance-vlan 的对应表，配置好后再打开 MSTP，以保证网络拓扑的稳定和收敛。进入全局配置模式，按以下命令步骤配置 MSTP region。

命令：switch(config)# spanning-tree mst configuration　　　　　进入 MST 配置模式
　　　switch(config-mst)#instance *instance-id* vlan *vlan-range*　　把 vlan 组添加到一个实例中
　　　switch(config-mst)#name *name*　　　　　　　　　　　　指定 MST 域名
　　　switch(config-mst)#revision *version*　　　　　　　　　　指定 MST 修正级别

参数：*instance-id* 指实例号，若不指定，则是对 instance 0 进行配置；*vlan-rang* 指 vlan 组，

范围为 1～4094；*name* 指 MST 域名；*version* 指 MST 修正级别，默认值为 0。

【例 3-2】 两台 S2126G 交换机，两台计算机，硬件连接如图 3-26 所示。两台计算机的 IP 地址分别为 192.168.10.1 和 192.168.10.2，子网掩码为 255.255.255.0。现在要对交换机进行适当的配置，避免环路的产生。

图 3-26　生成树实例用图

（1）在 SWITCH1 上进行如下设置：

switch1#show spanning-tree　　　　　　　　　　　查看 Spanning Tree 的配置情况
switch1#show spanning-tree interface fastethernet 0/1　　查看 SWITCH1 的 fastethernet 0/1 的状态
switch1#configure terminal　　　　　　　　　　　进入全局配置模式
switch1(config)#spanning-tree　　　　　　　　　　开启生成树协议
switch1(config)#end　　　　　　　　　　　　　　回到特权模式
switch1#show spanning-tree　　　　　　　　　　　查看 Spanning Tree 的配置情况
switch1#show spanning-tree interface fastethernet 0/1　　查看 SWITCH1 的 fastethernet 0/1 的状态

比较两次的显示结果会发现，前面的 STP 状态是 Disable，后面的 STP 状态是 Enable 且 STP 版本是 MSTP，这说明已经开启了生成树协议。fastethernet 0/1 是根端口，处于 forwarding 状态。

switch1#configure terminal　　　　　　　　　　　进入全局配置模式
switch1(config)#spanning-tree mode stp　　　　　　指定生成树模式为 STP 模式
switch1(config)#end　　　　　　　　　　　　　　回到特权模式
switch1#show spanning-tree　　　　　　　　　　　查看 Spanning Tree 的配置情况

可以发现当前的 STP 版本是 STP 了。

switch1#configure terminal　　　　　　　　　　　进入全局配置模式
switch1(config)#spanning-tree priority 4096　　　　　设置交换机 1 的优先级为 4096

SWITCH2 没有设置优先级，它用默认值 32768，数值小的为根交换机，因此 SWITCH1 此时为根交换机。

switch1(config)#end　　　　　　　　　　　　　　回到特权模式
switch1#show spanning-tree　　　　　　　　　　　查看 Spanning Tree 的配置情况

可以发现 SWITCH1 为根交换机。

（2）在 SWITCH2 上进行如下设置：

switch2#configure terminal　　　　　　　　　　　进入全局配置模式
switch2(config)#spanning-tree　　　　　　　　　　开启生成树协议
switch2(config)#spanning-tree mode stp　　　　　　指定生成树模式为 STP 模式
switch2(config)#end　　　　　　　　　　　　　　回到特权模式
switch2#show spanning-tree　　　　　　　　　　　查看 Spanning Tree 的配置情况
switch2#show spanning-tree interface fastethernet 0/1　　查看 SWITCH2 的 fastethernet 0/1 的状态
switch2#show spanning-tree interface fastethernet 0/2　　查看 SWITCH2 的 fastethernet 0/2 的状态

比较两次的显示结果会发现，前面的 STP 状态是 Disable，后面的 STP 状态是 Enable 且 STP 版本是 STP，这说明已经开启了生成树协议。fastethernet 0/1 是根端口，处于转发 forwarding 状态，fastethernet 0/2 是替换端口，处于阻塞 Discarding 状态。

（3）观察网络拓扑结构发生变化前后的变化（略）。

【例 3-3】 某企业网络管理员认识到，传统的生成树协议（STP）是基于整个交换网络产生一个树形拓扑结构，所有的 VLAN 都共享一个生成树，这种结构不能进行网络流量的负载均衡，使得有些交换设备比较繁忙，而另一些交换设备又很空闲，为了克服这个问题，他决定采用基于 VLAN 的多生成树协议 MSTP，现要在交换机上做适当配置来完成这一任务。网络拓扑如图 3-27 所示。其中，PC1 和 PC3 在 VLAN 10 中，IP 地址分别为 172.16.1.10/24 和 172.16.1.30/24，PC2 在 VLAN 20 中，PC4 在 VLAN 40 中。

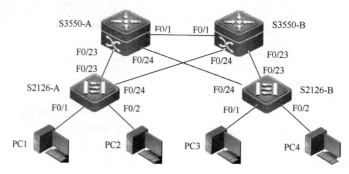

图 3-27 多生成树实例用图

【配置方法与步骤】

（1）配置接入层交换机 S2126-A

S2126-A(config)#spanning-tree	开启生成树
S2126-A(config)#spanning-tree mode mstp	配置生成树模式为 MSTP
S2126-A(config)#vlan 10	创建 Vlan 10
S2126-A(config)#vlan 20	创建 Vlan 20
S2126-A(config)#vlan 40	创建 Vlan 40
S2126-A(config)#interface fastethernet 0/1	
S2126-A(config-if)#switchport access vlan 10	分配端口 F0/1 给 Vlan 10
S2126-A(config)#interface fastethernet 0/2	
S2126-A(config-if)#switchport access vlan 20	分配端口 F0/2 给 Vlan 20
S2126-A(config)#interface fastethernet 0/23	
S2126-A(config-if)#switchport mode trunk	定义 F0/23 为 trunk 端口
S2126-A(config)#interface fastethernet 0/24	
S2126-A(config-if)#switchport mode trunk	定义 F0/24 为 trunk 端口
S2126-A(config)#spanning-tree mst configuration	进入 MSTP 配置模式
S2126-A(config-mst)#instance 1 vlan 1,10	配置实例 1 并关联 Vlan 1 和 10
S2126-A(config-mst)#instance 2 vlan 20,40	配置实例 2 并关联 Vlan 20 和 40
S2126-A(config-mst)#name region1	配置域名称
S2126-A(config-mst)#revision 1	配置修正级别

验证 MSTP 配置：

S2126-A#show spanning-tree mst configuration   显示 MSTP 全局配置

（2）配置接入层交换机 S2126-B

S2126-B (config)#spanning-tree	开启生成树
S2126-B (config)#spanning-tree mode mstp	采用 MSTP 生成树模式
S2126-B(config)#vlan 10	创建 Vlan 10
S2126-B(config)#vlan 20	创建 Vlan 20
S2126-B(config)#vlan 40	创建 Vlan 40
S2126-B(config)#interface fastethernet 0/1	
S2126-B(config-if)#switchport access vlan 10	分配端口 F0/1 给 Vlan 10
S2126-B(config)#interface fastethernet 0/2	

```
S2126-B(config-if)#switchport access vlan 40        分配端口 F0/2 给 Vlan 40
S2126-B(config)#interface fastethernet 0/23
S2126-B(config-if)#switchport mode trunk            定义 F0/23 为 trunk 端口
S2126-B(config)#interface fastethernet 0/24
S2126-B(config-if)#switchport mode trunk            定义 F0/24 为 trunk 端口
S2126-B(config)#spanning-tree mst configuration     进入 MSTP 配置模式
S2126-B(config-mst)#instance 1 vlan 1,10            配置实例 1 并关联 Vlan 1 和 10
S2126-B(config-mst)#instance 2 vlan 20,40           配置实例 2 并关联 Vlan 20 和 40
S2126-B(config-mst)#name region1                    配置域名称
S2126-B(config-mst)#revision 1                      配置修正级别
```

验证 MSTP 配置：

```
S2126-B#show spanning-tree mst configuration
```

（3）配置分布层交换机 S3550-A

```
S3550-A(config)#spanning-tree                       开启生成树
S3550-A (config)#spanning-tree mode mstp            采用 MSTP 生成树模式
S3550-A(config)#vlan 10
S3550-A(config)#vlan 20
S3550-A(config)#vlan 40

S3550-A(config)#interface fastethernet 0/1
S3550-A(config-if)#switchport mode trunk            定义 F0/1 为 trunk 端口
S3550-A(config)#interface fastethernet 0/23
S3550-A(config-if)#switchport mode trunk            定义 F0/23 为 trunk 端口
S3550-A(config)#interface fastethernet 0/24
S3550-A(config-if)#switchport mode trunk            定义 F0/24 为 trunk 端口
S3550-A (config)#spanning-tree mst 1 priority 4096
                配置交换机 S3550-A 在 instance 1 中的优先级为 4096，成为该 instance 中的 root switch
S3550-A (config)#spanning-tree mst configuration    进入 MSTP 配置模式
S3550-A (config-mst)#instance 1 vlan 1,10           配置实例 1 并关联 Vlan 1 和 10
S3550-A (config-mst)#instance 2 vlan 20,40          配置实例 2 并关联 Vlan 20 和 40
S3550-A (config-mst)#name region1                   配置域名为 region1
S3550-A (config-mst)#revision 1                     配置修正级别
```

验证 MSTP 配置：

```
S3550-A#show spanning-tree mst configuration
```

（4）配置分布层交换机 S3550-B

```
S3550-B(config)#spanning-tree
S3550-B (config)#spanning-tree mode mstp
S3550-B(config)#vlan 10
S3550-B(config)#vlan 20
S3550-B(config)#vlan 40
S3550-B(config)#interface fastethernet 0/1
S3550-B(config-if)#switchport mode trunk
S3550-B(config)#interface fastethernet 0/23
S3550-B(config-if)#switchport mode trunk
S3550-B(config)#interface fastethernet 0/24
S3550-B(config-if)#switchport mode trunk
S3550-B (config)#spanning-tree mst 2 priority 4096
S3550-B(config)#spanning-tree mst configuration
S3550-B(config-mst)#instance 1 vlan 1,10
S3550-B(config-mst)#instance 2 vlan 20,40
```

```
S3550-B(config-mst)#name region1
S3550-B(config-mst)#revision 1
```
验证 MSTP 配置：
```
S3550-B#show spanning-tree mst configuration
```
（5）验证交换机配置
```
S3550-A#show spanning-tree mst 1                       显示交换机 S3550-A 上实例 1 的特性
###### MST 1 vlans mapped：1,10
BridgeAddr：00d0.f8ff.4e3f                             交换机 S3550-A 的 MAC 地址
Priority：4096                                          优先级
TimeSinceTopologyChange：0d:7h:21m:17s
TopologyChanges：0
DesignatedRoot：100100D0F8FF4E3F
    后 12 位是 MAC 地址，此处显示是 S3550-A 自身的 MAC，这说明 S3550-A 是实例 1（instance 1）的生成树的根交换机
RootCost：0
RootPort：0
S3550-B#show spanning-tree mst 2                       显示交换机 S3550-B 上实例 2 的特性
###### MST 2 vlans mapped：20,40
BridgeAddr：00d0.f8ff.4662
Priority：4096
TimeSinceTopologyChange：0d:7h:31m:0s
TopologyChanges：0
DesignatedRoot：100200D0F8FF4662                        S3550-B 是实例 2（instance 2）的生成树的根交换机
RootCost：0
RootPort：0
S2126-A#show   spanning-tree mst 1                      显示交换机 S2126-A 上实例 1 的特性
###### MST 1 vlans mapped：1,10
BridgeAddr：00d0.f8fe.1e49
Priority：32768
TimeSinceTopologyChange：7d:3h:19m:31s
TopologyChanges：0
DesignatedRoot：100100D0F8FF4E3F                        实例 1 的生成树的根交换机是 S3550-A
RootCost：200000
RootPort：Fa0/23                                        对实例 1 而言，S2126-A 的根端口是 Fa0/23
S2126-A#show   spanning-tree mst 2                      显示交换机 S2126-A 上实例 2 的特性
###### MST 2 vlans mapped：20,40
BridgeAddr：00d0.f8fe.1e49
Priority：32768
TimeSinceTopologyChange：7d:3h:19m:31s
TopologyChanges：0
DesignatedRoot：100200D0F8FF4662                        实例 2 的生成树的根交换机是 S3550-B
RootCost：200000
RootPort：Fa0/24                                        对实例 2 而言，S2126-A 的根端口是 Fa0/24
```
类似可以验证其他交换机上的配置。

3.6 交换机的性能与选型

3.6.1 交换机的性能参数

目前，交换机的功能越来越多，在组建计算机网络系统时，怎样选配符合网络实际需求而又

适度超前的交换机，需要对交换机的性能有一个比较详细的了解。由于不同厂商、不同品牌的交换机的功能不完全相同，下面介绍一些主要的性能参数。

1. 物理特性

交换机的物理特性是指交换机所采用的微处理器芯片类型、内存的大小、MAC 地址表的大小、端口配置、模块化插槽数、扩展能力以及外观特性，反映了交换机的基本情况。

① 处理器芯片。交换机实际上也是一台计算机，也有 CPU。交换机所采用的 CPU 芯片主要有 4 种：通用 CPU、ASIC 芯片、FPGA 芯片和 NP。ASIC 芯片是专门针对 100 Mbps 以上交换机设计的，可实现极高的数据处理能力和多种常用网络功能。NP 是网络处理器，内部由若干微码处理器和若干硬件协处理器组成。NP 保留了 ASIC 的高性能特性，同时通过众多并行运转的微码处理器和微码编程进行复杂得多的业务扩展。目前，核心交换机大多采用 NP+ASIC 的体系设计方式。

② 交换机内存，用于保存交换机的配置、作为数据缓冲、暂时存储等待转发的数据等。内存容量较大，可以保证在并发访问量、组播和广播流量较大时，达到最大的吞吐量，均衡网络负载并防止数据包丢失。交换机采用以下类型的内存，每种内存以不同方式协助交换机工作。

只读内存（ROM）：在交换机中的功能与计算机中的 ROM 相似，主要用于系统初始化等功能，不能修改其中存放的代码。

闪存（Flash）：可读可写的存储器，在系统重新启动或关机之后仍能保存数据。

随机存储器（RAM）：可读写的存储器，但它存储的内容在系统重启或关机后将被清除。

③ MAC 地址表。交换机之所以能够直接对目的节点发送数据包，关键技术是交换机可以识别连在网络上的节点的网卡 MAC 地址，并把它们放到一个叫做 MAC 地址表的地方。这个 MAC 地址表存放于交换机的缓存中，并记住这些地址，这样当需要向目的地址发送数据时，交换机就可在 MAC 地址表中查找这个 MAC 地址的节点位置，然后直接向这个位置的节点发送。MAC 地址数量是指交换机的 MAC 地址表中可以最多存储的 MAC 地址数量，存储的 MAC 地址数量越多，那么数据转发的速度和效率也就就越高。

但是不同档次的交换机每个端口所能够支持的 MAC 数量不同。在交换机的每个端口都需要足够的缓存来记忆这些 MAC 地址，所以 Buffer（缓存）容量的大小就决定了相应交换机所能记忆的 MAC 地址数的多少。通常交换机只要能够记忆 1024 个 MAC 地址基本上就可以了，而一般的交换机通常都能做到这一点，所以如果对网络规模不是很大的情况下，这个参数无需太多考虑。当然，越是高档的交换机能记住的 MAC 地址数就越多，这在选择时要视所连网络的规模而定。

④ 端口配置，指交换机包含的端口数目、支持的端口类型和工作模式（半双工和全双工）。端口配置情况决定了单台交换机支持的最大连接站点数和连接方式。

交换机设备的端口数量是交换机最直观的衡量因素，通常此参数是针对固定端口交换机而言，常见的标准的固定端口交换机端口数有 8、12、16、24、48 等几种。一般固定端口交换机可根据其型号判断端口数量，例如 Catalyst 1912 交换机，1912 表示 19 系列 12 口交换机。

端口类型是指交换机上的端口是以太网、令牌环、FDDI 还是 ATM 等类型，一般来说，固定端口交换机只有单一类型的端口，适合中小企业或个人用户使用，而模块化交换机由于可以有不同介质类型的模块可供选择，故端口类型更丰富，一般包括：10Base-T、100Base-TX、100Base-FX、Console 等端口。

10Base-T 和 100Base-TX 一般是由 10M/100M 自适应端口提供，即通常的 RJ-45 端口；

100Base-FX 是指 SC 光纤接口，在可网管的交换机上一般都有一个"Console"端口，它专门用于对交换机进行配置和管理，还有 FDDI 接口、AUI 接口、BNC 接口等。

⑤ 模块化插槽数，针对模块化交换机而言的，是指模块化交换机所能安插的最大模块数。模块化交换机的端口数量取决于模块的数量和插槽的数量，插槽越多，用户扩充的余地就越大。

一般模块化交换机配备多个空闲的插槽，用户可任意选择不同数量、不同速率和不同接口类型的模块，以适应千变万化的网络需求，拥有更大的灵活性和可扩充性。一般来说，企业级交换机应考虑其扩充性、兼容性和排错性，因此，应当选用模块化交换机以获取更多的端口。

⑥ 扩展能力，指一台交换机所支持的扩展功能模块、端口或其他功能等。

⑦ 外观特性，指交换机的外观参数和电气规格等。外观参数主要包括交换机的重量、长度、宽度、高度等参数，根据这些参数，便于选购相应标准的机架，以便进行统一布线。

电气规格一般指额定电压和额定功率，额定电压用来标明交换机能够正常工作的交流电源电压取值范围，不同国家的供电部门所提供的民用电网电压有所不同，所以选购者在选定交换机的时候还应注意额定电压取值范围，中国一般在 220 V 左右，日本一般在 110 V 左右。额定功率是交换机持续工作时可以提供的最大功率，单位为瓦（W）或千瓦（kW）。额定功率不是说工作时一定需要这样的功率，实际上交换机在工作时的功率远远小于这个数值，一般可以通过额定功率来确定相应供电设备如 UPS、供电线路、过压过载保安器等设备的参数。

⑧ 环境参数，主要包括工作温度、工作湿度、工作高度、存储温度、存储湿度、存储高度等。任何交换机对环境都有一定的要求，这些要求是厂家通过多次测试得出的，能够使交换机正常工作的取值范围。所以在特殊的环境里还可能要选用特殊的交换机设备，例如在北极、沙漠、太空等环境，当然，在一些气候恶劣的环境下，也可以通过恒温空调来调整设备工作环境，以满足设备对环境的要求。

2. 功能特性

① 交换方式。交换机的交换方式有直接交换、存储转发和碎片隔离三种。存储转发是交换机应提供的最基本的工作方式，又分为存储转发和快速转发两类，默认情况下，绝大多数交换机都工作在低延迟的快速转发方式。

② VLAN 支持。VLAN 支持是指交换机是否支持 VLAN 功能及划分方式，按照 VLAN 在交换机上的实现方法，可以大致划分为六类：基于端口的 VLAN、基于 MAC 地址的 VLAN、基于网络层协议的 VLAN、根据 IP 组播的 VLAN、按策略划分的 VLAN、按用户定义、非用户授权划分的 VLAN。

③ 三层交换技术，三层交换技术也称为 IP 交换技术，是相对于传统交换概念而提出的。传统的交换技术是在 OSI 参考模型中的第二层（数据链路层）进行操作的，而三层交换技术是在第三层实现数据帧的高速转发。简单地说，三层交换技术就是二层交换技术+三层路由转发技术。

④ 堆叠功能。堆叠是多台交换机之间实现高速互连的一种连接技术，以实现单台交换机端口数的扩充。一般交换机能够堆叠 4~9 台，一方面，可以增加用户端口，在交换机之间建立一条较宽的宽带链路；另一方面，可以将多台交换机作为一台大的交换机，进行统一管理。可堆叠式交换机可非常方便地实现对网络的扩充，是新建网络时最为理想的选择。

⑤ 网管功能。是指交换机如何控制用户访问交换机，以及用户对交换机的可视程度如何。对于交换机来说，网管功能是非常重要的，一台具有网管功能的交换机能够让用户轻松掌握网络的动态，在出现故障时排除故障。

常见的网络管理方式有以下几种：SNMP 管理技术、RMON 管理技术、基于 Web 的网络管理。一般交换机厂商都提供管理软件或满足第三方管理软件远程管理交换机，交换机一般都满足 SNMP MIB I /MIB II 统计管理功能。而复杂一些的交换机会增加通过内置 RMON 组（mini-RMON）来支持 RMON 主动监视功能。有的交换机还允许外接 RMON，监视可选端口的网络状况。

3．网络特性

① 支持的网络标准和协议。局域网所遵循的网络标准是 IEEE802.x，所遵循的网络协议一般有 IPv6、OSPF v1/v2、OSPF v3、RIP v1/v2、PIM（DM/SM/SSM）、DVMRP、VRRP、IGMP v1/v2/v3 等。不同厂商、不同档次的交换机遵循的网络标准和协议是不一样的。

② 背板带宽，指交换机接口处理器或接口卡和数据总线间所能吞吐的最大数据量，是交换机在无阻塞情况下的最大交换能力，其单位为 Gbps。由于所有端口间的通信都要通过背板完成，所以背板能够提供的带宽就成为端口间并发通信时的瓶颈。带宽越大，能够给各通信端口提供的可用带宽越大，数据交换速度越快；带宽越小，则能够给各通信端口提供的可用带宽越小，数据交换速度也就越慢。因此，背板带宽越大，交换机的数据传输速率越快，但设计成本也会越高。

线速背板带宽：交换机上所有端口能提供的总带宽，计算公式为：

端口数×相应端口速率×2（全双工模式）=总带宽

如果总带宽≤标识的背板带宽，那么在背板带宽上是线速，否则不是。

第二层包转发率=千兆端口数量×1.488Mpps+百兆端口数量×0.1488Mpps+其余类型端口数×相应计算方法，如果这个速率能≤标称二层包转发速率，那么交换机在做第二层交换的时候可以做到线速。

第三层包转发率=千兆端口数量×1.488Mpps+百兆端口数量×0.1488Mpps+其余类型端口数×相应计算方法，如果这个速率能≤标识的三层包转发速率，那么交换机在做第三层交换的时候可以做到线速。

如果能满足上面三个条件，那么这款交换机真正做到了线性无阻塞。

③ 包转发率，指交换机每秒可以转发多少百万个数据包（Million Packet Per Second，Mpps），即交换机能同时转发的数据包的数量，又称为转发速率。包转发率以数据包为单位体现了交换机的交换能力。单位一般为 pps（包每秒），一般交换机的包转发率在几十 kpps 到几百 Mpps 不等。其实决定包转发率的一个重要指标就是交换机的背板带宽，背板带宽标志了交换机总的数据交换能力。一台交换机的背板带宽越高，所能处理数据的能力就越强，也就是包转发率越高。

包转发线速的衡量标准是以单位时间内发送 64B 的数据包（最小包）的个数作为计算基准的。对于千兆以太网来说，计算方法如下：

1 000 000 000bps/8bit/(64+8+12)B=1 488 095pps

说明：当以太网帧为 64B 时，需考虑 8B 的帧头和 12B 的帧间隙的固定开销。故一个线速的千兆位以太网端口在转发 64B 包时的包转发率为 1.488 Mpps。快速以太网的线速端口包转发率正好为千兆位以太网的 10%，为 148.8 kpps。对于万兆位以太网，一个线速端口的包转发率为 14.88 Mpps。对于千兆位以太网，一个线速端口的包转发率为 1.488 Mpps。对于快速以太网，一个线速端口的包转发率为 0.1488 Mpps。

④ 数据传输速率，指交换机端口的数据交换速率，常见的有 10 Mbps、100 Mbps、1000 Mbps、10 Gbps 等。目前，10 Mbps 交换机已基本淘汰，100 Mbps、1000 Mbps 交换机为网络应用的主流，10 Gbps 交换机主要部署在骨干网络核心层上。随着网络技术的快速发展，一些知名厂商开始研

制生产 40G/100Gbps 交换机。

⑤ 延时。交换机延时（Latency）是指从交换机接收到数据帧到开始向目的端口复制数据帧之间的时间间隔。采用直通转发技术的交换机有固定的延时，采用存储转发技术的交换机的延时与数据帧大小有关，数据帧大，延时大；数据帧小，延时小。

⑥ 吞吐量，反映交换机性能的最重要的指标之一。根据 RFC1242，吞吐量定义为交换机在不丢失任何一个帧的情况下的最大转发速率。

表 3.6 给出了锐捷网络 RG-S6806 交换机的性能参数表。

表 3.6 锐捷网络 RG-S6806 交换机的性能参数

基本资料	产品型号	RG-S6806
	产品类型	核心路由交换机
硬件规格	接口类型	全模块化
	接口数目	128 个
	模块化插槽数	6 个
	堆叠	可堆叠
网络与软件	VLAN 支持	支持
	支持网络标准	IEEE 802.3，IEEE 802.3u，IEEE 802.3 u，IEEE 802.3z，IEEE 802.3ae，IEEE 802.3ad，IEEE 802.3x
	网管功能	SNMP v1/v2，Telnet，Console，CLI，RMON
性能指标	背板带宽	256Gbps
	包转发率	L2:143Mpps，L3:143Mpps
	最大 Flash 内存	8MB
	最大 DRAM 内存	16MB
	传输速率	10M/100Mbps，1000Mbps，10000Mbps
	传输方式	存储转发方式
	是否支持全双工	支持
	MAC 地址表	64K
电气规格	额定电压	100～240 V，50～60 Hz
外观参数	长度（mm）	440
	宽度（mm）	540
	高度（mm）	559
环境参数	工作温度（℃）	0～40
	工作湿度	10%～90%
	工作高度（米）	3000
	存储温度（℃）	-40～70
	存储湿度	5%～95%
	存储高度（米）	6000

3.6.2 交换机的选购

目前国内外有许多交换机厂商，如 Cisco、华为、锐捷、HP、H3C、3COM、D-LINK 等。对于目前可网管高速交换机产品而言，功能及协议支持方面都已比较接近，各厂商都在根据各自产品的特点、渠道及行销手段来获取市场。Cisco、华为都是传统的电信行业的产品供应商；而锐捷则将精力投入在了教育行业。众多的品牌和系列产品给用户的选购带来了一定困难。

选择交换机产品，首先必须明确自身的需求，从实际应用出发，才能更好地选择合适的设备。一般地，按接入交换机、汇聚层交换机和核心交换机三个层次选择。

接入交换机是最常见的一种交换机，使用最广泛，尤其是在一般办公室、小型机房和业务受理较为集中的业务部门、多媒体制作中心、网站管理中心等部门。在传输速率上，现代接入交换机大都提供多个具有 10M/100M/1000Mbps 自适应能力的端口。

汇聚层交换机常用来作为扩充设备，在接入交换机不能满足需求时，大多直接考虑汇聚层交换机。虽然汇聚层交换机只有较少的端口数量，但却支持较多的 MAC 地址，并具有良好的扩充能力，端口的传输速率基本上为 100Mbps 或 1000Mbps。

核心交换机应用于比较大型的网络，或作为网络的骨干交换机，该类交换机产品具有快速数据交换能力和全双工能力，可提供容错等智能特性，还支持扩充选项及第三层交换中的虚拟局域网（VLAN）等多种功能。

1. 核心层交换机的选型

作为核心骨干设备，核心骨干交换机的选择最为重要。在选购该类设备前，首先要清楚自己的业务需求和未来的发展规划，找到适合自己的评判准则，其中有 5 个重要的性能指标是选购时应该着重考虑的。

① 网络接口类型。网络接口提供不同网络设备之间的互连。作为骨干以太网交换机，支持 10M/100M/1000M 端口是必需的。10G 以太网可以作为一个选项，根据网络的业务和未来发展规划来确定是否必备。目前的骨干以太网交换机大都支持一些广域网端口，如 ATM、POS 等，并提供城域间网络连接。由于骨干交换机在城域网的作用越来越重要，CWDM 技术支持也成为设备选型时的重要参考。

② 吞吐量。骨干交换机的吞吐量充分、全面地反映了该设备对数据包的拆分、封装、策略处理、转发/路由数据包的能力，是用户应关注的主要指标。一个交换设备的最高性能是无阻塞地实现数据交换。骨干以太网交换机具有两个转发的类型，二层的以太帧转发和三层的 IP 包转发，骨干交换机不仅应该提供二层以太帧的线速转发，并且应该能够提供三层 IP 数据包的线速转发。

③ 可用性技术支持。以太网交换机的可用性可以从以下几方面来评判：骨干交换机是否支持关键模块的冗余，即电源、风扇、交换矩阵、CPU 等；链路层是否具备弹性恢复的功能，如 SpanningTree 协议，多种形式的链路捆绑等，以及在网络层是否支持动态路由协议，是否支持等价多路由功能，是否支持网关冗余协议（VRRP）等。

④ 单/组播协议支持。骨干交换机必须具备路由功能，包括单播路由协议和多路广播路由协议。目前存在很多路由协议，选择适合自己的网络协议非常必要。作为骨干交换机必须支持的路由协议应当包括 RIPv1、RIPv2、OSPF 路由协议，这些路由协议应用比较广泛，几乎所有的厂商都支持这几种协议，并且能够很好地互通。其他路由协议根据具体的需求来确定是否必需。组播路由协议包括 IGMP、DVMRP、PIM-SM、PIM-DM 等，较流行的是 DVMRP、PIM-SM。

⑤ QoS 保障功能。QoS 保障功能是解决网络拥塞时确保高优先级的流量获得带宽的技术。由于网络的关键应用越来越多，尤其是多媒体应用的大量涌现，QoS 技术的应用显得非常必要，并且要求交换机支持硬件优先级队列的数量越来越多，目前业界最多的硬件队列达到了 8 个。仅支持 2~3 个硬件优先级队列的产品已不能满足用户的业务发展需求。

当前市场主流核心交换机不仅具有线速交换能力，还具备路由能力，所以一般我们称之为核心路由交换机,比较常用的有锐捷网络 RG-S6800 系列、RG-S6506 等。

2. 汇聚层交换机的选型

作为上连核心交换机或路由器,下连接入交换机的产品,汇聚层交换机必须具有交换路由、可管理、高 QoS 保障、高安全性,以及支持多业务应用特性等功能。

选购汇聚层交换机产品必须注意以下 5 方面的性能指标。

① 可对网络及设备监控和管理。用户在选择交换机产品时,除了能满足对整个网络节点的拓扑发现、流量监控、状态监控等需求以外,还应对交换机产品提出远程配置、用户管理、访问控制乃至 QoS 监控等要求。

② 提供高 QoS 保障功能。该产品必须具有对不同应用类型数据的分类和处理(DoS)功能,实现端到端的 QoS 保障,而这要求交换机产品支持 802.1p 优先级、IntServ(RSVP)和 DiffServ 等功能。

③ 支持多媒体应用。整个网络的发展趋势将朝着网络融合以及应用融合的趋势发展。对于支持语音、组波等功能的交换机产品应优先考虑。

④ 能进行访问控制。如今,网络已经变得越来越智能化,而在汇聚层设备上实现用户分类、权限设置和访问控制是智能网络的重要功能。这就要求汇聚层设备能够支持 VLAN、AAA 技术(授权、认证、计费)、802.1x 等多种安全认证方式。

⑤ 高安全性。为确保核心交换机不受类似拒绝服务(DoS)攻击而导致全网瘫痪,不但要在核心路由交换机中采用防火墙和 IDS 系统中的防攻击技术,在汇聚层交换设备中也必须增加本功能,从而更好地实现全网安全。

当前市场比较常见的汇聚层交换机有锐捷 RG-5700 系列、RG-S4009、RG-3700 系列等。

3. 接入层交换机的选型

作为低端交换机产品,接入交换机产品同质化现象严重,用户只要从自身需求、供应商情况及产品本身三方面入手,认真加以权衡,就不难选择到合适的产品。

① 用户应了解网络节点数等基本网络环境,对需要的交换机产品的端口数、交换速率以及自己可以承受的价格范围等有一个明晰的目标。

② 了解产品供应商的品牌、口碑、质量认证、研发能力与核心技术实力,及售后服务情况,以减少后顾之忧。

③ 查看交换机的实际速率、端口数量,建议选择具备千兆端口或能够升级到更高的产品,以适应未来网络升级的需要。在交换机的端口数量上,建议多选择 24 或 48 端口的交换机。

④ 选择高可扩展的产品,交换机的可伸缩性决定着网络内各信息点传输速率的升级能力。

⑤ 关注包括 VLAN 支持、MAC 地址列表数量、QoS 服务质量等相关技术指标,根据自己的实际需求情况加以衡量和取舍。

常见的接入层交换机有锐捷 RG-S2100 系列、RG-S2000 系列、RG-S1900 系列等。

此外,用户在选购交换机的时候还应该考虑:

① 外形尺寸的选择。进行布线时,应该注意产品的外形尺寸要适合,不要买来的设备因为尺寸的问题影响了网络的布线。

② 尽量采用同一品牌的交换机,这样做有助于网络的管理和产品的维护。

思考与练习 3

1. 比较集线器与交换机的异同。
2. 分析存储转发与快速存储转发方式之间的切换机制。
3. 分析比较交换机常用的 4 种处理器的特性。
4. 本章只介绍了交换机的主要性能，请归纳分析其他的特性。
5. 存储转发和快速转发模式下对延时的定义是怎样的？
6. 简述为什么需要生成树协议？
7. 问题分析与解决。

（1）当通过 RJ-45-to-DB9 配置线缆连接到 Console 口后，无法连接到交换机。

（2）当通过 DB9-to-DB9 配置线缆连接到交换机的 Console 口后，用超级终端无法登录交换机。

（3）当管理员将原来测试用的 VLAN 删除后，通过 show vlan 来验证发现已经无 VLAN 存在。

8. 对二层交换机的 SVI 接口配置 IP 地址有什么作用？如果对其多个 VLAN 配置不同的 IP 地址，结果会是怎样？为什么？

9. 案例分析。

练习交换机连接和配置，需要的设备如下：一台 S2621G 交换机，带终端程序的计算机。

配置该交换机的步骤如下：

（1）将控制电缆连接到交换机上，然后将电缆连接到运行终端程序的计算机上。

（2）打开交换机电源。

（3）观察交换机的启动序列，特别注意前面板上的 LED 灯的变化情况。

（4）进入到交换机的命令提示符状态。

（5）进入到特权模式，并执行 show running-config 命令，观察结果。

（6）进入配置模式，执行下列步骤：

① 将交换机的名字改为 switch2。

② 将交换机的 IP 地址设定为 10.10.11.13，子网掩码为 255.255.255.0。

③ 设置交换机的用户模式和特权模式口令分别为 AAAAAA 和 BBBBBB。

④ 将交换机的第 3 个和第 8 个端口分别命名为 DK3 和 DK8。

⑤ 将交换机的第 3 个端口设置为半双工。

⑥ 将配置好的信息保存到 TFTP 服务器。

⑦ 退出配置模式。

（7）执行下列命令：

    show interface

    show ip

    show running-config

观察此时的显示结果与前面的显示结果有什么区别。

10. VLAN 配置。

A 公司有 4 个事务部门：销售部、技术部、财务部和人力资源部。各部门员工的计算机都连接在一台 S2126G 交换机上。公司要将各部门之间的通信完全隔离，请通过配置交换机，实现此任务。

第 4 章　路由器技术与应用

【本章导读】

路由器技术在 20 世纪 70 年代初出现，主要是为了解决异种网络之间的互连问题，但当时网络结构相对简单，规模较小，异种网络互连需求不是很大。随着 Internet 的快速发展，异种网络互连的需求越来越大，路由器技术已逐渐成为网络互连的关键技术，路由器也随之成为重要的网络设备。本章重点介绍路由器的结构原理、路由器的基本配置、常用的路由协议及其配置、路由器在网络中的应用技术等。对于路由协议的详细介绍，特别是广域网路由协议等内容，读者可以扫描书中二维码或登录到相关 MOOC 网站进行学习。

4.1　路由器概述

当前，任何一个具备相当规模的网络，无论是采用快速以太网、千兆位以太网还是万兆位以太网，都离不开路由器的参与。因此，在现代网络技术中，路由技术以及具备路由功能的路由器是处于核心地位的技术和设备。

4.1.1　路由器的定义与结构

1. 路由器的定义

路由器的英文名称为 Router，在网络拓扑结构中，用图标 表示。路由器是一种典型的连接多个网络或网段的网络层设备，完成网络层中继的任务。路由器负责在两个局域网之间接收数据分组，确定数据分组在网络上的最佳转发路径，并将数据分组进行转发。

路由器能将不同网络或网段之间的数据信息进行"翻译"，以使它们能够相互理解对方的数据，从而构成一个更大的网络。

2. 路由器的结构

路由器的体系结构由 4 部分组成：路由处理器、内存、端口和交换开关，如图 4-1 所示。

（1）路由处理器

与计算机一样，路由器也包含一个中央处理器，即 CPU。CPU 是路由器的心脏，其任务是根据所选定的路由选择协议构造出路由表，同时经常或定期地和相邻路由器交换路由信息而不断地更新和维护路由表。在路由器中，CPU 的能力直接影响路由器的吞吐量（路由表查找时间）和路由计算能力（影响网络路由收敛时间）。

（2）路由器内存

路由器的内存用于存储路由器的配置、路由器操作系统、路由协议软件和数据等内容。在中低端路由器中，路由表可能存储在内存中。路由器采用了以下几种内存，每种内存以不同方式协助路由器工作。

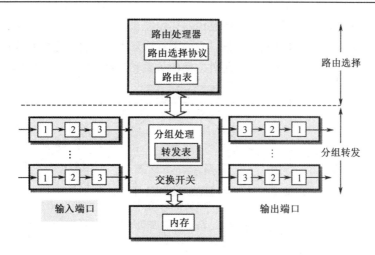

图 4-1　路由器的结构（图中的数字 1～3 表示 OSI 中相应层的处理模块）

① BootROM。BootROM 中存放的是相当于路由器自举程序的系统文件，主要用于路由器系统初始化等功能。顾名思义，BootROM 是只读存储器，不能修改其中存放的代码。如要进行升级，则要替换 BootROM 芯片。BootROM 中主要包含：

- 系统加电自检代码（POST），用于检测路由器中各硬件部分是否完好。
- 系统引导区代码（BootStrap），用于启动路由器并载入操作系统。
- 备份的操作系统，以便在原有操作系统被删除或破坏时使用。通常，这个操作系统比现运行操作系统的版本低一些，但却足以使路由器启动和工作。

② Flash，是可读可写的存储器，在系统重新启动或关机之后仍能保存数据。Flash 中存放着当前使用的操作系统。事实上，如果 Flash 容量足够大，甚至可以存放多个操作系统，这在进行操作系统升级时十分有用。当不知道新版操作系统是否稳定时，可在升级后仍保留旧版操作系统，出现问题时可迅速退回到旧版操作系统，从而避免长时间的网路故障。

③ NVRAM，即 NonVolatile RAM，是可读可写的存储器，在系统重新启动或关机之后仍能保存数据。由于 NVRAM 仅用于保存启动配置文件（startup-config），故其容量较小，通常在路由器上只配置 32～128 KB 大小的 NVRAM。同时，NVRAM 的速度较快，成本也比较高。

④ SDRAM。SDRAM 用于路由器运行期间暂时存放操作系统和数据，让路由器能迅速访问这些信息。SDRAM 的存取速率优于前面所提到的 3 种内存的存取速率。

路由器运行期间，SDRAM 中存放的是路由表项目、ARP 缓冲项目、日志项目和队列中排队等待发送的分组，还包括运行配置文件（running-config）、正在执行的代码、操作系统程序和一些临时数据信息。

路由器的启动过程如下：

<1> 系统硬件加电自检。处理器首先运行 BootROM 中的硬件检测程序，识别支持路由器运行的硬件信息，检测各组件能否正常工作。完成硬件检测后，开始软件初始化工作。

<2> 软件初始化过程。运行 BootROM 中的引导程序，进行初步引导工作。

<3> 寻找并载入操作系统文件。将 Flash 中路由器的操作系统映像读入到 SDRAM 中。操作系统文件可以存放在多处，至于到底采用哪个操作系统，是通过命令设置指定的。

<4> 操作系统装载完毕，系统在 NVRAM 中搜索保存的 startup-config 文件，进行系统的配置。如果 NVRAM 中存在 startup-config 文件，则将该文件调入 SDRAM 中并逐条执行。否则，系统默

认无配置,直接进入用户操作模式,进行路由器初始配置。

为了保证在路由器电源被切断的时候,它的配置信息不会丢失,在配置完成后将配置信息保存在 NVRAM 中。图 4-2 表示了这几个组件之间的关系和启动时的文件读取顺序。

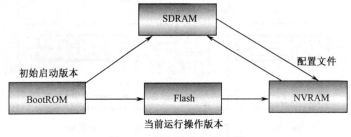

图 4-2 路由器的启动过程

(3) 路由器端口

① 输入端口。一个输入端口具有下列功能:

- 进行数据链路层的封装和解封装。
- 在路由表中,查找输入分组目的地址,从而决定目的端口(称为路由查找)。
- 为了提供 QoS(服务质量),端口将收到的分组分成几个预定义的服务级别。
- 端口可能运行诸如 SLIP(串行线网际协议)和 PPP(点对点协议)这样的数据链路层协议或者点对点隧道协议这样的网络层协议。一旦路由查找完成,必须用交换开关将分组发送到输出端口。
- 参加对公共资源(如交换开关)的仲裁协议。

一个输入端口的工作过程是:在图 4-1 中,路由器的输入和输出端口里面都各有 3 个方框,用方框中的 1、2 和 3 分别代表物理层、数据链路层和网络层的处理模块。物理层进行比特的接收。数据链路层则按照链路层协议接收传送分组的帧。在将帧的首部和尾部剥去后,分组就被送入网络层的处理模块。若接收到的分组是路由器之间交换路由信息的分组(如 RIP 或 OSPF 分组等),则将这种分组送交路由器的路由选择部分的路由选择处理机。若接收到的是数据分组,则按照分组首部的目的地址查找转发表,根据得出的结果,分组经过交换开关到达合适的输出端口。图 4-3 给出了在输入端口的队列中排队的分组的示意图。

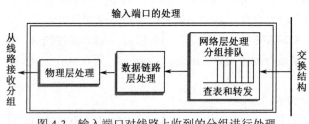

图 4-3 输入端口对线路上收到的分组进行处理

② 输出端口。输出端口从交换结构接收分组,然后将它们发送到路由器外面的线路上。在网络层的处理模块中设有一个缓存,实际上它就是一个队列。当交换开关传送过来的分组的速率超过输出链路的发送速率时,来不及发送的分组就必须暂时存放在这个队列中。数据链路层处理模块将分组加上链路层的首部和尾部,交给物理层模块后发送到外部线路,如图 4-4 所示。

路由器的输入端口和输出端口做在路由器的线路接口卡上,一般支持 4、8 或 16 个端口。

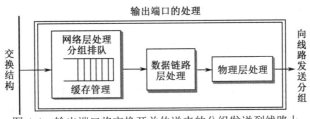

图 4-4 输出端口将交换开关传送来的分组发送到线路上

(4) 交换开关

交换开关又称为交换结构 (switching fabric)，其作用就是根据转发表 (forwarding table) 对分组进行处理，将某个输入端口进入的分组从一个合适的输出端口转发出去。图 4-5 给出了三种常用的交换方法，这三种方法都是将输入端口 I_1 收到的分组转发到输出端口 O_2。

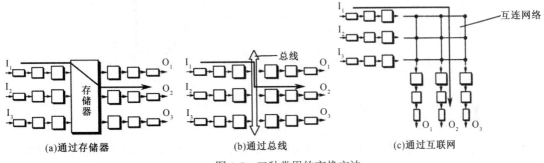

图 4-5 三种常用的交换方法

3. 路由器的分类

与交换机一样，路由器从不同的角度来看，也有不同的分类。从应用上来分，路由器可分为内部路由器和边界路由器；按性能档次来划分，路由器可分为高、中和低档路由器；按结构来划分，路由器可分为模块化结构和非模块化结构；按性能来划分，路由器可分为线速路由器和非线速路由器；按功能的不同划分，路由器可分为核心层（骨干级）路由器、汇聚层（企业级）路由器和接入层（接入级）路由器，这是比较常见的划分方法。

骨干级路由器是实现企业网络互连的关键设备，数据吞吐量较大，非常重要。对骨干级路由器的基本性能要求是高速率和高可靠性。为了获得高可靠性，网络系统普遍采用诸如热备份、双电源、双数据通路等传统冗余技术，从而使得骨干路由器的可靠性一般不成问题。骨干级路由器的主要性能瓶颈是在路由表中查找某个路由所耗的时间过长，为此在骨干级路由器中，常将一些访问频率较高的目的端口放到缓存中，从而达到提高路由查找效率的目的。

企业或校园级路由器连接许多终端系统，连接对象较多，但系统相对简单，且数据流量对这类路由器的要求是以尽量便宜的方法实现尽可能多的端点互连，还要求能够支持不同的服务质量。用路由器连接的网络系统因能够将机器分成多个广播域，所以可以方便控制一个网络的大小。此外，路由器还可以支持一定的服务等级，允许将网络分成多个优先级别。当然，路由器的每个端口造价要贵些，在使用之前要求用户进行大量的配置工作。因此，企业级路由器的成败就在于是否可提供大量端口且每个端口的造价很低，是否容易配置，是否支持 QoS，是否支持组播等多项功能。

接入路由器主要应用于连接家庭或 ISP 内的小型企业客户群体，现在的接入路由器已经可以支持许多异构和高速端口，并能在各端口运行多种协议。

4.1.2 路由器的功能与工作原理

路由器的功能归纳起来包括如下 3 方面。

（1）协议转换

路由器作为三层的网络设备，对接收来的数据进行下三层的解封装，然后根据出口协议栈对接收的数据进行再封装，最后发送到出口网络中，从而实现不同协议、不同体系结构网络之间的互连互通。例如，图 4-6 中表示的是 IP 网络与 IPX 网络的互连。

图 4-6　IP 网络与 IPX 网络的互连

（2）寻址

路由器的寻址动作与主机的类似，区别在于路由器不止一个出口，所以不能通过简单配置一条默认网关解决所有数据分组的转发，必须根据目的网络的不同选择对应的出口路径。

在如图 4-7 所示的简单网络环境中，如果 R1 没有配置路由，则从 172.16.1.2 发送到 172.16.2.2 的数据分组，到达 R1 时，R1 在路由表中将查不到到达 172.16.2.0 网络的路径，因此会丢掉数据分组。同理，如果 R2 没有配置路由，R1 配置了正确的路由，则从 171.16.1.2 发到 172.16.2.2 的数据分组可以经过 R1 发送给 R2 并经过 R2 的本地路由表发送给 172.16.2.2，但从 172.16.2.2 返回的数据分组将由于 R2 中没有到达 172.16.1.0 网络的路由而被丢弃，因此也是不能够通信的。

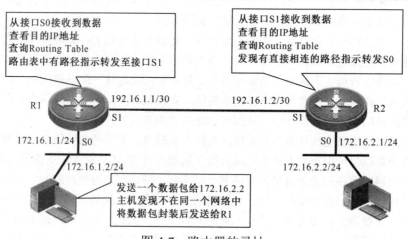

图 4-7　路由器的寻址

（3）分组转发

分组转发即将数据分组转发到目的网络。

路由器的大致工作过程：从某个端口收到一个数据分组，首先把链路层的包头去掉（拆包），读取目的 IP 地址，然后查找路由表，如果能确定下一步往哪里送，则再加上链路层的包头（打包），把该数据分组转发出去；如果不能确定下一步的地址，则向源地址返回一个信息，并把这个数据分组丢掉。下面通过一个例子来说明路由器的工作原理。

【例 4-1】 路由器的分布如图 4-8 所示，工作站 A 需要向工作站 B 传送信息，并假定工作站 B 的 IP 地址为 10.120.0.5，它们之间需要通过多个路由器进行接力传递。

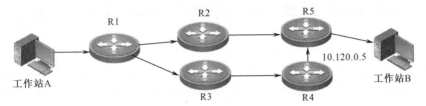

图 4-8　路由器工作原理示意

<1> 工作站 A 将工作站 B 的地址 10.120.0.5 连同数据信息以数据帧的形式发送给 R1。
<2> 路由器 R1 收到工作站 A 的数据帧后，先从报头中取出地址 10.120.0.5，根据路由表计算出发往工作站 B 的最佳下一跳路径：R1→R2→R5→B，并将数据帧发往路由器 R2。
<3> 路由器 R2 重复路由器 R1 的工作，并将数据帧转发给路由器 R5。
<4> 路由器 R5 同样取出目的地址，发现 10.120.0.5 就在该路由器所连接的网段上，于是将该数据帧直接交给工作站 B。
<5> 工作站 B 收到工作站 A 的数据帧，一次通信过程宣告结束。

4.1.3　路由器的端口与连接线缆

1. 路由器的物理端口

路由器具有非常强大的网络连接和路由功能，可以与各种不同的网络进行物理连接，这就决定了路由器的接口技术比较复杂，路由器的端口种类也较多，主要分为局域网端口、广域网端口和配置端口等三类，如图 4-9 所示。

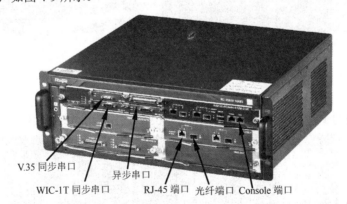

图 4-9　路由器的端口

（1）局域网端口

目前，路由器的局域网端口主要有 RJ-45 端口和光纤端口，见图 4-9。
① RJ-45 端口，主要连接局域网或防火墙等安全设备。根据端口的通信速率不同，RJ-45 端口又可分为 10Base-T、100Base-TX、1000Base-T 三种。其中，10Base-T 网的 RJ-45 端口在路由器

中通常是标识为"ETHERNET",而 100Base-TX 网的 RJ-45 端口则通常标识为"FASTETHERNET"或"10/100B TX"。

② 光纤端口,主要用于连接 Internet,也可以与局域网相连,常见的类型是 SC 型端口,通常标识为"100B FX"。

(2) 广域网端口

路由器不仅能实现局域网之间的连接,更重要的应用还是在于局域网与广域网、广域网与广域网之间的连接。下面介绍几种常见的广域网端口。

① 高速同步串口。广域网的高速同步串口(SERIAL)包括 EIA/TIA-232、EIA/TIA-449、EIA/EIA-530、X.21、V.35、WIC-1T 等。目前,路由器上应用较多的主要是 WIC-1T 和 V.35 两种类型,如图 4-10 所示。由于通过这种端口所连接的网络的两端一般都要求实时同步,所以这种同步端口一般要求速率非常高。

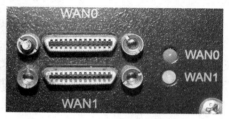

(a)WIC-1T 同步串口　　　　　　　　　(b) V.35 同步串口

图 4-10　路由器高速同步串口

② 异步串口。异步串口(ASYNC)主要应用于 Modem 或 Modem 池的连接,如图 4-11 所示。异步串口主要用于实现远程计算机通过公用电话网接入网络。相对于上面介绍的同步端口来说,异步端口在速率上要求就低许多,它不要求网络的两端保持实时同步,只要求能连接即可,因为这种端口所连接的通信方式速率较低。

图 4-11　异步串口

(3) 配置端口

一般来说,用于对路由器进行配置的端口有 2 种:Console 端口和 AUX 端口,如图 4-12 所示。Console 端口用于路由器的本地配置,而 AUX 端口用于路由器的远程配置。

图 4-12　路由器的 Console 和 AUX 端口

Console 端口使用配置专用连线直接连接至计算机的串口,利用终端仿真程序(如 Windows 下的超级终端应用程序)进行路由器本地配置和管理。AUX 端口为异步端口,通常用于连接

Modem,以使用户或管理员对路由器进行远程配置和管理。

2. 路由器的连接线缆

（1）局域网连接线缆

局域网连接线缆主要包括直通线和交叉线等，采用 RJ-45 接头和双绞线制作而成。

（2）广域网连接线缆

① 同步串口线缆。与路由器上常用的同步串口相对应，常用的同步串口线缆主要有 60 针 WIC-1T 同步串口线和 V.35 DCE/DTE 同步串口线，如图 4-13 所示。

② 异步串口线缆。异步串口线缆，俗称八爪鱼线，一端为 68 针的 ASYNC 接口，另一端分出 8 条 RJ-45 的连接线，这些 RJ-45 的连接线通过 RJ-45 到 DB-25 的转换头可以连接到 Modem、Modem 池或终端以提供远程访问服务。异步串口线缆如图 4-14 所示。

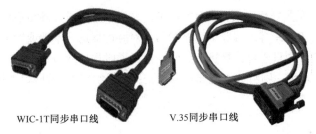

图 4-13 同步串口线缆

图 4-14 异步串口线缆

（3）配置专用线缆

通常，使用计算机的串口，通过配置专用线缆与路由器的 Console 端口相连完成对路由器的本地配置，而路由器的 Console 端口是 RJ-45 接口，因此配置专用线缆就必须是一根 RJ-45-to-DB-25 或 RJ-45-to-DB-9 的转接线。

4.2 路由器配置基础

路由器与其他网络接入设备不一样，不仅在硬件结构上相当复杂，而且集成了相当丰富的软件系统，路由器的主要功能通过软件来实现。路由器的软件配置相对它的硬件来说要复杂得多。

路由器有自己独立的、功能强大的嵌入式操作系统，而且这个操作系统比较复杂。各种不同品牌的路由器，嵌入的操作系统也不完全相同，所以配置方法也有所区别，本节主要以锐捷系列路由器为例，介绍路由器的管理方式、配置模式和基本配置方法。

4.2.1 路由器的管理方式

路由器提供如下 5 种管理方式，用于对路由器进行配置，硬件连接方法如图 4-15 所示。
- 通过 Console 端口进行本地管理。
- 通过 AUX 端口连接 Modem 进行远程管理。
- 通过 Telnet 程序进行本地或远程管理。
- 预先编辑好配置文件，通过 TFTP 服务器进行远程管理。
- 通过 Ethernet 上的 SNMP 网管工作站进行远程管理。

第一种方式与交换机类似，具体操作参见交换机相关章节的描述。

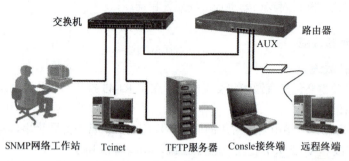

图 4-15 路由器的管理方式

第二方式是路由器的 AUX 端口接 Modem，通过电话线与远方的终端或运行终端仿真软件的微机相连。

第三种方式是在用户对路由器已经配置好相应接口的 IP 地址，并可以正常进行网络通信的前提下，通过局域网或者广域网，使用 Telnet 客户端登录到路由器，对路由器进行本地或者远程的配置。如果建立本地 Telnet 配置环境，则只需将计算机上的网卡接口通过局域网与路由器的以太网口连接；如果建立远程 Telnet 配置环境，则将计算机通过 Internet 和路由器的广域网口连接。

4.2.2 路由器配置命令简介

路由器的配置和管理可以通过多种方式实现，可以使用命令行方式或菜单方式，也可以使用 Web 浏览器方式或专门的网管软件来实现。本节介绍命令行方式的基本概念。

1. 命令模式

在进行路由器配置时，经常可见到多种不同的命令提示状态，其实这些不同的命令状态对应不同的命令模式，也代表当前所处的不同配置位置，不同位置也代表着不同的配置权限和能够使用的配置命令。正确理解这些不同的命令状态，对正确配置路由器非常重要。

（1）用户模式

当用户访问路由器时，自动进入用户模式。在该模式下，用户只具有最低层的权限，可以查看路由器的当前连接状态和信息，但不能看到和处理路由器的设置内容。用户模式的提示符为设备的名称后紧跟">"，如"Red-Giant>"。

（2）特权模式

用户在特权模式下不但可以执行所有的用户命令，还可以看到和处理路由器的设置内容。在用户模式下使用"enable"命令可进入特权模式。特权模式的提示符为设备的名称后紧跟"#"，如"Red-Giant #"。例如：

  Red-Giant>enable
  Red-Giant#

要返回到用户模式，可输入"disable"命令。

（3）全局配置模式

在全局模式下，用户可以对路由器的运行产生影响的全局性参数进行配置，如对路由器的名称、密码进行设置等。在特权模式下，使用"configure terminal"命令进入全局配置模式。全局模式的提示符为设备的名称后紧跟"(config)#"。例如：

  Red-Giant#configure terminal
  Red-Giant(config)#

要返回到特权模式，可输入"end"或"exit"命令。

(4) 路由配置模式

在路由配置模式下，用户可以对要启用的路由协议进行具体的配置。在全局配置模式下，使用"router protocol"命令进入路由配置模式。路由配置模式的提示符为设备的名称后紧跟"(config-router)#"。例如：

  Red-Giant(config)#router RIP
  Red-Giant(config-router)#

输入"exit"命令，可返回到全局配置模式，输入"end"命令，可返回到特权模式。

(5)·接口配置模式

在接口配置模式下，用户可以对路由器的某个接口进行配置，如设置 IP 地址、启用及禁用接口等。在全局模式下，根据要配置的接口，使用"interface [type] [module/port]"命令进入该接口配置模式。接口配置模式的提示符为设备的名称后紧跟"(config-if)#"。例如：

  Red-Giant(config)#interface ethernet 0/0
  Red-Giant(config-if)#

参数：type 表示端口的类型，可以是 ethernet（10 Mbps 以太网）、fastethernet（100 Mbps 或 10/100 Mbps 快速以太网）、gigabitethernet（1000 Mbps、100/1000 Mbps 或 10/100/1000 Mbps 千兆位以太网）、Serial（串口）、loopback（回路端口）；module/port 指定接口的模块号和端口号。

输入"exit"命令，可返回到全局配置模式，输入"end"命令，可返回到特权模式。

(6) 子接口配置模式

在子接口配置模式下，用户可以对路由器的某个子接口进行配置，如设置 IP 地址、启用及禁用接口等。在全局模式下，根据要配置的子接口，使用"interface"命令进入该模式。子接口配置模式的提示符为"Red-Giant (config-subif)#"，其中，Red-Giant 为路由器的名称。

输入"exit"命令，可返回到全局配置模式，输入"end"命令，可返回到特权模式。

(7) 线路配置模式

在线路配置模式下，用户可以对路由器的控制台访问及远程登录访问等进行配置。在全局模式下，根据要配置的线路类型，使用"line"命令进入线路配置模式。线路配置模式的提示符为设备的名称后紧跟"(config-line)#"。例如：

  Red-Giant(config)#line console 0   配置控制台线路，0 是控制台线路的编号
  Red-Giant(config-line)#
  Red-Giant(config)#line vty 0 4   配置远程登录线路，0~4 是远程登录线路的编号
  Red-Giant(config-line)#

输入"exit"命令，可返回到全局配置模式，输入"end"命令，可返回到特权模式。

表 4.1 汇总了锐捷路由器各种命令模式的进入与离开方法、提示符及其可执行的操作。这里假定路由器的名字默认为"Red-Giant"。如果想执行某个命令，必须先进入相应的配置模式，否则可能出现错误的结果。这在路由器的配置中很重要。对于不同类型的路由器，所具有的功能不同，其命令模式还有拨号对等体配置模式、语音服务配置模式、语音端口配置模式、安全转换配置模式、IKE 策略配置模式、安全策略配置模式和 ROM 监控模式等。

2．命令行编辑快捷键

RGNOS 提供了强大的命令行编辑功能，使用快捷键，可以方便地编辑命令行。

- ⊙ **Ctrl+B 或←键**：向左移动光标，最多可以移动到系统提示符。
- ⊙ **Ctrl+F 或→键**：向右移动光标，最多可以移动到行末。
- ⊙ **Esc+B**：向左回退一个词，直到系统提示符。

表 4.1　锐捷路由器命令模式列表

命令模式	进入方式	提示符	离开方法	可执行操作
User EXEC 用户模式	访问路由器时首先进入该模式	Red-Giant>	输入 exit 命令离开该模式	仅可查看路由器的当前连接状态和信息
Privileged EXEC 特权模式	在用户模式下，使用 enable 命令进入该模式	Red-Giant#	输入 disable 命令，返回到用户模式	可以执行所有的用户命令，该模式有口令保护
Global configuration EXEC 全局配置模式	在特权模式下，使用 configure 命令进入该模式	Red-Gian (config)#	输入 exit 命令或 end 命令或按快捷键 Ctrl+C，返回特权模式	配置影响整个路由器的全局参数
Router configuration EXEC 路由配置模式	在全局配置模式下，使用 router Protocol 命令进入该模式	Red-Gian (config-router)#	输入 end 命令，返回到特权模式；输入 exit 命令，返回到全局配置模式	以对要启用的路由协议进行具体的配置
Interface configuration EXEC 接口配置模式	在全局配置模式下，使用 interface type number 命令进入该模式	Red-Gian h(config-if)#	输入 end 命令，返回到特权模式；输入 exit 命令，返回到全局配置模式	对接口进行配置，如设置 IP 地址、启用及禁用接口等
Sub-Interface configuration EXEC 子接口配置模式	在全局配置模式下，使用 interface 命令进入该模式	Red-Gian (config-subif)#	输入 end 命令，返回到特权模式；输入 exit 命令，返回到全局配置模式	对子接口进行配置
Config-line EXEC 线路配置模式	在全局配置模式下，使用 line console 0 或 line vty 命令进入该模式	Red-Gian (config-line)#	输入 end 命令，返回到特权模式；输入 exit 命令，返回到全局配置模式	配置访问路由器方式的线路参数

- Esc+F：向右前进一个词，最多到行末。
- Ctrl+A：光标直接移动到命令行的最左端。
- Ctrl+E：光标直接移动到命令行的末端。
- Delete 或 Backspace 键：删除光标左边的一个字符，最多到系统提示符。
- Ctrl+D：删除光标所在的一个字符。
- Ctrl+K：删除光标以右的所有命令行字符。
- Ctrl+U 或 Ctrl+X：删除光标以左的所有命令行字符。
- Ctrl+W：向左删除一个词。
- Esc+D：向右删除一个词。

3．命令行自动补齐功能

如果忘记了一个完整的命令，或者希望减少输入的字符的数量，可以采用 RGNOS 提供的命令行自动补齐功能，只需输入少量的字符，然后按 Tab 键，或按 Ctrl+I 键，由 RGNOS 自动补齐成为完整的命令。当然，必要条件是输入的少量字符，已经可以确定一个唯一的命令了。例如：

Red-Giant#abbreviated-command<Tab>　　　　自动补齐以指定字符开始的命令

4．获得帮助

RGNOS 提供了丰富的在线帮助功能，只需输入一个"?"，就可以得到详细的帮助信息，为了得到有效的命令模式、指令名称、关键字、指令参数等方面的帮助，可以使用如下方法：

Red-Giant#help　　　　　　　　显示简短的系统帮助描述信息
Red-Giant#?　　　　　　　　　　列出当前命令模式下的所有的命令

对于一些命令，用户可能知道这个命令是以某些字符开头的，但是完整的命令又不知道，这时可以用 RGNOS 提供的模糊帮助功能，只需输入开头的少量字符，同时紧挨着这些字符再输入"?"，RGNOS 便会列出以这些字符开头的所有的指令。例如：

Red-Giant#c?
　　　　clear clock configure connect copy　　　　　　显示以"c"开头的所有命令

对于某些命令，不知道后面可以跟哪些参数或后续命令选项，RGNOS 也提供了强大的帮助功能，只需输入对应的命令，同时输入一个空格后，再输入"?"，RGNOS 便显示该命令的所有参数或后续命令选项，并且列出参数类型、各参数的取值范围以及对各个后续命令选项给予简短的说明。例如：
　　Red-Giant#command ?　　　　　　　列出这个命令开头的所有的参数或后续命令选项

5．命令行错误提示信息

RGNOS 对于用户输入的命令和参数进行严格的检查判断，对于错误的命令或不合法的参数会做出相应的错误提示，方便用户找出问题，常见的错误提示如表 4.2 所示。

表 4.2　常见的命令行错误提示信息

错误提示信息	错误的原因
% Invalid input detected at ^ marker	输入的命令有错误，错误的地方在"^"后
% Incomplete command	命令输入不完整
% Ambiguous command："command"	以 command 开头的指令有多个，指令输入不够明确
Password required, but none set	没有配置对应的登录密码
% No password set	没有设置特权控制密码

4.2.3　路由器基本配置

路由器的操作系统是一个功能非常强大的系统，特别是在一些高档路由器中，它具有相当丰富的操作命令。正确掌握这些命令的格式、功能和使用方法对配置路由器是很关键的一步，因为在实际应用中，一般都是以命令方式对路由器进行配置。下面以锐捷系列路由器为例，介绍路由器的常用配置命令。

1．配置路由器名称

路由器的名称（又称为主机名）用于标识路由器，通常会作为提示符的一部分显示在命令提示符的前面。路由器的默认名称一般是"Router"，锐捷路由器的默认名称为"Red-Giant"。可以用如下命令重新设置路由器的名称。
　　模式：全局配置模式。
　　命令：hostname *name*　　　　　　　　　　将路由器命名为 name
　　　　　no hostname
参数：*name* 是要设置的路由器名称，必须由可打印字符组成，长度不能超过 255 个字符，但显示时最多只显示 22 个字符。

2．设置路由器的日期和系统时钟

（1）设置路由器的日期和系统时钟，但重启路由器后该设置将失效。
　　模式：特权模式
　　命令：clock set *hh:mm:ss day month year*
　　　或　clock set *hh:mm:ss month day year*

（2）设置路由器的日期和系统时钟，但重启路由器后该设置仍有效。

模式：特权模式

命令：calendar set *hh:mm:ss day month year*

或　calendar set *hh:mm:ss month day year*

（3）依据当前时钟更新路由器实时时钟

模式：特权模式

命令：clock update-calendar

有些路由器由于内部没有电池供电，关机重启后，时钟会自动复位。另外，在配置月份的时候，注意输入为月份英文单词的缩写，各月份的英文单词如下：

January	February	March	April	May	June
一月	二月	三月	四月	五月	六月
July	August	September	October	November	December
七月	八月	九月	十月	十一月	十二月

（4）查看系统时间

模式：特权模式

命令：show clock

3．设置访问路由器的口令

控制网络上的终端访问路由器的简单办法，是使用口令保护和划分特权级别。口令可以控制对网络设备的访问，防范非法人员登录到路由器修改设备的配置；命令特权级别可以在用户登录成功后，控制用户可以使用的命令。

对于口令（密码），可以在几个不同位置进行设置，以达到多重保护的目的。默认没有设置任何级别的口令，口令有以下几种形式。

① 控制台口令：从连接在 Console 端口的控制台（计算机）登录路由器时，需要输入控制台口令。由于控制台是一种本地配置方式，所以不设置这个口令影响也不大。

② 远程登录口令：从网络中的计算机通过 Telnet 命令登录路由器时，需要输入远程登录口令。远程登录是一种远程配置方式，这个口令应该设置。在锐捷路由器中，若没有设置远程登录口令，则不能用 Telnet 命令登录。

③ 特权口令：登录路由器后，从用户模式进入特权模式，需要输入特权口令。由于特权模式是进入各种配置模式的必经之路，在这里设置口令可有效防范非法人员对路由器的配置进行修改。在锐捷路由器中，特权模式可设置多个级别，每个级别可设置不同的口令和操作权限，可以根据实际情况让不同人员使用不同的级别。若没有设置特权口令，也不能用 Telnet 命令登录。

在实际应用中，特权口令和远程登录口令是必须设置的，并且口令不应该太简单，不同位置的口令也不应该相同。

（1）设置控制台口令

模式：控制台线路配置模式

命令：password *password*

参数：*password* 是要设置的控制台口令，其最大长度为 25 个字符。

说明：设置的口令中不能有问号和其他不可显示的字符。如果口令中有空格，则空格不能位于最前面，只有中间和末尾的空格可作为口令的一部分。

【配置举例】 设置控制台口令为 123456。

```
Red-Giant>enable
Red-Giant#configure terminal
Red-Giant(config)#line console 0          配置控制台线路，0 是控制台线路的编号
Red-Giant(config-line)#login              打开登录认证功能
Red-Giant(config-line)#password 123456    设置控制台口令为：123456
Red-Giant(config-line)#end
Red-Giant#
```

说明：如果没有设置 login，即使配置了口令，登录时口令认证会被忽略。

（2）删除配置的控制台口令

模式：控制台线路配置模式

命令：no password

（3）设置远程登录口令

模式：远程登录线路配置模式

命令：password *password*

参数：*password* 是要设置的远程登录口令，其最大长度为 25 个字符。

说明：设置的口令中不能有问号和其他不可显示的字符。如果口令中有空格，则空格不能位于最前面，只有中间和末尾的空格可作为口令的一部分。

【配置举例】 为路由器设置远程登录密码为 123456。

```
Red-Giant>enable
Red-Giant#configure terminal
Red-Giant(config)#line vty 0 4            配置远程登录线路，0~4 是远程登录线路的编号
Red-Giant(config-line)#login              打开登录认证功能
Red-Giant(config-line)#password 123456    设置远程登录口令为：123456
Red-Giant(config-line)#end
Red-Giant#
```

说明：远程登录口令是用 Telnet 登录路由器的必备条件。

（4）删除配置的远程登录口令

模式：远程登录线路配置模式。

命令：no password

（5）设置特权口令

模式：全局配置模式

命令：enable password [level *level*] {*password* | *encryption-type encrypted-password*}

　　　enable secret [level *level*] { *password* | *encryption-type encrypted- password*}

参数：*level* 表示口令的等级，其范围为 0~15。0~14 等级为普通用户级别，15 等级为特权用户级别。一般情况下不需要定义级别，默认为 15，即最高授权级别。

password 表示普通形式口令，以明文输入，口令的最大长度为 25 个字符（包括数字字符）。口令中不能有空格（单词的分隔符），不能有问号或其他不可显示字符。

encryption-type 表示加密类型，0 表示不加密，目前只有 5，即锐捷私有的加密算法。如果选择了加密类型，则必须输入加密后的密文形式的口令。

encryption-password 表示密文形式口令，密文固定长度为 32 字符。

功能：创建一个新的特权口令或者修改一个已经存在的用户级别的口令。

【配置举例】 设置特权口令为 123456，使用安全加密的密文存放。

```
Red-Giant>enable
Red-Giant#configure terminal
Red-Giant(config)#enable secret 123456          设置特权口令为：123456
```

enable password 命令配置的口令在配置文件中是用简单加密方式存放的（有些种类的路由器是用明文存放的）。enable secret 命令配置的口令在配置文件中是用安全加密方式存放的。这两种口令只需要配置一种，如果两种都配置了，则两个口令不应该相同，且用 secret 定义的口令优先。

如果使用带 level 关键字时，则为指定特权级别定义口令。设置了特定级别的口令后，给定的口令只适用于那些需要访问该级别的用户。配置命令 privilege level 可以指定在不同级别访问的命令。如果在配置 password 命令中使用 level 关键字，则自动被转换为 secret 形式的配置。如果启用了加密口令服务配置命令 service password-encryption，则所输入的口令被加密，在查看配置时，只能看到口令的加密形式。例如：

```
Red-Giant(config)#enable secret level 2 5 %3tj9=G1W47R:>H.51u_;C,tU8U0<D+S
```

其中，命令中的 2 表示用户级别为 2 级，5 表示加密类型，"%3tj9=G1W47R:>H.51u_;C,tU8U0<D+S"为加密后的 32 个字符。整个命令表示对用户级别为 2 的用户设置加密口令。

（6）删除配置的特权口令

模式：全局配置模式

命令：no enable password [*level*]

　　　no enable secret [*level*]

（7）配置线路口令

配置 line 口令的方法是在全局配置模式下执行以下命令。

模式：全局模式

命令：line vty *line-number* [*ending-line-number*]   配置 VTY 接口，并进入 line 配置模式
　　　login   启用密码认证
　　　password {*password* | *encryption-type encrypted-password*}   指定 line 口令

说明：如果没有配置 login 或者 login 没有启用，即使配置了 line 口令，登录时，line 层口令认证会被忽略。

（8）启用加密口令服务

由于协议分析软件（如 sniffer 之类）可以检查报文从而读取口令，且口令不加密会在配置中明文显示导致口令泄露，所以 RGNOS 提供了对口令加密服务功能，对口令进行加密显示，防止口令泄露。

模式：全局模式

命令：service password-encryption   启用加密口令服务

4．配置命令的特权级别

在默认情况下，系统只有两个受口令保护的授权级别：普通用户级别（1 级）和特权用户级别（15 级），以上所配置的特权口令是 15 级设置口令。RGNO 为每个模式的命令划分了 16 个授权级别（0～15）。给不同的级别设置口令，就可以通过不同的授权级别使用不同的命令集合。如果将一条命令的权限授予某个级别，则该命令的所有参数和子命令都同时被授予该级别。

如果想要使用多级别的特权模式，需要先用 privilege 命令为相应级别授权，再用 enable secret 命令配置该级别的口令。

（1）设置命令的特权级别

模式：全局配置模式

命令：privilege *mode* level *level command*

参数：*mode* 表示命令的模式，configure 为全局配置模式，exec 为特权命令模式，interface 为接口配置模式等。

level 表示授权级别，范围为 0～15。level 0～14 是普通用户级别，level 15 是特权用户级别，在各用户级别间切换可以使用 enable 命令。

command 表示要授权的命令。

【配置举例】 将 configure 命令授予级别 14 并设置级别 14 为有效级别（通过设置口令）。

```
Red-Giant(config)#privilege exec level 14 configure        设置级别 14
Red-Giant(config)#enable secret level 14 0 123456          设置口令 123456
```

若想让更多的授权级别使用某一条命令，则可以将该命令的使用权授予较低的用户级别；若想让命令的使用范围小一些，则可以将该命令的使用权授予较高的用户级别。

（2）登录或离开某个授权级别

模式：用户模式或特权模式

命令：enable *level*　　　　　　　　　　　　登录到指定的授权级别
　　　disable *level*　　　　　　　　　　　　离开指定的授权级别

参数：*level* 为指定的级别，范围为 0～15。

（3）显示命令的特权级别

模式：用户模式或特权模式

命令：show privilege　　　　　　　　　　　　显示当前特权级别

5．重新启动路由器

重启动路由器命令在执行效果上，与路由器断电关机然后重新上电开机的效果相同，不过重启路由器命令允许远程维护路由器时，重启动路由器，而不要到路由器旁边关开机，方便维护。在实际操作过程中，尽量不要重新启动路由器，否则会造成网络处于短暂的瘫痪状态；另外在重启路由器时，要确保路由器配置文件是否需要保存。

模式：特权模式

命令：reload

6．网络控制命令

因为路由器有时要进行网络管理，所以也必须具有一些网络进入命令，常用的有关网络控制命令如下：

```
telnet hostname/ip address              登录远程主机
ping hostname/ip address                侦测网络的连通性
traceroute hostname/ip address          跟踪远程主机的路径信息
```

7．路由器的配置文件管理

路由器的配置文件是包含了一组命令的集合体，不同的用户通过各自的配置文件来定制路由器，使之满足不同的业务需求，配置文件在文件格式上是一个文本文件，系统启用后，配置文件中的命令解释执行。配置文件有以下特点：配置文件在文件格式上为文本文件，包含了一组命令。命令的组织以命令模式为基本框架，同一命令模式的命令组织在一起，形成一节，节与节之间通常用空行或注释行隔开（以"!"开始的为注释行）。配置文件仅仅保存非默认参数的命令，对于已经是默认值的命令不加以保存。配置文件以"end"为结束符。

以下是一个简单的配置文件的例子：
```
!
Hostname"myrouter"
Enable secret 5 $ 1 $ rL8a$/JOR5dq0jptxqOZYb，Ipl
Enable password star
Ip subnet-zero
no ip domain-lookup
Interface Ethernet0
Ip address 192.168.12.1 255.255.255.0
```

路由器有两个配置文件，一个为当前正在使用的配置文件，叫 running-config，另一个是初始配置文件，叫 startup-config。其中，running-config 是保存在 DRAM 中，如果没有保存，路由器关机后便丢失了；而 startup-config 是保存在 NVRAM 中，路由器断电后文件内容也不会丢失，这两套配置文件的内容可以不一样。在系统启动时，对 startup-config 配置文件逐条命令解释执行，并且在执行的同时把 startup-config 复制到 running-config 中；在系统运行期间，可以随时利用系统提供的命令行接口，进入配置模式，对 running-config 进行修改。running-config 和 startup-config 两套配置文件之间，可以相互复制，也可以通过网络接口，复制到网络上的服务器上，也可以先用计算机将配置文件编辑好，然后通过网络，从服务器上将配置文件复制到路由器上。系统提供了多种方式来方便地管理配置文件。

（1）显示配置文件的内容

模式：特权模式

命令：show running-config　　　　　　　　显示当前配置文件的内容
　　　show startup-config　　　　　　　　显示初始配置文件的内容

（2）保存当前配置

该操作也就是将当前配置文件复制到初始配置文件中。

模式：特权模式

命令：write

　　或　write memory

　　或　copy running-config startup-config

（3）删除初始配置文件

模式：特权模式

命令：write erase

　　或　erase startup-config

（4）管理配置文件的其他管理方式

在特权模式下，RGNOS 还提供了其他一些管理配置文件的方式，如表 4.3 所示。

表 4.3　配置文件的管理方式

命　令	作　用
Red-Giant#write network 或 Red-Giant#copy running-config tftp	将当前配置文件保存到 TFTP 服务器上
Red-Giant#copy startup-config running-config	将初始配置文件复制到当前配置文件中，覆盖当前配置文件
Red-Giant#copy startup-config tftp	将初始配置文件保存到 TFTP 服务器上
Red-Giant#copy tftp startup-config	将 TFTP 服务器上保存的配置文件覆盖到初始配置文件上
Red-Giant#copy tftp running-config	用 TFTP 服务器上保存的配置文件覆盖到当前配置文件上

8. **基本配置方法举例**

【例 4-2】 Telnet 管理方式的配置。

如果用户对路由器已经配置好各接口的 IP 地址,同时可以正常地进行网络通信,则可以通过局域网或者广域网,使用 Telnet 客户端登录到路由器上,对路由器进行本地或者远程的配置。作为路由器基本配置的一个例子,下面详细介绍具体的配置步骤。

第一步:如图 4-16 所示,将 Telnet 客户机接入路由器所在的局域网,建立本地 Telnet 配置环境。

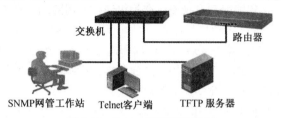

图 4-16 Telnet 管理配置环境

第二步:配置路由器的名称和 fastethernet 0 端口的 IP 地址。

```
Red-Giant>enable                                      进入特权模式
Red-Giant#configure terminal                          进入全局配置模式
Red-Giant(config)#hostname RouterA                    配置路由器名称为 "RouterA"
RouterA(config)#interface fastethernet 0              进入路由器接口配置模式
RouterA(config-if)#ip address 192.168.0.138 255.255.255.0   配置路由器管理接口 IP 地址
RouterA(config-if)#no shutdown                        开启路由器 fastethernet0 接口
```

第三步:认证路由器接口 fastethernet 0 的 IP 地址已经配置和开启。

```
RouterA#show ip interface fastethernet 0              认证接口 fastethernet0 的 IP 地址已经配置和开启
FastEthernet 0 is up, line protocol is up
Internet address is 192.168.0.138/24
Broadcast address is 255.255.255.255
……
RouterA#show ip interface brief                       认证接口 fastethernet0 的 IP 地址已经配置和开启
```

第四步:配置路由器远程登录密码。

```
RouterA(config)#line vty 0 4                          进入路由器线路配置模式
RouterA(config-line)#login                            配置远程登录
RouterA(config-line)#password star                    设置路由器远程登录密码为 star
RouterA(config-line)#end
```

第五步:配置路由器特权用户模式密码。

```
RouterA(config)#enable secret star                    设置路由器特权用户模式密码为 "star"
或    RouterA(config)#enable password star
```

第六步:在 Windows 的 DOS 命令提示符下,直接输入 "Telnet a.b.c.d"。这里的 a.b.c.d 为路由器的 fastthernet 0 端口的 IP 地址(如果是远程 Telnet 配置模式,则为路由器的广域网口的 IP 地址),与路由器建立连接,提示输入登录密码。如果出现错误提示 "Password required, but none set"或 "% No password set",则说明没有配置相应的登录密码。

【例 4-3】 路由器的文件操作。

```
router#copy running-config startup-config             保存配置
router#copy running-config tftp                       保存配置到 tftp
router#copy startup-config tftp                       开机配置存到 tftp
router#copy tftp flash:                               下传文件到 flash
router#copy tftp startup-config                       下载配置文件 ROM 状态
```

4.3 路由器连接与接口配置

4.3.1 路由器的硬件连接

1. 路由器与局域网接入设备之间的连接

局域网接入设备主要指集线器和交换机,交换机通常使用的端口是 RJ-45 端口和 SC 端口,而集线器使用的端口则有 AUI、BNC 和 RJ-45。路由器与局域网接入设备之间的连接主要如下。

① RJ-45-to-RJ-45。这种连接方式就是路由器所连接的两端都是 RJ-45 端口,如果路由器和接入设备均提供 RJ-45 端口,那么可以使用双绞线将接入设备和路由器的两个端口连接在一起。

注意:路由器和接入设备端口通信速率应当尽量匹配。

② SC-to-RJ-45。这种连接方式一般是路由器与交换机之间的连接,如交换机只拥有光纤端口,而路由器提供的是 RJ-45 接口,那么必须借助于 SC-to-RJ-45 转接器才可实现两者之间的连接。

2. 路由器与 Internet 接入设备的连接

路由器主要应用于互联网连接,路由器与互联网接入设备的连接情况主要有以下几种。

① 通过异步串口连接。异步串口主要是用来与 Modem 连接,用于实现远程计算机通过公用电话网接入局域网络,也可用于连接其他终端。当路由器通过电缆与 Modem 连接时,必须使用 AYSNC-to-DB-25 或 AYSNC-to-DB-9 适配器来连接。

② 通过同步串口连接。在路由器中所能支持的同步串口类型比较多,如 WIC-1T 接口、V.35 接口、EIA/TIA-232/449/530 接口、X.21 串行电缆总线等。一般来说,连接线的两端是采用不同的外形,在连接时只需对应一下连接线与设备端接口的外形,就可以知道正确选择了。

3. 配置端口的连接

① Console 端口的连接方式。当使用计算机配置路由器时,必须使用翻转线将路由器的 Console 端口与计算机的串口/并口连接在一起。这种连接线一般需要特制,根据计算机端所使用的是串口还是并口,选择制作 RJ-45-to-DB-9 或 RJ-45-to-DB-25 转换适配器。

② AUX 端口的连接方式。当需要通过远程访问的方式实现对路由器的配置时,就需要采用 AUX 端口进行了。AUX 端口其实与上面所讲的 RJ-45 端口结构一样,只是里面所对应的电路不同,实现的功能也不同。根据 Modem 所使用的接口情况不同,来确定通过 AUX 端口与 Modem 进行连接时的收发器的选择。收发器有 RJ-45-to-DB-9 和 RJ-45-to-DB-25 两种情况。

4.3.2 接口配置类型及其共性配置

1. 配置的接口类型

RGNOS 系列路由器需要配置的接口有两种:物理接口和逻辑接口。物理接口是在路由器上有对应的、实际存在的硬件接口,如以太网接口、异步串口和同步串口等。逻辑接口是相对物理接口而言的,是指能够实现数据交换功能但在物理上不存在、需要通过配置来建立的接口。逻辑接口可以与物理接口关联,也可以独立于物理接口存在。RGNOS 支持的具体接口类型如表 4.4 所示。

表 4.4 RGNOS 支持的接口类型及名称

接口类型	接口名称	接口配置名称	符合标准
LAN 接口	以太网口	Ethernet	IEEE802.3、RFC894
	快速以太网口	FastEthernet	IEEE802.3、RFC894
WAN 接口	异步串口	async	EIA/TIA RS-232
	同步串口	serial	V.24、V.35、EIA/TIA-449、X.21、EIA-530
逻辑接口	Loopback(回环)	Loopback	—
	Dialer(拨号)	Dialer	—
	Tunnel(隧道)	Tunnel	—
	NULL(空)	NULL	—
	子接口	Serial0.1(例)	—

2．接口共性配置

（1）进入指定的接口配置模式

配置每个接口，首先必须进入这个接口的配置模式，在接口配置模式下，完成各种配置。

模式：全局配置模式

命令：interface *interface-type interface-number*　　创建一个接口，并进入指定接口配置模式

　　　no interface *interface-type interface-number*　　删除指定接口

参数：*interface-type* 表示配置接口的类型，见表 4.4 中的"接口配置名称"；*interface-number* 表示接口的端口号。

（2）配置 IP 地址

除了 NULL 接口，每个接口在使用前都必须配置 IP 地址。

命令：ip address *ip-address sub-mask*　　配置该接口的 IP 地址和子网掩码

　　　no ip address　　删除该接口的 IP 地址

参数：*ip-address* 表示 IP 地址，*sub-mask* 表示子网掩码，都为完整的点分十进制表示形式。

（3）配置接口描述

接口描述只是用以识别该接口的用途。

命令：description *interface-description*　　描述指定接口的用途，最大支持 80 字符

　　　no description　　删除该接口用途的描述

（4）配置最大传输单元 MTU

最大传输单元 MTU 是 IP 报文的特性，取值范围是 64～65535 字节。

命令：mtu *bytes*　　配置 MTU 的大小

　　　no mtu　　恢复 MTU 的默认值

（5）关闭和重启接口

命令：shutdown　　关闭当前接口

　　　no shutdown　　启用当前接口

（6）显示接口的状态信息

命令：show interface [serial] | [Ethernet] | [FastEthernet]　　显示接口的特性参数

　　　show controllers [serial] | [Ethernet] | [FastEthernet]　　显示接口内部控制寄存器的信息

4.3.3 LAN 接口配置

1. 配置以太网接口

配置一个以太网接口，不论是哪种接口（Ethernet、FastEthernet、交换式以太网口等），系统都将自动识别，无须用户手工指定。用户的配置任务包括：进入以太网接口配置模式、配置 IP 地址、配置 MAC 地址（可选）、配置 MTU（可选）和交换式以太网口电缆自动检测（可选）。

下面主要介绍与上述接口共性配置不完全相同的配置方法，并且都是在接口配置模式下执行。

（1）配置 IP 地址

以太网接口支持多个 IP 地址，用 *secondary* 关键字来指出第一个 IP 地址之外的其他 IP 地址。

    命令：ip address *ip-address sub-mask*[*secondary*]　　　配置以太网接口的 IP 地址和子网掩码
            no ip address *ip-address sub-mask*[*secondary*]　　取消以太网接口的 IP 地址

（2）配置 MAC 地址

默认情况下，每个以太网口都有一个全球唯一的 MAC 地址。如果需要，以太网接口的 MAC 地址可以修改，但必须保证同一局域网上 MAC 地址的唯一性。

    命令：mac-address *mac-address*　　　　　　　　配置以太网接口 MAC 地址
            no mac-address　　　　　　　　　　　　取消 MAC 地址的设定

注意：MAC 地址的配置可能会影响局域网内部的通信，没有必要的情况下，建议用户不要自行配置 MAC 地址。

（3）启用交换式以太网口电缆自动检测功能

有些具有交换式以太网口的路由器，提供了一个针对交换式以太网口电缆的自动检测功能。在默认状态下，交换式以太网口不启用电缆自动检测功能。启用该功能的命令如下：

    命令：keepalive keep-period auto-detect　　　　　　设置电缆自动检测功能

2. VLAN 配置

在目前很多网络中，路由器、三层交换机搭配接入交换机的组合被广泛使用。而其中经常使用的 VLAN 设置，原先基本都是靠交换机来实现。但随着路由器技术的发展，VLAN 技术也被引入到路由器中。在一个划分了 VLAN 的网络中，路由器在不同 VLAN 之间转发数据、流量控制、广播管理等。锐捷路由器 RGNOS 6.11 以上版本（含）支持以太口封装 IEEE802.1q，对路由器进行 VLAN 配置的任务包括：配置 VLAN 封装标识、配置接口 IP 地址。

（1）配置 VLAN 封装标识

模式：全局配置模式。

    命令：interface fastethernet *interface-number.subinterface-number*
           encapsulation dot1Q *vlan id*

功能：进入或创建一个封装 IEEE802.1q 的子接口、封装 IEEE802.1q 并指定 VLAN ID。

参数：*interface-numbe* 表示以太网接口号，*subinterface-number* 表示子接口在该以太网接口上的序号，两者之间用"."连接。

vlan id 表示 VLAN ID，取值范围为 1~4094，且必须与交换机上对应的 VLAN ID 一致。每台路由器最多可以配置带 IEEE802.1q 封装的子接口数为 256。

（2）配置接口 IP 地址

完成封装 VLAN 标识任务以后，必须为封装 VLAN 标识的以太网子接口指定 IP 地址。封装

IEEE802.1q 的以太网口子接口 IP 地址一般是一个 VLAN 内主机连接其他 VLAN 主机的网关。

模式：子接口配置模式。

命令：ip address *ip-address sub-mask*　　　　　配置以太网子接口的 IP 地址和子网掩码

【例4-4】在一台支持 VLAN 的网管交换机上划分为两个 VLAN，一个 VLAN 接 192.168.0.0/24 网段主机，另一个 VLAN 接 192.168.1.0/24 网段主机。现要求使用路由器的一个以太网接口为两个 VLAN 之间提供网关进行互相通信。

解答：只能使用路由器的一个以太网接口实现 VLAN 间的通信，这是单臂路由问题，其基本思想是把一个物理的接口划分成多个逻辑子接口，逻辑子接口通常用于外部路由器实现 VLAN 之间的路由。拓扑连接图如图 4-17 所示。路由器的配置如下，交换机的配置由读者自行完成。

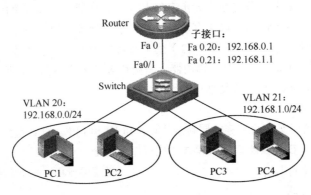

图 4-17　单臂路由拓扑

```
Router>enable                                              进入特权模式
Router#config                                              进入全局配置模式
Router(config)#interface FastEthernet0                     进入和交换机连接的接口 Fa0
Router(config-if)#no shutdown                              激活该端口
Router(config-if)#interface FastEthernet0.20               创建并进入子接口 20
Router(config-subif)#ip address 192.168.0.1 255.255.255.0  为该子接口配置 IP 地址
Router(config-subif)#encapsulation dot1q 20                为该子接口配置 IEEE802.1q 协议
Router(config-subif)#exit
Router(config)#interface FastEthernet 0                    进入与交换机连接的接口 Fa0
Router(config-if)#no shutdown                              激活该端口
Router(config-if)#interface FastEthernet0.21               创建并进入子接口 21
Router(config-subif)#ip address 192.168.1.1 255.255.255.0
Router(config-subif)#encapsulation dot1q 21
Router(config-subif)#end
```

4.3.4　WAN 接口配置

1. 配置异步串行接口

异步串行接口的硬件接口可以是异步串口卡端口和 AUX 端口，其接口名为 Async。异步串行接口有两种工作模式：专线方式和拨号方式。在实际应用中更常见的是拨号方式，即异步串口外接 Modem 或 ISDN TA（Terminal Adapter）终端适配器作为拨号接口使用。下面将只介绍异步串行接口工作在专线方式时的配置。

要配置异步串行接口工作在专线模式，主要任务是：进入异步串行接口配置模式（要求），设置链路封装协议（要求），设置链路建立方式（要求），设置异步线路工作模式（要求），允许运行动态路由协议，设置 MTU，设置异步线路波特率，设置异步线路流控方式，设置异步线路校验模式，设置异步线路停止位，设置异步线路数据位。其中，标有"要求"的任务必须要执行，其他任务根据实际需要决定是否需要执行。

（1）进入异步串行接口配置模式

专用的异步串口可以使用 Async 来指定异步串口接口，其中也包括 AUX 端口（可以使用命令 show line 来确定 AUX 端口对应的 Async 接口编号 async-number）。

命令：Router(config)#interface async *async-number*　　　进入指定异步串口的配置模式
参数：*async-numbe* 表示异步串口号。

异步串口的编号规则如下：首先是多异步串口卡，然后是辅口，如果路由器没有配备多异步串口卡，则辅口的编号是 Async 1；如果有多异步串口卡，异步串口的编号从左边插槽到右边的插槽，每张子卡从 1 开始计数，从左到右，自上到下或者依据八爪鱼电缆线上的编号开始计数，而辅口便是紧接着的下一个编号。例如，路由器上有两块 8 口异步串口卡，那么 Async 16 便是右边插槽上的第 7 个端口，Async 17 便是辅口的编号。

（2）设置链路层封装协议

RGNOS 异步串行接口支持两种链路层封装协议：SLIP 和 PPP。默认链路封装协议是 SLIP。要设置链路层封装协议，在异步接口配置模式中执行以下命令。

命令：encapsulation {ppp | slip }　　　设置异步接口链路层封装协议

（3）设置链路建立方式

异步串行接口可以有两种建立链路方式。

① 专用方式（dedicated）：异步线路一旦连通，就直接自动启动链路层协议建立链路，异步专线模式一定要采用专用方式，拨号模式也可以采用专用方式。

② 交互方式（interactive）：异步线路一旦连通，就进入路由器操作系统命令行界面，需要手工输入命令启动链路层协议，然后才能建立链路。当异步串行接口用于拨号连接时，可以采用交互方式与 autocommand 命令配合，达到专用方式的效果。

要配置异步串口连接异步专线模式，在异步接口配置模式下执行以下列命令。

命令：async mode dedicated　　　配置异步串行接口采用专用方式建立链路

（4）允许运行动态路由协议

默认情况下，RGNOS 不允许在异步串行接口上运行动态路由协议。考虑到带宽消耗问题，一般情况下，异步串行接口只配置静态路由。如果需要动态路由协议交换路由信息，需要在异步串行接口模式配置中执行以下命令。

命令：async default routing　　　允许运行动态路由协议

2. 配置同步串行接口

RGNOS 支持的同步串口其接口名称为 Serial。同步串口具有以下特性：

① 支持多种网络层协议，包括 IP、Bridge 等协议转发。

② 支持多种封装的协议，包括 PPP、帧中继（FR）、X.25、HDLC 及 LAPB 等。

③ 可以工作在 DTE 和 DCE 两种方式。一般情况下，路由器作为 DTE 设备，接受 DCE 设备提供的时钟。但某些背靠背直连的情况下，路由器可提供内部时钟，作为 DCE 设备。

④ 同步串口支持多种类型外接电缆，外接的电缆线可以被自动识别，可以通过执行 show controller serial number 命令，查看同步串口的当前外接电缆类型等信息。

对同步串行接口的配置任务包括：进入指定同步串口的配置模式，设置链路封装协议，设置链路压缩传输，设置线路编解码方式，设置同步口时钟速率，设置时反转时钟，忽略 DCD 信号，设置 DTR 脉冲信号时间，设置 MTU。

（1）进入指定同步串口的配置模式

模式：全局配置模式。

命令：interface serial *serial-number*　　　　　　　　进入指定同步串口的配置模式

（2）设置链路封装协议

封装协议是同步串口传输的链路层数据的帧格式，RGNOS 支持 5 种封装协议：PPP、帧中继（Frame-Relay）、LAPB、X.25 和 HDLC。在接口配置模式下，用下列命令设置。

命令：encapsulation { frame-relay | hdlc | lapb | ppp | x25 }　　设置同步串口的链路封装协议

（3）设置同步串口时钟速率

同步串口有两种工作方式：DTE 和 DCE。不同的工作方式选择不同的时钟。如果同步串口作为 DCE 设备，需要向 DTE 设备提供时钟；如果同步串口作为 DTE 设备，需要接受 DCE 设备提供的时钟。两个同步串口相连时，线路上的时钟速率由 DCE 端决定，因此当同步串口工作在 DCE 方式下，需要配置同步时钟速率，如果作为 DTE 设备使用，则不需配置，其时钟将由 DCE 端提供。在接口配置模式下，设置同步串口时钟速率的命令如下。

命令：clock rate *clockrate*　　　　　　　　设置同步串口（DCE）的时钟速率

参数：*clockrate* 表示为同步串口所设置的时钟速率，其数值要能确保物理接口的电缆支持。例如，V.24 电缆最高只能支持 128 kbps 的速率。

4.3.5　逻辑接口配置

RGNOS 提供 5 类逻辑接口：Loopback（回环）接口，NULL（空）接口，Tunnel（隧道）接口，Dialer（拨号）接口和子接口。下面介绍 Loopback、Tunnel 和子接口的配置。

1. 配置 Loopback 接口

Loopback 接口是完全软件模拟的路由器本地接口，永远都处于 UP 状态。发往 Loopback 接口的数据分组将会在路由器本地处理，包括路由信息。Loopback 接口的 IP 地址可以用来作为 OSPF 路由协议的路由器标识、实施发向 Telnet 或者作为远程 Telnet 访问的网络接口等。配置一个 Loopback 接口类似于配置一个以太网接口，可以把它看成一个虚拟的以太网接口。配置 Loopback 接口的有关命令如下。

命令：interface loopback *loopback-interface-number*　　　　设置 loopback 接口
　　　show interfaces loopback *loopback-interface-number*　　显示 loopback 接口状态
　　　no interface loopback *loopback-interface-number*　　　删除 loopback 接口

2. 配置 Tunnel 接口

RGNOS 提供 Tunnel 接口来实现隧道功能，允许利用传输协议（如 IP）来传输任意协议的网络数据分组。Tunnel 接口提供一个点对点的传输模式。由于 Tunnel 实现的是点对点的传输链路，所以对于每个单独的链路都必须设置一个 Tunnel 接口。Tunnel 接口的配置任务包括：进入指定 Tunnel 接口的配置模式，设置 Tunnel 接口的 IP 地址，设置 Tunnel 封装格式，设置 Tunnel 校验，设置 Tunnel 接口的 Key，设置 Tunnel 接收规则。

(1) 进入指定 Tunnel 接口的配置模式

模式：全局配置模式。

命令：interface tunnel *tunnel-number*   进入指定 Tunnel 接口配置模式
   no interface tunnel *tunnel-number*   删除已创建的 Tunnel 接口

(2) 设置 Tunnel 接口的 IP 地址

一个 Tunnel 接口需要明确配置隧道的源地址和目的地址，为了保证隧道接口的稳定性，一般将 Loopback 地址作为隧道的源地址和目的地址。在 Tunnel 接口正常工作之前，需要确认源地址和目的地址的连通性。设置 Tunnel 接口地址的命令如下：

命令：tunnel source {*ip-address* | *interface-name interface-number*} 设置接口的源地址
   tunnel destination { *ip-address* | *host-name* }   设置接口的目的地址
   no tunnel source   取消设置的源地址
   no tunnel destination   取消设置的目的地址

在同一台路由器上，不能使用相同的源地址和目的地址创建两个相同封装模式的 Tunnel 接口。

(3) 设置 Tunnel 封装格式

Tunnel 接口的默认封装格式是 GRE。当然，用户也可以根据实际使用情况来决定 Tunnel 接口的封装格式，其命令如下。

命令：tunnel mode { dvmrp | gre | ipip | nos }   设置 Tunnel 封装格式
   no tunnel mode   取消 Tunnel 接口封装格式设置，恢复默认值

3．配置子接口

RGNOS 中的子接口是在一个物理接口上衍生出来的多个逻辑接口，即将多个逻辑接口与一个物理接口建立关联关系，同属于一个物理接口的若干个逻辑接口在工作时共用该物理接口的物理配置参数，但又有各自的链路层与网络层配置参数。RGNOS 中支持子接口的物理接口有：非交换式以太网接口，封装帧中继的广域网接口，封装 X.25 的广域网接口。

(1) 配置以太网口的子接口

在全局配置模式，用命令 interface fastethernet 创建或进入以太网子接口配置模式，用命令 no interface fastethernet 删除已创建的以太网子接口。具体参数设置参见以太网接口配置。

(2) 配置封装帧中继的广域网接口的子接口

广域网接口在封装了帧中继后，可用命令 interface serial 创建或进入广域网子接口配置模式。子接口创建后，可以在子接口上配置自己的 IP 地址、自己的虚电路和自己的帧中继地址映射，在子接口上可以配置帧中继协议和其他一些在所属物理接口上的相关参数。

模式：全局配置模式

命令：interface serial *interface-number. subinterface-number* [point-to-point | multipoint]
   no interface serial *interface-number. subinterface-number* [point-to-point | multipoint]

(3) 配置封装 X.25 的广域网接口的子接口

广域网接口在封装了 X.25 后，可用命令 interface serial 创建或进入广域网子接口配置模式。子接口创建后，可以在子接口上配置自己的 IP 地址、自己的 X.25 地址映射、X.25 协议以及其他一些在所属物理接口上的相关参数。命令格式与帧中继子接口相同。

4．子接口配置举例

如图 4-18 所示，路由器 R1 分别通过帧中继子接口 S0.1（IP：101.92.67.1，DLCI：20）和 S0.2

（IP：101.92.68.1，DLCI：30）与路由器 R2 的 S0 接口（IP：101.92.67.2）以及路由器 R3 的 S0 接口（IP：101.92.68.2）建立帧中继链路。路由器 R1、R2 和 R3 各自成为其以太网口 E0 连接的子网的网关。在路由器 R1、R2 和 R3 上适当配置，使得 3 个子网（192.168.10.0/24、192.168.11.0/24 和 192.168.12.0/24）可以相互通信。

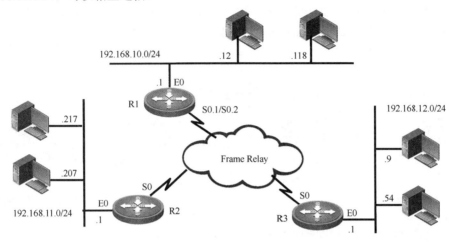

图 4-18　帧中继子接口配置

下面只给出路由器 R1 的帧中继子接口的相关配置，路由器 R2、R3 的配置由读者自行完成。

```
Router1(config)#interface Serial 0                      进入串口 S0
Router1(config-if)#no ip address
Router1(config-if)#encapsulation frame-relay            配置帧中继协议
Router1(config-if)#frame-relay intf-type dce
Router1(config-if)#exit
Router1(config)#interface Serial 0.1 point-to-point
Router1(config-subif)#ip address 101.92.67.1 255.255.255.0
Router1(config-subif)#frame-relay interface-dlci 20
Router1(config-subif)#exit
Router1(config)#interface Serial 0.2 point-to-point
Router1(config-subif)#ip address 101.92.68.1 255.255.255.0
Router1(config-subif)#frame-relay interface-dlci 30
Router1(config-subif)#exit
Router1(config)#interface ethernet 0
Router1(config-if)#ip address 192.168.10.1 255.255.255.0
```

4.4　路由协议及其配置

4.4.1　路由协议基础

1．路由与路由模式

路由器的最基本功能就是路由。对一个具体的路由器来说，路由就是将从一个接口接收到的数据分组，转发到另外一个接口的过程。该过程类似交换机的交换功能，只不过在链路层我们称之为交换，而在 IP 层称之为路由。而对于一个网络来说，路由就是将数据分组从源节点（主机）传输到目标节点（主机）的过程。

路由的完成离不开两个基本步骤：一是选径，路由器根据数据分组到达的目标地址和路由表的内容，进行路径选择；二是数据分组转发，根据选择的路径，将数据分组从某个接口转发出去。

路由表是路由器进行路径抉择的基础，路由表的内容（路由表项，通常也称为路由）主要有目的网络地址、下一跳路由器端口地址（或路由器名称）、发送端口号（连接下一跳相邻路由器的端口号）、距离（或经过的路由器个数）等，其来源有两个：静态配置和路由协议动态学习。如图4-19 所示的网络，其中路由器 A 的路由表的内容如下。

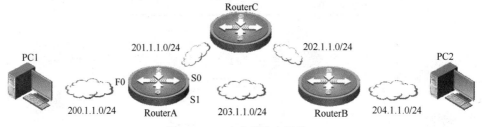

图 4-19　一个小型路由网络

```
router#show ip route                                                显示路由器 A 的路由信息
Codes: C – connected   S – static   R – RIP   O – OSPF   D – EIGRP
       EX – EIGRP external   IA – OSPF inter area   E1 – OSPF external type 1
       E2 – OSPF external type 2   * – candidate default
Gateway of last resort is 201.1.1.0 to network 0.0.0.0
     200.1.1.0/24 is subnetted, 1 subnets
C    200.1.1.0 is directly connected, F0
C    201.1.1.0 is directly connected, serial 0
C    203.1.1.0 is directly connected, serial 1
O    204.1.1.0/24 [110/20] via 203.1.1.0, 01:03:01, Serial 1
O    202.1.1.0/24 [110/20] via 201.1.1.0, 01:03:01, Serial 0
S*   0.0.0.0/0 [1/0] via 203.1.1.0
```

上述路由表的开头是对字母缩写的解释，主要是为了方便阐述路由的来源。比如，"C"代表直连路由，"S"代表静态路由，"R"代表 RIP 协议，"S"代表 OSPF 协议，"*"说明该路由为默认路由。"Gateway of last resort"说明存在默认路由，以及该路由的来源和网段。

一般一条路由显示一行，如果太长可能分为多行。从左到右，路由表项每个字段意义如下。

路由来源：每个路由表项的第一个字段，表示该路由的来源。

目标网段：包括网络前缀和掩码说明，如 202.1.1.0/24。网络掩码显示格式有三种：第一种是网络前缀所占的位数（这个数值对应于子网掩码中位为 1 的个数），如"/24"；第二种以点分十进制数方式显示，如 255.255.255.0；第三种以十六进制数显示，如 0xFFFFFF00。默认为第一种。

管理距离/量度值：管理距离代表该路由来源的可信度，量度值代表该路由的花费。表 4.5 是不同路由来源的默认管理距离值。

表 4.5　各种路由来源的管理距离表

路由来源	默认管理距离值	路由来源	默认管理距离值
直连网络	0	OSPF 路由	110
静态路由	1	RIP 路由	120
EIGRP 汇总路由	5	外部 EIGRP 路由	170
内部 EIGRP 路由	90	不可达路由	255

路由表中显示的路由均为最优路由，即管理距离和量度值都最小。两条到同一目标网段、来

源不同的路由，要安装到路由表中之前，需要进行比较，首先要比较管理距离，取管理距离小的路由，如果管理距离相同，就比较量度值，如果量度值相同，则安装多条路由。

下一跳 IP 地址：说明该路由的下一个转发路由器。

存活时间：说明该路由已经存在的时间长短，以"时:分:秒"方式显示，只有动态路由学到的路由才有该字段。

下一跳接口：说明符合该路由的 IP 包，将由该接口发送出去。

根据路由的不同来源，路由可以分为静态路由和动态路由两种路由模式。

静态路由由网络管理员手工输入进行创建和维护，除非网络管理员干预，否则静态路由不会发生变化。由于静态路由不能对网络的改变作出反应，一般用于网络规模不大、拓扑结构固定、节点数目不多的小规模网络中。静态路由的优点是简单、高效、可靠。

动态路由由动态路由协议在路由器之间相互传递路由信息来自动创建和更新，能实时地适应和动态地反映网络拓扑结构的变化，一般适用于网络规模大、网络拓扑复杂的网络。

在网络中静态路由优先级最高，动态路由通常作为静态路由的补充。当一个数据分组在路由器中进行寻径时，路由器首先查找静态路由，如果查到，则根据相应的静态路由转发分组，否则再查找动态路由。当动态路由与静态路由发生冲突时，以静态路由为准。

2．层次路由结构

随着网络规模的增长，路由器的路由表也会成比例地增长，计算、存储和交换路由表所花费的代价将会变得越来越大。为此，必须按照网络区域的不同，将路由器划分不同的层次，分层次进行路由，这就是层次路由结构。

采用层次路由结构后，我们把一组处于相同的管理和技术控制下的路由器的集合称为一个自治系统（Autonomous System，AS）。AS 内部只使用一种路由协议和度量，以确定数据分组在该 AS 内的路由，AS 之间采用另一种路由协议进行路由信息交换。例如，在目前的因特网中，一个大的 ISP 就是一个自治系统。当 AS 的规模较大时，又按其功能、结构和需要，把一个 AS 分割成若干个区域（Area），区域之间通过一个主干区域互连，每个非主干区域都需要直接与主干区域连接，如图 4-20 所示。区域内部路由器仅与同区域的路由器交换信息，从而极大地减少了数据交换分组数量及链路状态信息库表项，收敛速度得到提高。

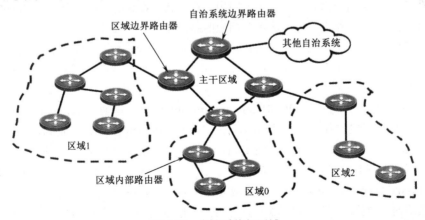

图 4-20 自治系统与区域

在一个 AS 中，根据路由器的部署位置，有 3 种路由器角色：① 区域内部路由器，其所有接口网络都属于一个区域；② 区域边界路由器（Area Border Router，ABR），其接口网络至少属于两个区域，其中一个必须为主干区域；③ 自治系统边界路由器（Autonomous System Boundary Routers，ASBR），至少连接了另一个自治系统，是自治系统之间进行路由交换的必经之路。

3．路由算法

在路由表中的动态路由表项是通过路由算法和协议来实现的，路由算法要解决的关键问题是如何确保选择出一条最佳路径将信息送到目标节点。目前，常用的路由算法有距离向量（Distance Vector）路由算法和链路状态（Link State）路由算法。

距离向量路由算法的基本思想就是只有相邻的路由器之间定期交换路由表中的距离向量更新信息，每当收到相邻路由器发来的距离向量更新信息时，路由器重新计算到每个目标节点的距离，并且更新路由表。这里的距离可以是延迟、物理距离、经过的路由器个数或其他参数等。距离向量路由算法简单，基于该算法的路由协议容易配置、维护和使用，但最大的问题是收敛慢，并且可能产生路由循环。

链接状态路由算法工作的总体过程是：① 初始化阶段，路由器将产生链路状态通告，该链路状态通告包含了该路由器全部链路状态信息；② 所有路由器通过组播的方式交换链路状态信息，每台路由器接收到链路状态更新报文时，将复制一份到本地链路状态数据库，再传播给其他路由器；③ 当每台路由器都有一份完整的链路状态数据库时，路由器应用 Dijkstra 算法针对所有目标网络计算最短路径树，结果内容（包括目标网络、下一跳地址、花费）是 IP 路由表的关键部分。链接状态路由算法收敛得较快，它们相对于距离向量路由算法产生路由循环的倾向较小，但链接状态路由算法需要占用更多的 CPU 和内存资源，其实现和支持比较复杂。

4．路由协议及其分类

路由协议是指实现路由算法的协议。路由协议作为 TCP/IP 协议族中重要成员之一，其选路过程实现的好坏会影响整个网络的效率。路由协议有如下几种分类方法。

① 按路由信息更新方法划分，路由协议可分为静态路由协议和动态路由协议。

静态路由协议是由管理员在路由器中手动配置的固定路由协议，路由明确地指定了数据分组到达目的地必须经过的路径。静态路由协议具有允许对路由的行为进行精确控制、减少了网络流量、单向的传输和配置简单等特点。

动态路由协议是由路由器之间相互传递路由信息，利用收到的路由信息自动更新路由表的动态变化的路由协议。动态路由协议一般都有相应的路由算法，并具有无需管理员手工维护、占用了网络带宽、路由器可以自动根据网络拓扑结构的变化调整路由条目等特点。

根据是否在一个自治系统内部使用，动态路由协议又分为内部网关协议（Interior Gateway Protocol，IGP）和外部网关协议（Exterior Gateway Protocol，EGP）。自治系统内部采用的路由协议称为内部网关协议，常用的有 RIP（Routing Information Protocol，路由信息协议）、OSPF（Open Shortest Path First，开放最短路径优先协议）、IGRP（Interior Gateway Routing Protocol，内部网关路由协议）、EIGRP（Enhanced Interior Gateway Routing Protocol，增强型内部网关路由协议）和 IS-IS（中间系统到中间系统协议）等。自治系统之间采用的路由协议称为外部网关协议，常用的有 BGP-4（Border Gateway Protocol 4，边界网关协议第 4 版本），如图 4-21 所示。

② 按采用的路由算法划分，路由协议可分为距离向量路由协议和链路状态路由协议。RIP 协议是典型的距离向量路由协议，而 OSPF 协议是典型的链路状态路由协议。

③ 按对应 OSI 层次划分，路由协议可分为网络层路由协议和数据链路层路由协议。网络层路由协议主要有静态路由协议、RIP 路由协议和 OSPF 路由协议；数据链路层协议主要有 HDLC

协议、PPP 协议和帧中继协议。

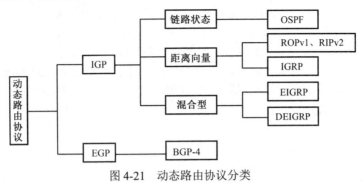

图 4-21 动态路由协议分类

4.4.2 静态路由协议

1. 静态路由的配置命令

模式：全局配置模式

命令：ip route *network-number network-mask ip-address*　　设置静态路由
　　　no ip route *network-number network-mask*　　　　　　删除静态路由

参数：*network-number* 是目的地址，一般是一个网络地址；*network-mask* 是目的地址的子网掩码；*ip-address* 是下一跳地址。

说明：ip route 命令定义的是一条传输路径，可以告知设备把某个地址的数据报送往何处。配置完成后，可以使用 show ip route 命令查看路由表。例如：

```
Red-Giant>enable
Red-Giant#configure terminal
Red-Giant(config)#ip route 172.16.0.0 255.255.0.0 192.168.3.2
```
　　　　　　　　　　　把所有目的地址在 172.16.0.0/16 网络中的数据包发往地址 192.168.3.2 处
```
Red-Giant(config)#no ip route 172.16.0.0 255.255.0.0
```
　　删除了路由表中目的地址为 172.16.0.0/16 网络的静态路由

2. 默认路由配置命令

当目的 IP 地址和掩码均为 0.0.0.0 时，配置的路由称为默认路由，即当查找路由表失败后，根据默认路由进行数据报的转发。默认路由的优先级是最低的，设备首先会匹配静态路由和动态路由，只有当没有相匹配的项目时，才按照默认路由指定的地址发送。

模式：全局配置模式

命令：ip route 0.0.0.0 0.0.0.0 *ip-address*　　　　设置默认路由
　　　no ip route 0.0.0.0 0.0.0.0　　　　　　　　删除默认路由

参数：0.0.0.0 0.0.0.0 表示任意地址；*ip-address* 是下一跳地址。例如：

```
Red-Giant(config)#ip route 0.0.0.0 0.0.0.0 192.168.10.2
```
　　　　　　　　　　　把所有没有匹配成功的数据包发往地址 192.168.10.2 处

3. 默认网络配置命令

默认网络也是一种默认路由，用于把本机不能处理的数据报发往指定位置。但它与默认静态路由还是有区别的，默认静态路由的下一跳地址必须位于路由器直连的网络中，通常是与路由器的某个接口相连的对端接口地址。默认网络不是与路由器直连的网络，但在路由表中可达。默认网络的配置命令如下。

模式：全局配置模式

命令：ip default-network *network-number*　　　　　　设置默认网络
　　　no ip default-network *network-number*　　　　　删除默认网络

参数：*network-number* 是目的地址，一般是一个网络地址。例如：

　　　Red-Giant(config)#ip default-network 192.168.1.0　　把所有没有匹配成功的数据报都发往网络 192.168.1.0

网络 192.168.1.0 不是直连在路由器上，但在路由表中有到达该网络的路由项目，这个路由项目可以是静态的也可以是动态的。

4.4.3 RIP 路由协议

RIP 是由施乐（Xerox）公司在 20 世纪 70 年代开发的一种相对古老、在小型和同介质网络中得到了广泛应用的内部网关路由协议。RIP 采用距离向量路由算法，配置比较简单，是一种分布式距离向量路由协议。

1. RIP 基本原理

RIP 协议要求路由器之间周期性地通过广播 UDP 分组来交换路由信息，UDP 端口号为 520。在通常情况下，RIPv1 报文为广播报文，而 RIPv2 报文为组播报文，组播地址为 224.0.0.9。

每隔 30 s，RIP 向与它相邻的路由器发送含有自己路由表信息的更新报文，接到更新报文的路由器将收到的信息更新自身的路由表，以适应网络拓扑的变化。如果路由器经过 180 s，即 6 个更新周期，没有收到来自某一路由器的路由更新报文，则将所有来自此路由器的路由信息标志为不可达。如果经过 240 s，即 8 个更新周期，仍未收到路由更新报文，就将这些路由从路由表中删除。上面的延时（30 s、180 s 和 240 s）都是由计时器控制的，它们分别称为更新定时器（Update Timer）、失效定时器（Invalid Timer）和删除定时器（Flush Timer）。

RIP 协议使用跳数（hop count，跳跃计数）来衡量到达目的地的距离，称为路由度量。跳数是一个数据报文到达目的地所必须经过的路由器的个数，在 RIP 中，路由器到与它直接相连网络的跳数为 0，每经过一个路由器跳数加 1，从一个路由器到非直接连接的网络的距离定义为所经过的跳数（路由器数）。如果到相同目标有 2 个不等速或不同带宽的路由器，但跳数相同，则 RIP 认为两个路由是等距离的。RIP 最多支持的跳数为 15，即在源和目的网络之间所要经过的最多路由器的数目为 15，跳数 16 表示不可达。抵达目的地的跳数最少的路径为最优路径。

2. RIP 与路由循环

距离向量类的路由算法容易产生路由循环，即路由器把从其邻居路由器学到的路由信息再回送给那些邻居路由器。如果网络上有路由循环，信息就会循环传递，造成收敛速度慢。RIP 是距离向量路由算法的一种，所以它也不例外。为了避免这个问题，RIP 等距离向量路由算法运用了下面 4 个机制。

① 水平分割（split horizon），即保证路由器记住每条路由信息的来源，当路由器从某个网络接口发送路由更新报文时，其中不包含从该接口学到的路由信息。

② 毒性逆转（poison reverse），即任何一个路由器仍把从其邻居路由器学到的路由信息再回送给那些邻居路由器，但将这一项的距离标记为 16（不可达）。

③ 触发更新（trigger update），即一旦路由器检测到网络故障，立即将相应路由中的距离改为 16，并广播给相邻的所有路由器，而不必等待 30 s 的更新周期。这样，网络拓扑的变化会最快地在网络上传播开，减少了路由循环产生的可能性。同样，当一个路由器刚启动 RIP 时，它广播

请求分组，收到此广播的相邻路由器立即应答一个更新分组，而不必等到下一个更新周期。

④ 抑制计时（holddown timer）。当一条路径信息变为无效之后，路由器并不立即将它从路由表中删除，而是用 16 标记该路由不可达。同时，启动一个抑制定时器，进入抑制状态，不再接收关于同一目的地址的路由更新报文。如果在抑制定时器超时之前，该路由器从同一个邻居路由器接收到指示该网络又可达的路由更新报文，那么该路由器就标识这个网络可达，并且删除抑制定时器。当一条链路频繁启停时，抑制计时减少了路由的浮动，增加了网络的稳定性。

3．RIP 协议的特点

RIP 协议配置简单，至今仍被广泛使用，但是随着网络的不断膨胀与扩大，RIP 协议逐渐失去了它原有的优势，特别是随着 Internet 技术的日益发展，RIP 协议不断暴露出了许多技术问题：

- RIP 协议规定的最大跳数为 15，超过这个跳数限制的路由将被视为无效路径，这对日益庞大的网络是远远不够的。
- RIP 的路由更新信息不包含网络掩码部分，要求网络使用相同的掩码，因而造成地址浪费，不利于地址资源的合理使用。
- RIP 协议收敛速度较慢，时间经常大于 5 分钟，不利于网络的扩大和发展。
- RIP 协议使用整个路由表作为路由更新信息，因此会占用大量网络带宽。
- RIP 在决定最佳路径的时候只考虑跳数，而不考虑网络连接速率、可靠性和延迟等参数。这意味着有时 RIP 选择不是最有效和最经济的，因为它们会选择那些跳步数少但速率慢的路径，从而绕过了跳步数虽然多但更快的路径。

4．RIP 版本

RIP 有两个不同的版本，RIPv1 和 RIPv2。

RIPv1 是有类路由协议，它不会在更新中发送子网掩码信息，属于同一主类网络（A 类、B 类和 C 类）的所有子网络都必须使用同一子网掩码。在同一网络内，所有设备可以共享子网路由；不同网络之间交换汇总路由。运行有类路由协议的路由器将按下面方式确定该路由器网络部分：如果路由更新信息是关于在接收接口上所配的同一主类网络的，路由器将采用配置在接口上的子网掩码；如果路由更新是关于在接收接口上所配的不同主类的网络的，路由器将根据其所属地址类别采用默认子网掩码。

有类路由协议查找路由表的行为如下：首先查找目标 IP 所在的主网络，若路由表中有该主网络的任何一个子网路由的话，就必须精确匹配其中的子网路由；如果没有找到精确匹配的子网路由，它不会选择最后的默认路由，而是丢弃报文。若路由表中不存在该主网络的任何一个子网路由，则最终选择默认路由。

【例 4-5】 某路由器上运行的路由协议为 RIPv1，路由表如下：

R 10.1.0.0/16 via 1.1.1.1
R 10.2.0.0/26 via 1.1.1.2
R* 0.0.0.0/0 via 1.1.1.3

现在假设有 3 个 IP 报文，报文 A 的目标 IP 是 10.1.1.1、报文 B 的目标 IP 是 10.3.1.1、报文 C 的目标 IP 是 11.11.1.1。

报文 A：目标 IP 为 10.1.1.1，所在的主网络为 10.0.0.0，目前的路由表中存在 10.0.0.0 的子网路由，此时路由器要进一步查找子网路由，是否能够精确匹配，10.1.0.0/16 可以匹配目标地址，所以报文 A 根据这条路由进行转发。

报文 B：目标 IP 为 10.3.1.1，所在的主网络为 10.0.0.0，目前的路由表中存在 10.0.0.0 的子网路由，此时路由器要进一步查找子网路由，是否能够精确匹配，路由表中的两条子网路由 10.1.0.0/16 和 10.2.0.0/16 均不能匹配目标地址，根据有类路由协议的原则，它不会选择默认路由，所以报文 B 被路由器丢弃。

报文 C：目标 IP 为 11.1.1.1，所在的主网络为 11.0.0.0，目前的路由表中不存在 11.0.0.0 的子网路由，此时路由器直接采用缺省路由，所以路由器采用默认路由对报文 C 进行转发。

RIPv2 是无类路由协议，RIPv2 可以支持认证、密钥管理、路由汇聚、CIDR 和 VLSM。无类路由协议在路由通告中携带子网掩码。在同一主类网络中使用不同的掩码长度被称为可变长度的子网掩码（VLSM）。VLSM 规定了如何在一个进行了子网划分的网络的不同部分使用不同的子网掩码。这对于网络内部不同网段需要不同大小子网的情形来说很有效。无类路由协议支持 VLSM，因此可以更为有效的设置子网掩码，以满足不同子网对不同主机数目的需求，可以更充分地利用主机地址。

5．RIP 协议的基本配置

在路由器上要配置 RIP，首先要做的基本配置是启动 RIP 路由进程，并定义与 RIP 路由进程关联的网络，然后根据自身的要求进行其他参数配置，如 RIP 分组单播配置、RIP 认证配置、RIP 时钟调整等。

（1）启动 RIP 路由进程

模式：全局配置模式

命令：router rip   启动 RIP 路由进程，并进入路由配置模式

（2）配置直连网络

一旦 RIP 被启动，路由器就具有了 RIP 功能，即可配置与本路由器关联的网络了。

模式：路由配置模式

命令：network *A.B.C.D*

功能：将网络 *A.B.C.D* 加入到路由器上的 RIP 路由进程，这标识该网络为直接相连的网络。

例如，要将网络 192.159.10.0 加入到 RIP 路由过程中，可以输入如下命令：

    Red-Giant(config-router)#network 192.159.10.0

说明：对于 RIP，network 命令不包含子网掩码的任何信息。IP 地址的默认类型总是在运行的配置中显示，在 RIP 更新中广播。

（3）RIP 报文单播配置

RIP 通常为广播协议，如果 RIP 路由信息需要通过非广播网传输，则需要配置路由器，以便支持 RIP 利用单播通告路由信息更新报文。

模式：路由配置模式

命令：neighbor *ip-address*   配置 RIP 报文单播通告

（4）关闭或打开水平分割

多台路由器连接在 IP 广播类型网络上，又运行距离向量路由协议时，就有必要采用水平分割的机制，以避免路由环路的形成。然而对于非广播多路访问网络（如帧中继、X.25 网络），水平分割可能造成部分路由器学习不到全部的路由信息。在这种情况下，可能需要关闭水平分割。如果一个接口配置了次 IP 地址，也需要注意水平分割的问题。封装帧中继时，接口默认为关闭水平分割；帧中继子接口、X.25 封装默认为打开水平分割；其他类型的封装默认均为打开水平分割。

因此在使用中一定要注意水平分割的应用。

模式：接口配置模式

命令：no ip split-horizon　　　　　　　　　　　　关闭水平分割
　　　ip split-horizon　　　　　　　　　　　　　打开水平分割

4.4.4 OSPF 路由协议

OSPF（Open Shortest Path First）是 IETF OSPF 工作组开发的一种基于链路状态的内部网关路由协议。OSPF 采用链路状态路由算法建立和计算到每个目标网络的最短路径，数据报文交换方式为组播方式，组播地址为 224.0.0.5（全部 OSPF 路由器）和 224.0.0.6（指定路由器）。

1. OSPF 路由协议原理

OSPF 协议支持分层路由结构，一组运行 OSPF 路由协议的路由器，组成一个 OSPF 路由域的自治系统，同时将 OSPF 路由域进行区域分割，每个区域采用唯一的 32 位二进制数作为区号标识，一般用点分十进制表示，主干区域标识为 0.0.0.0。OSPF 自治系统之间运行路由协议 BGP。

在单个区域内，区域内部路由器首先交换各自信息，在所选择的相邻路由器之间建立的一种邻接关系（adjacency），路由器发送拥有自身 ID 信息的 Hello 分组，与之相邻的路由器如果收到这个 Hello 分组，就将这个分组内的 ID 信息加入到自己的 Hello 分组内。如果路由器的某端口收到从其他路由器发送的含有自身 ID 信息的 Hello 分组，则它根据该端口所在网络类型确定是否可以建立邻接关系。

在建立好邻接关系之后，区域内部路由器和它的邻接路由器之间相互交换部分链路状态信息。每个区域内部路由器对收到的信息进行分析比较，如果收到的信息有新的内容，路由器将要求对方发送完整的链路状态信息。这个过程完成后，每个区域内部路由器均拥有了整个区域的链路状态数据库，这意味着所有区域内部路由器之间建立完全相邻（full adjacency）关系。

一个路由器拥有完整独立的链路状态数据库后，将创建路由表。OSPF 路由器依据链路状态数据库的内容，通过最小生成树算法（SPF），根据链路状态数据库中记录的量度（cost）计算出到每个目的网络的路径，并将路径存入路由表中，从而最终实现本区域内部的路由。在配置 OSPF 路由器时可根据实际情况，如链路带宽、时延或经济上的费用的不同组合，设置链路的 cost 参数。

此后，当链路状态发生变化时，OSPF 会通告网络上其他路由器。OSPF 路由器接收到含有新信息的链路状态更新分组，将更新自己的链路状态数据库，然后重新计算路由，并更新路由表。

2. OSPF 协议的配置

OSPF 的配置需要在各路由器（包括区域内部路由器、区域边界路由器和自治系统边界路由器等）之间相互协作。在未作任何配置的情况下，路由器的各参数使用默认值，此时发送和接收报文都无须进行验证，接口也不属于任何一个自治系统的区域。在改变默认参数的过程中，务必保证各路由器之间的配置相互一致。

在路由器上对 OSPF 路由协议相关参数进行配置之前，首先要做的基本配置是创建（启动）OSPF 路由进程并告之此路由器所在的网段和区域。在完成基本配置后，路由器也就具备了基本的 OSPF 路由功能，可以进行其他参数的配置，下面只介绍基本配置。

（1）启动 OSPF 路由进程

模式：全局配置模式

命令：router ospf *process-id*　　　　　　　　　　　启用了 OSPF 进程，并进入路由器配置模式
参数：*process-id* 表示进程号，意味着一台路由器上可以同时启用多个 OSPF 进程。
（2）配置 OSPF
启动 OSPF 进程后，就可以分配与本 OSPF 相关联的网络并指定本 OSPF 所属的区域。
模式：路由配置模式
命令：network *A.B.C.D wildcard* area *area-id*
功能：该命令将由子网掩码的反码 *wildcard* 确定的网络 *A.B.C.D* 加入到路由器上的 OSPF 路由进程中，标识该网络为直接相连的网络。例如，如果将一个子网络 192.59.10.0/20 加入到 OSPF 路由过程中，可以输入如下命令：

Red-Giant(config-router)#network 192.59.10.0 0.0.15.255

从配置命令上看，OSPF 协议支持变长掩码确定的网络，而 RIP 协议只支持默认大小的网络。从这个角度看，OSPF 显然比 RIP 更灵活。

4.4.5　PPP 协议

PPP（Point-to-Point Protocol，点到点协议）是由 IETF 开发的，是为点到点串行线路（拨号或专线）上传输网络层报文而设计的数据链路层协议。

PPP 是目前广域网上应用最广泛的协议之一，其优点是协议简单、具备用户认证能力、支持动态 IP 分配等。大部分家庭拨号上网就是通过 PPP 在用户端和运营商的接入服务器之间建立通信链路。在宽带接入技术日新月异的今天，PPP 也衍生出新的应用。典型的应用是在 ADSL（Asymmetrical Digital Subscriber Loop，非对称数据用户环线）接入方式中，PPP 与其他协议共同派生出了符合宽带接入要求的新的协议，如 PPPoE（PPP over Ethernet）、PPPoA（PPP over ATM）。

1．PPP 运行过程及原理

PPP 协议主要包含以下三部分：链路控制协议（Link Control Protocol，LCP）——负责创建、维护或终止一次物理连接；网络控制协议（Network Control Protocol，NCP）——一组协议，负责解决物理连接上运行什么网络协议及解决上层网络协议发生的问题；认证协议（Authentication Protocol，AP）——负责对尝试接入的客户端进行身份认证。

PPP 协议提供了一整套方案来解决链路建立、维护、拆除、上层协议协商、认证等问题。其运行过程分为三个阶段：创建阶段、认证阶段和网络协商阶段。

① 创建 PPP 链路阶段。LCP 负责创建链路，在这个阶段，将对基本的通信方式进行选择。链路两端设备通过 LCP 向对方发送配置信息分组（configure packet）。一旦一个配置成功信息分组（configure-ack packet）被发送且被接收，就完成了交换，进入了 LCP 开启状态。应当注意，链路创建阶段只是对认证协议进行选择，用户认证将在第二阶段实现。

② 用户认证阶段。在这个阶段，客户端会将自己的身份发送给远端的接入服务器。该阶段使用一种安全认证方式，避免第三方窃取数据或冒充远程客户接管与客户端的连接。在认证完成之前，禁止从认证阶段前进到网络层协议阶段。如果认证失败，认证者跳转到链路终止阶段。在这一阶段，只有链路控制协议、认证协议和链路质量检测协议的分组是被允许的。在该阶段接收到的其他分组必须被丢弃。

③ 调用网络层协议阶段。认证阶段完成之后，PPP 将调用在链路创建阶段选定的各种网络控制协议（NCP）。选定的 NCP 解决 PPP 链路之上的高层协议问题。

2. PPP 的认证方式

PPP 支持两种认证方式：PAP（Password Authentication Protocol，口令验证协议）和 CHAP（Challenge-Handshake Authentication Protocol，质询握手验证协议）。

（1）PAP 为两次握手认证，口令为明文。PAP 认证过程如下：

<1> 被认证方发送用户名和口令到认证方。

<2> 认证方根据用户配置查看是否有此用户以及口令是否正确，然后返回不同的响应。

（2）CHAP 为三次握手认证，口令为密文（密钥）。CHAP 认证过程如下：

<1> 认证方向被认证方发送一些随机产生的报文。

<2> 被认证方用自己的口令字和 MD5 算法对该随机报文进行加密，将生成的密文发回认证方。

<3> 认证方用自己保存的被认证方口令字和 MD5 算法对原随机报文加密，比较二者的密文，根据比较结果返回不同的响应。

3. PPP 协议的配置

在专线模式（包括同步口、异步口）下配置 PPP 的任务有：配置接口封装协议、配置 PPP PAP 被认证方、配置 PPP PAP 认证方、配置 PPP CHAP 被认证方、配置 PPP CHAP 认证方、配置 PPP 压缩方式。下面介绍其中的一些主要配置。

（1）配置接口封装协议

模式：接口配置模式

命令：encapsulation ppp　　　　　　　　　　　　将该接口配置成 PPP 协议

　　　no encapsulation ppp　　　　　　　　　　去除接口的 PPP 协议封装

（2）配置 PPP PAP 被认证方

PAP 认证一般有认证方和被认证方，PAP 的协商由认证方发起的，被认证方只发送 PPP 认证用的用户名和口令。默认情况下，被认证方发送自己的主机名作为 PPP 用户名。

模式：接口配置模式

命令：ppp pap sent-username *username* password {0|7} *password*

　　　no ppp pap sent-username

功能：指定或取消 PPP PAP 认证的用户名和密码。

（3）配置 PPP PAP 认证方

命令：Red-Giant(config-if)#ppp authentication pap [callin]　　设定 PPP 的 PAP 验证方

　　　Red-Giant(config)#username *username* password {0|7} *password*　　创建用户数据库记录

（4）验证 PPP 操作

模式：特权模式

命令：show interface *type number*

参数：*type* 为此接口的类型，*number* 为此接口在路由器上的接口编号。

4. PPP 协议配置举例

以两台 R2624 路由器为例，路由器分别命名为 Router1 和 Router2，路由器之间通过串口采用 V.35 DCE/DTE 电缆连接，DCE 端连接到 Router1 上。实验拓扑如图 4-22 所示。要求在路由器上做适当的设置，使得路由器与 ISP 进行链路连接协商时要认证身份。

第一步：使用提供的 V.35 DCE/DTE 线缆，将 DCE 端口连接到 Router1 上的 S0 端口，另一端连接到 Router2 上的 S0 端口。

图 4-22　PPP 协议配置示例拓扑结构

第二步：在 Router1 上配置接口的 IP 地址和串口上的时钟频率。

Red-Giant>enable	进入特权模式
Red-Giant#configure terminal	进入全局配置模式
Red-Giant(config)#hostname Router1	配置路由器名称为"Router1"
Router1(config)#interface serial 0	进入路由器接口 S0 配置模式
Router1(config-if)#ip address 192.168.12.1 255.255.255.0	配置路由器接口 s0 的 IP 地址
Router1(config-if)#clock rate 64000	配置时钟频率，DTE 端不用设置
Router1(config-if)#no shutdown	开启路由器 fastethernet0 接口

第三步：在 Router2 上配置接口的 IP 地址。

Red-Giant>enable	进入特权模式
Red-Giant#configure terminal	进入全局配置模式
Red-Giant(config)#hostname Router2	配置路由器名称为"Router2"
Router2(config)#interface serial 0	进入路由器接口 S0 配置模式
Router2(config-if)#ip address 192.168.12.2 255.255.255.0	配置路由器接口 S0 的 IP 地址
Router2(config-if)#no shutdown	开启路由器 fastethernet0 接口

第四步：在 Router1 上配置 PPP 的 PAP 认证。

Router1(config-if)#encapsulation ppp	接口下封装 PPP 协议
Router1(config-if)#ppp pap sent-username Router1 password 0 star	PAP 认证的用户名和密码设置

第五步：在 Router2 上配置 PPP 的 PAP 认证。

Router2(config)#username router1 password o star	在认证方配置被认证方的用户名和密码
Router2(config-if)#encapsulation ppp	接口下封装 PPP 协议
Router2(config-if)#ppp authentication pap	PPP 启用 PAP 认证方式

第六步：认证。

Router1#debug ppp authentication	观察 PAP 认证过程

4.4.6　BGP 协议

BGP（Border Gateway Protocol，边界网关协议）是一种不同自治系统的路由设备之间进行通信的外部网关协议（Exterior Gateway Protocol，EGP），其主要功能是在不同自治系统（Autonomous Systems，AS）之间交换网络可达信息，并通过协议自身机制来消除路由环路。BGP 是沟通 Internet 广域网的主用路由协议，如不同省份、不同国家之间的路由大多要依靠 BGP。

1．BGP 特性

① BGP 是一种外部网关协议（Exterior Gateway Protocol，EGP），与 OSPF、RIP 等内部网关协议（Interior Gateway Protocol，IGP）不同，BGP 不在于发现和计算路由，而在于控制路由的传播和选择最佳路由。

② BGP 使用 TCP 作为其传输层协议（端口号 179），提高了协议的可靠性。

③ BGP 支持 CIDR（Classless Inter-Domain Routing，无类别域间路由）。

④ 路由更新时，BGP 只发送更新的路由，大大减少了 BGP 传播路由所占用的带宽，适用于在 Internet 上传播大量的路由信息。

⑤ BGP 路由通过携带 AS 路径信息彻底解决路由环路问题。
⑥ BGP 提供了丰富的路由策略，能够对路由实现灵活的过滤和选择。
⑦ BGP 易于扩展，能够适应网络新的发展。

2．BGP 消息类型及状态转换

（1）BGP 使用如下 4 种消息类型

① Open 消息：Open 消息是 TCP 连接建立后发送的第一个消息，用于建立 BGP 对等体之间的连接关系。

② Keepalive 消息：BGP 会周期性地向对等体发出 Keepalive 消息，用来保持连接的有效性。

③ Update 消息：用于在对等体之间交换路由信息，既可以发布可达路由信息，也可以撤销不可达路由信息。

④ Notification 消息：当 BGP 检测到错误状态时，就向对等体发出 Notification 消息，之后 BGP 连接会立即中断。

（2）BGP 邻居建立中的状态和过程

① 空闲（Idle）：为初始状态，当协议激活后开始初始化，复位计时器，并发起第一个 TCP 连接，并开始倾听远程对等体所发起的连接，同时转向 Connect 状态。

② 连接（Connect）：开始 TCP 连接并等待 TCP 连接成功的消息。如果 TCP 连接成功，则进入 OpenSent 状态；如果 TCP 连接失败，进入 Active 状态。

③ 行动（Active）：BGP 总是试图建立 TCP 连接，若连接计时器超时，则退回到 Connect 状态，TCP 连接成功就转为 Open sent 状态。

④ OPEN 发送（Open sent）：TCP 连接已建立，自己已发送第一个 OPEN 报文，等待接收对方的 Open 报文，并对报文进行检查，若发现错误则发送 Notification 消息报文并退回到 Idle 状态。若检查无误，则发送 Keepalive 消息报文，Keepalive 计时器开始计时，并转为 Open confirm 状态。

⑤ OPEN 证实（Open confirm）：BGP 等待 Keepalive 报文，同时复位保持计时器。如果收到了 Keepalive 报文，就转为 Established 状态，邻居关系协商完成。如果系统收到一条更新或 Keepalive 消息，它将重新启动保持计时器；如果收到 Notification 消息，BGP 就退回到空闲状态。

⑥ 已建立（Established）：即建立了邻居（对等体）关系，路由器将与邻居交换 Update 报文，同时复位保持计时器。

4.5 三层交换技术

4.5.1 三层交换机

三层交换机就是具有部分路由器功能的交换机，三层交换机的最重要目的是加快大型局域网内部的数据交换，所具有的路由功能也是为这目的服务的，能够做到一次路由，多次转发。就是说，当三层交换机第一次收到一个数据包时必须通过路由功能寻找转发端口，同时记住目标 MAC 地址、源 MAC 地址及其他有关信息，当再次收到目标地址和源地址相同的帧时就直接进行交换，不再调用路由功能。三层交换机数据分组转发等规律性的过程由硬件高速实现，而路由信息更新、路由表维护、路由计算、路由确定等功能则由软件实现。

出于安全和管理方便的考虑，为了减小广播风暴的危害，必须把大型局域网按功能或地域等因素划成一个个小的局域网，这就使 VLAN 技术在网络中得以大量应用，而不同 VLAN 间的通信都要经过路由器来完成转发。随着网间互访的不断增加，单纯使用路由器来实现网间访问，不但由于端口数量有限，而且路由速率较慢，从而限制了网络的规模和访问速率。基于这种情况，三层交换机便应运而生。三层交换机是为 IP 设计的，接口类型简单，拥有很强的二层包处理能力，非常适用于大型局域网内的数据路由与交换，它既可以工作在协议第三层替代或部分完成传统路由器的功能，又具有第二层交换的速率，且价格相对便宜些。

在企业网和教学网中，一般会将三层交换机用在网络的核心层，用三层交换机上的千兆位端口或百兆位端口连接不同的子网或 VLAN。三层交换机出现最重要的目的是加快大型局域网内部的数据交换，所具备的路由功能也多是围绕这一目的而展开的，所以它的路由功能没有同一档次的专业路由器强，毕竟在安全、协议支持等方面还有许多欠缺，并不能完全取代路由器工作。

在实际应用过程中，典型的做法是：处于同一局域网中的各子网的互连和局域网中 VLAN 间的路由，用三层交换机来代替路由器，而只有局域网与公网互连要实现跨地域的网络访问时，才通过专业路由器。

4.5.2 三层交换接口

三层交换机支持多种不同类型的二层或三层接口，所以必须指定所需的接口类型。
（1）二层接口配置
如果需要将一接口配置成二层接口，依次使用如下命令。
模式：接口配置模式
命令：Switch(config)#interface type mod/num
　　　　Switch(config-if)#swithchport
Swithchport 命令将接口置于二层模式，然后可以进一步使用其他 swithchport 命令配置 Trunk 或接入接口。
（2）三层接口配置
物理交换接口也可以作为三层接口操作以完成路由功能。为了执行三层功能，必须明确用以下命令配置交换机接口。
三层交换机的默认接口为二层模式。
模式：接口配置模式
命令：Switch(config)#interface type mod/num
　　　　Switch(config-if)#no swithchport
　　　　Switch(config-if)#ip address ip-address mask
no swithchport 命令使得接口脱离二层操作模式，可以像路由器一样为其指定网络地址。
（3）SVI 接口配置
在三层交换机上可以为整个 VLAN 指定一个逻辑接口来完成 3 层功能。在此接口上可以分配网络地址，该网络地址就是 VLAN 的网关地址。这个逻辑接口就是 SVI 接口，每个 SVI 接口实际使用对应的 VLAN 编号来命名。SVI 接口配置使用如下命令。
模式：接口配置模式
命令：Switch(config)#interface vlan-id
　　　　Switch(config-if)#ip address ip-address mask
SVI 接口在使用之前，必须首先定义 VLAN，并激活 VLAN。

4.5.3 路由器与三层交换机的区别

路由器与三层交换机的主要区别如下。

① 数据转发的依据不同。三层交换机是依据物理地址（即 MAC 地址）来确定转发数据的目的地址，而路由器依据不同网络的 ID 号（即 IP 地址）来确定数据转发的地址。

② 路由器提供了防火墙的服务，可以有效维护网络安全。

③ 三层交换机现在还不能提供完整的路由选择协议，而路由器则具备同时处理多个协议的能力。当连接不同协议的网络，像以太网和令牌环的组合网络，依靠三层交换机是不可能完成网间数据传输的。

④ 三层交换机适用于大型局域网。为了减小广播风暴的危害，必须把大型局域网按功能或地域等因素划分成一个个的小局域网，必然导致不同网段间存在大量的互访，单纯使用二层交换机没法实现网间的互访，单纯使用路由器，由于端口数量有限，路由速率较慢，限制了网络的访问速率，所以在这种环境下，由二层交换技术和路由技术有机结合而成的三层交换机就最为合适。

路由器端口类型多，支持的三层协议多，路由能力强，所以适合于在大型网络之间的互连。互连设备的主要功能不在于在端口之间进行快速交换，而是要选择最佳路径，进行负载分担、链路备份、与其他网络进行路由信息交换等，所有这些都是路由器完成的功能。

在网络流量很大的情况下，如果三层交换机既做网内的交换又做网间的路由，会加重它的负担，影响速率。这时可由三层交换机做网内的交换，由路由器专门负责网间的路由，这样可以充分发挥不同设备的优势，是个很理想的选择。

4.5.4 三层交换技术的应用

路由器虽然能够解决 VLAN 间通信，但其工作效率却十分低下，只适合于小型网络环境。在稍微大型的网络环境下，往往都采用三层交换机来实现 VLAN 间通信。

【配置实例】 某单位设有技术生产部和销售部，这两个部门的计算机分散连接在两台交换机 SwitchA 和 SwitchB 上，SwitchA 为三层交换机。相同部门和不同的部门之间有时候有通信的需要，现在要在交换机上做适当的配置来实现这一目标。

【方案设计】 根据需求，设技术生产部有计算机 B 和计算机 C，将其按端口划分为 VLAN 10，销售部有计算机 A，将其按端口划分为 VLAN 20，连接拓扑如图 4-23 所示。这里要解决的问题是要通过配置交换机，实现相同 VLAN 之间的通信和不同 VLAN 之间的通信。

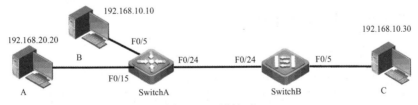

图 4-23 示例拓扑

【配置步骤】 首先使用 ping 命令验证各计算机之间的连通性，发现都不能 ping 通。

第一步：配置交换机 A。

<1> 在 SwitchA 上建立 VLAN 10，并将 F0/5 端口加入到 VLAN 10 中。

switchA#configure terminal　　　　　　　　　　　　　　进入全局配置模式

switchA(config)#vlan 10	创建 VLAN10
switchA(config-vlan)#name A	命名为 A
switchA(config-vlan)#exit	回到全局配置模式
switchA(config)#interface fastethernet0/5	指定端口 f0/10
switchA(config-if)#switchport mode access	定义该端口为 access 接口
switchA(config-if)#switchport access vlan 10	将这个口分配给 VLAN10
switchA(config-if)#end	回到特权模式
switchA#show interfaces fastethernet0/5 switchport	显示指定接口的信息

<2> 在 SwitchA 上建立 VLAN 20，并将 F0/15 端口加入到 VLAN 20 中。（略）

<3> 在 SwitchA 上将与 SwitchA 相连的端口 F0/24，定义为 Trunk 模式。

switchA#configure terminal	进入全局配置模式
switchA(config)#interface fastethernet0/24	指定端口 fastethernet0/24
switchA(config-if)#switchport mode trunk	定义该端口为 TRUNK 接口
switchA(config-if)#end	回到特权模式
switchA#show interfaces fastethernet0/24 switchport	显示这个端口的完整信息
switchA#show interfaces fastethernet0/24 trunk	显示这个端口的 trunk 设置

第二步：配置交换机 B。

<1> 在 SwitchB 上建立 VLAN 10，并将 F0/5 端口加入到 VLAN 10 中。（略）

<2> 在 SwitchB 上将与 SwitchB 相连的端口 F0/24，定义为 Trunk 模式。（略）

第三步：验证在不同交换机上实现相同 VLAN 之间的通信。使用 ping 命令验证各计算机之间的连通性，发现计算机 B、C 之间可以 ping 通，而 A、C 和 A、B 之间不能 ping 通。

第四步：配置三层交换机 A，创建 SVI，实现不同 VALN 之间的通信。

SwitchA(config)#interface vlan 10	创建 SVI 10
SwitchA(config-if)#ip address 192.168.10.254 255.255.255.0	配置 SVI 10 的 IP 地址为 192.168.10.254
switchA(config-if)#exit	回到全局配置模式
SwitchA(config)#interface vlan 20	创建 SVI 20
SwitchA(config-if)#ip address 192.168.20.254 255.255.255.0	配置 SVI 20 的 IP 地址为 192.168.20.254

第五步：将计算机 B、C 的默认网关设置为 192.168.10.254，将计算机 A 的默认网关设置为 192.168.20.254。

第六步：验证在不同交换机上实现不同 VLAN 之间的通信。使用 ping 命令验证各计算机之间的连通性，各计算机之间可以 ping 通。

4.6 访问控制列表

4.6.1 访问控制列表的基本概念

1．访问控制列表的定义

在局域网中，路由器或网关负责网络内外沟通信息，同时对内部的网络系统起到安全和稳定的保护作用，在安全方面负责对这些数据进行识别，从而实现网络的数据安全过滤；在网络的稳定性方面对网络中的数据进行流量控制，从而改善网络的通信质量。

访问控制列表（Access Control List，ACL）也称为访问列表（access list），是一个有序的语句集，是应用在路由器接口的有序指令列表，通过指令定义一些准则，对经过该接口上的数据分组进行转发（接受）或丢弃（拒绝）控制。访问列表的准则可以针对数据流的源地址、目标地址、端口号、协议或其他信息等特定指示条件来决定。

访问控制列表适用于 IP、IPX、AppleTalk 等协议,如果路由器接口配置成为支持三种协议(IP、AppleTalk 及 IPX)的情况,用户必须定义三种 ACL 来分别控制这三种协议的数据报文。

2. 访问控制列表的作用

在路由器的接口上配置访问控制列表后,可以起到下列 4 方面的作用。

① 访问控制列表可以限制网络流量、提高网络性能。例如,访问控制列表可以根据数据分组的协议,指定数据分组的优先级。

② 访问控制列表提供对通信流量的控制手段。例如,访问控制列表可以限定或简化路由更新信息的长度,从而限制通过路由器某一网段的通信流量。

③ 访问控制列表是提供网络安全访问的基本手段。访问控制列表允许特定主机 A 访问特定的资源网络,而拒绝另外主机对这些资源的访问。

④ 访问控制列表可以在路由器端口处决定哪种类型的通信流量被转发或被阻塞。例如,用户可以允许 E-mail 通信流量被路由,拒绝所有的 Telnet 通信流量。

虽然访问控制列表可以接收或拒绝相应的数据分组,但是不能代替防火墙。当数据分组经过接口时,访问控制列表只是根据列表中的准则,执行相应的接受或拒绝操作;而防火墙要对数据分组进行细致的分析。注意,访问控制列表不能对本路由器产生的数据分组进行控制。

3. 访问控制列表的分类

目前,RGNOS 支持下列 3 种访问控制列表。

① 标准访问控制列表。标准访问控制列表只检查数据分组的源地址,不需要身份认证。使用标准 ACL 可以阻止来自某一网络的所有通信流量,或者允许来自某一特定网络的所有通信流量,或者拒绝某一协议簇(如 IP)的所有通信流量。

② 扩展访问控制列表。扩展访问控制列表既检查数据分组的源地址,也检查数据分组的目的地址,还可以检查数据分组的特定协议类型、端口号等,不需要身份认证。扩展 ACL 比标准 ACL 提供了更广泛的控制范围。例如,网络管理员如果希望做到"允许外来的 Web 通信流量通过,拒绝外来的 FTP 和 Telnet 等通信流量"等,他可以使用扩展 ACL 来达到目的,标准 ACL 不能控制这么精确。

标准访问控制列表和扩展访问控制列表又统称为传统访问控制列表,它们的访问表项都是手工配置的,除非手工删除,该表项将一直产生作用,使用同一规则对经过路由器接口上的数据进行控制。所以,传统访问控制列表又称为静态访问控制列表。

③ 动态访问控制列表。动态访问列表也称为锁定和密钥(Lock-and-Key),其中的表项是用户通过身份认证后动态创建的,从而可以动态地过滤数据分组,限制用户对于受保护资源的访问。

4.6.2 访问控制列表的工作原理

1. 传统访问控制列表的工作原理

传统访问控制列表的工作原理包含两方面:访问控制列表的工作过程和访问控制列表的执行流程。

(1)访问控制列表的工作过程

当路由器的接口接收到一个数据分组时,首先会检查访问控制列表,如果在访问列表中有拒绝和允许的操作,则被拒绝的数据分组将会被丢弃,允许的数据分组进入路由选择状态。

对进入路由选择状态的数据再根据路由器的路由表执行路由选择,如果路由表中没有到达目标网络的路由,那么相应的数据分组就会被丢弃;如果路由表中存在到达目标网络的路由,则数据分组被送到相应的网络接口。

以上简单说明了数据分组在经过路由器时,根据访问控制列表作相应的动作来判断是被接收还是被丢弃,在安全性很高的配置中,有时还会为每个接口配置自己的ACL,来为数据分组作更详细的判断。

(2)访问控制列表的执行流程

当对数据分组执行操作时,要按照列表中的条件语句执行顺序来进行不同判断。如果一个数据分组的报头跟ACL(访问控制列表)中某个条件判断语句相匹配,那么后面的语句就将被忽略,不再进行检查。数据分组只有在跟第一个判断条件不匹配时,它才被交给ACL中的下一个条件判断语句进行比较。如果匹配,则不管是第一条还是最后一条语句,数据都会被立即操作,要么丢弃,要么立即转发到目的接口。如果所有的ACL判断语句都检测完毕,仍没有匹配的语句出口,则该数据分组将视为被拒绝而被丢弃。

简单地说就是:数据分组与访问控制列表中的表项一旦出现匹配情况,就执行相应的操作,而此时对此数据分组的检测就到此为止了,后面不管出现多少不匹配的情况将不作检测。所以在创建访问控制列表时,要注意规则的顺序,相同的规则,顺序不同,将会出现不同的结果。

2. 动态访问控制列表的工作原理

动态访问控制列表默认情况是禁止数据流通过的,当用户需要访问内部网络资源时,必须先远程Telnet到路由器上进行身份认证,路由器对用户经用户名和口令认证通过以后,便关闭Telnet会话,并在向内的访问列表中增加一个动态表项,该表项允许来自用户所在工作站的数据分组通过,从而达到访问内部网络资源的目的。

4.6.3 访问控制列表的配置

要在路由器上配置访问控制列表,必须给协议的访问列表指定一个唯一的名称或表号,以便在协议内部能够唯一标识每个访问列表。表4.6列出了可以使用表号来指定访问列表的协议和每种协议所允许的合法表号的取值范围。

表4.6 路由器中ACL表号的取值范围

协 议	ACL表号的取值范围	协 议	ACL表号的取值范围
标准IP	1~99,1300~1999	标准IPX	800~899
扩展IP	100~199,2000~2699	扩展IPX	900~990
标准AppleTalk	600~699	IPX SAP	1000~1099
扩展AppleTalk	700~799	Ethernet 类型码、透明桥接(协议类型)	200~299
扩展Ethernet地址、扩展透明网桥	1100~1199		

1. 传统访问控制列表的配置

传统ACL的配置分为以下3个步骤。

(1)在全局配置模式下,创建ACL

命令:access-list *access-list-number* {permit | deny } {*protocol*} {*test-conditions*}

参数：*access-list-number* 是指 ACL 的表号。

protocol 是指应用的协议，如 IP、IPX、TCP/IP、UDP、ICMP 等，默认为 IP。

permit|deny 表示允许/拒绝，用来指明满足访问表项的数据分组是允许通过接口，还是要被丢弃掉。permit 表示允许通过接口，而 deny 表示丢弃掉。

test-conditions 是指匹配的条件，可以取值：source-address（源地址）、host/any（单个主机或所有主机）、source-wildcardmask（源地址通配掩码）、destination-address（目标地址）、destination-wildcardmask（目标地址通配掩码），这里的 wildcardmask 与子网掩码的定义刚好相反，也就是说，二进制的"0"表示一个"匹配"条件，二进制的"1"表示一个"不关心"条件。假设组织机构拥有一个 C 类网络 198.78.46.0，若不使用子网，则当配置网络中的每个工作站时，使用的子网掩码为 255.255.255.0。而匹配源网络地址 198.78.46.0 的通配掩码为 0.0.0.255。

（2）在全局配置模式下，指定 ACL 所应用的接口

命令：interface *type number*　　　　　　　　　选择要应用 ACL 的接口

（3）在接口配置模式下，定义 ACL 作用于接口上的方向

命令：{*protocol*} access-group *access-list-number* {in|out}

参数：in|out 指出是在数据分组进入或离开路由器接口时，应用 ACL 对其进行过滤。如果不配置该参数，默认为 out。

ACL 在一个接口可以进行双向控制，即配置两条命令，一条为 in，一条为 out，两条命令执行的 ACL 表号可以相同，也可以不同。但是，在一个接口的一个方向上，只能有一个 ACL 控制。

值得注意的是，在进行 ACL 配置时，网管员一定要先在全局模式配置 ACL 表，再在具体接口上进行配置，否则会造成网络的安全隐患。

【配置举例】 假定我们要拒绝从源地址 198.78.46.8 来的报文，并且允许从其他源地址来的报文，标准的 IP 访问控制列表可以使用下面的语句达到这个目的。

　　Red-Giant(config)#access-list 1 deny host 198.78.46.8
　　Red-Giant(config)#access-list 1 permit any

2．动态访问控制列表的配置

动态访问控制列表使用扩展 IP 访问列表，配置动态 ACL 分为以下 6 个步骤。

（1）在全局配置模式下，创建扩展 IP 动态访问列表，用以生成临时选项

命令：access-list *access-list-number* [dynamic *dynamic-name* [timeout *minutes*]]

{deny | permit} {*protocol*} any *destination destination-wildcardmask*

参数：*access-list-number* 与传统的扩展 IP 访问列表的表号相同，范围为 100～199。

dynamic-name 是指动态 ACL 表项的名称。

minutes 参数是可选的，如果使用该参数，则指定了动态表项的超时绝对时间。

any 是指源地址，因为在动态 ACL 中源 IP 地址总是使用认证主机的 IP 来代替，但又无法事先预知，所以一般使用 any。

destination destination-wildcard 与传统 ACL 的格式相同。对于目的 IP 地址，最安全的方式是指定单个子网，或者甚至为单个主机。

（2）在全局配置模式下，指定 ACL 所应用的接口。

（3）在接口配置模式下，定义 ACL 作用于接口上的方向。

（4）在全局配置模式下，指定 ACL 所应用 VTY 接口。

命令：line vty *line-number* [*ending-line-number*]

（5）配置身份认证，可以选择使用以下 3 种方法进行身份认证

① 使用 AAA 服务器对用户进行身份认证。

命令：Red-Giant(config-line)# login authentication *authentication-list-name*

② 使用本地数据库（通过 username 定义）对用户进行身份认证。

命令：Red-Giant(config)# username *name* password *secret*

　　　Red-Giant(config)# line vty *line-number*

　　　Red-Giant(config-line)#login local

③ 使用在虚拟终端线路上配置口令进行身份认证，由于口令是针对端口而不是用户，知道口令的任何用户都能够通过身份认证。

命令：Red-Giant(config)# line vty *line-number*

　　　Red-Giant(config-line)# password *password*

　　　Red-Giant(config-line)#login

（6）启用创建临时选项的功能。

命令：Red-Giant(config-line)# autocommand access-enable [*host*] [timeout *minutes*]

3．动态访问控制列表配置举例

如图 4-24 所示网络拓扑结构，路由器 RouterA 和 RouterB 为两边的主机提供网络服务，要求 192.168.12.0/24 网段的主机访问远程服务器（192.168.202.0/24）时，必须先 Telnet 登录到路由器 RouterA（192.168.202.1）用 AAA 进行身份认证。

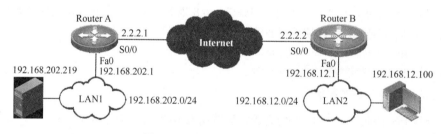

图 4-24　动态 ACL 网络拓扑结构

根据例中网络安全要求，在路由器 A 要配置动态访问控制列表，下面只给出路由器 A 配置动态访问控制列表部分，其他配置由读者自己完成。

```
Route A(config)#access-list 120 permit tcp any host 192.168.202.1 eq telnet          配置动态访问列表
Route A(config)#access-list 120 dynamic mylist timeout 120 permit ip any any
Route A(config)#interface Serial0                                                     配置同步口，在该接口上应用动态访问列表
Route A(config-if)#ip address 2.2.2.1 255.255.255.0
Route A(config-if)#ip access-group 120 in
Route A(config-if)#encapsulation ppp
Route A(config-if)#radius-server host 192.168.202.219 auth-port 1645 acct-port 1646   配置安全协议参数
Route A(config-if)#radius-server key aaa
Route A(config-if)#exit
Route A(config)#line vty 0 4                                                          将登录身份认证方法列表应用在 vty 端口上
Route A(config-line)#login authentication radius_login
Route A(config-line)#autocommand access-enable host timeout 5                         在 vty 上启用动态访问列表功能
```

4.6.4 访问控制列表的应用

访问控制列表是为了对路由器处理的流量进行过滤而在路由器上建立的规则，它在改善网络性能和加强网络安全等方面已经发挥出越来越重要的作用。

访问控制列表的顺序对于正确过滤至关重要；访问控制列表是自上而下处理的，如果将更细化的测试条件及经常用到的测试表项放置在列表开始的位置，会大大减少开销；适当地放置访问控制列表可以减少不必要的流量，被远端目标拒绝的流量不应该让流量使用沿路径的网络资源，而在到达目标之前拒绝流量；扩展访问控制列表一般情况下要尽可能地紧靠被拒绝流量的源地址。

下面举例说明设置访问控制列表的具体应用。

【配置举例】 单向屏蔽 ICMP ECHO 报文。

① 设置如下访问控制列表。

    access-list 100 permit icmp any 本地路由器广域网地址 echo
    access-list 100 deny icmp any any echo
    access-list 100 permit ip any any

② 在路由器相应端口上应用。

    interface {外部网络接口}{网络接口号}
    ip access-group 100 in

访问控制列表第一行，是允许外网主机可以 PING 通路由器广域口地址，便于外网进行网络测试。列表第二行，禁止外网主机发起的任何 ICMP ECHO 报文到达内网主机，杜绝了外网主机发起的"端口扫描器 Nmap ping 操作"。列表第三行允许所有的 IP 协议数据包通过，是保证不影响其他各种应用。端口应用上设置在入方向进行应用，保证了内网主机可 PING 通外网任意主机，便于进行网络连通性测试。

【配置举例】 防止病毒传播和黑客攻击。

针对微软操作系统的漏洞，一些病毒程序和漏洞扫描软件通过 UDP 端口 135、137、138、1434 和 TCP 端口 135、137、139、445、4444、5554、9995、9996 等进行病毒传播和攻击，可如下设置访问控制列表阻止病毒传播和黑客攻击。

① 设置如下访问控制列表。

    access-list 101 deny udp any any eq 135
    access-list 101 deny udp any any eq 137
    access-list 101 deny udp any any eq 138
    access-list 101 deny udp any any eq 1434
    access-list 101 deny tcp any any eq 135
    access-list 101 deny tcp any any eq 137
    access-list 101 deny tcp any any eq 139
    access-list 101 deny tcp any any eq 445
    access-list 101 deny tcp any any eq 4444
    access-list 101 deny tcp any any eq 5554
    access-list 101 deny tcp any any eq 9995
    access-list 101 deny tcp any any eq 9996
    access-list 101 permit ip any any

② 在路由器相应端口上应用。

    interface {外部网络接口}{网络接口号}
    ip access-group 101 in

说明：在同一端口上应用访问控制列表的 IN 语句或 OUT 语句只能有一条，如需将两组访问控制列表应用到同一端口上的同一方向，需将两组访问控制列表进行合并处理，方能应用。

4.7 网络地址转换技术

随着因特网的广泛深入应用,企业、政府部门和学校等都建立了内部局域网,在实现内部事务处理信息化的同时,又与因特网实现了互连。由于 IP 地址的缺乏,在局域网内部都是使用私有 IP 地址进行通信,而只申请少数几个公有 IP 地址,采用网络地址转换技术实现与因特网的通信。

网络地址转换(Network Address Transform,NAT)技术由 IETF 于 1994 年提出,是一种把内部私有 IP 地址映射成因特网上公有 IP 地址的技术,被广泛应用于各种网络接入方式和各种类型的网络中。NAT 分为基本网络地址转换(Basic Network Address Transform,BNAT)和网络地址端口转换(Network Address Port Transform,NAPT)两种类型,其中基本网络地址转换(BNAT)习惯上还是被称为 NAT。

目前,NAT 功能已经被集成到路由器、防火墙、ISDN 路由器或者单独的 NAT 设备中,锐捷路由器中已经加入这一功能。

4.7.1 网络地址转换

网络地址转换(NAT)是一种将一组 IP 地址映射到另一组 IP 地址的技术。简单地说,网络地址转换就是在局域网内部网络中使用私有地址,而当内网中的主机要与外网(Internet)进行通信时,就在网关处将内部私有地址替换成 Internet 的公有地址,从而使该主机在 Internet 上正常使用。NAT 技术可以通过一个公有 IP 地址,把整个局域网中的计算机接入 Internet 中,同时,NAT 屏蔽了内部网络,所有内部网络中的计算机对于 Internet 来说是不可见的,而内网计算机用户通常不会意识到网络地址转换的存在,即对用户是透明的。但是,网络地址转换的功能具有局限性,即一个公有 IP 地址,在同一时间只能由一台私有 IP 地址的计算机使用。

NAT 又可以分为静态 NAT 和动态 NAT 两种类型。静态 NAT 就是建立内部本地地址和内部全局地址的一对一永久映射。当外部网络需要通过固定的全局可路由地址访问内部主机时,静态 NAT 就显得十分重要,如一个可以被外部主机访问的 Web 网站。动态 NAT 则是在外部网络中定义了一组公有地址组建成一个地址池,当内网的客户机访问外网时,从地址池中取出一个地址为它建立临时的 NAT 映射,这个映射关系会一直保持到会话结束。

1. NAT 的一些术语

- 内部本地地址(Inside Local Address):指本网络内部主机的 IP 地址,通常是未注册的私有 IP 地址。
- 内部全局地址(Inside Global Address):指内部本地地址在外部网络表现出的 IP 地址,通常是注册的公有 IP 地址,是 NAT 对内部本地地址转换后的结果。
- 外部本地地址(Outside Local Address):指外部网络的主机在内部网络中表现的 IP 地址。
- 外部全局地址(Outside Global Address):指外部网络主机的 IP 地址。
- 内部源地址 NAT:把 Inside Local Address 转换为 Inside Global Address,这也是通常所说的 NAT。在数据报送往外网时,它把内部主机的私有 IP 地址转换为注册的公有 IP 地址,在数据报送入内网时,把公有地址转换为内部的私有 IP 地址。
- 外部源地址 NAT:把 Outside Global Address 转换为 Outside Local Address。这种转换只是在内部地址和外部地址发生重叠时使用。

2. 网络地址转换的工作过程

下面以图 4-25 所示的网络拓扑为例，简要叙述 NAT 的工作过程。

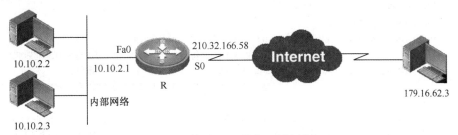

图 4-25　使用 NAT 访问远端网络

<1> 内部主机 10.10.2.2 发起一个到外部主机 179.16.62.3 的连接。

<2> 当路由器 R 接收到以 10.10.2.2 为源地址的第一个数据分组时，则检查 NAT 映射表。如果该地址配置有静态映射，就执行第<3>步。如果没有静态映射，就进行动态映射，路由器 R 从内部全局地址池中选择一个公有地址，并在 NAT 映射表中创建 NAT 转换记录。

<3> 路由器 R 用 10.10.2.2 对应的 NAT 转换记录中的公有地址替换数据分组中的源地址，经过转换后，数据分组的源地址变为 210.32.166.58，然后转发该数据分组。

<4> 179.16.62.3 主机接收到数据分组后，将向 210.32.166.58 发送响应分组。

<5> 当路由器 R 接收到内部全局地址的数据分组时，将以内部全局地址 210.32.166.58 为关键字查找 NAT 记录表，将数据分组的目的地址转换成 10.10.2.2 并转发给 10.10.2.2 主机。

<6> 10.10.2.2 接收到应答分组，并继续保持会话。第<1>～<5>步将一直重复，直到会话结束。

3. 静态 NAT 配置

要配置静态 NAT，在全局配置模式下，执行下列 3 个步骤。

（1）定义静态 NAT 关系，即内部本地地址和内部全局地址的对应关系

命令：Ruijie (config)#ip nat inside source static *local-address global-address* [permit-inside]

说明：如果加上 permit-inside 关键字，则内网的主机既能用本地地址访问，也能用全局地址访问该主机，否则只能用本地地址访问。

（2）指定连接内网的接口

命令：Ruijie (config)#interface *interface-type interface-number*
　　　Ruijie (config--if)#ip nat inside

（3）指定连接外网的接口

命令：Ruijie (config)#interface *interface-type interface-number*
　　　Ruijie (config-if)#ip nat outside

重复以上命令，可以配置多个 inside 和 outside 接口。

（4）删除配置的静态 NAT

命令：Ruijie(config)#no ip nat inside source static *local-address global-address*

说明：使用上述命令删除 NAT 表中指定项目，但不影响其他 NAT 的应用。

如果使用 no ip nat inside 或 no ip nat outside 命令，则可停止该接口的 NAT 检查和转换，会影响各种 NAT 的应用。

【静态 NAT 配置举例】定义两条静态 NAT，将私有地址 192.168.10.1 与公有地址 200.6.15.1 对应，私有地址 192.168.10.2 与公有地址 200.6.15.2 对应。其中一条设置为内部主机只能用

192.168.10.1 访问该主机。第二条设置为内部主机可以用 192.168.10.2 访问，也能用 200.6.15.2 访问该主机，且在 inside 接口防止发送重定向报文，以提高路由器效率。

```
Ruijie>enable
Ruijie#configure terminal
Ruijie(config)#ip nat inside source static 192.168.10.1 200.6.15.1
                        建立静态 NAT，将私有地址 192.168.10.1 与公有地址 200.6.15.1 对应
Ruijie(config)#ip nat inside source static 192.168.10.2 200.6.15.2 permit-inside
                        建立静态 NAT，将私有地址 192.168.10.2 与公有地址 200.6.15.2 对应
Ruijie(config)#interface f0/0
Ruijie(config-if)#ip address 192.168.1.1 255.255.255.0       定义 f0/0 的 IP 地址
Ruijie(config-if)#ip nat inside                              指定网络的内部接口
Ruijie(config-if)#no ip redirects                            防止该接口发送重定向报文
Ruijie(config-if)#no shutdown
Ruijie(config-if)#interface s1/0
Ruijie(config-if)#ip address 199.1.1.2 255.255.255.0         定义 s1/0 的 IP 地址
Ruijie(config-if)#ip nat outside                             指定网络的外部接口
Ruijie(config-if)#no shutdown
Ruijie(config-if)#end
```

4．动态 NAT 配置

要配置动态 NAT，在全局配置模式下，执行下列 5 个步骤。

（1）定义 IP 地址池

命令：Ruijie(config)#ip nat pool *pool-name start-address end-address* netmask *subnet-mask*

参数：*pool-name* 是地址池的名字，*start-address* 是起始地址，*end-address* 是结束地址，*subnet-mask* 是子网掩码。地址池中的地址是供转换的内部全局地址，通常是注册的公有地址。

（2）定义访问控制列表

命令：Ruijie(config)#access-list *access-list-number* permit *address wildcardmask*

参数：*access-list-number* 是表号，*address* 是地址，*wildcardmask* 是通配符掩码。

它的作用是限定内部本地地址的范围，只有与这个列表匹配的地址才会进行 NAT 转换。

（3）定义动态 NAT 关系

命令：Ruijie(config)#ip nat inside source list *access-list-number* pool *pool-name*

参数：*access-list-number* 是访问列表的表号，*pool-name* 是地址池的名字。

它的作用是把与访问列表匹配的内部本地地址，用地址池中的地址建立 NAT 映射。

（4）指定连接内网的接口

命令：Ruijie(config)#interface *interface-id*
　　　Ruijie(config-if)#ip nat inside

（5）指定连接外网的接口

命令：Ruijie(config-if)#interface *interface-id*
　　　Ruijie(config-if)#ip nat outside

【动态 NAT 配置举例】 某单位申请到一组公有地址 200.10.10.6～200.10.10.15，内网主机使用的内部本地地址段为 192.168.10.0/24 和 192.168.20.0/24，建立动态 NAT，使内网主机能够访问外网。

```
Ruijie>enable
Ruijie#configure terminal
Ruijie(config)#ip nat pool np 200.10.10.6 200.10.10.15 netmask255.255.255.0  定义一个名为 np 的 IP 地址池
```

```
Ruijie(config)#access-list 1 permit 192.168.10.0 0.0.0.255
                     定义一个访问控制列表，表号为 1，只有与这个列表匹配的地址才会进行 NAT 转换
Ruijie(config)#access-list 1 permit 192.168.20.0 0.0.0.255
                     定义一个访问控制列表，表号为 1，只有与这个列表匹配的地址才会进行 NAT 转换
Ruijie(config)#ip nat inside source list 1 pool np
                     定义动态 NAT，把与列表匹配的内部本地地址，用地址池中的地址建立 NAT 映射
Ruijie(config)#interface f0/0
Ruijie(config-if)#ip address 192.168.1.1 255.255.255.0     定义 f0/0 的 IP 地址
Ruijie(config-if)#ip nat inside                            指定网络的内部接口
Ruijie(config-if)#no shutdown
Ruijie(config-if)#interface s1/0
Ruijie(config-if)#ip address 199.1.1.2 255.255.255.0       定义 s1/0 的 IP 地址
Ruijie(config-if)#ip nat outside                           指定网络的外部接口
Ruijie(config-if)#no shutdown
Ruijie(config-if)#end
```

4.7.2 网络地址端口转换 NAPT

1. 网络地址端口转换的工作原理

网络地址端口转换（NAPT）是为了克服 NAT 功能的不足、充分利用日益稀缺的公网 IP 地址资源而产生的，它是通过端口复用技术，让一个公有地址对应多个私有地址，实现多台私有 IP 地址的计算机可以同时通过一个公网 IP 地址来访问 Internet 的资源。

NAPT 负责将内网 IP 地址的计算机向外部网络发出的 TCP/UDP 数据分组的源 IP 地址转换为 NAPT 自己的公有 IP 地址，源端口转为 NAPT 自己的一个端口，目的 IP 地址和端口不变，并将 IP 数据分组转发给路由器，最终到达外部的计算机。NAPT 同时负责将外网计算机返回的 IP 数据分组的目的 IP 地址转换为内网 IP 地址，目的端口转为内网计算机的端口，源 IP 地址和源端口不变，并最终送达到内网中的计算机。需要注意的是，在 NAPT 中，一个地址最多可以提供 64512 个端口复用。NAPT 也分为静态 NAPT 和动态 NAPT。

静态 NAPT 可以使一个内部全局地址和多个内部本地地址相对应，有以下特征：
- 一个内部全局地址可以与多个内部本地地址建立映射，用 IP 地址+端口号区分各个内部本地地址。
- 从外部网络访问静态 NAPT 映射的内部主机时，应该给出端口号。
- 静态 NAPT 是永久有效的。

动态 NAPT 可以使一个内部全局地址和多个内部本地地址相对应，有以下特征：
- 一个内部全局地址可以与多个内部本地地址建立映射，用 IP 地址+端口号区分各个内部本地地址。
- 动态 NAPT 是临时的，如果过了一段时间没有使用，映射关系就会删除。
- 动态 NAPT 可以只使用一个合法地址为所有内部本地地址建立映射，但映射数量是有限的（锐捷路由器最多可提供 64512 个）。如果用多个公有地址组建成一个地址池，每个公有地址都能映射多个内部本地地址，则可减少因地址耗尽导致的网络拥塞。

下面以图 4-26 所示的网络拓扑为例，简要叙述 NAPT 的工作过程。

<1> 内部主机 10.10.2.2 发出一个到外部主机 179.16.62.3 的连接。

<2> 当路由器 R 收到以 10.10.2.2 为源地址的第一个数据分组时，则检查 NAPT 映射表。如果该地址有配置静态端口映射，就执行第<3>步。如果没有静态端口映射，就进行动态端口映射，

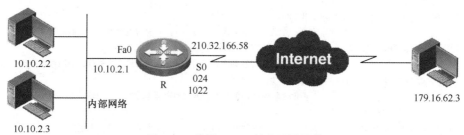

图 4-26 使用 NAPT 访问远端网络

路由器 R 就从内部全局地址池中选择一个公有地址，并生成一个空闲的端口号，然后在 NAPT 映射表中创建 NAPT 转换记录。

<3> 路由器 R 用 10.10.2.2 对应的 NAPT 转换记录中的公有地址替换数据分组中的源地址，经过转换后，数据分组的源地址变为 210.32.166.58，占用的端口号为 1022，然后转发该数据分组。

<4> 179.16.62.3 主机接收到数据分组后，将向 210.32.166.58 发送响应分组。

<5> 当路由器 R 接收到内部全局地址和端口号的数据分组时，将以内部全局地址 210.32.166.58 和端口号 1022 为关键字查找 NAPT 记录表，将数据分组的目的地址转换成 10.10.2.2 并转发给 10.10.2.2 主机。

<6> 10.10.2.2 接收到应答分组，并继续保持会话。在此期间，如果同时有主机 10.10.2.3 也要与外部主机 179.16.62.3 进行通信，则也会在 NAPT 全局地址池中复用全局地址 210.32.166.58，只不过它所对应的端口号不再是 1022，而是 1024。第<1>~<5>步将一直重复，直到会话结束。

2．静态 NAPT 配置

配置静态 NAPT 与配置静态 NAT 的方法步骤基本相同，只是第<1>步定义静态 NAPT 关系的命令如下：

    Ruijie(config)#ip nat inside source static {tcp|udp} *local-address port global-address port* [permit-inside]

说明：命令中包括 IP 地址、端口号、使用的协议等信息。

【静态 NAPT 配置举例】 假设内网中有两个 Web 网站，第一个网站在内网中的地址为 192.168.10.1，在外网中可用 200.6.15.1 访问，第二个网站在内网中的地址为 192.168.10.2，在外网中可用 200.6.15.1:8080 访问，两个网站从外网来看，IP 地址相同，但端口号不同。

```
Ruijie>enable
Ruijie#configure terminal
Ruijie(config)#ip nat inside source static tcp 192.168.10.1 80 200.6.15.1 80
              建立内部本地地址 192.168.10.1 及端口 80 与内部全局地址 200.6.15.1 及端口 80 的对应关系
Ruijie(config)#ip nat inside source static tcp 192.168.10.2 80 200.6.15.1 8080
              建立内部本地地址 192.168.10.2 及端口 80 与内部全局地址 200.6.15.1 及端口 8080 的对应关系
Ruijie(config)#interface f0/0
Ruijie(config-if)#ip address 192.168.1.1 255.255.255.0
Ruijie(config-if)#ip nat inside                            指定网络的内部接口
Ruijie(config-if)#no shutdown
Ruijie(config-if)#interface s1/0
Ruijie(config-if)#ip address 199.1.1.2 255.255.255.0
Ruijie(config-if)#ip nat outside                           指定网络的外部接口
Ruijie(config-if)#no shutdown
Ruijie(config-if)#end
```

如果想让内网用户也可用全局地址访问网站，需要加上 permit-inside 关键字；如果有条件，尽量不要用 outside 接口的 IP 地址作为内部全局地址，该地址属于网络服务商（ISP），常会因线路变更等原因而改变，这样就需要更改相应的 DNS 记录。

3．动态 NAPT 配置

配置动态 NAPT 与配置动态 NAT 的方法步骤基本上相同，只是第 3 步定义动态 NAPT 关系的命令中需要加上 overload 关键字，其命令如下：

    Ruijie(config)#ip nat inside source list *access-list-number* pool *pool-name* overload

overload 关键字表示启用端口复用，加上 overload 关键字后，系统首先会使用地址池中的第一个地址为多个内部本地地址建立映射，当映射数量达到极限时，再使用第二个地址，依此类推。

【动态 NAPT 配置举例】某单位申请到一组公有地址 200.10.10.6～200.10.10.15，内网计算机使用的内部本地地址段为 192.168.10.0/24，建立动态 NAPT，使内网主机能访问外网。

```
Ruijie>enable
Ruijie#configure terminal
Ruijie(config)#ip nat pool np 200.10.10.6 200.10.10.15 netmask 255.255.255.0
                        定义一个名为 np 的 IP 地址池范围是 200.10.10.6~200.10.10.15
Ruijie(config)#access-list 1 permit 192.168.10.0 0.0.0.255
                        定义一个访问控制列表，表号为 1，只有和这个列表匹配的地址才会进行 NAT 转换
Ruijie(config)#ip nat inside source list 1 pool np overload
                        定义动态 NAT，把和列表匹配的内部本地地址，用地址池中的地址建立 NAT 映射
Ruijie(config)#interface f0/0
Ruijie(config-if)#ip address 192.168.1.1 255.255.255.0    定义 f0/0 的 IP 地址
Ruijie(config-if)#ip nat inside                           指定网络的内部接口
Ruijie(config-if)#no shutdown
Ruijie(config-if)#interface s1/0
Ruijie(config-if)#ip address 199.1.1.2 255.255.255.0      定义 s1/0 的 IP 地址
Ruijie(config-if)#ip nat outside                          指定网络的外部接口
Ruijie(config-if)#no shutdown
Ruijie(config-if)#end
Ruijie#
```

4．NAT 的几个相关命令

（1）显示 NAT 转换记录

命令：Ruijie#show ip nat translations [verbose]

参数：加上 verbose 时，可显示更详细的转换信息。例如：

```
Ruijie#show ip nat translations
Pro Inside global Inside local Outside local Outside global
tcp 70.6.5.113:1815 192.168.10.5:1815 211.67.71.7:80 211.67.71.7:80
```

这里显示的是一次 NAT 的转换记录，内容依次为：协议类型（Pro）、内部全局地址及端口（inside global）、内部本地地址及端口（inside local）、外部本地地址及端口（outside local）、外部全局地址及端口（outside global）。

（2）显示 NAT 规则和统计数据

命令：Ruijie#show ip nat statistics

例如：

```
Ruijie#show ip nat statistics
Total active translations: 372, max entries permitted: 30000
Outside interfaces: Serial 1/0
Inside interfaces: FastEthernet 0/0
```

```
Rule statistics:
    [ID: 1] inside source dynamic
    hit: 24737
    match (after routing):
    ip packet with source-ip match access-list 1
    action:
    translate ip packet's source-ip use pool abc
```

显示的内容包括当前活动的会话数（total active translation）、允许的最大活动会话数（max entries permitted）、连接外网的接口（outside interface）、连接内网的接口（inside interface）、NAT 规则（Rule statistic，允许存在多个规则，用 ID 标识）。

ID: 1（规则 1）：NAT 类型（本例为内部源地址动态 NAT）、此规则被命中次数（hit 值）、路由前还是路由后（match 值，本例为路由前）、地址限制（本例受 access-list 1 限制）、转换行为（action 值，本例用地址池 abc 转换源地址）。

(3) 清除 NAT 转换记录

命令：Ruijie#clear ip nat translation *

清除 NAT 转换表中的所有转换记录，可能会影响当前的会话，造成一些连接丢失。

4.8 路由器的性能与选型

要选择合适的路由器产品，首先要根据用户的实际使用情况，确定是选择接入级、企业级还是骨干级路由器，再根据路由器选择的基本原则来确定产品的基本性能要求。

(1) 路由器的性能

路由器性能通常主要包括以下内容。

- 背板带宽：路由器的背板容量或总线能力。
- 吞吐量：路由器的分组转发能力。
- 丢分组率：路由器因资源缺少在应该转发的数据分组中不能转发的数据分组所占比例。
- 转发时延：需转发的数据分组最后一位进入路由器端口到该数据分组第一位出现在端口链路上的时间间隔。
- 路由表容量：指路由器运行中可以容纳的路由数量。
- 可靠性：指路由器可用性、无故障工作时间和故障恢复时间等指标。

(2) 路由器的选型原则

路由器选型应根据以下基本原则选型。这几项原则是用户在选择产品时必须满足的基本要求，从而在大体上确定了路由器的选型标准。

① 路由器性能及冗余、稳定性。路由器的工作效率决定了它的性能，也决定了网络的承载数据量及应用。路由器的路由方式有两种：软件转发方式和硬件转发方式。软件转发方式一般采用的是集中式路由。硬件转发方式可分为集中式和分布式两种，后者是新一代网络的代表。硬件转发方式可以有效地改善数据传输中的延迟，提高网络的效能。

路由器的软件稳定性和硬件冗余性也是必须考虑的因素。一个完全冗余设计的路由器可以大大提高设备运行中的可靠性，同时，软件系统的稳定也能确保用户应用的展开。

② 路由器的接口类型。企业的网络建设必须考虑带宽、连续性和兼容性，核心路由器的接口必须考虑在一个设备中可以同时支持的接口类型，如各种铜芯缆及光纤接口的 100/1000Mbps 以

太网、ATM 接口和高速 POS 接口等。

③ 路由器配置的端口数量。选择一款适用的路由器必然要考虑路由的端口数，市场上的选择很多，可以从几个端口到数十个端口，用户必须根据自己的实际需求及将来的需求扩展等方面来考虑。一般而言，家用路由器的端口数一般不超过 5 个；对中小企业来说，十几个端口一般能满足企业的需求；真正重要的是对大型企业端口数的选择，一般要统计网段的数目，并预测企业网络今后可能的发展，再做选择，从十几个到几十个端口，可以根据需求进行合理选择。

④ 路由器支持的标准协议及特性。在选择路由器时必须考虑路由器支持的各种开放标准协议，开放标准协议是设备互连的良好前提，所支持的协议则说明设计上的灵活与高效，如看其是不是支持完全的组播路由协议、是不是支持 MPLS、是不是支持冗余路由协议 VRRP。此外，在考虑常规 IP 路由的同时，有些企业还会考虑路由器是否支持 IPX、AppleTalk 路由协议。

⑤ 路由器管理方法的难易程度。路由器的管理特别重要。如果路由器不具备好的可管理性，则今后的网络管理和维护工作难度会很大，随之而来的是网络管理和维护成本的不断攀升。因此选择路由器时务必考虑路由器的监管和配置能力是否足够强大，是否提供统计信息和深层故障诊断等功能。

⑥ 路由器的可扩展性。对于处于成长期的企业，随着企业规模的不断扩大，企业业务的不断拓展，一个具备可扩展性的网络是必需的。因此，在选购路由器时必须考虑路由器的可扩展性。对于模块化路由器，其支持的模块种类、模块容纳的最大数量等指标都是应当仔细考虑的。

思考与练习 4

1. 什么是路由？试简述路由的分类。
2. 简述 RIP 路由的原理。
3. 什么是路由循环？简述 RIP 路由中所采用的避免路由循环的技术。
4. 简述分层路由原理。
5. 路由协议有哪些？
6. 简述 PPP 协议连接的建立过程。
7. 所有的访问控制列表都以什么结尾？
8. 简述 NAT 与 NAPT 的工作过程。
9. 静态 NAT 和动态 NAT 有何不同？
10. 如何进行路由器的选型？

第 5 章 网络安全技术与应用

【本章导读】

随着信息技术的高速发展，网络安全技术越来越受到重视，由此推动了防火墙、入侵检测、虚拟专用网、访问控制等各种网络安全技术的蓬勃发展。本章从网络工程的角度介绍目前普遍使用的网络安全技术，重点介绍在组建网络系统时主要采用的防火墙技术、虚拟专用网技术、入侵检测、入侵防御技术、上网行为管理技术，以及相应设备的功能、应用、部署模式和配置方法。

限于篇幅，网络安全技术和安全设备较多，对于网络安全基础理论、安全设备的结构原理和详细配置方法等内容，读者可以扫描书中二维码或登录到相关 MOOC 网站进行学习。

5.1 网络安全体系与技术

随着计算机网络及 Internet 的应用发展，政府部门、企业、学校均已采用先进的网络技术建立自己的内部办公网或企业管理网。Internet 的开放性使得网络安全受到严重威胁，计算机信息和资源很容易遭到各方面的攻击。一方面来源于 Internet，Internet 给企业网带来成熟的应用技术的同时，也把固有的安全问题带给了企业网；另一方面来源于企业内部，主要针对企业内部的人员和企业内部的信息资源，所以企业网同时面临自身所特有的安全问题。网络的开放性和共享性在方便了人们使用的同时，也使得网络容易受到攻击，而攻击的后果是严重的，诸如数据被窃取、服务器不能提供服务等。

5.1.1 网络安全体系结构

1. 网络安全的基本概念

网络安全（Network Security）是指网络系统的硬件、软件、信息资源、信息的处理、传输、存储和访问等受到保护，不受偶然的或者恶意的原因遭到破坏、篡改和泄露，系统能连续、可靠地正常运行，网络服务不中断。

网络安全是一门涉及计算机科学、网络技术、通信技术、密码技术、信息安全技术、应用数学、数论、信息论等多种学科的综合性技术。从总体上，网络安全分成两方面：网络攻击技术和网络防御技术。只有全面把握这两方面的内容，才能真正掌握计算机网络安全技术。

2. 网络安全体系结构与内容

网络安全体系是采用系统工程过程的结果，包括网络安全基础理论、网络安全应用技术、网络安全平台部署、网络安全管理和网络安全目标等 5 方面，其结构如图 5-1 所示。该安全体系以安全理论为基础，通过采用相应的安全技术，在网络工程中部署先进科学的安全平台，严格实行安全管理策略，最终达到运营安全、涉密安全和战略安全的目标。

网络安全基础理论是网络安全体系的基础，包括密码理论和安全理论。密码理论的研究重点是算法，包括数据加密算法、数字签名算法、消息摘要算法及相应的密钥管理协议等。这些算法提供两方面的服务：一方面，直接对信息进行运算，保护信息的安全特性，即通过加密变换保护信息的机密性，通过消息摘要变换检测信息的完整性，通过数字签名保护信息的不可否认性；另一方面，提供对身份认证和安全协议等理论的支持。安全理论的研究重点是在网络环境下信息防护的基本理论，这些理论研究成果为网络安全应用技术提供理论支撑，不断更新和产生网络安全技术。

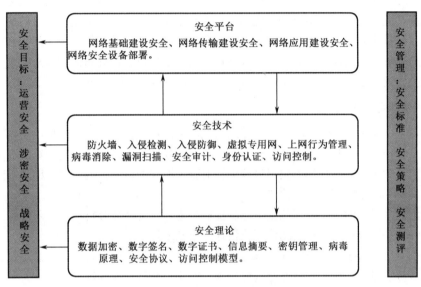

图 5-1　网络安全体系结构

网络安全应用技术是在网络环境下为保护网络信息的安全，采用硬件技术和软件技术，其技术研究与具体的网络安全平台环境关系密切。技术成果一方面直接为网络安全平台防护和监测提供了技术依据，更新或产生网络安全设备，另一方面为网络安全基础理论的研究提出新的问题。

网络安全平台是指按照用户制定的安全策略建设的保障承载信息产生、存储、传输和处理的安全可控平台，直接为网络系统及其信息资源执行安全保护。网络安全平台由网络基础建设、网络传输建设、网络应用建设和网络安全设备等有机组合而成，形成特定的连接边界。网络基础建设主要是指网络综合布线系统，网络传输建设主要是指网络系统集成，网络应用建设是指网络操作系统、数据库系统和应用软件部署等。

网络安全管理是网络安全体系的一个重要方面。普遍认为，信息安全三分靠技术七分靠管理，可见管理的分量。管理应该有统一的标准、可行的策略和必要的测评，因此，安全管理包括安全标准、安全策略、安全测评等。这些管理措施作用于安全理论、安全技术和安全平台的各方面。其中，安全策略是指一套规则和惯例，详细说明了系统或组织如何提供安全服务去保护敏感的关键系统资源，如基于身份的安全策略、基于规则的安全策略等。

网络安全目标中，运营安全是指如何使数据在网络中的可靠传输。涉及传输线路安全、传输设备安全、数据链路安全、电源安全与可靠性、内部电磁干扰（EMI）、外部电磁干扰及故障恢复时间等方面。涉密安全是指如何使数据传输和数据库中数据不被窃取。涉及非法外联、硬件漏洞、软件漏洞（数据库、应用软件）以及电磁泄漏等方面。战略安全则是指在紧急情况下必须保障数据安全传输和有效控制。

5.1.2 网络安全技术简介

网络安全应用技术，简称为网络安全技术，是针对信息在应用环境下的安全保护而提出的，是信息安全基础理论的具体应用，目前主要有防火墙技术、入侵检测与入侵防御技术、虚拟专用网技术、上网行为管理技术、安全审计技术、漏洞扫描技术、防病毒技术和身份认证技术等。

1．防火墙技术

防火墙（Firewall）技术是一种安全隔离技术，通过在两个安全策略不同的网络之间设置防火墙，来控制两个网络之间的互访行为。隔离可以在网络层的多个层次上实现，目前应用较多的是网络层的包过滤技术和应用层的安全代理技术。包过滤技术通过检查信息流的信源和信宿地址等方式确认是否允许数据包通行，安全代理则通过分析访问协议、代理访问请求来实现访问控制。

防火墙技术的主要研究内容包括防火墙的安全策略、实现模式、强度分析等。

2．入侵检测与入侵防御技术

入侵检测（Intrusion Detection）技术是指通过对网络信息流的提取和分析，发现非正常访问模式的技术，目前主要有基于用户行为模式、系统行为模式和入侵特征的检测等。在实现时，可以只检测针对某主机的访问行为，也可以检测针对整个网络的访问行为。前者称为基于主机的入侵检测，后者称为基于网络的入侵检测。

入侵检测技术研究的主要内容包括信息流提取技术、入侵特征分析技术、入侵行为模式分析技术、入侵行为关联分析技术和高超信息流快速分析技术等。

入侵防御（Intrusion Prevention）技术是一种主动的、积极的防御技术，依靠对数据包的检测不但能检测入侵的发生，而能实时终止入侵行为，即决定是否允许其进入内网。

3．虚拟专用网技术

虚拟专用网（Virtual Private Network，VPN）技术的核心是采用隧道技术，将内部网络的数据加密封装后，通过虚拟的公网隧道进行传输，从而防止敏感数据的被窃。VPN可以在Internet、服务提供商的IP网、帧中继网或ATM网上建立，网络用户通过Internet等公网建立VPN，就如同通过自己的专用网建立内部网一样，享有较高的安全性、优先性、可靠性和可管理性，而其建设周期、投入资金和维护费用却大大降低，还为远程用户和移动用户提供了安全的网络接入。

4．上网行为管理技术

严格来讲，上网行为管理技术还不是一种专业的网络安全技术，而是一种行政管理的电子化辅助手段，是一种约束和规范企业员工遵守工作纪律、提高工作效率、保护公司隐私的工具。

上网行为管理技术实现方式普遍存在两种：一是通过封锁特定应用的网络服务器IP，达到应用无法连接到服务器的目的，实现行为封锁；二是通过协议分析识别上网行为身份，进行特定协议的拦截，实现行为封锁。

5．安全审计技术

安全审计是记录用户使用计算机网络系统进行所有活动的过程，不仅能够识别谁正在访问系统，还能指出系统正被怎样地使用，可以用于确定是否有网络攻击的情况，以及确定攻击源。同时，系统事件的记录能够更迅速和系统地识别问题，并且它是后面阶段事故处理的重要依据。

另外，通过对安全事件的不断收集与积累并且加以分析，有选择地对其中的某些站点或用户进行审计跟踪，以便对发现或有可能产生的破坏性行为提供有力的证据。

6．漏洞扫描技术

漏洞扫描（Venearbility Scanning）技术是针对特定信息网络中存在的漏洞而进行的。信息网络中无论是主机还是网络设备都可能存在安全隐患，有些是系统设计时考虑不周而留下的，有些是系统建设时出现的。这些漏洞很容易被攻击，从而危及信息网络的安全。由于安全漏洞大多是非人为的、隐蔽的，因此必须定期扫描检查、修补加固。操作系统经常出现的补丁模块就是为加固发现的漏洞而开发的。由于漏洞扫描技术很难自动分析系统的设计和实现，因此很难发现未知漏洞。目前的漏洞扫描更多的是对已知漏洞进行检查定位。

漏洞扫描技术研究的主要内容包括漏洞的发现、特征分析与定位、扫描方式和协议等。

7．防病毒技术

病毒（Anti-Virus）是一种具有传染性和破坏性的计算机程序。自从1988年出现morris蠕虫以来，计算机病毒已成为家喻户晓的计算机安全隐患之一。随着网络的普及，计算机病毒的传播速度大大加快，破坏力也在增强，出现了智能病毒、远程控制病毒等。因此，研究和防范计算机病毒也是信息安全的一个重要方面。

病毒防范研究的重点包括病毒的作用机理、病毒的特征、病毒的传播模式、病毒的破坏力、病毒的扫描和清除等。

8．身份认证技术

身份认证也称为"身份验证"或"身份鉴别"，是指在计算机及计算机网络系统中确认操作者身份的过程，从而确定该用户是否具有对某资源的访问和使用权限，进而使计算机和网络系统的访问策略能够可靠、有效地执行，防止攻击者假冒合法用户获得资源的访问权限，保证系统和数据的安全，以及授权访问者的合法利益。

目前，常用的身份认证技术有静态密码、短信密码、动态口令、智能卡、USB Key和生物识别等。

5.2 防火墙技术

防火墙技术是建立在现代通信网络技术和信息安全技术基础上的应用性安全技术，被越来越多地应用于专用网络与公用网络的互连环境中,尤其以接入Internet为甚。自从1986年美国Digital公司在Internet上安装了全球第一个商用防火墙系统后，防火墙技术得到了飞速的发展。

5.2.1 防火墙概述

1．防火墙及其功能

防火墙实际上是一种隔离技术，它将内部网与公众网（Internet）分开，在两者之间设置一道屏障，防止不明入侵者的所有通信，如图5-2所示。目前，防火墙技术主要有包过滤、代理服务、应用网关和状态检测等技术。

防火墙也是一种网络安全设备，自身具有较强的抗攻击能力，对两个或多个网络之间传输的数据包按照一定的安全策略来实施检查、过滤，以决定网络之间的通信是否被允许，并监视网络

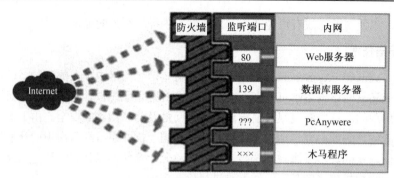

图 5-2 防火墙技术示意

运行状态。防火墙允许经过授权的人或数据进入网络,并将未经同意的人或数据拒之门外,最大限度地阻止网络中的黑客来访问你的网络,以防更改、复制、破坏网络内部的重要信息,保护内部网络操作环境。防火墙还可以关闭不使用的端口,能禁止特定端口的通信,封锁特洛伊木马等。

目前,市面上的防火墙设备品种较多,其功能也不尽相同,一般都具有如下 5 个基本功能:① 具有过滤进出网络的数据包;② 管理进出网络的访问行为;③ 封堵某些禁止的访问行为;④ 记录通过防火墙的信息内容和活动;⑤ 对网络攻击进行检测和告警等。

2. 防火墙的分类

(1) 按照防火墙的实现技术分

防火墙可分为包过滤型防火墙、应用代理型防火墙、基于状态检测的包过滤防火墙。

包过滤(Packet Filtering)型防火墙工作在 OSI/RM 的网络层和传输层,根据数据包头源地址、目的地址、端口号和协议类型等标志确定是否允许通过。只有满足过滤条件的数据包才被转发到相应的目的地,其余数据包则被丢弃。按照包过滤技术,又分为静态包过滤防火墙和动态包过滤防火墙。包过滤防火墙以以色列的 Checkpoint 防火墙和美国 Cisco 公司的 PIX 防火墙为代表。

应用代理(Application Proxy)型防火墙工作在 OSI/RM 的最高层,即应用层。其特点是完全阻隔了网络通信流,通过对每种应用服务编制专门的代理程序,实现监视和控制应用层通信流的作用。按照应用代理技术,又可分为应用网关型防火墙和第二代自适应防火墙。应用代理型防火墙以美国 NAI 公司的 Gauntlet 防火墙为代表。

基于状态检测的包过滤防火墙实现了状态包过滤,而且不打破原有客户—服务器模式,克服了前两种防火墙的限制。在状态包过滤防火墙中,数据包被截获后,状态包过滤防火墙从数据包中提取连接状态信息(TCP 的连接状态信息,如源端口和目的端口、序列号和确认号、6 个标志位,以及 UDP 和 ICMP 的模拟连接状态信息),并把这些信息放到动态连接表中进行动态维护。当后续数据包到来时,将后续数据包及其状态信息与其前一时刻的数据包及其状态信息进行比较,防火墙系统就能做出决策:后续的数据包是否允许通过,从而达到保护网络安全的目的。状态包过滤提供了一种高安全性、高性能的防火墙机制,且容易升级和扩展,透明性好。

(2) 按照防火墙的组成结构分

防火墙可分为软件级防火墙、硬件级防火墙和芯片级防火墙。

软件防火墙并不是个人防火墙。软件防火墙通常运行于特定的计算机上,需要客户预先安装好计算机操作系统的支持,再安装防火墙软件,并做好配置,才可以使用。一般来说,这台计算机就是整个网络的网关。

硬件级防火墙一般基于 PC 架构,也就是说,它们与普通的 PC 没有太大区别,是在这些 PC

架构的计算机上运行一些经过裁剪和简化的操作系统。

芯片级防火墙基于专用的 ASIC 芯片的硬件平台，没有操作系统，比其他种类的防火墙速度更快，处理能力更强，性能更高。

（3）按照防火墙的带宽分

防火墙可为分百兆级防火墙和千兆级防火墙两类，主要是指防火的通道带宽或吞吐率。当然，通道带宽越宽，性能越高，这样的防火墙因包过滤或应用代理所产生的延时也越小，对整个网络通信性能的影响也就越小。

3．防火墙的局限性

① 限制有用的网络服务。防火墙为了提高被保护网络的安全性，限制或关闭了很多有用但存在安全缺陷的网络服务。由于绝大多数网络服务在设计之初根本没有考虑安全性，只考虑使用的方便性和资源共享，所以都存在安全问题。防火墙一旦限制这些网络服务，等于从一个极端走到了另外一个极端。

② 无法防护内部网络用户的攻击。目前，防火墙只提供对外部网络用户攻击的防护，对来自内部网络用户的攻击只能依靠内部网络主机系统的安全性。防火墙无法禁止公司内部存在的间谍将敏感数据转存到软盘、U 盘或 PCMCIA 卡上，并将其带出公司。

③ Internet 防火墙无法防范通过防火墙以外的其他途径的攻击。假如在一个被保护的网络上有一个没有限制的拨出存在，内部网络上的用户就可以直接通过 SLIP 或 PPP 连接进入 Internet，从而绕过了由防火墙提供的安全系统。

④ Internet 防火墙也不能完全防止传输已感染病毒的软件或文件。因为病毒的类型太多，操作系统也有多种，编码和压缩二进制文件的方法也各不相同，Internet 防火墙不能对每个文件进行扫描，查出潜在的病毒。

⑤ 防火墙无法防范数据驱动型的攻击。数据驱动型的攻击从表面上看是无害的数据被邮寄或复制至主机上，但一旦执行就开始攻击。例如，一个数据驱动型攻击可能导致主机修改与安全相关的文件，使得入侵者很容易获得对系统的访问权。

⑥ 不能防备新的网络安全问题。防火墙是一种被动式的防护手段，只能对现在已知的网络威胁起作用。随着网络攻击手段的不断更新和一些新的网络应用的出现，不可能靠一次性的防火墙设置来解决永远的网络安全问题。

5.2.2 防火墙的接口

目前，应用于网络系统的防火墙是一台集成了防火墙功能、路由器功能、VPN 功能、入侵检测功能等多功能的专用网络设备。防火墙的外部接口至少有 4 个：内网接口、外网接口、DMZ 接口和配置接口。很多防火墙扩展了接口的数量，可以分为网络接口、配置接口和辅助接口 3 类，如锐捷 RG-WALL 1600-SC 防火墙，其接口如图 5-3 所示。

① 网络接口。防火墙的网络接口一般配置多个 100/1000 Mbps 自适应 RJ-45 接口（如图 5-3 所示，有 6 个自协商千兆接口 GE0～GE5），有些高档防火墙还配有 1000 Mbps 光纤接口。这些接口可以根据网络的需求定义为内网接口、外网接口或 DMZ 接口。内网接口用于连接内部网络设备（如核心交换机），外网接口用于连接边界路由器等外部网关设备或接入运营商的光缆。

② 配置接口：即 Console 接口，用于管理员对防火墙进行本地配置。

③ 辅助接口：一般有两种，一种是 USB 接口，用于存放日志信息或者加载版本，或管理员

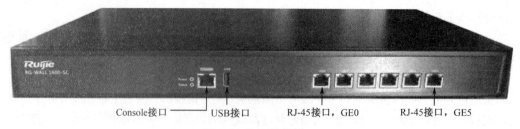

图 5-3　防火墙的接口

插入管理密钥；另一种是 AUX 接口，用于连接 Modem，便于管理员对防火墙进行远程管理。

④ DMZ（Demilitarized Zone，非军事区）接口：防火墙在内部网络与外部网络之间建立的一个屏蔽子网，它将内部网络和外部网络分开。内部网络和外部网络均可访问 DMZ，但禁止它们穿过 DMZ 通信。实际应用中，一般在 DMZ 中放置一些对外的服务器设备，如 Web 服务器、FTP 服务器、邮件服务器等，定义和限制外部访问只能在 DMZ 中进行。

5.2.3　防火墙的部署模式

防火墙的部署模式也称为工作模式，一般有 3 种：路由模式、透明模式和混合模式。

（1）路由模式

防火墙路由模式的网络连接方式如图 5-4 所示，将防火墙部署在内部网络与外部网络之间，需要将设备与内部网络、外部网络和 DMZ 三个区域相连的接口分别配置成不同网段的 IP 地址，并需要重新规划已有的网络拓扑结构。此时，防火墙工作在 OSI 的第三层（网络层），相当于一台路由器。

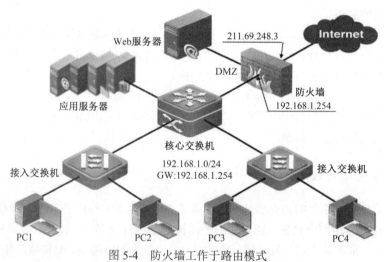

图 5-4　防火墙工作于路由模式

防火墙工作于路由模式时，支持 ACL 规则检查、ASPF 状态过滤、NAT 转换、防攻击检查、流量监控等功能。然而，防火墙在路由模式下有下列两个局限。

第一，工作在路由模式时，防火墙各接口所连接的局域网必须是不同的网段，如果位于同一网段，那么它们之间的通信将无法进行。

第二，如果用户试图在一个已经形成了的网络里添加防火墙，而此防火墙只能工作于路由方式，则需要对网络拓扑进行修改，与防火墙所接的主机（或路由器）的网关都要指向防火墙，路由器需要更改路由配置等。如果用户的网络非常复杂,设置时就会很麻烦。

(2)透明模式

防火墙透明模式(也称为桥模式)的网络连接方式如图 5-5 所示,将防火墙部署在内部网络中,不需要对其接口配置 IP 地址,可以不改变已有的网络拓扑结构。此时,防火墙工作在 OSI 的第二层(数据链路层),用户不知道防火墙的 IP 地址,意识不到防火墙的存在,即防火墙对用户和路由器来说是完全透明的(Transparent)。

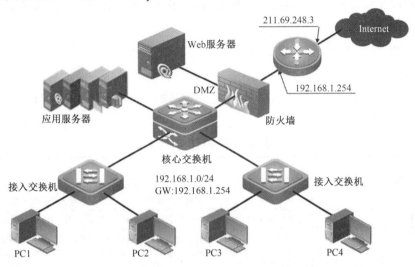

图 5-5　防火墙工作于透明模式

透明模式的防火墙好像是一台网桥(非透明的防火墙好像一台路由器),可以连接在 IP 地址属于同一子网的两个物理子网之间。如果将它加入一个已经形成了的网络中,可以不用修改周边网络设备(包括主机、路由器、工作站等)和所有计算机的设置(包括 IP 地址和网关)。

防火墙工作在透明模式时,支持 ACL 规则检查、ASPF 状态过滤、防攻击检查、流量监控等功能。

(3)混合模式

若防火墙同时具有工作在路由模式和透明模式的接口,即某些接口配置 IP 地址,某些接口不配置 IP 地址,则防火墙工作在混合模式下。

配置 IP 地址的接口所在的安全区域是三层区域,接口上启动 VRRP(Virtual Router Redundancy Protocol,虚拟路由冗余协议)功能,用于双机热备份;而未配置 IP 地址的接口所在的安全区域即二层区域,与二层区域相关接口连接的外部用户同属一个子网。当报文在二层区域的接口间进行转发时,转发过程与透明模式的工作过程完全相同。

在实际应用中,可以根据网络安全的需要部署多台防火墙。

5.2.4　防火墙的命令配置

对防火墙进行配置和管理一般有两种方式:一是连接 Console 接口,通过命令行进行配置管理,用于管理员第一次配置防火墙或测试防火墙的基本通信功能,或更改防火墙网络接口的 IP 地址,一般只对防火墙进行必要的初始配置。二是连接管理接口,通过 Web 界面进行配置管理,主要用于对防火墙进行更详细的接口设置、安全策略配置和管理等。本节以锐捷 RG-WALL 1600-SC

防火墙为例,主要介绍防火墙的命令行配置方式中的常用配置命令,对于更多的命令和 Web 界面配置方式由读者参照配套的设备配置手册自学。

1. 命令行配置方式连接与登录

命令行配置方式连接与登录的方法如下。

<1> 利用随机附带的专用配置线,连接管理主机的串口和防火墙的 Console 接口。

<2> 启动超级终端工具,定制通信参数为:波特率—9600,数据位—8,奇偶校验—无,停止位—1,流量控制—无。

<3> 连接成功以后,提示输入出厂默认账号和口令,即可进入命令行登录界面。

2. 命令语法

① 命令语法中的符号。命令中包含一些符号,说明如何输入该命令的完整格式,这些符号的含义在表 5.1 中有概要说明。

表 5.1 命令行中的符号

符号	描述
大写字母	大写字母表示该命令的该部分必须输入一个字符串参数。例如命令:usergroup NAME firewall 中必须在 NAME 位置中输入一个合法的用户组的名字,作为所创建的用户组的名字
A.B.C.D 和 A.B.C.D/M	A.B.C.D 表示 IP 地址,M 表示掩码,如命令 ip route A.B.C.D/M (A.B.C.D|INTERFACE)
( ) 和 |	( )一般与 | 配合使用。( )括起来的部分表示这部分命令有几个用 | 分隔开的可选项,必须选择输入其中一项。例如,命令 timezone (utc|cst)中,( )内包含由 | 分隔的两个可选项,必须输入 utc 和 cst 其中的一个
[ ]	[ ]表示里面的参数可输入或可不输入。例如,命令 show access-user [USERNAME]中,第二个参数如果输入,表示有要显示指定用户名称的接入用户信息,如果不输入,表示显示所有接入用户的信息
< >和数值范围	< >和数值范围表示输入的参数的取值范围在那两个数值之间的某个数。例如,命令 policy <1-5000>中,配置到设备上的策略 ID 可以是 1~5000 中的任何一个

② 语法帮助。如果对某个命令的语法不是很确定,请输入该命令中所知道的部分,然后输入"?"或空格+"?",命令行会提示已经输入的部分命令后剩余部分的可能的命令清单。

③ 命令自动补齐。当输入了一部分命令后,再按 Tab 键,如果匹配的命令有多个,则列出可能的命令清单,如果匹配的命令只有一个,那么命令行会自动把用户输入的那部分命令补齐,并把光标移至最后。

④ 命令简写,指可以以只输入命令单词或关键字的前边部分字母,只要那部分字母不会造成歧义,就可以直接回车执行该命令。但用户需完整输入参数。例如,命令 ip address 192.168.1.1/16 可以简写成 ip add 192.168.1.1/16。

3. 命令模式

RG-WALL 1600-SC 防火墙下的所有命令模式如表 5.2 所示,其中"NGFW"为设备名称。

表 5.2 防火墙命令行配置方式的命令模式

命令模式	提示符	进入方法
普通模式	NGFW>	系统引导后,输入密码
特权模式	NGFW #	在普通模式下输入"enable"和特权密码
全局配置模式	NGFW (config)#	在特权模式下输入"configure terminal"

续表

命令模式	提示符	进入方法
以太网接口配置模式	NGFW (config-eth0)#	在全局配置模式下输入"Interface IFNAME",如 interface eth0
VLAN 配置模式	NGFW (config-eth0.1)#	在配置模式下输入"interface IFNAME.VID"

4. 普通模式下的常用命令

在普通命令模式下可以进行一些简单的操作,如表 5.3 所示。

表 5.3 普通模式下的常用命令

命令	描述
enable	进入特权模式,可以对设备进行配置和写操作
exit	退出当前模式,返回到上一级模式
ping -c <1-10000> -s <0-65507> -w <0-10> WORD	网络连通性基本检测工具,WORD 为对方主机地址,-c 表示 ping 包的个数,-s 表示包的大小,-w 是等待相应的时间
list	显示当前模式下可用的命令
show running-config	显示当前的配置信息(可以是没有保存的)
show startup-config	显示已经保存的启动配置信息
show version	显示系统版本信息

5. 系统文件管理

在没有特别指明的时候,系统管理都是在特权模式下进行操作。

(1)保存配置文件

命令:write (*file*|*memory*|*terminal*)

参数:*file*——保存当前配置,*memory*——缓存当前配置,*terminal*——显示当前配置。

功能:将当前配置文件 running-config 保存到系统配置文件 startup-config 中。

(2)配置文件的上传与下载

用户可以把配置文件保存到文本文件中,在需要的时候(如不小心把设备配置搞乱了,不知道怎样把配置恢复到以前的状态时)再把配置文件下载到设备中。

配置文件下载命令:copy tftp *A.B.C.D* RemoteFile config

配置文件导出命令:copy(running-config|startup-config) tftp *A.B.C.D* RemoteFile

(3)系统升级

用户使用下面的命令,可以把一份版本文件下载到设备中。

命令:copy tftp *A.B.C.D* RemoteFile (*version* |*config* |*license* |*ipslib* |*avlib*|*certification*)

参数说明:如表 5.4 所示。

表 5.4 系统升级命令参数说明

关键字和参数	说明	关键字和参数	说明
tftp	表示采用 TFTP 协议传输文件	license	表示更新 License 文件
A.B.C.D	表示 TFTP server 地址	ipslib	表示更新入侵防御特征库
RemoteFile	表示在 TFTP server 上该文件名	avlib	表示更新防病毒库
version	表示更新软件版本	certification	表示更新证书
config	表示更新系统配置文件		

6. 系统管理

（1）开启、关闭 Telnet 服务

在默认情况下，只有 GE0（Eth0）接口的 Telnet 服务功能是打开的，要打开其他接口的 Telnet 服务功能，或关闭 Telnet 服务功能。其方法是：进入接口配置模式，配置接口的 IP 地址，开启或关闭 Telnet 服务。

模式：接口配置模式

命令：ip address *A.B.C.D/M*　　　　　　　　　　　　配置接口的 IP 地址
　　　(no) allow access telnet　　　　　　　　　　　　开启或关闭 Telnet 服务

（2）开启、关闭 SSH 服务

模式：接口配置模式

命令：ip address *A.B.C.D/M*　　　　　　　　　　　　配置接口的 IP 地址
　　　(no) allow access SSH　　　　　　　　　　　　开启或关闭 SSH 服务

7. 配置管理用户

设备出厂时默认配置一个超级管理员用户 admin，使用这个账号可以对设备进行配置，配置其他管理员，所有操作均在特权模式下进行。

（1）配置用户权限表

在配置管理员用户的时候需要使用用户权限表。每个管理员会对应一个管理员权限表，该管理员只具有用户权限表中规定的权限。

命令：authorized-table *NAME*　　　　　　　　　　　创建或进入权限表
　　　Authorized *(read|write|all|system-config|log-report|*　　设置权限表的读写权限
　　　　　　　admin-user|access-user|updata|securit-policy|reboot)

参数说明：如表 5.5 所示。

表 5.5　配置用户权限表命令参数说明

参　数	说　明	默认配置
read	表示后面的参数说明的是读权限	无
write	表示后面的参数说明的是写权限	无
all	表示所有功能都打开	无
system-config	具有系统配置的权限，系统配置具有 6 种权限规定以外的所有权限，且具有对象管理的权限	无
log-report	具有日志、NetFlow 操作的权限	无
admin-user	具有管理员用户、授权表、在线信息的操作权限	无
access-user	具有接入用户的操作权限	无
updata	具有升级的操作权限	无

（2）配置本地管理员用户

命令：user administrator *USER* local *PASSWORD* authorized-table *NAME* [disable]

功能：创建或者修改本地管理员用户的密码和管理权限表，并可以通过 disable 选项使该用户暂时无效，本地管理员用户是指用户的信息保存在设备上。

（3）配置 RADIUS 管理员用户

命令：user administrator *USER* radius *SERVER* authorized-table *NAME* [disable]

功能：创建或者修改 RADIUS 管理员对应的 RADIUS 服务器和管理权限表，并可以通过 disable

选项使该用户暂时无效。RADIUS 管理员用户是指用户的信息保存在 RADIUS 服务器上，用户认证需要通过 RADIUS 服务器认证。

（4）配置 LDAP 管理员用户

命令：user administrator *USER* ldap *SERVER* authorized-table *NAME* [disable]

功能：创建或者修改 LDAP 管理员对应的 LDAP 服务器以及管理权限表，并可以通过 disable 选项使该用户暂时无效。LDAP 管理员用户是指用户的信息保存在 LDAP 服务器上，用户认证需要通过 LDAP 服务器认证。

（5）配置管理员用户的管理地址

可以通过配置管理员用户的授权管理地址来控制用户登录的地址范围。如果没有配置该地址，那么可以通过任意 IP 地址登录，管理地址也可以是网段地址。

命令：user administrator *USER* authorized-address (*first*|*second*|*third*) *A.B.C.D*

功能：可以配置 3 个授权地址，该用户可以通过任意一个地址登录。

参数：*first*：第一个授权地址，*second*：第二个授权地址，*third*：第三个授权地址。

（6）配置管理员最短口令长度

命令：admin password *LENGTH*

参数：*LENGTH* 为最短口令长度，缺省值为 6。

功能：设置管理员用户的最短口令长度。

（7）配置用户组

可以把几个具有相同功能的用户放到一个用户组中，相同组的用户具有部分相同的属性。

命令：usergroup *NAME* firewall| (*sslvpnmode* (*all*|*tunnel*|*web*)))

　　　　　user access *USER* group *NAME*

功能：首先创建一个 firewall 或者 sslvpn 模式的用户组 NAME，然后将用户 USER 加入用户组 NAME 中。

（8）显示用户信息

命令：show admin-user　　　　　　　　显示当前已添加的管理员用户信息
　　　　show running-config　　　　　　显示当前配置
　　　　who　　　　　　　　　　　　　显示在线用户
　　　　show date　　　　　　　　　　　显示系统当前的日期和时间
　　　　show system uptime　　　　　　　查看系统连续运行的时间
　　　　date <2006-2030> <1-12> <1-31> <0-23> <0-59> <0-59>　　　　设置系统日期和时间

8．配置以太网接口

通过配置以太网接口可以实现更改接口的带宽设置、双工模式以及接口速率等设置功能。对于接口的命名，如果是 100M 接口，则名称前缀为 Eth，如 Eth0、Eth1 等；如果是 1000M 接口，则名称前缀为 GE，如 GE0、GE1 等。设备的所有接口默认是打开的，对接口的配置操作都是在接口模式下进行的。

（1）启用、禁止自协商功能

在默认情况下，接口参数是自协商的，在自协商模式下，接口的所有参数都是自动协商出来的，不能设置端口的参数，只有禁用自协商功能后，才可以对接口参数进行配置。

命令：auto-negotiate *on*|*off*

功能：启用或禁止接口的自协商功能。

（2）全双工、半双工模式

命令：duplex *full|half*

功能：配置接口为双工或半双工模式。

（3）速率设置

接口速率表示了端口收发数据包的速率，通常为 10M 和 100M，千兆设备接口速率为 10M、100M 和 1000M，百兆接口不能设置 1000M 速率。要使网络互连设备可以正常工作，必须保证相互连接的两个接口配置有相同的速率。

命令：speed (10|100|1000)

（4）关闭接口

接口关闭后将不再收发数据，主要用于系统故障的发现和诊断，但通常情况下不需要这样做。

命令：shutdown

（5）配置接口 IP 地址

接口的 IP 地址可以通过下列 3 种方式配置，每个接口能分别配置不同的配置 IP 地址的方式，但每次只能配置一种方式。

① 指定静态 IP 地址。

命令：ip address *A.B.C.D/M*

参数：*A.B.C.D* 为接口 IP 地址，*M* 为掩码长度。

② PPPoE 方式获取。通过 PPPoE 从 PPPoE 服务器获取 IP 地址，同时能取到网关和 DNS 设置。此方式适用于设备通过 ADSL 接入 Internet，配置步骤如表 5.6 所示。

表 5.6 PPPoE 方式获取 IP 地址配置步骤

步骤 1	configure terminal	进入全局配置模式
步骤 2	interface IFNAME	进入某一个 interface
步骤 3	ip address pppoe [*A.B.C.D*]	配置接口通过 PPPoE 方式获取地址，接口也可以自己指定 IP 地址，A.B.C.D 为接口指定 IP 地址
步骤 4	pppoe username *USERNAME*	配置 PPPoE 认证的用户名
步骤 5	pppoe password *PASSWORD*	配置 PPPoE 认证的密码
步骤 6	pppoe default_gateway	配置接口使用 PPPoE 网关为缺省网关
步骤 7	pppoe dns	配置使用 PPPoE 服务器的 DNS 设置
步骤 8	pppoe distance <1-255>	配置通过 PPPoE 获取缺省网关的权重
步骤 9	end	退回到特权模式下
步骤 10	write terminal	显示配置

<3> DHCP 方式获取。通过 DHCP 方式从 DHCP 服务器获取 IP 地址，也能取到网关和 DNS。

命令：ip address dhcp metric <1-255> gw (*reset|default*) dns (*reset|default*)

功能：配置接口通过 DHCP 获取 IP 地址

参数：metric <1-255>：配置通过 DHCP 获取地址的权重，范围为 1～255。

gw (*reset|default*) —配置网关的获取方式，*reset* 为使用 DHCP 服务器指定的网关，*default* 为使用系统原有的网关。

dns (*reset|default*) —配置 DNS 的获取方式，*reset* 为使用 DHCP 服务器指定的 DNS，*default* 为使用系统原有的 DNS

说明：使用 no ip address 可以删除当前接口的 IP 地址设置，使用 no ip address dhcp 可以取消接口的 dhcp client 设置，使用 no ip address pppoe 可以取消接口的 PPPoE 设置。

DHCP Client 允许在物理接口、VLAN 接口上启用，但不能在桥接口启用。

（6）配置接口辅 IP 地址

接口除了配置主 IP 外还能配置最多 5 个辅 IP，用于一个物理接口下接多个网段的设备。

命令：ip address <*A.B.C.D/M*> secondary

功能：配置接口辅 IP，A.B.C.D/M 为辅 IP 的地址和掩码长度。

（7）配置接口 MTU

接口的 MTU 用于控制接口的最大报文发送长度。

命令：mtu <64-1518>

功能：设置接口最大发送报文长度，默认为 1500。

（8）配置接口的管理访问

接口的管理访问是用来控制通过该接口访问和管理 NGFW 设备的权限，可以限制对接口的某类访问，保护 NGFW 设备的安全运行。

命令：Allow access (*center-monitor|http|https|ping|telnet|ssh*)

参数：*http*—允许或者禁止通过 HTTP 方式管理；*https*—允许或者禁止通过 HTTPS 方式管理；*telnet*—允许或者禁止通过 Telnet 方式管理；*ssh*—允许或者禁止通过 ssh 方式管理；*ping*—允许或者禁止外面设备 Ping 本防火墙。

以上这些权限在同一个接口上可以同时打开多个，可以组合使用。

（9）配置接口的接入访问

接口的接入访问是用来控制通过该接口接入的用户访问 Internet 或者服务器的权限，可以限制接口的某些接入，保护服务器的安全。

命令：allow access (*l2tp|webauth|sslvpn*)

参数：*l2tp*—允许或者禁止该接口接入 L2TP VPN 用户；*webauth*—允许或者禁止该接口接入 Web 认证用户；*sslvpn*—允许或者禁止该接口接入 SSLVPN 用户。

以上这些权限在同一个接口上可以同时打开多个，可以组合使用。

（10）配置接口别名

设备在出厂的时候每个接口的名字与设备面板上的名字是一致的，在设备的使用过程中，为了便于理解和记住接口的用处，可以把接口改成比较直观的名字。

命令：aliasname *NAME*

参数：*NAME* 为接口的别名。

（11）配置接口描述

由于接口别名不能是特别复杂的语句，有时候用起来可能不是特别方便。在使用过程中，为了清楚接口的用途，可以给接口加上复杂的描述，便于以后设备的维护。

命令：description *DESCRIPTION*

参数：*DESCRIPTION* 为描述内容，可以有空格。

5.2.5 防火墙的 Web 管理

锐捷 RG-WALL 1600-SC 防火墙标记有 GE0/MGT 的接口为设备的管理接口，默认 IP 地址为

192.168.1.200/24。系统默认的管理员用户为 admin，密码为 firewall。

用户配置本机 IP 地址为 192.168.1.2/24，通过网线将本机与设备接口 GE0 连接，在浏览器地址栏输入：https://192.168.1.200，忽略浏览器的证书安全提示，则进入防火墙的 Web 界面配置方式登录界面，如图 5-6 所示。

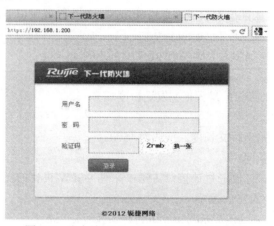

图 5-6　防火墙 Web 界面配置方式登录界面

在主界面相应位置中输入系统管理员用户名（默认用户名 admin）、密码（默认密码 firewall）和验证码（随机生成），即可进入到配置主界面。

在 Web 界面中也可以对防火墙进行必要的初始配置，但主要用于对防火墙进行更详细的安全策略配置和管理。因为各种防火墙的 Web 管理界面不同，其操作方法也不完全一样，配置时需要按照随机附带的用户操作手册的说明，逐步操作完成。

防火墙可通过监测、限制、更改跨越防火墙的数据流，尽可能地对外部屏蔽网络内部的信息、结构和运行状况，以此来实现网络的安全保护。防火墙的安全策略通常采用两种设计原则：一是除非明确允许，否则将禁止某种服务；二是除非明确禁止，否则将允许某种服务。前者在默认情况下禁止所有的服务，后者在默认情况下允许所有的服务。大多数防火墙默认都是把拒绝所有的流量作为安全选项，除非被网络管理员根据实际需要进行具体配置。

5.2.6　防火墙的性能与选购

要选购一台性价比好又实用的防火墙产品，首先要了解防火墙的性能参数，然后根据实际需求确定产品型号。

（1）防火墙的性能参数

产品类型：基于路由器的包过滤型，基于通用操作系统型，基于专用安全操作系统型。

LAN 接口：指防火墙所能保护的网络类型（如以太网、快速以太网、千兆以太网、ATM 网、令牌环及 FDDI 等）和支持的最大 LAN 网络接口数目。

服务器平台：指防火墙所运行的操作系统平台，如 UNIX、Linux、Windows NT、专用安全操作系统等。

协议支持：指支持的非 IP 协议，建立 VPN 通道的协议，在 VPN 中使用的协议等。

加密支持：指支持的 VPN 加密标准，除了 VPN 之外加密的其他用途，是否提供硬件加密方法等。

认证支持：指支持的认证类型、认证标准和 CA 互操作性等。

支持数字证书：指是否支持数字证书。

访问控制：指通过防火墙的包内容设置的访问控制，在应用层提供代理支持的访问控制，在传输层提供代理支持的访问控制，是否支持 FTP 文件类型过滤，用户操作的代理类型，是否支持网络地址转换（NAT），是否支持硬件口令、智能卡等。

防御功能：指是否支持防病毒和内容过滤功能，是否阻止 ActiveX、Java、Cookies、JavaScript 侵入，能防御的 DoS 攻击类型等。

安全特性：指是否支持转发和跟踪 ICMP 协议（ICMP 代理），是否提供入侵实时警告，是否提供实时入侵防范，是否能识别、记录、防止企图进行 IP 地址欺骗等。

管理功能：指是否支持本地管理、远程管理、集中管理和带宽管理，是否提供基于时间的访问控制，是否支持 SNMP 监视和配置，负载均衡特性、失败恢复特性（failover）等。

记录和报表功能：指防火墙处理完整日志的方法，是否具有日志的自动分析和扫描功能，是否具有提供自动报表、日志报告和简要报表功能，是否提供告警机制和实时统计，是否能列出获得的国内有关部门许可证类别及号码等。

（2）用户选购防火墙的注意事项

用户在选购防火墙时，应该注意如下事项：① 防火墙自身是否安全；② 系统是否稳定、高效、可靠；③ 功能是否灵活，配置是否方便，管理是否简便；④ 是否可以抵抗拒绝服务攻击；⑤ 是否可以针对用户身份进行过滤；⑥ 是否具有可扩展、可升级性。

5.3 虚拟专用网技术

5.3.1 虚拟专用网技术概述

1．虚拟专用网的原理

虚拟专用网（Virtual Private Network，VPN）是指将物理上分布在不同地点的局域网，通过公众网（Internet）构建成一个逻辑上的专用网络，实现安全可靠、方便快捷的通信，也可以说是"在公众网络上所建立属于自己的私有专用网络"，如图 5-7 所示。

图 5-7　VPN 连接

VPN 技术采用了加密、认证、存取控制、数据完整性等措施，相当于在各 VPN 设备间形成一些跨越 Internet 的虚拟通道——"隧道"，使得敏感信息只有预定的接收者才能读懂，实现信息的安全传输，使信息不被泄露、篡改和复制。

2．VPN 工作过程

VPN 的基本处理过程如下。

<1> 要保护的主机发送明文信息到其 VPN 设备。

<2> VPN 设备根据网络管理员设置的规则，确定是对数据进行加密还是直接传输。

<3> 对需要加密的数据,VPN 设备将其整个数据包(包括要传送的数据、源 IP 地址和目的 IP 地址)进行加密并附上数字签名,加上新的数据报头(包括目的地 VPN 设备需要的安全信息和一些初始化参数),重新封装。

<4> 将封装后的数据包通过隧道在公共网络(Internet)上传输。

<5> 数据包到达目的 VPN 设备,将其解封,核对数字签名无误后,对数据包解密。

3. VPN 安全技术

目前,VPN 主要采用 4 项技术来保证安全:隧道技术(Tunneling)、加密技术(Encryption)、认证技术(Authentication)和 QoS 技术。

隧道技术是 VPN 的基本技术,类似于点对点连接技术,在公众网建立一条数据通道(隧道),让数据包通过这条隧道传输。

加密技术是数据通信中一项较成熟的技术,包括加密、解密和密钥管理技术。在 VPN 中,对通过公共网络传递的数据使用加密技术进行加密,从而确保网络上未经授权的用户无法读取信息。

认证技术中最常用的是使用者名称和密码或卡片式认证方式。

QoS 表示数据流通过网络时的性能,其目的在于向用户提供端到端的服务质量保证。因此,在 VPN 中设计实现一种 QoS 策略控制方案就显得尤为重要。

5.3.2 隧道技术

隧道技术是 VPN 技术的核心,分为两种:强制隧道(Compulsory Tunnel)和自愿隧道(Voluntary Tunnel)。强制隧道不需要用户在自己的计算机上安装特殊的软件,使用起来比较方便,主要供 ISP 将用户连接到 Internet 时使用。自愿隧道则需要用户在自己的计算机上安装特殊的软件,以便在 Internet 中可以任意使用隧道技术,完全地控制自己数据的安全。目前,自愿隧道是最普遍使用的隧道类型。

隧道是由隧道协议形成的,目前 VPN 隧道协议主要有点到点隧道协议 PPTP、第二层转发协议 L2F、第二层隧道协议 L2TP、网络层隧道协议 IPSec 和 GRE、会话层隧道协议 SOCKS v5 和 SSL。它们在 OSI 模型中的位置如表 5.7 所示。其中,PPTP、L2F、L2TP 使用数据帧作为交换单位,它们都是把数据封装到 PPP(点对点协议)中,再把整个数据包装入隧道协议中。IPSec 使用数据包作为数据交换单位,是把数据直接装入隧道协议中,形成的数据包依靠第三层协议进行传输。

表 5.7 VPN 隧道协议和 OSI 模型对照

层次	OSI 模型	VPN 隧道协议
7	应用层	
6	表示层	
5	会话层	SOCKS v5、SSL
4	传输层	
3	网络层	IPSec、GRE
2	数据链路层	PPTP、L2F、L2TP
1	物理层	

1. PPTP

PPTP(Point to Point Tunnel Protocol)是基于 IP 的点对点隧道协议,将其他协议和数据封装于 IP 网络,用公众网创建 VPN。PPTP 实质上是 PPP 的扩展,是一个真正的端到端技术,可建立从用户到服务器的直接端到端隧道连接,使远程用户能够透过任何支持 PPTP 的 ISP 访问某一专用网络。

通过 PPTP,用户可采用拨号方式接入某专用网络,具体过程为:拨号用户首先按常规方式拨号到 ISP 的接入服务器(NAS),建立 PPP 连接;在此基础上,进行第二次拨号建立到 PPTP 服务器的连接,该连接称为 PPTP 隧道,实质上是基于 IP 协议的另一个 PPP 连接,其中的 IP 包可以封装多种协议数据，包括 TCP/IP、IPX 和 NetBEUI。

PPTP 采用了基于 RSA 公司 RC4 的数据加密方法，保证了虚拟连接通道的安全性。直接连接到 Internet 上的用户不需要第一种 PPP 拨号连接，可以直接与 PPTP 服务器建立虚拟通道。PPTP 把建立隧道的主动权交给了用户，但用户需要在其计算机上配置 PPTP，这样做既增加了用户的工作量，又会造成网络安全隐患。另外，PPTP 只支持 IP 作为传输协议。

2. L2F 协议

L2F（Layer Two Forwarding）是由 Cisco 公司在 1998 年 5 月提出的隧道技术。L2F 可以在多种介质（如 ATM、帧中继、IP 网）上建立多协议的安全 VPN。远程用户能够通过任何拨号方式接入公共 IP 网络，首先按常规方式拨号到 ISP 的接入服务器（NAS），建立 PPP 连接；NAS 根据用户名等信息，发起第二重连接，呼叫用户网络的服务器。在这种情况下，隧道的配置和建立对用户是完全透明的。

3. L2TP

L2TP（Layer Two Tunneling Protocol）是把数据链路层 PPP 帧封装在公共网络设施（如 IP 网、ATM 网和帧中继网）中进行隧道传输的封装协议。L2TP 主要由 L2TP 访问集中器（L2TP Access Concentrator，LAC）和 L2TP 网络服务器（L2TP Network Server，LNS）组成。LAC 支持客户端的 L2TP，用于发起呼叫、接收呼叫和建立隧道。LNS 是所有隧道的终点。

L2TP 的建立过程如下。

<1> 用户通过公共网拨号至本地接入服务器 LAC（LAC 是连接的终点）。

<2> LAC 接收呼叫并进行辨认，如果用户被认为是合法用户，就建立一个通向 LNS 的 VPN 隧道。

<3> 内部网的安全服务器（如 TACACS+、RADIUS 等）鉴定拨号用户。

<4> LNS 与远程用户交换 PPP 信息，分配 IP 地址。

<5> 端对端的数据从拨号用户传到 LNS。

L2TP 提供了差错和流量控制，作为 PPP 的扩展，L2TP 支持标准安全特性 CHAP 和 PAP，可以进行用户身份认证。L2TP 定义了控制报文的加密传输，对每个隧道生成一个独一无二的随机密钥，以抵御欺骗性的攻击，但是对传输中的数据不加密。

4. IPSec 协议

IPSec（IP Security）是一种端到端的确保基于 IP 通信的数据安全性的机制，把多种安全技术集合到一起，可以建立一个安全、可靠的隧道，包括 3 个基本协议：① AH（Authentication Header）协议，为 IP 报文提供信息源验证和完整性保证；② ESP（Encapsulaton Security Payload）协议，提供加密保证；③ IKE（Internet Key Exchabge，密钥交换）协议，提供双方交流时的共享安全信息。

IPSec 数据报文结构如图 5-8 所示，是在 IP 报文头后面增加几个新的字段来实现安全保证。

IPSec 有两种工作模式：隧道模式和传输模式。

IP报头	AH报头	ESP报头	上层协议（数据）

图 5-8　IPSec 数据报结构

在隧道模式中，整个用户的 IP 数据报文被用来计算 ESP 报头，整个 IP 报文被加密并与 ESP 报头一起被封装在一个新的 IP 报文内。于是，当数据在 Internet 上传输时，真正的源地址和目的地址被隐藏起来。

在传输模式中，只有高层协议（TCP、UDP、ICMP 等）和数据进行加密，源地址、目的地址和 IP 报头的内容都不加密。

现在一种趋势是将 L2TP 和 IPSec 结合起来，用 L2TP 作为隧道协议，用 IPSec 协议保护数据。LAN 到 LAN 之间的 VPN 最适合采用这种技术。

5．SSL 协议

SSL（Security Socket Layer）协议是网景（Netscape）公司提出的基于 Web 应用的安全协议，包括：服务器认证、客户认证（可选）、SSL 链路上的数据完整性和 SSL 链路上的数据保密性。对于内、外部应用来说，SSL 可保证信息的真实性、完整性和保密性。目前，SSL 协议被广泛应用于各种浏览器中，也可以应用于 Outlook 等使用 TCP 传输数据的 C/S 模式。正因为 SSL 协议被内置于 IE 等浏览器中，使用 SSL 协议进行认证和数据加密的 SSL VPN 就可以免于安装客户端。相对于传统的 IPSec VPN 而言，SSL VPN 具有部署简单、无客户端、维护成本低、网络适应强等特点，这两种类型的 VPN 之间的差别类似 C/S 构架和 B/S 构架的区别。

6．SOCKS v5 协议

SOCKS v5 是一个需要认证的且已被 IETF 认证的防火墙协议。当 SOCKS v5 同 SSL 协议配合使用时，可作为建立高度安全 VPN 的基础。SOCKS v5 协议的优势在于访问控制，适用于安全性较高的 VPN。目前，IETF 建议将 SOCKS v5 作为建立 VPN 的标准，尽管还有一些其他协议，但是 SOCKS v5 得到了来自 Microsoft、Netscape 和 IBM 公司的支持。SOCKS v5 应用在以 Aventai 原理为基础的 VPN 解决方案中。

SOCKS v5 由 David Koblas 率先提出并由 NEC 系统实验室率先通过 IETF 认可，是目前为止唯一一个被 IETF 认可的生产 VPN 的标准。

5.3.3　VPN 的应用类型

VPN 有 3 种应用类型：远程访问虚拟网（Access VPN）、企业内部虚拟网（Intranet VPN）和企业扩展虚拟网（Extranet VPN）。通常把 Intranet VPN 和 Extranet VPN 统一称为专线 VPN。

Access VPN（简称远程访问 VPN）又称为拨号 VPN（即 VPDN），是企业员工或企业的小分支机构通过公众网远程访问企业内部网络而构筑的虚拟网，如图 5-9 所示。因远程用户一般是一台计算机，而不是网络，因此该类型的 VPN 是一种主机到网络的拓扑结构。

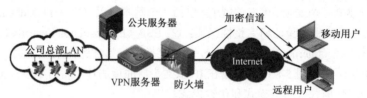

图 5-9　远程访问 VPN

Access VPN 通过一个拥有与专用网络相同策略的共享基础设施，提供对企业内部网的远程访问，使用户随时、随地以其所需的方式访问企业资源。Access VPN 包括模拟、拨号、ISDN、数字用户线路（xDSL）、移动 IP 和电缆技术，能够安全地连接移动用户、远程工作者或分支机构。

Intranet VPN（简称内部网 VPN）是企业的总部与分支机构之间通过公网构筑的虚拟网，如

图 5-10 所示。这是一种网络到网络以对等方式连接的拓扑结构。Intranet VPN 通过一个使用专用连接的共享基础设施，连接企业总部、远程办事处和分支机构。企业拥有与专用网络的相同政策，包括安全、服务质量（Qos）、可管理性和可靠性。利用 Internet 的线路保证网络的互连性，而利用隧道、加密等 VPN 特性，可以保证信息在整个 Intranet VPN 上安全传输。

图 5-10 内部网 VPN

Extranet VPN（简称外联网 VPN）是企业间发生收购、兼并或企业间建立战略联盟后，使不同企业网通过公网来构筑的虚拟网，如图 5-11 所示。这是一种网络到网络以对等方式连接的拓扑结构。Extranet VPN 通过一个使用专用连接的共享基础设施，将客户、供应商、合作伙伴或兴趣群体连接到企业内部网。企业拥有与专用网络的相同政策，包括安全、服务质量（Qos）、可管理性和可靠性。Extranet VPN 能保证包括 TCP 和 UDP 服务在内的各种应用服务的安全，如 E-mail、HTTP、FTP、Real Audio、数据库的安全以及一些应用程序的安全。

图 5-11 外联网 VPN

5.3.4 VPN 解决方案及实施步骤

1．VPN 解决方案

对于不同的企业来说，因为规模、业务千差万别，所以针对特定企业必须具体问题具体分析。在实际应用中，根据 VPN 的应用类型，相应地有 Access VPN、Intranet VPN 和 Extranet VPN 三种解决方案，用户可以根据自己的情况进行选择。

① Access VPN。如果企业的内部人员移动或有远程办公需要，或者商家要提供安全的 B2C 访问服务，就可以考虑使用 Access VPN。Access VPN 适用于公司内部经常有流动人员远程办公的情况。出差员工利用当地 ISP 提供的 VPN 服务，就可以与公司的 VPN 网关建立私有的隧道连接。公司往往要制定一种"透明的访问策略"，使得在远处的雇员也能像他们坐在公司的总部办公室一样自由地访问公司的资源；为方便员工的使用，Access VPN 的客户端应尽量简单，VPN 服务器可对员工进行验证和授权，保证连接的安全。

② Intranet VPN。如果要进行企业内部各分支机构网络的互连，使用 Intranet VPN 是很好的方式。这种方案的优点如下：可以减少 WAN 带宽的费用；能使用灵活的拓扑结构，包括全网络连接；新的站点能更快、更容易地被连接；通过 WAN 设备供应商的连接冗余，可以延长网络的可用时间；带来的风险也最小，因为公司通常认为他们的分支机构是可信的，并将它作为公司网络的扩展。

③ Extranet VPN。如果是提供 B2B 之间的安全访问服务，则可以考虑 Extranet VPN。Extranet VPN 对用户的吸引力在于：能容易地对 Extranet VPN 进行部署和管理，其连接可以使用与部署 Intranet VPN 和 Access VPN 相同的架构和协议进行部署。主要的不同是接入许可，Extranet VPN 的用户被许可只有一次机会连接到其合作人的网络。

2. VPN 的部署模式

VPN 有 3 种部署模式，它们从本质上描述了 VPN 的隧道是如何建立和终止的。

① 端到端（End-to-End）模式，是典型的由自建 VPN 的客户所采用的模式。虽然在该模式中网络设施是被动的，但是许多融合了端到端模式的解决方案其实是由服务商为它们的客户集成或捆绑实现的。在端到端模式中，最常见的隧道协议是 IPSec 和 PPTP。

② 供应商—企业（Provider-Enterprise）模式。在该模式中，客户不需要购买专门的隧道软件，由服务商的设备来建立隧道并验证。隧道通常在 VPN 服务器或路由器中创建，在客户前端关闭。然而，客户仍然可以通过加密数据实现端到端的全面安全性。在该模式中，最常见的隧道协议有 L2TP、L2F 和 PPTP。

③ 内部供应商（Intra-Provider）模式。这是很受电信公司欢迎的模式，因为在该模式中，服务商保持了对整个 VPN 设施的控制，通道的建立和终止都是在服务商的网络设施中实现的。对客户来说，该模式的最大优点是他们不需要做任何实现 VPN 的工作，客户不需要增加任何设备或软件投资，整个网络都由服务商维护。

3. VPN 的构建步骤

（1）需求分析和设计

① 需要根据实际的业务需求，考虑采用什么类型的 VPN 架构，是实现远程局域网互连，还是提供远程用户访问，或者两者兼有。

② 需要确定采用单向启动还是双向启动的 VPN 隧道连接。如果 VPN 隧道需要 7×24 小时的不间断连接，那么应该考虑单向启动的隧道连接，否则可考虑双向启动连接。

③ 需要确定 VPN 隧道协议。不同的协议有不同的特点，可以参照前面的内容结合自身的需求进行选择。

④ 需要确定采用软件还是硬件 VPN 方案。硬件 VPN 可以在硬件中处理加密和解密，因此具有较好的性能。软件 VPN 方案价格低廉，而且更具灵活性，但是在性能、安全、可靠性和可管理性方面往往不如硬件方案。当然，也可以实现软硬结合的 VPN 解决方案。

（2）选择 VPN 产品

在确定了方案之后，需要选购相关产品。一套完整的 VPN 产品包括 3 部分：① VPN 网关（如路由器），实现局域网与局域网之间的连接；② VPN 客户端，实现客户端到局域网的连接；③ VPN 管理中心，对 VPN 网关和 VPN 客户端的安全策略进行配置和远程管理。

选择 VPN 产品时，需要考虑下列问题：首先，需要考虑产品的定位，需要明确是构建大型应用还是中小型应用；其次，需要考虑 VPN 支持的应用类型，如局域网到局域网，客户到局域网还是客户到客户，并不是所有产品都支持这些应用类型；再次，需要考虑产品的隧道协议和 VPN 可承载协议、NAT 及路由协议，产品可以支持的最大连接数，可提供的网络接口，是否集成防火墙，可管理性和可扩展性，安全策略等方面。除了从技术角度考虑外，还应考虑 VPN 的总体预算。

（3）配置 VPN 网络

需要配置路由器（或防火墙），包括网络连接、网络互连协议、远程访问参数。配置完毕，需要激活 VPN 隧道连接。

（4）部署 VPN 应用

VPN 网络一旦组建成功，就可以像本地局域网一样使用，凡是能够在局域网上开展的业务，都可以考虑在 VPN 上应用。

如果是跨地区的 VPN 网络，因为服务质量难以保证，不太适合实时性很强的业务，如视频业务，但是语音、传真、文件和数据业务都是可行的。如果是在本地网络上组建 VPN，可以利用高速网络通道，实现实时性增值业务，如 IP 电话、IP 传真、视频会议等。

在构建 VPN 的解决方案时，还需要考虑以下问题。

- VPN 的可用性：建立的网络是否能够满足用户的业务需求。
- VPN 的安全性：除了数据加密的安全性之外，还需要上层网络应用的认证系统、用户授权系统等保证。
- VPN 的可扩展性：包括物理网络可扩展性和功能上的可扩展性。
- VPN 的可管理性：对于不同业务模式和技术结合的网络需要不同的管理方式。
- VPN 的建设和运营成本：网络建设初期的设备和初装费用，网络扩展和运营维护设备。

5.4 入侵检测技术

防火墙安全体系可以保护计算机网络系统不受未经授权访问的侵扰，但是它们对专业黑客或恶意的未经授权用户却无能为力。由于性能的限制，防火墙通常不能提供实时的入侵检测能力，对于企业内部人员所做的攻击，防火墙形同虚设。

入侵检测是对防火墙安全体系的有益补充，入侵检测被认为是防火墙之后的第二道安全闸门，在不影响网络性能的情况下能对网络进行监听，从而提供对内部攻击、外部攻击和误操作的实时保护，大大提高了网络的安全性。

5.4.1 入侵检测技术概述

1. 入侵检测系统简介

"入侵"（Intrusion）是个广义的概念，不仅包括发起攻击的人（如恶意的黑客）取得超出合法范围的系统控制权，也包括收集漏洞信息、造成拒绝访问（Denial of Service）等对计算机系统造成危害的行为。

入侵检测（Intrusion Detection）是指对入侵行为的检测，通过收集和分析计算机网络或计算机系统中若干关键点的信息，检查网络或系统中是否存在违反安全策略的行为和被攻击的迹象。入侵检测是检测和响应计算机误用的学科，其作用包括威慑、检测、响应、损失情况评估、攻击预测和起诉支持。

入侵检测技术是为保证计算机系统的安全而设计与配置的一种能够及时发现并报告系统中未授权或异常现象的技术，是一种用于检测计算机网络中违反安全策略行为的技术。

进行入侵检测的软件与硬件的组合便是入侵检测系统（Intrusion Detection System，IDS）。

2. 入侵检测系统的功能

入侵检测系统作为一种积极主动的安全防护技术，可以对来自外部及内部的攻击做出响应，包括记录事件、安全审计、监视、攻击识别、报警、阻断非法的网络活动等。扩展了系统管理员的安全管理能力。具体说来，入侵检测系统的主要功能如下：

- 监测并分析用户和系统的活动。
- 核查系统配置和漏洞。
- 评估系统关键资源和数据文件的完整性。
- 识别已知的攻击行为。
- 统计分析异常行为。
- 操作系统日志管理，并识别违反安全策略的用户活动。

5.4.2 IDS 的分类

1. 主机型入侵检测系统

主机型入侵检测系统（Host-based Intrusion Detection System，HIDS）是早期的入侵检测系统结构，其检测的目标主要是主机系统和系统本地用户，检测原理是根据主机的审计数据和系统日志发现可疑事件。其结构如图 5-12 所示。HIDS 可以运行在被检测的主机或单独的主机上。

HIDS 对分析"可能的攻击行为"非常有用，误报率较低，不需要另外添加设备。但因操作系统平台提供的日志信息格式不同，必须针对不同的操作系统安装个别的入侵检测系统；如果入侵者经其他系统漏洞入侵系统并取得管理者的权限或因分布式（Denial of Service，DoS）攻击，将导致主机型入侵检测系统失去效用。

2. 网络型入侵检测系统

网络型入侵检测系统（Network-based Intrusion Detection System，NIDS）是通过分析主机之间网线上传输的信息来工作的，通常利用一个工作在"混杂模式"（Promiscuous Mode）下的网卡来实时监视并分析通过网络的数据流。其结构如图 5-13 所示。NIDS 一般放在比较重要的网段内。

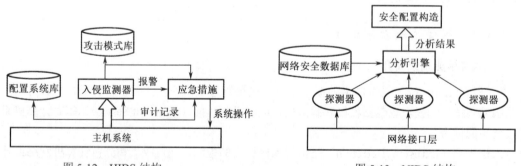

图 5-12　HIDS 结构　　　　　　　　图 5-13　NIDS 结构

探测器的功能是按一定的规则从网络上获取与安全事件相关的数据包。分析引擎对从探测器上接收到数据包结合网络安全数据库进行分析。配置构造器按分析引擎器的结果构造出探测器所需要的配置规则。一旦检测到了攻击行为，NIDS 的响应模块就做出适当的响应。

NIDS 的优点是：成本低；可以检测到主机型检测系统检测不到的攻击行为；入侵者消除入侵证据困难；不影响操作系统的性能；架构网络型入侵检测系统简单。其缺点是：如果网络流速高，可能丢失许多封包，容易让入侵者有机可乘；无法检测加密的封包；无法检测出直接对主机的入侵。

3. 混合入侵检测系统

主机型和网络型入侵检测系统都有各自的优缺点，混合入侵检测系统是基于主机和基于网络的入侵检测系统的结合，许多机构的网络安全解决方案都同时采用了 HIDS 和 NIDS，因为这两种系统在很大程度上互补，两种技术结合能大幅度提升网络和系统面对攻击和错误使用时的抵抗力，使安全实施更加有效。

5.4.3 IDS 的应用与部署

入侵检测系统总体上分为纯软件型和硬件设备型两大类。纯软件型产品，需要系统管理员在计算机上安装配置，构建成一台 IDS 设备，所以一般都是直接购买 IDS 硬件产品。

1. IDS 的接口

目前，市场上的入侵检测产品大大小小有上百家，但其产品结构大同小异。外部接口一般包括 RJ-45 接口和 Console 接口，高档 IDS 还具有光纤网络接口，如图 5-14 所示。

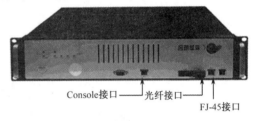

图 5-14 IDS 的接口

2. IDS 的部署方式

与防火墙不同的是，IDS 入侵检测系统是一个旁路监听设备，没有也不需要跨接在任何链路上，无须网络流量流经它便可以工作。因此，对 IDS 的部署的唯一要求是：IDS 应当挂接在所有所关注的流量都必须流经的链路上。这里，"所关注的流量"是指来自高危网络区域的访问流量和需要进行统计、监视的网络报文。

IDS 在交换式网络中的位置一般选择为尽可能靠近攻击源和尽可能靠近受保护资源。这些位置通常是：服务器区域的交换机上，Internet 接入路由器之后的第一台交换机上，重点保护网段的局域网交换机上。在实际应用中，一般有如下 4 种典型的部署方式。

① 单核心部署。一台 IDS 连接核心交换机，时时获得网络流量，时时监控外网与内网的所有通信流量，如图 5-15 所示。

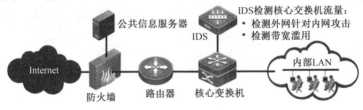

图 5-15 单核心部署

② 双核心部署。两台 IDS 分别接两台核心交换机，冗余互备，时时监控外网与内网的所有通信流量，如图 5-16 所示。

③ 双网口备份模式部署。一台 IDS 通过两个网口同时监测，双网口互为备用，时时监控内、外网攻击和恶意流量，如图 5-17 所示。

④ 汇聚层多台部署。依据汇聚层需要，部署多台 IDS 连接各个汇聚交换机，时时监控内网流量，检测和阻断内网间病毒传播和恶意攻击，如图 5-18 所示。

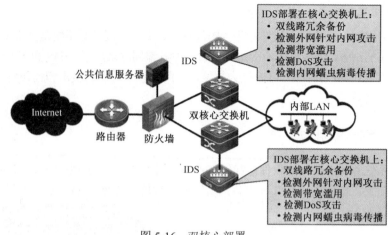

图 5-16 双核心部署

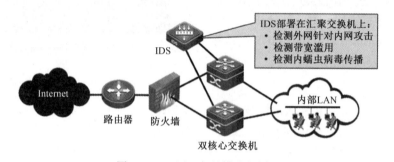

图 5-17 双网口备份模式部署

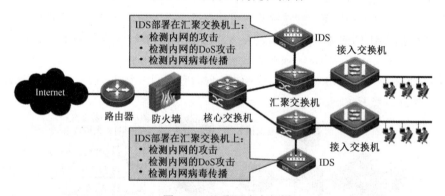

图 5-18 汇聚层多台部署

3. 选购 IDS 的原则

由于市场上的 IDS 产品较多，在采购 IDS 时，一般要注意下列基本原则：

- 产品系统结构是否合理，本身是否安全，是否通过了国家权威机构的评测。
- 产品的攻击检测数量为多少，最大可处理的流量（PPS）是多少。
- 产品是否容易被攻击者躲避，能否供灵活的用户自定义策略能力。
- 产品的时监控性能如何？误报和漏报率如何。
- 系统的界面、策略编辑、日志报告、报警事件优化技术是否易用。
- 是否支持升级，特征库升级与维护的费用怎样？

5.5 上网行为管理技术

1. 上网行为管理概述

上网行为管理系统是针对单位与企业员工在工作时间从事非工作上网行为，进行管理的软件系统或硬件产品。上网行为管理系统拥有上网行为审计和网络安全防护的双重应用功能。借助共享公共框架的系统平台，可以完成行为审计、内容审计、流量统计、内容监控、记录状态、系统安全管理、网页内容管理、邮件内容管理、IM&P2P、审计管理等具体应用。

上网行为管理系统产品的结构如图 5-19 所示，其接口一般有两种：RJ-45 接口和管理接口。RJ-45 接口又分为 LAN、WAN 和 DMZ 三种。其接口的数量根据产品的型号而定。

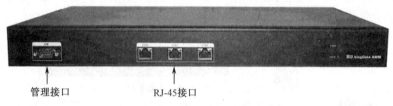

图 5-19　上网行为管理系统

上网行为管理系统适用于企事业单位、教育领域、宾馆、酒店、IT 型行业、网吧等公共场所对上网行为进行安全审计和管理的需要。

2. 上网行为管理系统的部署模式

在实际应用中，针对用户网络的特点，上网行为管理系统有 3 种应用部署模式。

（1）网关模式

在这种模式下，LAN 接口定义为内网，WAN 接口定义为外网，DMZ 接口定义为非军事管理区。根据需要，客户可以定义多个 LAN、多个 WAN、多个 DMZ。对被保护的 LAN、DMZ 进行全面审计，如图 5-20 所示。

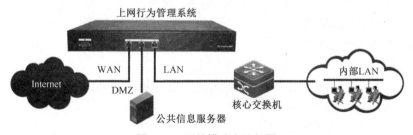

图 5-20　网关模式审计部署

（2）网桥模式

上网行为管理工作在网桥时，提供内网和外网的定义，内网、外网接口的选择可以由用户自由选择。内网口和外网口连接的是同一网段的两部分。管理用户需要为上网行为管理配置一个网桥 IP。这个 IP 也是属于上网行为管理连接的这个网段的（如图 5-21 所示）。在通常情况下，被部署在防火墙或者路由器的后面。所有经过上网行为管理的数据被审计。

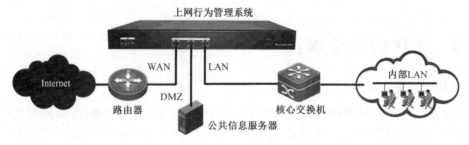

图 5-21 网桥模式审计部署

③ 旁路模式。上网行为管理在旁路模式下通过从交换机或共享 Hub 获取数据，其实现原理是交换机将所有接口的数据复制给镜像接口，上网行为管理的监听口从交换机镜像口获取数据，达到审计的目标。监听口也可以直接从共享 Hub 获取数据，实现审计的目的。在旁路模式下上网行为管理提供独立的管理接口，如图 5-22 所示。

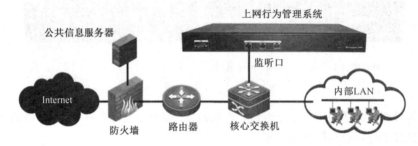

图 5-22 旁路模式审计部署

思考与练习 5

1. 综述防火墙的发展历程、各代防火墙的特征、功能和不足。
2. 叙述防火墙、入侵检测系统和上网行为管理系统的发展趋势。
3. 详述防火墙的基本技术、各种工作模式的工作过程。
4. 综述防火墙的体系结构。
5. 怎样建立防火墙的规则集？
6. 综述 DMZ 接口 IP 地址的配置策略和方法。
7. 按照图 5-4、图 5-5 所示网络拓扑，配置防火墙、路由器和交换机，并写出其配置命令。
8. 比较各种隧道协议的特点和应用。
9. 描述建立无线 VPN 的解决方案。
10. 综述入侵检测系统的分类。
11. 试构建一个简单的入侵检测系统。
12. 入侵检测技术中采用了哪些加密技术和认证技术？
13. 详述上网行为管理系统的功能。

第 6 章　服务器技术与应用

【本章导读】

随着计算机网络在企业、学校、政府部门等各行各业的应用普及和深入，人们对网络的需求已不仅是上网娱乐、购物、看微信、查询下载资料，更多的是各种管理系统、信息系统、办公系统、控制系统和电子商务等在各行各业的应用，给人们的工作和生活带来了极大的便利和快捷，但随之而来的是海量的数据需要处理、存储（备份）、传输，我们已进入大数据时代。大数据的应用产生了云计算、数据中心（云数据中心）、40G/100G 以太网等网络新技术，这些新技术的基础是服务器。因此，本章主要介绍服务器系统主要技术、服务器部署方式、服务器存储备份技术、网络存储技术等基础理论与常用技术。

限于篇幅，对于云计算、数据中心、容灾与备份系统的设计与构建等内容，读者可以扫描书中二维码或相关 MOOC 平台进行学习。

6.1　服务器概述

6.1.1　服务器的功能与分类

1．服务器的概念

服务器（Server）是指在网络环境下运行相应的应用软件，为客户机提供共享信息资源和各种服务的一种高性能计算机。

服务器作为网络的节点，存储、处理网络上 80% 的数据和信息，也被称为网络的灵魂。服务器在网络操作系统的控制下，将与其相连的硬盘、磁带、打印机及专用通信设备提供给网络上的客户机共享，也能为网络用户提供集中计算、信息发布及数据管理等服务。服务器的高性能主要体现在高效的运算能力、长时间的可靠运行、强大的外部数据吞吐能力等方面。

服务器的构成与微机基本相似，有处理器、硬盘、内存、系统总线等，是针对具体的网络应用特别制定的，因此服务器与计算机在处理能力、稳定性、可靠性、安全性、可扩展性、可管理性等方面存在差异很大，安装操作系统的方法也不相同。

2．服务器分类

服务器技术发展到了今天，服务器的种类也是多种多样的，适用于各种功能、不同应用环境下的特定服务器不断涌现。

（1）按应用层次划分

① 入门级服务器。入门级服务器是最基础的一类服务器，也是最低档的服务器，与高性能微型计算机的配置差不多，其稳定性、可扩展性和容错冗余性能较差，通常只有一个 CPU，支持 1 GB 以内的 ECC 专用内存，采用 SCSI 接口或 SATA 串行接口硬盘；有一些基本硬件的冗余和支持热

插拔，如硬盘、电源、风扇等；主要采用 Windows 操作系统，可以充分满足中小型网络用户的文件共享、数据处理、Internet 接入及简单数据库应用的需求。入门级服务器所连的终端一般只有 20 台左右，仅适用于没有大量数据交换、日常工作网络流量不大的小型企业。

② 工作组服务器。工作组服务器较入门级服务器来说性能有所提高，功能有所增强，有一定的可扩展性，但容错和冗余性能仍不完善，也不能满足大型数据库系统的应用，仍在低档服务器之列，一般支持 1~2 个 CPU，采用 SCSI 总线的 I/O 系统，可选装 RAID、热插拔硬盘和热插拔电源等，可支持高达 2 GB 以上容量的 ECC 内存，一般采用 Windows 操作系统。通常，这类服务器只能连接一个工作组（50 台终端），比较适合中小企业、中小学、大企业的分支机构使用。

③ 部门级服务器。部门级服务器是属于中档服务器之列，一般支持 2~4 个 CPU，主板集成双通道 ULTRA160 SCS 控制器，数据传输速率最高达 160 MBps，可连接几乎所有类型的 SCSI 设备；通常标准配置有热插拔硬盘、热插拔电源和 RAID，具有大容量硬盘或磁盘阵列和数据冗余保护；支持高达 4GB 以上的 ECC 内存；除了具有工作组服务器全部服务器特点外，还具有全面的服务器管理能力，通过状态实时监测，并结合标准服务器管理软件，使得管理人员能够及时了解服务器的工作状况。同时，大多数部门级服务器具有优良的系统扩展性，能够满足用户在业务量迅速增大时及时在线升级系统。部门级服务器可连接 100 个左右的计算机用户，适用于对处理速度和系统可靠性要求较高的中小型企业网络。

④ 企业级服务器。企业级服务器属于高档服务器之列，通常支持 4~8 个 CPU，集成双通道 Ultra 160/Ultra 320 SCSI 控制器，数据传输速率最高达 160 MBps（320 MBps）；可连接所有类型的 SCSI 设备，拥有独立的双 PCI 通道和内存扩展板设计；具有高内存带宽、大容量热插拔硬盘、热插拔电源和热插拔 RAM、PCI、CPU 等；ECC 内存容量高达 8 GB 以上，具有超强的数据处理能力。除了具有部门级服务器全部服务器特性外，企业级服务器最大的特点是具有高度的容错能力、优良的扩展性能、故障预报警和在线诊断等功能。有的企业级服务器还引入了大型计算机的许多优良特性，如 IBM 和 SUN 公司的企业级服务器。企业级服务器采用的芯片是几大服务器开发、生产厂商自己开发的独有 CPU 芯片，所采用的操作系统一般是 UNIX（Solaris）或 Linux。企业级服务器适合运行在联网计算机在数百台以上、需要处理大量数据、高处理速度和对可靠性要求与数据安全要求极高的金融、证券、交通、邮电、通信或大型企业中。

（2）按照体系架构划分

① CISC 架构服务器。CISC（Complex Instruction Set Computer，复杂指令集计算机）架构服务器又称为 IA32（Intel Architecture，Intel 架构）或 x86 架构服务器，即通常所讲的 PC 服务器。CISC 基于 PC 体系结构，使用 Intel 或其他兼容 x86 指令集的处理器芯片和 Windows 操作系统的服务器，如 IBM 的 System x 系列服务器、HP 的 Proliant 系列服务器等。CISC 服务器价格便宜、兼容性好、稳定性较差、不安全，主要用在中小企业和非关键业务中。

② RISC 架构服务器。RISC（Reduced Instruction Set Computing，精简指令集计算）是 IBM 在 20 世纪 70 年代提出的一种指令系统。RISC 技术大幅度减少指令的数量，用简单指令组合代替复杂指令，通过优化指令系统来提高运行速度。RISC 技术采用更加简单和统一的指令格式、固定的指令长度和优化的寻址方式，使整个计算机体系更加合理；指令系统简化后，可通过硬件逻辑进行指令译码；流水线以及常用指令均可用硬件执行；可采用大量的寄存器，使大部分指令操作都在寄存器之间进行，提高了处理速度。RISC 指令系统采用"缓存－主存－外存"三级存储结构，取数与存数指令分开执行，使处理器可以完成尽可能多的工作，且不因从存储器存取信息而放慢处理速度。

目前,大型机、小型机和中高档服务器中绝大多数是采用 RISC 微处理器,并且主要采用 UNIX 或其他专用操作系统。这类服务器价格昂贵,体系封闭,但是稳定性好,性能强,主要用在金融、电信等大型企业的核心系统中。

③ IA64 架构服务器。IA64 架构是 Intel 与 HP 公司联合研发的一种称为"清晰并行指令计算 (EPIC)"的全新体系架构技术。EPIC 技术打破了传统架构的顺序执行限制,能在原有的条件下最大限度地获得并行处理能力。目前,EPIC 处理器主要是安腾(I-tanium)处理器等。基于 IA64 处理器架构的服务器具有 64 位运算能力、64 位寻址空间和 64 位数据通路,突破了传统 IA32 架构的许多限制,在数据的处理能力、系统的稳定性、安全性、可用性、可观理性等方面获得了突破性的提高。

(3) 按用途划分

① 通用型服务器。通用型服务器是可以全面提供各种基本服务功能、不为某种特殊服务专门设计的服务器。当前大多数服务器是通用型服务器。因为这类服务器不是专为某一功能而设计,在设计时就要兼顾多方面的应用需求,所以这类服务器的结构就相对较为复杂,价格也较贵。

② 专用型服务器。专用型(或称为"功能型")服务器是专门为某一种或某几种功能专门设计的服务器。如 FTP 服务器主要用于网络上(包括 Intranet 和 Internet)的文件传输,这就要求服务器在硬盘稳定性、存取速率、I/O 带宽方面具有明显优势。专用型服务器一般在性能上要求比较低,因为它只需要满足某些需要的功能应用即可,所以结构相对来说简单许多,一般只需要采用单 CPU 结构。专用型服务器在稳定性、扩展性等方面的要求不是很高,当然价格也便宜许多,一般相当于 2 台高性能 PC 的价格。

(4) 按机箱结构划分

① 台式服务器。台式服务器也称为"塔式服务器"。有的台式服务器采用大小与普通立式 PC 相当的机箱,有的采用大容量的机箱,像个硕大的柜子。低档服务器由于功能较弱,整个服务器的内部结构比较简单,所以机箱不大,都采用台式机箱结构,如图 6-1 所示。

② 机架式服务器。机架式服务器的外形看来像交换机,其宽度为 19 英寸,高度以 U 为单位 (1U=1.75 英寸=44.45 mm),通常有 1U、2U、3U、4U、5U、7U 等规格,如图 6-2 所示。机架式服务器安装在标准的 19 英寸机柜中。

图 6-1 台式服务器　　　　　　　图 6-2 机架式服务器

③ 机柜式服务器。在一些高档企业服务器中由于内部结构复杂,内部设备较多,具有许多不同的设备单元或几个服务器都放在一个机柜中,这种服务器就是机柜式服务器,如图 6-3 所示。

④ 刀片式服务器。刀片式服务器是一种 HAHD(High Availability High Density,高可用高密度)的低成本服务器,是专门为特殊应用行业和高密度计算机环境设计的,如图 6-4 所示。其中,每块"刀片"都是一块热插拔的系统母板,类似于一个个独立的服务器。在这种模式下,每块母板运行自己的系统,服务于指定的不同用户群,相互之间没有关联。也可以使用系统软件将这些母板集合成一个服务器集群。在集群模式下,所有的母板可以连接起来提供高速的网络环境,可

以共享资源，为相同的用户群服务。

图 6-3 机柜式服务器

图 6-4 刀片式服务器

6.1.2 服务器系统主要技术

1. 多处理器技术与并行技术

服务器上通常使用专门为服务器开发的 CPU。这类 CPU 的主频较低，发热量不会太大，所以工作很稳定。为了进一步提高服务器的性能，有必要采用多处理器结构，以提高服务器处理速度。建立多处理器系统常见的有 3 种：SMP 模式、MPP 模式和 NUMA 模式。三者的根本区别在于处理器和存储器的结构方式不同。多处理需要多任务操作系统，由操作系统决定怎样在已有的处理器之间分派任务，以获得理想的系统性能。当要求系统运行多项任务或服务多个用户时，多处理器系统能提供最大的好处。

（1）SMP 技术

SMP（Symmetric Multi-Processor，对称多处理器）技术是指在一台计算机上汇集了一组处理器（多个 CPU），所有 CPU 地位都是对等的，它们之间共享内存子系统和总线结构。虽然同时使用多个 CPU，但是从管理的角度来看，它们的表现就像一台单机一样，这就意味着 SMP 系统只运行操作系统的一个备份，其他为单处理器编写的应用程序可以毫无改变地在 SMP 系统中运行，因此，SMP 系统也被称为一致存储访问（Uniform Memory Access，UMA）结构体系，其技术架构如图 6-5 所示。

目前，PC 服务器中最常用的 SMP 系统通常采用 2 路、4 路、6 路或 8 路处理器。Windows 2000 Server 支持 4 个 SMP，Windows 2000 Advanced Server 支持 8 个 SMP，Windows 2000 DataCenter Server 支持 32 个 SMP。UNIX 服务器可支持最多 64/128 个 SMP 的系统。SMP 系统中最关键的技术是如何更好地解决多个处理器的相互通信和协调问题。

（2）NUMA 技术

NUMA（Non-Uniform Memory Access，非一致存储访问）技术是指在一台服务器内具有多个 CPU 模块（称为节点），每个 CPU 模块由多个 CPU（如 4 个）组成，并且具有独立的本地内存、I/O 槽口等，节点之间通过互连模块（又称为 Crossbar Switch）进行连接和信息交互，其技术架构如图 6-6 所示。与 MPP 不同的是，所有节点中的处理器都可以访问全部的系统物理存储器。然而，每个处理器访问本节点内的存储器需要的时间可能比访问某些远程节点内的存储器需要的时间要少得多。换句话说，访问存储器的时间是不一致的，这也是这种模式被称为非一致存储访问（NUMA）的原因。NUMA 保持了 SMP 系统单一操作系统备份、简便的应用程序编程模式和易于管理的特点，能有效地扩充系统的规模。为单处理器系统编写的程序可以毫无改变地在 NUMA 系统中运行，尽管应用程序的性能会受到远程访问频度和延迟的影响。

采用 NUMA 技术，在一台物理服务器内可以支持上百个 CPU。目前，比较典型的 NUMA 服务器包括 HPSuperdome、SUN15K、IBMp690。

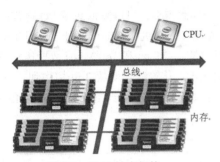
图 6-5 SMP 技术架构

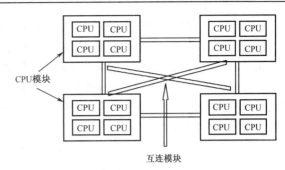
图 6-6 NUMA 技术架构

（3）MPP 技术

MPP（Massively Parallel Processing，大规模并行处理）技术是由多台 SMP 服务器（SMP 服务器称为节点），通过节点互连网络组成一个服务器系统，其技术架构如图 6-7 所示。每个 SMP 节点可以运行自己的操作系统、数据库等，但只能访问自己的本地内存、存储等，节点之间的信息交互是通过节点互连网络实现的，是一种完全无共享架构。MPP 技术扩展能力强，理论上其扩展无限制，目前的技术可实现 512 个节点互连，连接数千个 CPU。

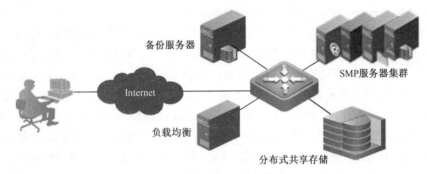
图 6-7 MPP 技术架构

2．高性能存储技术

服务器系统采用的高性能存储技术主要有硬盘接口技术、磁盘阵列技术和网络存储技术

（1）硬盘接口技术

服务器的主要任务是对大量数据的处理和存取，数据存取速率与硬盘接口密切相关，目前用于服务器硬盘的接口主要有 SCSI、SATA、SAS 和 FC，如图 6-8 所示。

SCSI 接口　　　　　　SATA 接口　　　　　　SAS 接口　　　　　　FC 接口
图 6-8 服务器硬盘接口类型

SCSI（Small Computer Systems Interface）接口是一种小型计算机系统接口，支持热插拔，经过多年的改进，已经成为服务器 I/O 系统最主要的标准，几乎所有服务器和外设制造商都在开发与 SCSI 接口连接的相关设备。

SCSI 适配器通常是使用主机的 DMA 通道把数据直接传输到内存，可以降低系统 I/O 操作时的 CPU 占用率。SCSI 接口可以通过专用线缆连接硬盘、光驱、磁带机和扫描仪等外设，且串联成菊花链。SCSI 总线支持数据的快速传输，目前主要采用的是 80 Mbps 和 160 Mbps 数据传输速率的 Ultra2 和 Ultra3 标准。由于采用了低压差分信号传输技术，传输线长度从 3 m 增加到 10 m 以上。当前，SCSI 总线传输速率达 320 Mbps（Ultra4），如表 6.1 所示。在不久的将来，649 Mbps 的 SCSI 总线将被采用。

表 6.1　SCSI 总线的类型与速率

类型	Narrow		Wide	
	接口	传输速率	接口	传输速率
Fast	Fast SCSI	10 MBps	Fast Wide SCSI	20 Mbps
Ultra	Ultra SCSI	20 MBps	Ultra Wide SCSI	40 Mbps
Ultra2	Ultra2 SCSI	40 MBps	Ultra2 Wide SCSI	80 Mbps
Ultra3				160 Mbps
Ultra4				320 Mbps

SCSI 标准明显的缺点是对连接设备有物理距离和设备数目的限制，同时总线型结构也带来了一些问题，如难以实现在多主机情况下的数据交换和共享。

SATA（Serial Advanced Technology Attachment）接口称为串行高级技术附件接口，支持热插拔，SATA 的物理设计是以光纤通道作为蓝本，所以采用了四芯的数据线。SATA 接口发展至今主要有 3 种规格，目前普遍使用的是 SATA-2 规格，传输速度可达 3 Gbps。SATA-3 规格采用全新 INCITS ATA8-ACS 标准，传输速率提高到 6 Gbps，还对诸多数据类型提供了读取优化设置。

SAS 接口又称为串行连接 SCSI 接口（Serial Attached SCSI），是 SCSI 接口技术的升级改良，进一步改进了 SCSI 技术的效能、可用性和扩充性。SAS 接口的特点是可以同时连接更多的磁盘设备，减少了线缆的尺寸，更节省服务器内部空间，而且 SAS 硬盘有 2.5 英寸的规格。

FC（FC，Fibre Channel）接口又称为光纤通道，是一种为提高多硬盘存储系统的速率和灵活性而开发的硬盘接口。FC 接口具有低 CPU 占用率、高速带宽、远程连接、连接设备数量大（最多可连接 126 个设备）等特点，传输速率达 2 Gbps（4 Gbps 和 8 Gbps）。

（2）磁盘阵列技术

独立磁盘冗余阵列（Redundant Array of Independent Disks，RAID，简称磁盘阵列）技术是将若干个独立的硬盘按不同方式组合起来，形成一个硬盘组（逻辑硬盘），并由磁盘阵列控制器管理，从而提供比单个硬盘更高的存储性能和数据冗余。磁盘阵列可以分为软阵列和硬阵列两种。软阵列就是通过软件程序来完成，要由计算机的处理器提供运算能力，只能提供最基本的 RAID 容错功能。硬阵列是由独立操作的硬件（阵列卡）提供整个磁盘阵列的控制和计算功能，阵列卡上具备独立的处理器，不依靠系统的 CPU 资源，所有需要的容错功能均可以支持。所以，硬阵列所提供的功能和性能均比软阵列好。

（3）网络存储技术

网络存储系统是由多个网络智能化的服务器、磁盘阵列和存储控制管理系统构成的独立的可伸缩网络数据存储。目前，网络存储技术主要有直接附加存储（Direct Attached Storage，DAS）、网络附加存储（Network Attached Storage，NAS）、存储区域网络（Storage Area Network，SAN）和 iSCSI（SCSI over IP）。

3．内存技术

服务器内存属于内存的一种，但并不像所使用的普通内存，注重的往往只是内存总线速率、带宽、等待周期等参数。除考虑上述基本参数外，服务器内存还需要引入更强的技术，以保证服务器能够安全、可靠、快速地运行。目前，服务器厂商和内存厂商引入的主流技术有以下 4 种。

（1）ECC 内存纠错技术

ECC（Error Checking and Correcting）技术是一种数据纠错技术。与奇偶校验技术一样，ECC 也需要额外的空间来存储校验码。ECC 技术将信息进行 8 位编码，采用这种方式可以恢复 1 位的错误。每当数据写入内存的时候，ECC 技术使用一种特殊的算法对数据进行计算，其结果称为校验位（check bit）。将所有校验位加在一起的和是校验和（check sum），校验和与数据一起存放。当这些数据从内存中读出时，采用同一算法再次计算校验和，并与前面的计算结果相比较。出现错误时，ECC 可以从逻辑上分类错误并通知系统，当只出现某位（bit）错误的时候，ECC 可以把错误改正过来而不影响系统运行。

除了能检查并改正单位错误之外，ECC 技术能检查单个 DRAM 芯片发生的任意两个随机错误，并最多可以检查到 4 位的错误。当有多位错误发生的时候，ECC 内存会产生 NMI（non-maskable interrupt）中断，这时系统会中止运行，以避免出现由于数据错误而导致的系统故障。

（2）Chipkill 内存技术

Chipkill 内存最初是由 IBM 大型机发展过来的，是在 ECC 技术基础上的改进，采用的只是普通的 SD 内存、DDR 内存。Chipkill 内存控制器所提供的存储保护在概念上与具有校验功能的磁盘阵列类似，在写数据的时候，把数据写到多个 DIMM 内存芯片上。这样，每块内存芯片所起的作用与存储阵列相同。如果其中任何一块内存芯片失效了，只影响到一个数据字节的某一位，因为其他位存储在其他芯片上。出现错误后，内存控制器能够从失效的芯片重新构造丢失的数据，使得服务器可以继续正常工作。采用 Chipkill 内存技术的内存可同时检查并修复 4 个错误数据位，进一步提高服务器的实用性。

（3）内存保护技术

内存保护技术的工作原理与硬盘的热备份类似，为了确保当某个存储芯片失效的时候，内存保护技术能够自动利用备用的位自动找回数据，从而保证服务器的平稳运行。内存保护技术可以纠正发生在每对内存中多达 4 个连续位的错误。当出现随机性的软内存错误，可以通过使用热备份的位来解决；如果出现永久性的硬件错误，也将利用热备份的位使得内存芯片继续工作，直到被替换为止。

（4）内存镜像技术

内存镜像技术是 IBM 公司独创的一种内存技术，类似磁盘镜像技术，就是把数据一式两份同时写入到两个独立的内存卡中。在正常工作情况下，内存数据读取只从活动内存卡中进行，只是当活动内存出现故障时，才会从镜像内存中读取数据。与前面介绍的几种内存保护技术相比，其数据保护能力更强。

4．控制与管理技术

（1）Intel 服务器控制技术 ISC

ISC（Intel Server Control）是一种网络监控技术，只适用于使用 Intel 架构的带有集成管理功能主板的服务器。采用这种技术后，用户在一台普通的客户机上就可以监测网络上所有使用 Intel 主板的服务器，监控和判断服务器是否"健康"。一旦服务器机箱、电源、风扇、内存、处理器、系统信息、温度、电压或第三方硬件中的任何一项出现错误，管理人员就会得到提示。值得一提的是，监测端和服务器端之间的网络可以是局域网，也可以是广域网。管理人员可直接通过网络对服务器进行启动、关闭或重新复位，极大地方便了管理和维护工作。

（2）应急管理端口 EMP

EMP（Emergency Management Port）是服务器主板上所带的一个用于远程管理服务器的接口。远程控制机可以通过 Modem 与服务器相连，控制软件安装于控制机上。远程控制机通过 EMP Console 控制界面可以对服务器进行下列工作：打开或关闭服务器的电源；重新设置服务器，甚至包括主板 BIOS 和 CMOS 的参数；监测服务器内部情况，如温度、电压、风扇情况等。

以上功能可以使技术支持人员在远程通过 Modem 和电话线及时解决服务器的许多硬件故障。这是一种很好的实现快速服务和节省维护费用的技术手段。ISC 和 EMP 这两种技术可以实现对服务器的远程监控管理。

（3）总线和智能监控管理技术 I2C

I2C（Inter-Integrated Circuit）总线是一种由 PHILIPS 公司开发的串行总线，包括一个两端接口。通过一个带有缓冲区的接口，数据可以被 I2C 发送或接收。控制和状态信息则通过一套内存映射寄存器来传输。利用 I2C 总线技术可以对服务器的所有部件进行集中管理，可随时监控内存、硬盘、网络及系统温度等参数，增加了系统的安全性，方便了管理。

目前的高性能服务器普遍采用专用的服务处理器来对系统的整体运行情况进行监控。系统中的一些关键部件的工作情况都通过 I2C 总线的串行通信接口，传输到服务处理器，并通过专用的监控软件监视各部件的工作状态。服务处理器可以对服务器的所有部件进行集中管理，可随时监控内存、硬盘、网络和系统温度等参数，增加了系统的安全性，方便了管理。智能监控管理技术正逐渐由单 CPU 向多 CPU 方向发展，服务器系统中的重要部件都会由独立的专用监控处理器进行管理。

5．输入/输出技术

（1）智能输入/输出技术

随着处理器性能的飞速提高，I/O 数据传输经常会成为整个系统的瓶颈。为了解决该瓶颈，厂商将 I/O 子系统中加入 CPU，负责中断处理、缓冲和数据传输等任务，提高了系统的吞吐能力，解放了服务器的主处理器，使其能腾出空间和时间来处理更重要的任务，这就是智能输入/输出（Intelligent Input Output，I2O）技术。依据 I2O 技术规范实现的服务器在硬件规模不变的情况下能处理更多的任务，提高了服务器的性能。

（2）InfiniBand 技术

InfiniBand 是一种新型的高速总线体系结构，可以消除目前阻碍服务器和存储系统发展的瓶颈问题，是一种将服务器、网络设备和存储设备连接在一起的交换结构的 I/O 技术。InfiniBand 有望广泛取代目前的 PCI 技术，大大提高服务器、网络和存储设备的性能。InfiniBand 产品能够克服基于最新 PCI-X 的服务器的瓶颈。InfiniBand 可以应付 500 Mbps～6 Gbps 的传输速率，并提供高达 2.5 Gbps 的吞吐量。而目前的体系结构仅支持 1 Gbps 的传输速率。

InfiniBand 的设计主要是围绕着点对点及交换结构 I/O 技术。这样，从简单的 I/O 设备到复杂的主机设备都能被堆叠的交换设备连接起来。用 InfiniBand 技术替代总线结构所带来的最重要的变化就是建立了一个灵活、高效的数据中心，省去了服务器复杂的 I/O 部分。

6. 热插拔技术

热插拔（Hot Swap）技术是指在不关闭系统和不停止服务的前提下更换系统中出现故障的部件，达到提高服务器系统可用性的目的。目前的热插拔技术已经可以支持硬盘、电源、扩展板卡，而系统中更关键的 CPU 和内存的热插拔技术也已日渐成熟。未来热插拔技术的发展会促使服务器系统的结构朝着模块化的方向发展，大量的部件都可以通过热插拔的方式进行在线更换，为系统维护提供了极大的方便。

7. 冗余技术

为提高服务器的可用性的，一个普遍做法是采用冗余技术，实现部件或系统的冗余配置，保证系统正常运行。一般来说，服务器的冗余方案主要是磁盘、电源、网卡、风扇和系统冗余。

① 磁盘冗余。磁盘冗余实际上是指服务器系统支持 RAID 技术，可通过对多个硬盘进行处理，使得同样的数据均匀地分布在多个磁盘上并加入校验数据，当有硬盘损坏时，系统可利用重建功能，将已损坏硬盘中的数据恢复到更新的硬盘上。

② 电源冗余。电源冗余一般是指配备两台支持热插拔的电源。这种电源在正常工作时，两台电源各输出一半功率，从而使每台电源都处于半负载状态，这样有利于电源稳定工作，若其中一台发生故障，则另一台就会在没有任何影响的情况下接替服务器的工作，并通过灯光或声音报警。此时，系统管理员可以在不关闭系统的前提下更换损坏的电源。所以，采用热插拔冗余电源可以避免系统因电源损坏而产生的停机现象。

③ 网卡冗余。网卡冗余是指在服务器的插槽上插入两块具有自动控制技术的网卡，并进行相应配置，在系统正常工作时，双网卡将自动分摊网络流量，提高系统通信带宽，而当某块网卡出现故障或网卡通道出现问题时，服务器的全部通信工作将会自动切换到正常运行的网卡或通道上。因此，网卡冗余技术可保证在网络通道故障或网卡故障时不影响正常业务的运转。

④ 风扇冗余。风扇冗余是指在服务器的关键发热部件上配置的降温风扇有主、备两套。这两套风扇具有自动切换功能，支持风扇转速的实时监测，若系统正常，则备用风扇不工作，而当主风扇出现故障或转速低于规定要求时，备用风扇马上自动启动，并自动报警，从而避免由于系统风扇损坏而导致系统内部温度升高，使得服务器工作不稳定或停机。

⑤ 系统冗余。系统冗余是指在整个服务器系统中采用两台或多台服务器构成双机容错，实现数据永不丢失和系统永不停机。双机容错的基本架构有双机互备援（Dual Active）和双机热备份（Hot Standby）两种模式。

6.1.3 服务器应用模式

任何一个服务器应用系统，从简单的单机系统到复杂的网络计算，都由如下三部分组成。

表示层（Presentation）显示逻辑部分，其功能是实现与用户的交互，负责用户请求任务的输入和任务处理结果的输出。功能层（Business Logic）为事务处理逻辑部分，其功能是对任务进行具体的运算和数据的处理。数据层（Data Service）为数据处理逻辑部分，其功能是实现对数据库中的数据进行查询、修改、更新等相关工作。

上述三部分如何体现在服务器和客户机上，就构成了服务器系统不同的应用模式。

1. C/S 模式

C/S（Client/Server）模式是基于企业内部网络的应用系统，其基本运行关系体现为"请求/响应"的应答模式。每当用户需要访问服务器时就从客户端发出"请求",服务器接受"请求"并"响应",然后执行相应的服务,把执行结果送回给客户端,由它进一步处理后再提交给用户。

C/S 模式将应用程序分为两大部分,如图 6-9 所示。一部分为服务器端,是由多个用户共享的信息与功能,负责执行后台服务,如管理共享外设、控制对共享数据库的操纵、接受并应答客户的请求等。另一部分为客户端,负责执行前台功能,如管理用户接口、数据处理和报告请求等。

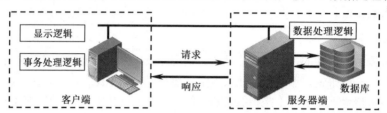

图 6-9 两层 C/S 模式体系结构

这是一种两层 C/S 模式体系结构,显示逻辑和事务处理逻辑部分均被放在客户端,数据处理逻辑和数据库放在服务器端,从而使客户端变得很"胖",成为胖客户,相对服务器端的任务较轻,成为瘦服务器。这种结构的优点是能充分发挥客户端计算机的处理能力,很多工作可以在客户端处理后再提交给服务器。但其缺点如下:

① 客户端需要安装专用的客户端软件。首先涉及安装的工作量,其次任何一台计算机出问题,如病毒、硬件损坏,都需要进行安装或维护。特别是有很多分部或专卖店的情况,不是工作量的问题,而是路程的问题。另外,系统软件升级时,每台客户机需要重新安装,其维护和升级成本非常高。

② 只适用于局域网。随着互联网的飞速发展,移动办公和分布式办公越来越普及,这需要系统具有扩展性,并支持远程访问,从而出现了 B/S 模式结构。

2. B/S 模式

B/S(Browser/Server)模式是一种以 Web 技术为基础的新型的网络管理信息系统平台模式。它把两层 C/S 结构的事务处理逻辑部分(功能层)从客户机的任务中分离出来,单独组成一层来负担任务,表示层、功能层、数据层被分割成三个相对独立的单元:客户机(Web 浏览器),具有应用程序扩展功能的 Web 服务器,数据库服务器,即三层 B/S 模式体系结构,如图 6-10 所示。

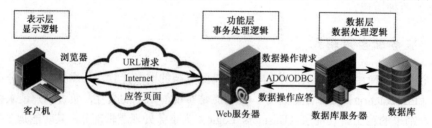

图 6-10 三层 B/S 模式体系结构

表示层包含系统的显示逻辑,位于客户机,它的任务是由 Web 浏览器通过 URL 向网络上的某个 Web 服务器提出服务请求。功能层包含系统的事务处理逻辑,位于 Web 服务器端,它的任务是接受客户机用户的请求,通过 ADO 对象调用 ODBC,向数据库服务器提出数据处理申请,并接受数据库服务器提交的数据处理结果,再将处理结果以 HTML 文件的形式传给送浏览器显示。数据层包含系统的数据处理逻辑,位于数据库服务器端,它的任务是接受 Web 服务器对数据库操纵的申请，实现对数据库查询、修改、更新等操作，并把处理结果提交给 Web 服务器。

在这种三层结构中，层与层之间相互独立，任何一层的改变不会影响到其他层的功能。由于客户机只负责显示部分，成为"零"客户，所以维护人员不再为程序的维护工作奔波于每个客户之间，而把主要精力放在功能服务器的维护和程序更新工作上。

3. B/A/S 模式

B/A/S（Browser/Application/Server）模式是在三层 B/S 体系结构的基础上，应用微软提出的分布式 Internet 应用结构（Windows Distributed Internet Applications Architecture）技术，通过组件对象模型（Component Object Model，COM）的组件对象在中间层进行事务逻辑服务，处理各种复杂的商务逻辑计算和演算规则，这种进行事务逻辑服务的中间层为应用服务器，这样就将三层 B/S 结构扩展为四层 B/A/S 模式体系结构，如图 6-11 所示。

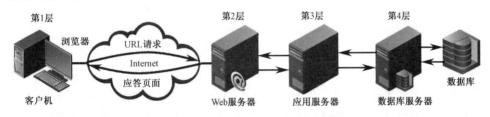

图 6-11　四层 B/A/S 模式体系结构

在这种四层结构中，系统的主要功能和业务逻辑是通过应用组件对象 COM 在应用服务器层进行处理的，组件对象 COM 的可重用性减少了应用系统整体的管理和维护费用。当多个页面需要进行相同的事务处理时，只需调用 COM 组件而不需编写冗长又重复的 ASP 脚本代码；当进行类似的系统开发，需要进行相同的事务处理时，可方便地使用已有的 COM 组件；当事务逻辑变更时，不必改变整个页面源代码，只需调整或替换相应的 COM 组件即可。另外，分布式 Internet 应用结构技术思想使应用开发有了明确的分工，一部分人员专注于应用服务器层 COM 组件的开发和测试工作，另一部分人员事务处理的需要选择和使用 COM 组件，从而显著提高了系统的运行效率和安全性。

6.2　常用网络服务器介绍

1. DNS 服务器

TCP/IP 协议通信是基于 IP 地址的，但要记住那一串单调的数字是比较困难的，因此在实际应用中，基本上通过访问计算机名字，然后利用某种机制将计算机名字解析为 IP 地址来实现。DNS（Domain Name System，域名系统）是一种标准的名字解析机制，采用分布式数据库的体系结构，它不依赖单个文件或服务器，而是将主机信息分布在网络上多个关键计算机上，实现对整个网络上主机名的管理,这些关键计算机就被称为 DNS 服务器,简称 DNS(Domain Name Server)，其功能是将容易记忆的域名（或称为计算机名字）与不容易记忆的 IP 地址进行转换。DNS 通过数据库来记录主机名与 IP 地址的对应关系，采用 C/S 模式为客户机提供 IP 地址解析服务。当网络中的计算机与其他主机通信时，首先用域名向 DNS 查询此主机的 IP 地址，然后才能获得网络资源。

一台 DNS 负责管辖的（或有权限的）范围叫做区（zone），区中的所有节点是连通的。该 DNS

也被称为这个区的权限域名服务器,保存着该区中所有主机的域名到 IP 地址的映射。根据区的性质,DNS 可分为根域名服务器、顶级域名服务器、权限域名服务器和本地域名服务器 4 种,如图 6-12 所示。

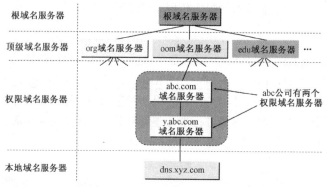

图 6-12　DNS 服务器的层次结构

根域名服务器管理所有顶级域名服务器的域名和 IP 地址。到 2006 年底,因特网有 13 台根域名服务器。1 台为主根域名服务器,在美国。其余 12 台均为辅根域名服务器,其中,美国 9 台、欧洲 2 台(位于英国和瑞典)、亚洲 1 台(位于日本),加上镜像站点,共有 123 台。它们的名字是用一个英文字母命名 A~M,对应的域名为 A.ROOT-SERVERS.NET~M.ROOT-SERVERS.NET。根域名服务器的分布情况如表 6.2 所示。顶级域名服务器负责管理在该顶级域名服务器注册的所有二级域名;权限域名服务器负责管理一个区的域名服务器;本地域名服务器也称为默认域名服务器,当一个主机发出 DNS 查询请求时,这个查询请求报文就发送给本地域名服务器。每个因特网服务提供者 ISP,或一个企业、一个大学,都可以拥有一台本地域名服务器。

表 6.2　根域名服务器分布表

名字	IPv4 地址	管　理	镜像站数	镜像站地点
A	198.41.0.4	VeriSign Naming and Directory Services	1	Dulles VA
B	128.9.0.107	USC-ISI(Information Sciences Institute)	1	Marina Del Rey CA
C	192.33.4.12	Cogent Communications	4	Herndon VA
D	128.8.10.90	University of Maryland	1	College Park MD
E	192.203.230.10	NASA Ames Research Center	1	Mountain View CA
F	192.5.5.241	Internet Systems Consortium, Inc	40	Ottawa
G	192.112.36.4	U.S. DOD Network Information Center	1	Columbus OH
H	128.63.2.53	U.S. Army Research Lab	1	Aberdeen MD
I	192.36.148.17	Autonomica/NORDUnet	29	Stockholm(SWE)
J	192.58.128.30	VeriSign Naming and Directory Services	22	Dulles VA
K	193.0.14.129	RIPE NCC	17	London(UK)
L	199.7.83.42	ICANN	1	Los Angeles
M	202.12.27.33	WIDE Project	4	Tokyo(JP)

为了提高 DNS 服务器的可靠性,一般部署几台域名服务器来保存相同的域名解析数据,其中一台是主域名服务器,其他的是辅助域名服务器,当主域名服务器出故障时,辅助域名服务器可以保证 DNS 的查询工作不会中断。主域名服务器定期把数据复制到辅助域名服务器中,而更改数据只能在主域名服务器中进行,这样就保证了数据的一致性。

2. Web 服务器

WWW（World Wide Web）的中文名为万维网。WWW 服务也称为 Web 服务，是目前 Internet 上最方便和最受欢迎的服务类型。提供 Web 服务的计算机称为 Web 服务器。WWW 最早由位于瑞士日内瓦的欧洲高能物理实验室 CERN 在 1989 年 3 月开始研究开发，属于信息综合系统的一种。通过超链接，用户可以轻易地获取感兴趣的信息。此外，全球信息网是一个多媒体国际网络综合信息系统，它延伸至网络多媒体的方向，文字、图形、声音及影像资料，都可以利用简单一致的接口在网络上立即查询。

如图 6-13 所示，Web 服务器采用 B/S 工作模式，信息资源以页面的形式存储在 Web 服务器中，用户通过客户机的浏览器，向 Web 服务器发出请求，Web 服务器根据客户机请求的内容将保存在服务器中的某个页面返回给客户机，浏览器接收到页面后对其进行解释并显示在客户机上。

图 6-13　WWW 服务工作模式

为了能使客户机程序找到位于网络中的某种信息资源，WWW 系统使用统一资源定位器 URL 作为定义信息资源地址的标准。客户机程序就是凭借 URL 找到相应的服务器并与之建立联系和获得信息的。URL 提供了一种地址寻找的方式，可以唯一标识服务器的信息资源。URL 可以理解为网络信息资源定义的名称，是计算机系统文件名概念在网络环境下的扩充。使用这种方式标识信息资源时，不仅要指明信息文件所在的目录和文件名，还要指明它存在于网络的哪个节点上，以及可以通过何种方式被访问。

URL 由两大部分组成，用"://"分隔开，其一般形式如下：

访问协议://主机名[:端口号/路径/文件名]

例如，湖南理工学院首页的 URL 地址为"http://www.hnist.cn/index.html"。其中，访问协议表示对方服务器所能提供的服务，常见的有 HTTP、FTP 等；主机名表示存放资源的主机在因特网中的域名或 IP 地址、页面。

3. DHCP 服务器

在 TCP/IP 网络中设置计算机的 IP 地址，通常采用两种方式：一种方式是手工配置，即以手工填写的方式分配静态的 IP 地址，这种方式很容易出错，从而造成网络中的 IP 地址冲突，导致计算机不能与网络进行正常的通信；另一种方式是自动动态分配，即在网络中部署 DHCP 服务器，给网络中的所有计算机动态分配 IP 地址。

DHCP（Dynamic Host Configure Protocol，动态主机配置协议）服务器是一台安装了 DHCP 服务器软件、运行 DHCP 协议的计算机。DHCP 客户机是指网络中申请 DHCP 服务的计算机，一般情况下，运行 Windows 操作系统的计算机都可以作为 DHCP 客户机，但需要在 TCP/IP 属性中选择"自动获取 IP 地址"选项和"自动获取 DNS 服务器地址"选项。

DHCP 服务器的工作模式为 C/S 模式，采用地址租约机制，专门为网络中的 DHCP 客户机提供自动分配 IP 地址并传输相关配置参数的服务。IP 地址的分配方式以下 3 种。

自动分配（automatic allocation）：DHCP 服务器为 DHCP 客户机分配一个永久 IP 地址，这种方式也称为永久租用，一般用于给各种服务器分配永久 IP 地址。

动态分配（dynamic allocation）：DHCP 服务器为 DHCP 客户分配一个有租用期的临时 IP 地址。当租用到期或客户机关机时，IP 地址将被 DHCP 服务器收回并重新分配给其他客户机使用。若客户机重新开机，需要重新向 DHCP 服务器租用 IP 地址。这种方式称为限期租用，适用于 IP 地址比较短缺的网络。

人工分配（manual allocation）：DHCP 客户的 IP 地址由管理员分配好，DHCP 服务器只是负责传达。

4．FTP 服务器

FTP（File Transfer Protocol，文件传输协议）是 TCP/IP 体系中的一个重要的协议，一般把基于该协议所实现的服务也简称为 FTP，实现 FTP 的服务器称为 FTP 服务器。

在 Internet 中，十分重要的资源就是文件（软件）资源，而各种各样的文件资源大多数放在 FTP 服务器中。FTP 服务允许用户远程登录到 FTP 服务器，把其中的文件传送回自己的计算机，或者把自己计算机上的文件传送到远程 FTP 服务器中。

FTP 使用 TCP 提供可靠的文件传输服务，在 C/S 模式下工作。一个 FTP 服务器可以同时为多个客户提供服务。当客户机向服务器发出建立连接请求时，首先请求连接服务器的 FTP 端口（默认是 21 号端口），然后将自己的端口号同时告诉服务器，服务器则使用自己的 FTP 数据传输端口（20 号端口）与客户机提供的端口建立连接。这时用户通过 FTP 可做以下事情：浏览网络上 FTP 服务器的文件系统，从 FTP 服务器上下载所需要的文件，向 FTP 服务器上传文件等。

FTP 服务是一种实时的联机服务，用户在访问 FTP 服务器之前必须进行登录，登录时要求用户给出用户在 FTP 服务器上的合法账号和口令。只有成功登录的用户才能访问该服务器，并对授权的文件进行查询和传输。FTP 的这种工作方式限制了网络上一些公用文件及资源的发布，为此网络上的多数 FTP 服务器都提供了匿名 FTP 服务，用户可以随时访问匿名服务器。由于匿名服务器的开放式服务，必将导致其安全性的降低，因此，几乎所有的 FTP 匿名服务器只允许用户下载文件，而不允许用户上传文件。

5．E-mail 服务器

E-mail 即电子邮件，是用户或用户组之间利用计算机网络交换电子媒体信件的服务，随计算机网络而出现，依靠网络的通信手段实现邮件信息的传输。Internet 中可以使用许多网络系统的电子邮件系统，为用户提供了快捷廉价的现代通信手段。早期的电子邮件系统只能传输普通文本信息，现在的电子邮件系统不仅可以传输多种格式的文本信息，还可以传输图像、声音、视频等多媒体信息。承担这种电子邮件传递、存储、查询的服务器就称为 E-mail 服务器。

电子邮件应用程序向邮件服务器发送邮件时使用简单邮件传输协议（SMTP），从邮件服务器接收邮件时使用邮局协议（Post Office Protocol，POP）或交互邮件访问协议（Interactive Mail Access Protocol，IMAP）。目前，大多数邮件服务器都是 POP3 服务器。

6．数据库服务器

运行在局域网中的一台或多台计算机在安装数据库管理系统软件后，就共同构成了数据库服务器。数据库服务器为用户的某方面的应用提供数据高速存储、数据查询、数据更新、索引、事务管理、安全和多用户存取控制等服务。根据所安装的数据库管理系统软件，数据库服务器可分为 Oracle 数据库服务器、SQL Server 数据库服务器、MySQL 数据库服务器和 DB2 数据库服务器等。在实际应用中，用户的大量数据都存储在一台或多台数据库服务器中，甚至是数据库服务器集群中。因此，在局域网设计与建设过程中，根据用户的应用需求设计安全可靠的数据库服务器是十分必要的。

数据库服务器对系统各方面要求都很高，要处理大量的随机 I/O 请求和数据传输，对内存、磁盘和 CPU 的运算能力均有一定的要求。数据库服务器需要高容高速的内存来节省处理器访问硬盘的时间，高速的磁盘子系统也可以提高数据库服务器查询应答的速度。

6.3 服务器部署方式

在网络工程建设中，服务器的部署是一个很重要的部分，从应用层面讲，要综合考虑用户的网络运行需求和业务应用需求；从技术层面讲，涉及服务器与存储设备的选型、架构、连接方式、操作系统安装、应用系统安装等问题，在应用服务器较多时，还需要考虑配置负载均衡设备，以保障服务器系统的稳定运行。本节主要介绍服务器与存储设备的部署方案和系统安装方法，以及负载均衡技术的功能与部署方式等内容。

6.3.1 服务器部署架构

服务器部署架构设计要根据用户的网络结构与运行需求、业务应用需求进行综合考虑，根据应用的层次，可以分为基本应用型、部门级应用型、企业级应用型和数据中心级应用型。

1．基本应用型

服务器基本应用型一般部署 Web 服务器和 1~2 台业务应用服务器，根据需要，也可以配备磁盘阵列。部署架构如图 6-14 所示，采用防火墙直接接入 Internet，Web 服务器与防火墙 DMZ 接口连接，应用服务器直接连接核心交换机，DHCP 服务由防火墙完成，DNS 服务由提供 Internet 接入的运营商（ISP）完成。若配备磁盘阵列（图中虚线部分），则通过磁盘阵列卡直接与服务器连接，即采用直接附加存储（DAS）技术。

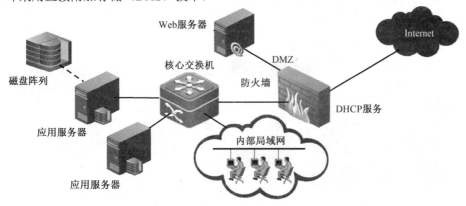

图 6-14 服务器基本应用型系统架构

2．部门级应用型

服务器部门级应用型一般部署 Web 服务器、DNS 服务器、FTP 服务器、DHCP 服务器和多台业务应用服务器，存储设备根据业务的性质与类型配备，一是与应用服务器对应配备磁盘阵列，二是所有应用服务器采用集中存储，配备 1~2 台大容量的磁盘阵列。部署架构如图 6-15 所示，采用路由器接入 Internet，防火墙工作于透明模式，Web 服务器、DNS 服务器、FTP 服务器组成

DMZ，连接到防火墙的 DMZ 接口，DHCP 服务器直接接入核心交换机。所有业务应用服务器和磁盘阵列组成一个单独的汇聚区，单独划分一个 VLAN，通过汇聚交换机与核心交换机相连；磁盘阵列若单独配备，则通过磁盘阵列卡直接与服务器连接；若集中存储，则连接到服务器区域汇聚交换机上，即采用网络附加存储（NAS）技术，一般采用集中存储较好。若服务器访问量较大，应考虑配置负载均衡设备，负载均衡设备的部署与连接方法参见 6.3.2 节。

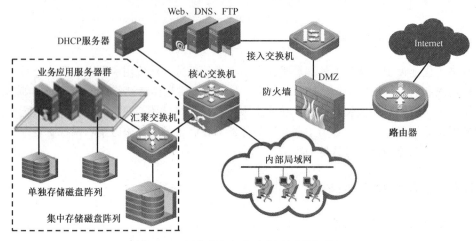

图 6-15　服务器部门级应用型系统架构

3．企业级应用型

服务器企业级应用型一般部署 Web 服务器、DNS 服务器、FTP 服务器、DHCP 服务器、E-mail 服务器，由于企业级网络各种应用业务多，配备了很多应用服务器甚至小型机用于处理数据，数据的处理与存储量非常很大，所以，一般设计采用存储区域网络（SAN）技术将多台磁盘阵列和磁带库组成存储区域，并配置负载均衡设备。部署架构如图 6-16 所示，与部门级应用型部署方案不同的是数据处理与存储方式采用 SAN。有些企业级网络，采用双核心交换机设计，这时，负责存储区域的汇聚交换机也应配置两台。

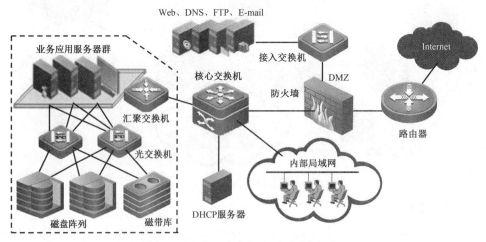

图 6-16　服务器企业级应用型系统架构

4．数据中心级应用型

数据中心级应用型主要面向海量数据处理和存储的需求，建设本地数据中心、云数据中心。

基于篇幅，有关数据中心的构建方法，请读者查询相关资料。

6.3.2 负载均衡技术与部署

1．负载均衡的含义

负载均衡（Load Balance）技术又称为网络负载均衡（NLB）技术，建立在现有网络结构之上，采用硬件设备或软件，将通信量及信息处理工作智能地分配到一组设备（如服务器）的不同设备上，或将数据流量均衡地分配到多条链路上，从而扩展网络设备和服务器的带宽、增加吞吐量、加强网络数据处理能力、提高网络的灵活性和可用性。

负载均衡需要进行两方面的处理：一是将大量的并发访问或数据流量分配到多台节点设备上分别处理，减少用户等待响应的时间；二是将单个重负载的运算分配到多台节点设备上做并行处理，每个节点设备处理结束后，将结果汇总，返回给用户，系统处理能力得到大幅度提高。

服务器负载均衡有三个基本特性：负载均衡算法、健康检查和会话保持，它们是保证负载均衡正常工作的基本要素。其他功能都是在这三个特性之上的一些深化。

2．负载均衡的工作原理

在没有部署负载均衡设备之前，用户直接访问服务器地址（中间或许有在防火墙上将服务器地址映射成别的地址，但本质上还是一对一的访问）。当单台服务器由于性能不足无法处理众多用户的访问时，就要考虑用多台服务器来提供服务，实现的方式是负载均衡。负载均衡设备的实现原理是把多台服务器的地址映射成一个对外的服务 IP 地址，通常称之为 VIP，可以直接将服务器 IP 映射成 VIP 地址，也可以将服务器 IP:Port 映射成 VIP:Port，不同的映射方式会采取相应的健康检查，在端口映射时，服务器端口与 VIP 端口可以不相同，这个过程对用户端是透明的，用户实际上不知道服务器进行负载均衡，因为访问的还是一个服务器 IP 地址，那么用户的访问到达负载均衡设备后，如何把用户的访问分发到合适的服务器就是负载均衡设备要做的工作了。

3．负载均衡技术分类

目前有许多负载均衡技术，以满足不同的应用需求，下面从 3 方面介绍。

① 按应用的地理结构分，可以分为本地负载均衡（Local Load Balance）和全局负载均衡（Global Load Balance，也叫地域负载均衡）。本地负载均衡是指对本地的服务器群做负载均衡，全局负载均衡是指对分别放置在不同的地理位置、有不同网络结构的服务器群进行负载均衡。

② 按应用的网络层次分，可分为第四层负载均衡和第七层负载均衡。第四层负载均衡将一个 Internet 上合法注册的 IP 地址映射为多个内部服务器的 IP 地址，第七层负载均衡控制应用层服务的内容。

③ 按所采用的设备对象分，可以分为软件负载均衡和硬件负载均衡。软件负载均衡是指在一台或多台服务器相应的操作系统上安装一个或多个附加软件来实现负载均衡，如 DNS Load Balance、CheckPoint Firewall-1 Connect Control、LVS（Linux Virtual Server）等。硬件负载均衡是直接在服务器和外部网络间安装负载均衡设备，这种设备也称为负载均衡器。

4．服务器负载均衡的部署方式

目前，负载均衡的部署方式主要有路由模式、透明模式和单臂模式三种。

在路由模式中，服务器区域、负载均衡与核心交换机连接区域设置不同的网段，服务器区域的网关需要指向负载均衡设备。这种情况下的流量处理最简单，负载均衡只做一次目标地址 NAT

（选择服务器时）和一次源地址 NAT（响应客户端报文时），如图 6-17 所示。

图 6-17　负载均衡路由模式架构

在透明（Transparent）模式中，服务器和负载均衡设备在同一网段，通过二层透传，服务器的流量需要经过负载均衡设备，其架构如图 6-18 所示。

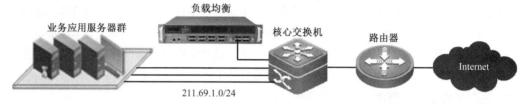

图 6-18　负载均衡透明模式架构

在单臂模式（One-arm）中，通常服务器网关指向核心交换，为保证流量能够正常处理，负载均衡设备需要同时做源地址和目标地址 NAT 转换。也就是说，在这种情况下，服务器无法记录真实访问客户端的源地址。如果是 HTTP 流量时，可以通过在报头中插入真实源地址，同时调整服务器日志记录的方式。其架构如图 6-19 所示。

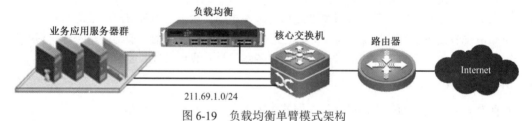

图 6-19　负载均衡单臂模式架构

6.3.3　安装操作系统

服务器操作系统的安装与普通 PC 机安装操作系统的方法不完全相同，大部分服务器的安装步骤如下。

<1> 制作驱动程序 U 盘或光盘。制作方法根据服务器的品牌与型号而定，一般有两种：一种是用随机附带的引导光盘启动服务，再按照屏幕提示操作；另一种是开机进入服务器的 BIOS，再按照屏幕提示操作。

<2> 配置 RAID。方法与制作驱动程序一样，如浪潮 NF5245M3 服务器，开机按 Delete 键进入 setup 模式，然后按 Ctrl+H 键，进入 WebBIOS，即可配置 RAID。

<3> 在 BIOS 中选择要安装的操作系统类型和版本，如 Windows 2008。

<4> 插入操作系统光盘，启动安装程序。服务器一般检测操作系统是否为正版，若是盗版，则会退出安装程序。

6.4 服务器存储备份技术

随着近年来企业信息化程度的不断提高，企业需要存储的数据量呈几何级数增长，数百 GB 甚至 TB 级的存储容量并不少见。如果银行、电信、医疗等关键领域的数据损坏，那么造成的损失更是无法估计。服务器在信息化企业非常重要。企业的重要数据和关键应用都是存储于、依附于服务器的，因此对于服务器的保护是保护企业核心应用和价值的关键所在。要真正保障服务器的安全可靠、持续可用，备份是其保护方案中必不可少的环节。

服务器备份是对于服务器所产生的数据信息进行相应的存储备份的过程，从而保障数据的安全运行。虽然备份可以将数据损坏造成的损失降到最低，但是通过数据恢复也不能恢复到灾难发生前的实时状态，还是会丢失一部分文件。而且灾难恢复需要一定的时间，在这段时间服务器也是不可用的，所以为了最大限度保证数据安全和服务的持续不间断，备份技术和服务器容错技术的实施一般都是同时进行的。目前，主流应用的服务器备份容错技术有 3 类：单机容错技术、双机热备份技术和服务器群集技术。

6.4.1 服务器双机热备份

双机热备份（Hot Standby）技术就是使用互为备份的两台服务器共同执行同一服务，其中一台主机为工作服务器（Active Server，简称主机），另一台主机为备用服务器（Standby Server，简称备机）。在系统正常情况下，主机为应用系统提供服务，备机监视主机的运行情况（主机同时检测备机是否正常），当主机出现异常不能支持应用系统运营时，备机主动接管主机的工作，继续为应用系统提供服务，保证系统不间断的运行。当主机经过维修恢复正常后，会将其先前的工作自动收回，恢复以前正常时的工作状态。

主机/备机方式是传统的双机热备份解决方案，主机运行时，备机处于备用状态，当主机故障时，备机马上启动将服务接替。因备机平台没有其他访问量，所以故障切换后用户访问速度不会有大的影响，这种容错方式主要用于用户只有一种应用、主备机设备配置不太一样且用户访问量大的情况。

1. 方案设计

双机热备份有两种典型的方式：一种是基于共享的存储设备的方式，一般称为共享方式；另一种是没有共享的存储设备的方式，一般称为纯软件方式或镜像方式（Mirror）。

共享方式是一种最标准、高可靠性方案，两台服务器通过一个共享的存储设备（一般是共享的磁盘阵列或存储区域网 SAN），以及双机热备软件，实现双机热备份。图 6-20 是一种典型的共享方式连接结构图，两台服务器通过 SCSI 接口及 SCSI 线与磁盘阵列连接，进行数据传输；通过 RS-232 接口及 RS-232 线连接，用于双机热备软件进行"心跳侦测"（心跳侦测链路也可以用网卡和网线代替）；通过网卡及网线与网络连接，进行数据传输与故障服务器的切换；服务器本地硬盘上安装相应的操作系统，应用数据库系统和双机热备软件（如 DataWare、ROSE HA 等），用户数据放在磁盘阵列上。

纯软件方式在两台服务器之间没有共享的存储设备，其连接结构如图 6-21 所示。该方式是通过镜像软件，在将数据写入到主机的同时，通过网络复制到备机上，备机上的写操作完成时，主机的写操作才能完成。因此，同样的数据就在两台服务器上各存在一份且同时更新。如果一台服务器出现故障，可以及时切换到另一台服务器。

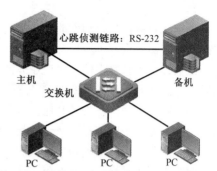

图 6-20 服务器双机热备份共享方式结构　　图 6-21 服务器双机热备份纯软件方式结构

2．工作原理

双机热备份系统的工作原理可概括为三个过程：心跳工作过程、IP 工作过程、应用及网络故障切换过程。

① 心跳工作过程。双机热备份系统采用"心跳"方法保证主机与备机的联系。所谓"心跳"，是指主机与备机之间相互按照一定的时间间隔发送通信信号（称为"心跳"信号），表明各自系统当前的运行状态。一旦"心跳"信号表明主机发生故障，或者备机无法收到主机的"心跳"信号，则双机热备份软件认为主机发生故障，立即令主机停止工作，并将系统资源转移到备机上，备机立刻接替主机的工作，以保证网络服务运行不间断。

② IP 工作过程。在工作过程中，主机、备机的 IP 地址采用虚拟 IP 地址对外提供服务，其原理如图 6-22 所示。

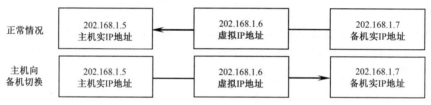

图 6-22　双机热备份的 IP 地址转换

在主机正常的情况下，虚拟 IP 地址指向主机的实 IP 地址，用户通过虚拟 IP 地址访问主机，这时双机热备软件将虚拟 IP 地址解析到主机实 IP 地址。

当主机向备机切换时，虚拟 IP 地址通过双机热备软件自动指向备机的实 IP 地址，并将虚拟 IP 地址解析到备机的实 IP 地址。对用户来说，访问的仍然是虚拟 IP 地址，只是在切换的过程中发现有短暂的通信中断，然后就可以恢复通信。

③ 应用及网络故障切换过程。通过安装在两台服务器中的双机热备软件，系统具有在线容错的能力，即当处于工作状态的服务器无法正常工作时，如服务器掉电、服务器硬件故障、网络故障、系统软件故障和应用软件故障等，使处于守候监护状态的另一台服务器迅速接管不正常工作服务器上的业务程序及数据资料，使得网络用户的业务正常进行，保证数据的完整性和业务的高可靠性。

6.4.2　服务器双机互备援

服务器双机互备援（Dual Active）是指两台服务器均为工作服务器，但彼此又互为备用服务器。在正常情况下，两台服务器均运行各自的应用服务，并互相监视对方的运行情况。当一台服务器出现异常，不能对外提供服务时，另一台服务器在继续原有服务的同时主动接管异常服务器的工作，继续提供原来在异常服务器上运行的服务，从而保证双机系统对外提供服务的不间断性，达到不停机的功能，当异常服务器经过维修恢复正常后，系统管理员通过管理命令，将正常服务器所接管的工作切换回已修复的异常服务器。其结构如图 6-23 所示。

双机互备援的主备机平时各自有一种应用运行，当系统中的任何一台主机出现故障，应用都会集中到一台服务器上运行，此时备机不仅要承担以前的程序运行，还要运行宕机服务器上的应用程序，所以备机的负担会加重。这种方式的故障切换往往会造成备机访问量增大，系统运行变慢。这种方式主要适合用户有不只一种应用，用户主备机配置一样且数据访问量不大的情况。

图 6-23　服务器双机互备援结构

6.4.3　磁盘阵列

磁盘阵列 RAID（Redundant Array of Independent Disk，独立磁盘冗余阵列）是一种把多块独立的硬盘（物理硬盘）按不同方式组合起来形成一个硬盘组（逻辑硬盘），从而提供比单个硬盘更高的存储性能和提供数据冗余的技术。组成磁盘阵列的不同方式称为 RAID 的级别（RAID Levels），主要有 0、1、2、3、4、5、6、7 等级别。由于技术复杂，RAID2、RAID4 和 RAID6 硬盘利用率很低，目前基本不再使用。

1．RAID0

RAID0 采用条带化结构，将多个硬盘并列起来，成为一个大硬盘，在存放数据时，将数据按磁盘的个数进行分段，并写入相应的磁盘中，其存储结构如图 6-24 所示。RAID0 中每个磁盘的容量应相同，总容量为每个磁盘容量之和。RAID0 具有很高的数据传输率，在所有 RAID 级别中，速度是最快的，但没有数据冗余功能，一个物理磁盘的损坏将导致所有的数据都无法使用。因此，RAID0 一般适用于频繁的文件处理、视频编辑、要求最高速度和最大容量的用户，不能应用于数据安全性要求高的场合。

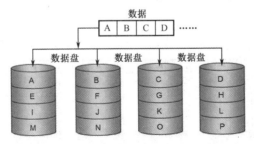

图 6-24　RAID0 存储结构

2．RAID1

RAID1 采用镜像结构，将两组相同的独立硬盘互作镜像，实现 100%的数据冗余，即在主硬盘上存放数据的同时在镜像硬盘上写一样的数据，其存储结构如图 6-25 所示。当原始数据繁忙时，可直接从镜像副本中读取数据，当主硬盘失效时，镜像硬盘则代替主硬盘的工作。因为有镜像硬盘做数据备份，所以 RAID1 具有很高的数据安全性和可用性，数据安全性在所有的 RAID 级别中是最好的，但是其磁盘容量的利用率却只有 50%，是所有 RAID 级别中磁盘利用率最低的。RAID1 最少需要配置 2 个硬盘，一般适用于对数据安全性需要较高的用户。

3．RAID3

RAID3 采用带奇偶校验码的并行传输结构，将数据按字节条块化分段存储于数据硬盘中，并使用单独硬盘作为校验盘存放数据的奇偶校验位，其存储结构如图 6-26 所示。RAID3 最少需要 3 个硬盘，如果某个数据硬盘损坏，只要将坏硬盘换掉，RAID 控制系统则会根据校验盘的数据校验位和其他数据盘在新盘中重建数据；如果校验盘失效，不影响数据使用，但无法重建数据；如果一个数据硬盘损坏，而数据尚未重建之前又有一个数据盘出现故障，那么阵列中的所有数据将会丢失。RAID3 利用单独的校验盘来保护数据虽然没有镜像的安全性高，但是总容量只减少了一个硬盘的容量，利用率得到了很大的提高。RAID3 对于大量连续数据（连续的大文件）具有较高的传输率，一般适用于追求高性能并要求持续访问数据（如视频编辑）的用户。对于密集使用不连续文件的用户来说，RAID3 并非理想之选，因为专用的奇偶校验盘会影响随机读取性能。

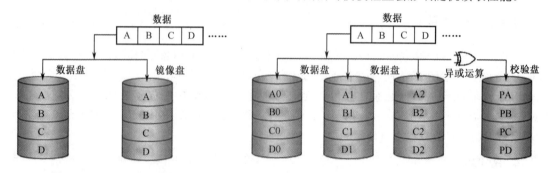

图 6-25　RAID1 存储结构　　　　图 6-26　RAID3 存储结构

4．RAID5

RAID5 采用分布式奇偶校验独立磁盘结构，也是采用数据的奇偶校验位来保证数据的安全，但不是使用单独硬盘来存放数据的校验位，而是在所有磁盘上交叉地存取数据及奇偶校验信息。这样，任何一个硬盘损坏，都可以根据其他硬盘上的校验位来重建损坏的数据。其硬盘的利用率与 RAID3 相同，其存储结构如图 6-27 所示，图中 P0～P4 为奇偶校验位。

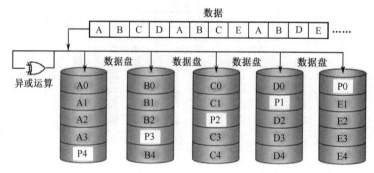

图 6-27　RAID5 存储结构

在 RAID5 上，读/写指针可同时对阵列设备进行操作，提供了更高的数据流量。RAID5 更适合小数据块和随机读写的数据。RAID3 每进行一次数据传输就需涉及所有的阵列盘，而 RAID5

大部分数据传输只对一块磁盘操作,并可进行并行操作。在 RAID5 中有"写损失",即每次写操作将产生 4 个实际的读/写操作,包括 2 次读旧的数据及奇偶信息,2 次写新的数据及奇偶信息。

5. RAID7

RAID7 采用优化的高速数据传输结构,是一种全新的 RAID 标准。RAID7 不仅是一种技术,实际上是一种存储计算机(Storage Computer),自身带有智能化实时操作系统和存储管理软件工具,可完全独立于主机运行,不占用主机 CPU 资源,其存储结构如图 6-28 所示。

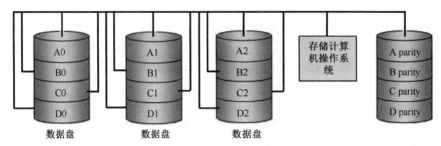

图 6-28 RAID7 存储结构

RAID7 通过使用存储计算机操作系统(Storage Computer Operating System)来初始化和安排磁盘阵列的所有数据传输,可以把数据转换成磁盘阵列需要的模式,传输到相应的存储硬盘上。

RAID7 中的硬盘各有自己的通道,彼此互不干扰,则在读写某一区域数据时,控制器可以迅速定位,而不会因为某个硬盘的性能瓶颈而造成延迟。也就是说,如果 RAID7 有 N 个磁盘,那么除去一个校验盘(用作冗余计算)外,可同时处理 $N-1$ 个主机系统随机发出的读/写指令,从而显著地改善了 I/O 应用。RAID7 系统内置实时操作系统,还可自动对主机发送过来的读/写指令进行优化处理,以智能化方式将可能被读取的数据预先读入快速缓存中,从而大大减少了磁头的转动次数,提高了 I/O 效率。

6. RAID 组合级别

除了以上各种 RAID 技术外,还可以根据实际需求,组合多种 RAID 技术规范来构建所需的 RAID 阵列。例如,RAID10 是将镜像和条带进行两级组合的级别,第一级是 RAID1 镜像对,第二级为 RAID0,其存储结构如图 6-29 所示。这种组合提高了读/写速率,并允许硬盘损坏,因此 RAID10 也是一种应用比较广泛的 RAID 阵列。但是 RAID10 与 RAID1 一样只有 1/2 的磁盘利用率,最小硬盘数为 4 个。

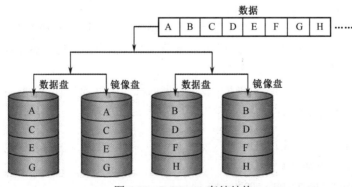

图 6-29 RAID 10 存储结构

7. 磁盘阵列配置举例

【配置举例】 浪潮英信服务器 RAID1 的配置。

以主板集成 LSI SAS 1064E 控制器的浪潮英信服务器为例，配置 RAID1 的方法如下。

（1）进入 SAS BIOS

在系统启动过程中屏幕将提示"Press Ctrl-C to Start LSI Logic Configuration Utility……"，此时按 Ctrl+C 组合键，进入 SAS 控制器设置界面。

（2）SAS BIOS 设置

进入 SAS BIOS 设置界面后，系统显示该 SAS 控制器的名称、Firmware 等信息。此时回车，进入 Adapter Properties 菜单，系统显示 PCI 插槽、PCI 地址等信息，其中大部分是显示信息，无法进行设置，选择其中的<RAID Properties>选项。

（3）RAID 配置

在<RAID Properties>选项中可以进行 RAID 阵列的管理，包括 RAID 阵列的创建、删除、热备的创建等功能。下面以此系统没有创建 RAID 阵列、SAS 控制器外接两块硬盘、RAID1 阵列的删除和创建为例，介绍 RAID 阵列的创建和删除功能。

① 创建 RAID1 阵列。选中 RAID Properties 项，回车后系统显示：

  Create IM Volume
  Create IME Volume
  Create IS Volume

Create IM Volume：允许两块硬盘做 RAID1 阵列。RAID1 阵列可以保存主盘上的数据，将主盘上的数据移植到从盘上，也可以创建一个全新的阵列。

Create IME Volume：允许 3～4 块硬盘做 RAID1E 阵列。创建 RAID1E 阵列，硬盘上的数据将会全部丢失。

Create IS Volume：允许 2～4 块硬盘做 RAID0 阵列。创建 RAID0 阵列，硬盘上的数据将会全部丢失。

在此选择 Create IM Volume，创建 RAID1 阵列，回车后系统显示硬盘信息。

用鼠标选中要做主盘的"RAID Disk"项，按空格键，将其状态变为"Yes"，系统提示：

  M - Keep existing data, migrate to an IM array.
    Synchronization of disk will occur.
  D - Overwrite existing data, create a new IM array.
    ALL DATA on ALL disks in the array will be DELETED!!
    No Synchronization performed.

如果要保存该硬盘上的数据，并将硬盘上的数据移植到阵列上，则按 M 键。如果要创建一个全新的 RAID1 阵列，则按 D 键，这样硬盘上数据将会全部丢失。请根据实际情况进行选择，在此按 D 键，创建一个全新的 RAID1 阵列。

再用同样的方法选择另外一块要做 RAID1 阵列的硬盘，按 C 键创建阵列，系统提示如下：

  Create and save new array?
  Cancel Exit
  Save changes then exit this menu
  Discard changes then exit menu
  Exit the Configuration Utility and Reboot

选择"Save changes then exit this menu"项，回车后，系统开始阵列初始化。初始化时间会根据硬盘的容量不同有所不同。系统可以进行后台初始化。

重新进入 RAID Properties 选项，可以看到 RAID 阵列信息，包括阵列类型、阵列容量、阵列状态等。

② 删除 RAID1 阵列。选择"RAID Properties"→"Manage Array"项，可以进行热备的添加、阵列的重新同步、阵列的激活和阵列的删除等操作。选择"Delete Array"项，则删除阵列，系统提示如下：

  Y - Delete array and to Adapter Properties
  N - Abandon array deletion and exit this menu

请确认是否要删除阵列，要删除请按 Y 键，阵列将会被删除。

6.4.4 服务器集群

服务器集群（Cluster）是近几年新兴起的一项高性能计算技术，是将一组相互独立的服务器通过高速的通信网络组成一个单一的计算机系统，并以单一系统的模式加以管理，共同进行同一种服务，在客户端看来就像是一台服务器。

1．集群的基本架构

服务器集群的基本架构如图 6-30 所示，其中，用于计算的服务器称为计算节点，用于管理计算节点和集群系统的服务器称为管理节点。

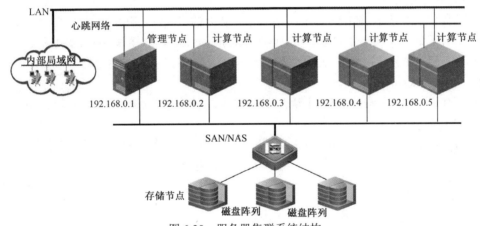

图 6-30　服务器集群系统结构

在集群系统中运行的服务器并不一定是高档服务器，服务器的集群却可以提供相当高性能的不停机服务和计算能力。每台服务器相互协作，各自承担部分计算任务，共同完成同一个应用服务。同时，每台服务器还承担一定的容错任务，当其中某台服务器出现故障时，系统管理节点将这台服务器与系统隔离，并通过多台服务器之间的负载转移机制实现新负载平衡，同时向系统管理员发出报警信号。

2．集群的类型

按照应用的目的不同，服务器集群可以分为如下 3 种。

① 高可用集群（High Availability，简称 HA Cluster）：保障用户的应用程序持久、不间断地提供服务，最大限度地使用。

② 负载均衡集群：分为前端负载调度和后端服务两部分。负载调度部分负责把客户端的请求按照不同的策略分配给后端服务节点，后端服务节点是真正提供程序服务的部分。与 HA Cluster 不同的是，负载均衡集群中，所有的后端节点都处于活动动态，它们都对外提供服务，分摊系统的工作负载。

③ 高性能计算集群：简称 HPC 集群，致力于提供单个计算机所不能提供的强大计算能力，包括数值计算和数据处理，并且倾向于追求综合性能。HPC 与超级计算类似，但是又有不同，计算速度是超级计算追求的第一目标。最快的速度、最大的存储、最庞大的体积、最昂贵的价格代表了超级计算的特点。随着人们对计算速度需求的提高，超级计算也应用到各个领域，对超级计算追求单一计算速度指标转变为追求高性能的综合指标，即高性能计算。

3. 集群的配置

服务器集群的构建与配置工作主要包括：创建群、形成群集、显示集群服务的状态、加入群集、脱离群集等。下面以 4 台服务器集群为例，说明集群的配置过程。

【配置举例】 Linux 计算集群配置。

使用 4 台节点构建一个基于 Linux 的计算集群系统，将 4 台节点的命名分别为 cu001、cu002、cu003、mu001，其中 mu001 兼当登录管理节点，cu003 兼作存储节点。在每台节点上配置 SSH 信任，配置 NFS 服务共享文件夹便于 MPI 运算资源的调用。4 台节点 IP 地址分别设定为 192.168.10.1、192.168.10.2、192.168.10.3、192.168.10.4。

（1）Linux 系统安装

采用的操作系统是 RedHat Linux 9.0，在安装所需要的工具包和服务后，还需要对一些系统文件和服务进行配置。以 root 用户登录后，修改 /etc/hosts 文件，这样每当远程调用命令使用远程主机名称时，可以直接转换为 IP 地址。每个节点建立 MPI 用户，其主目录为 /home/mpi。

（2）修改 hosts.equiv 文件

将所有允许访问本机进行 MPI 计算的机器名填入，为了使节点对其他节点放权。hosts.equiv 文件内容如下：

  cu001   #给自己放权，这样在只有一台机器时也可以模拟并行计算环境
  cu002
  cu003
  mu001

在每个节点 hosts.equiv 文件中添加以上内容。

（3）修改 ~/.bash_profile 文件

首先决定一个用于启动集群计算的用户名，不提倡使用 root 进行集群计算。这里在每个节点上建立新用户 mpiA，它们的主目录都是 /home/mpi。修改 ~/.bash_profile 文件，主要加入如下脚本：

  export PATH=$PATH:/usr/local/mpich/bin
  export MPI_USEP4SSPORT=yes
  export MPI_P4SSPORT=22
  export P4_RSHCOMMAND=ssh

mpich 的运行环境安装在目录 /usr/local/mpich 下面。其余 3 个变量是用来通知 MPI 运行环境采用 SSH 来作为远程 shell。

（4）SSH 信任配置

使用 SSH 的目的是为了在集群系统内部节点之间消除口令。由于在并行计算的过程中需要在

各节点之间传输数据和消息，即用户需要反复登录节点系统，因此在集群系统内部节点之间消除口令对于并行计算的实现是非常重要的。

以设定的用于启动 MPI 计算的用户 mpiA 登录，运行 ssh-keygen，这将生成一个私有/公开密钥对，分别存放在 /home/mpi/.ssh/id_rsa 和 /home/mpi/.ssh/id_rsa.pub 文件中。

运行命令：ssh-keygen –t rsa　　　　　　　　　　//生成私有/公开密钥对

收集各节点 id_rsa.pub 文件内容，统一放到 authorized_keys 文件中保存，然后把 authorized_keys 文件复制到各节点的 /home/mpi/.ssh/ 目录中。

在各节点上登录其他节点，这样在 .ssh/ 下生成一个 known_hosts 文件，其中记录着登录过的节点。这样以后再登录就是直接登录，不会再提示是否要登录了。

（5）配置 NFS 服务

使用 NFS 服务的目的是将 /home/cluster 目录从服务器节点输出，并装载在各客户端，便于在各节点间分发任务。并行计算要求各节点计算程序必须放在相同的路径上，如程序为 cpi.c 和 a.out，则必须把 a.out 放在同样的路径中，每个节点都是如此。所以，选用 /home/cluster 共享目录挂载到每个节点，方便文件的同步，只需将文件复制到 cluster 目录，每个节点都能在相同目录下读到文件。以下是 NFS 配置过程。

选用 cu003 节点兼当 NFS 服务器，在服务器节点 home 目录下建立 cluster 目录，在 /etc/exports 文件中加入代码：

/home/cluster 192.168.10.0/255.255.255.0 (rw, sync, no_root_squash)

这个规则代表将 /home/cluster 目录以读写同步方式共享给属于 192.168.10.0/24 网段的主机。如果登录到 NFS 主机的用户是 root，那么该用户就具有 NFS 主机的 root 用户的权限。

下面是一些 NFS 共享的常用参数。

① rw：可读写的权限。

② ro：只读的权限。

③ no_root_squash：如果登录 NFS 主机的使用者是 root，那么其权限将被压缩成为匿名使用者，通常其 UID 和 GID 都会变成 nobody 身份。

④ all_squash：不管登录 NFS 主机的用户是谁，都会被重新设定为 nobody。

⑤ anonuid：登录 NFS 主机的用户都设定成指定的 user id，此 ID 必须存在于/etc/passwd 中。

⑥ anongid：同 anonuid，但是变成 group ID。

⑦ sync：资料同步写入存储器中。

⑧ async：资料会先暂时存放在内存中，不会直接写入硬盘。

⑨ insecure：允许从这台机器过来的非授权访问。

⑩ exportfs 命令：如果在启动了 NFS 之后又修改了 /etc/exports，就可以用 exportfs 命令来使改动立刻生效。该命令格式如下：

exportfs [-aruv]

- -a：全部 mount 或者 unmount/etc/exports 中的内容。
- -r：重新 mount/etc/exports 中分享的目录。
- -u：umount 目录。
- -v：在 export 的时候，将详细信息输出到屏幕上。

具体例子如下：

[root @test root]# exportfs –rv　　　　　　　　　　//新 export 一次

NFS 常用命令如下。

启动 NFS：
  # service portmap start
  # service nfs start

检查 NFS 的运行级别：
  # chkconfig --list portmap
  # chkconfig --list nfs

检查 NFS 的运行状态：
  # service nfs status

根据需要设置在相应的运行级别自动启动 NFS：
  # chkconfig --level 235 portmap on
  # chkconfig --level 235 nfs on

客户端运行以下命令挂载 NFS 文件系统：
  #mkdir /home/cluster
  #mount –t nfs 192.168.10.4:/home/cluster /home/cluster

首先创建 /home/cluster 目录，然后将服务器 192.168.10.4 上的/home/cluster 共享目录挂载到本节点的 /home/cluster 目录，这样每个节点都可以像在本地一样获得服务节点上共享目录的资源，实现任务的分发。

（6）MPI 并行计算环境安装

将 mpich.tar.gz 复制到 /home 目录下。用 root 用户登录编译。首先用 tar xvfz mpich.tar.gz 解压，生成 mpich-1.2.7p1 目录，切换到 mpich-1.2.7p1 目录。

运行预处理：
  ./configure --prefix=/usr/local/mpi -rsh=ssh

这里是通知编译系统 MPICH 的安装位置为 /usr/local/mpich，运行环境的远程 shell 为 SSH。

编译：make

安装：make install

修改文件/usr/local/mpich/share/machines.LINUX 为：
  cu001
  cu002
  cu003
  mu001

以上是 MPI 并行环境的安装配置，每个节点都需进行同样配置。

6.5 网络存储技术

随着网络技术和计算机技术的发展，海量的数据要求能够简便、安全、快速地存储，因此数据的存储方式也逐渐由本地存储向网络存储转变，网络存储技术由此诞生。所谓网络存储技术（Network Storage Technology），就是以互联网为载体实现数据的传输与存储，数据可以在远程的专用存储设备上，也可以是通过服务器来进行存储。网络存储技术大致分为 3 种：直接附加存储（Direct Attached Storage，DAS）、网络附加存储（Network Attached Storage，NAS）和存储区域网络（Storage Area Network，SAN）。

6.5.1 DAS 技术

DAS 是指将存储设备通过 SCSI 线缆或光纤通道直接连接到服务器上,其连接结构如图 6-31 所示。DAS 本身没有任何的操作系统,它直接接收服务器的读写请求,通过服务器连接网络向用户提供服务。对于多台服务器的环境,使用 DAS 方式设备的初始费用可能比较低,可是这种连接方式下,每台服务器单独拥有自己的存储磁盘,容量的再分配困难;对于整个环境下的存储系统管理,工作烦琐而重复,没有集中管理解决方案。

DAS 适用于以下几种情况。

① 业务应用系统单一或较少的单位,只需部署 1~2 台服务器和存储设备。

② 服务器在地理分布上很分散,通过 SAN 或 NAS 在它们之间进行互连非常困难。

③ 存储系统必须被直接连接到应用服务器上。

④ 包括许多数据库应用和应用服务器在内的应用,它们需要直接连接到存储器上。

图 6-31 DAS 连接结构图

6.5.2 NAS 技术

(1) NAS 技术及架构

NAS 是指将存储设备通过本身的网络接口连接在网络上。在 NAS 存储结构中,存储系统不再通过 I/O 总线附属于某个服务器,而直接通过网络接口与网络直接相连,用户可以通过网络访问。NAS 采用集中式数据存储模式,将存储设备与服务器完全分离,通过网络直接向用户提供服务。NAS 连接结构如图 6-32 所示。

NAS 实际上是一个带有瘦服务器的存储设备,具有自己的 CPU、内存、网络接口、操作系统和磁盘系统,其作用类似于一个专用的文件服务器。这种专用存储服务器去掉了通用服务器原有的不适用的大多数计算功能,而仅仅提供文件系统功能,支持 NFC、CIFS 等网络传输协议,其外型及结构如图 6-33 所示。NAS 适用于较小网络规模或较低数据流量的网络数据备份。

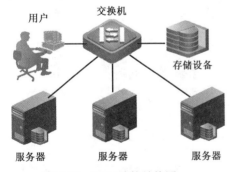

图 6-32 NAS 连接结构图

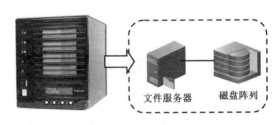

图 6-33 NAS 设备外型及内部架构

(2) NAS 的优、缺点

NAS 具有如下优点:

① NAS 可以即插即用。

② NAS 通过 TCP/IP 网络连接到应用服务器,因此可以基于已有的企业网络方便连接。

③ 专用的操作系统支持不同的文件系统,提供不同操作系统的文件共享,经过优化的文件系统提高了文件的访问效率,也支持相应的网络协议。即使应用服务器不再工作了,仍然可以读出数据。

NAS 主要存在的问题如下:

① NAS 设备与客户机通过网络进行连接,一方面,数据备份或存储过程中会占用网络的带宽,必然会影响其他网络应用;另一方面,当网络上有其他大数据流量时,会严重影响 NAS 系统的性能。

② NAS 的可扩展性受到设备大小的限制。增加另一台 NAS 设备非常容易,但是很难将两个 NAS 设备的存储空间无缝合并。

③ 数据信息的访问方式只能是文件方式,无法直接对物理数据块进行访问,因此会严重影响到系统的工作效率,以致一些大型数据库无法使用 NAS 技术。

④ 容易产生数据泄漏等安全问题,存在安全隐患;

6.5.3 SAN 技术

SAN 是一种采用光纤通道(Fibre Channel,FC)或 iSCSI 技术,将服务器和存储设备组建成专用存储区域网络,实现数据的高速存取。SAN 分为 FC-SAN、IP-SAN 和 IB-SAN 三种类型。

(1) FC-SAN 技术

早期的 SAN 采用的是光纤通道技术实现服务器与存储设备之间的通信,称为 FC-SAN。光纤通道技术开发于 1988 年,最早是用来提高硬盘协议的传输带宽,侧重于数据的快速、高效、可靠传输。到 20 世纪 90 年代末,FC-SAN 开始得到大规模的广泛应用。

FC-SAN 系统由服务器、存储子系统(Storage Subsystem)、光纤通道交换机(Fabric Channel Switch)、光纤接口卡(FC HBA)和管理软件五大部分组成,如图 6-34 所示。其中,存储子系统是共享数据存储设备,在实际应用中,一般采用 RAID 磁盘阵列。FC-SAN 的优点是传输带宽高,性能稳定可靠,技术成熟,但成本高昂,需要光纤交换机和大量的光纤布线,维护及配置复杂。

(2) IP-SAN 技术

IP-SAN 是基于 iSCSI(Internet SCSI,互联网小型计算机系统接口)技术,在传统 IP 以太网上组建一个 SAN 存储网络,实现服务器与存储设备之间通信的存储技术,其架构如图 6-35 所示。

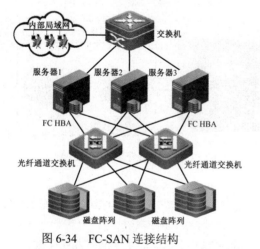

图 6-34 FC-SAN 连接结构

图 6-35 IP-SAN 连接结构

iSCSI 是一种在 TCP/IP 上进行数据块传输的标准，由 IETF（互联网工程任务组）制订并于 2003 年 2 月正式发布，将 SCSI 协议完全封装在 IP 协议并把 SCSI 命令和数据封装到 TCP/IP 包中，然后通过 IP 网络进行传输，在诸如高速千兆以太网上实现快速的数据存取备份操作。

IP-SAN 的服务器和存储设备都连接在 IP 网络上，或直接与以太网交换机相连，用户通过网络即可共享和使用 IP-SAN 的大容量存储空间。相对于以往的网络存储技术，它解决了开放性、容量、传输速度、兼容性、安全性等问题。IP-SAN 主要应用于数据中心和异地容灾备份系统。

（3）IB-SAN 技术及架构

无限带宽技术（InfiniBand）是一种高带宽、低延迟的互连技术，构成新的网络环境，实现 IB-SAN 的存储系统。IB-SAN 采用层次结构，将系统的构成与接入设备的功能定义分开，不同的主机可通过 HCA（Host Channel Adapter）、RAID 等网络存储设备利用 TCA（Target Channel Adapter）接入 IB-SAN。

InfiniBand 是一种交换结构 I/O 技术，其设计思路是通过一套中心 InfiniBand 交换机在远程存储器、网络以及服务器等设备之间建立一个单一的连接链路，并由中心 InfiniBand 交换机来指挥流量，它的结构设计得非常紧密，大大提高了系统的性能、可靠性和有效性，能缓解各硬件设备之间的数据流量拥塞。而这是许多共享总线式技术没有解决好的问题。

InfiniBand 支持的带宽比现在主流的 I/O 载体（如 SCSI、Fibre Channel、Ethernet）还要高，用 InfiniBand 技术替代总线结构所带来的最重要的变化就是建立了一个灵活、高效的数据中心，省去了服务器复杂的 I/O 部分。

InfiniBand 有可能成为未来网络存储的发展趋势，原因在于：

① InfiniBand 体系结构经过特别设计，支持安全的信息传递模式、多并行通道、智能 I/O 控制器、高速交换机以及高可靠性、可用性和可维护性。

② InfiniBand 体系结构具有性能可伸缩性，和较广泛的适用性。

③ InfiniBand 由多家国际大公司共同发起，是一个影响广泛的业界活动。

6.5.4 网络存储技术的比较

（1）NAS 与 DAS 的比较

NAS 与 DAS 比较，各自具有的特性如表 6.3 所示。

（2）IP-SAN、FC-SAN 和 NAS 的比较

IP-SAN、FC-SAN 和 NAS 各有其特色，也存在一些差异，可以从如下 9 方面进行比较：

① 接口技术：IP-SAN 和 NAS 都通过 IP 网络来传输数据，FC-SAN 则不一样，其数据通过光纤通道（Fibre Channel）来传递。

② 数据传输方式：同为 SAN 的 IP-SAN 和 FC-SAN 都采用 Block 协议方式，而 NAS 采用 File 协议。

③ 传输速率：FC-SAN（2Gb）最快、IP-SAN（1Gb）次之，NAS 居末。FC-SAN 及 IP-SAN 的 Block Protocol 会比 NAS 的 File Protocol 来得快，因为在操作系统的管理上，前者是一个"本地磁盘"，后者会以"网络磁盘"的名义显示。所以在大量数据的传输上，IP-SAN 比 NAS 快得多。

④ 资源共享：IP-SAN 和 NAS 共享的是存储资源，NAS 共享的是数据。

⑤ 管理门坎：IP-SAN 和 NAS 都采用 IP 网络的现有成熟架构。所以可延用既有成熟的网络管理机制，不论是配置、管理或维护上，都非常方便及容易。而 FC-SAN 则完全独立于一般网络系统架构，所以需由 FC-SAN 供货商分别提供专属管理工具软件。

表 6.3 NAS 与 DAS 的比较

比较项目	NAS	DAS
安装	安装简便快捷，即插即用。只需要 10 分钟便可顺利独立安装成功	系统软件安装较为烦琐，初始化 RAID 及调试第三方软件一般需要两天时间
异构网络环境下文件共享	完全跨平台文件共享，支持 Windows、NT、UNIX (Linux) 等操作系统	不能提供跨平台文件共享功能，各系统平台下文件需分别存储
操作系统	独立的优化存储操作系统，完全不受服务器干预，有效释放带宽，可提高网络整体性能	无独立的存储操作系统，需相应服务器或客户端支持，容易造成网络瘫痪
存储数据结构	集中式数据存储模式，将不同系统平台下文件存储在一台 NAS 设备中，方便网络管理员集中管理大量的数据，降低维护成本	分散式数据存储模式。网络管理员需要耗费大量时间奔波到不同服务器下分别管理各自的数据，维护成本增加
数据管理	管理简单，基于 Web 的 GUI 管理界面使 NAS 设备的管理一目了然	管理较复杂，需要第三方软件支持。由于各系统平台文件系统不同，增容时需对各自系统分别增加数据存储设备及管理软件
软件功能	自带支持多种协议的管理软件，功能多样，支持日志文件系统，并一般集成本地备份软件	没有自身管理软件，需要针对现有系统情况另行购买
扩充性	在线增加设备，无需停顿网络，而且与已建立起的网络完全融合，充分保护用户原有投资。良好的扩充性完全满足 24X7 不间断服务	增加硬盘后重新做 RAID 须宕机，会影响网络服务
总拥有成本	单台设备的价格高，但选择 NAS 后，以后的投入会很少，降低用户的后续成本，从而使总拥有成本降低	前期单台设备的价格较便宜，但后续成本会增加，总拥有成本升高
数据备份与灾难恢复	集成本地备份软件，可实现无服务器备份。日志文件系统和检查点设计，以求全面保护数据，恢复数据准确及时。双引擎设计理念，即使服务器发生故障，用户仍可进行数据存取	异地备份，备份过程麻烦。依靠双服务器和相关软件实现双机容错功能，但两服务器同时发生故障，用户就不能进行数据存储

⑥ 管理架构：通过网络交换机，IP-SAN 及 FC-SAN 可有效集中控管多台主机对存储资源的存取及利用，善用资源的调配及分享，同时速度上也快于网络磁盘的 NAS。

⑦ 成本：比起 FC-SAN 而言，以太网络是个十分成熟的架构，而熟悉的人才甚多，所以同样采用 IP 网络架构的 IP-SAN 及 NAS，配置成本低廉、管理容易而维护方便。

⑧ 传输距离：原则上，三者都支持长距离的数据传输。FC-SAN 的理论值可达 100km，通过 IP 网络的 NAS 及 IP-SAN 理论上都没有距离上的限制，但 NAS 适合长距小档案的传输，IP-SAN 则可以进行长距大量资料的传递。

⑨ 系统支持：相较起来，IP-SAN 仍然比较少。FC-SAN 主要是由适配卡供货商提供驱动程序和简单的管理程序。

6.6 服务器的性能与选型

1. 服务器的性能

在选择服务器时，一般从以下 8 方面来考虑服务器的性能要求及配置要点。

(1) 运算处理能力

服务器的运算处理能力是服务器性能的关键指标，主要体现在 CPU 的主频、CPU 的数量、L2 Cache、CPU 的架构和内存/最大内存扩展能力等 5 方面。

① CPU 主频：CPU 主频与服务器性能有这样一种关系，若 CPU1 的主频为 M1，CPU2 的主

频为 M2，两者采用相同的技术，M2>M1，且 M2–M1<200 MHz，则配置 CPU2 较配置 CPU1 性能提升(M2–M1)/M1×50%。通常称之为 CPU 的 50%定律。

② CPU 数量：多个 CPU 一起使用可以增强服务器的可用性及性能。例如，有一款可支持 8 路 SMP Xeon CPU 的高端服务器，假设系统的内存足够大，网络速率和硬盘速率足够快，从一颗 Xeon CPU 扩展到 2 颗 Xeon CPU 时性能提升 70%，增加到 4 颗 Xeon CPU 时性能提升 200%，当 CPU 扩展到 8 颗时，系统性能是 1 颗 CPU 的 5 倍，即提升 400%。

一般地，对于标准的不带 ATC 技术的 Xeon CPU，其扩展性能如下：1CPU=1，2CPU=1.74，4CPU=3.0，8CPU=5.0；对于具有 ATC 技术的 Xeon CPU，其扩展性能如下：1CPU=1，2CPU=1.6，3CPU=1.9，4CPU=2.0。

③ L2 Cache：L2 Cache 对系统性能的影响与 CPU 的数量有关，一般有如下特点：

对于 1 或 2 个 CPU 而言，L2 Cache 大小增加 1 倍，系统性能提高 3%～5%。

对于 3 或 4 个 CPU 而言，L2 Cache 大小增加 1 倍，系统性能提高 6%～12%。

对于 8 个 CPU 而言，L2 Cache 大小增加 1 倍，系统性能提高 15%～20%。

④ CPU 架构：CPU 的架构对是服务器的关键性能指标，IA64 和 RISC 架构性能高。

⑤ 内存/最大内存扩展能力：指在主内存充满数据之前，CPU 能快速地访问信息的能力。当内存充满数据时，CPU 就只能到硬盘（或虚拟内存）读取或写入新的数据，而硬盘的速率约是主内存的 1/10000，因此，服务器的主内存越大，CPU 就越少到硬盘读写数据，从而服务器的运行速率就越快。

（2）硬盘驱动器的性能指标

硬盘驱动器的性能指标主要体现在接口类型、主轴转速、内部传输速率、单碟容量、平均寻道时间和高速缓存等 6 方面。

① 接口类型：有 EIDE、SCSI 和 SATA 三种，SCSI 接口的传输速率最快。

② 主轴转速：决定硬盘内部传输速率和持续传输速率的第一决定因素。硬盘的转速多为 7200 r/m、10000 r/m 和 15000 r/m。其中，10000 r/m 及以上的 SCSI 硬盘具有性价比高的优势，是目前服务器硬盘的主流。

③ 内部传输速率：也称为最大或最小持续传输速率，是指硬盘在盘片上读/写数据的速率，现在的主流硬盘大多为 30～60 Mbps。

④ 单碟容量：因为磁盘的半径是固定的，单碟容量越大，意味着磁道数越多，磁道间的距离距离就越短，磁头的寻道时间也就越少，硬盘的内部传输率也就越快。

⑤ 平均寻道时间：指磁头移动到数据所在磁道需要的时间，一般为 3～13 ms。建议平均寻道时间大于 8 ms 的 SCSI 硬盘不要考虑。

⑥ 高速缓存：因为硬盘内部数据传输速率和外部数据传输速率不同，因此需要缓存来做速率适配器，缓存的大小对于硬盘的持续数据传输速率有着极大的影响。其容量一般有 512 KB、2 MB、4 MB、8 MB 和 16 MB，缓存越大，性能越好。

（3）系统可用性

系统的可用性可用如下公式来表示：

$$系统可用性=MTBF/(MTBF+MYBR)$$

其中，MTBF 是平均无故障工作时间，MTBR 是平均修复时间。例如，若系统的可用性达到 99.9%，则每年的停止服务时间将达 8.8 h，而当系统的可用性达到 99.99%时，年停止服务时间是 53 min，当可用性达到 99.999%时，年停止服务时间就只有 5 min。

(4) 服务器硬件的冗余

硬件冗余技术是最常见、最基本的服务器技术之一，也是应用最广泛的服务器通用技术。它是通过提供双份完全一样的硬件，并通过相应的技术设备用件时刻处于待命状态，发现相应部件失效后立即接替原来的部件继续工作，使得服务器保持恒久不间断的运作。

(5) 数据吞吐能力

数据吞吐能力是指服务器 CPU 向网卡、硬盘或存储磁盘阵列传输数据的速率和可靠性。

(6) 可管理性

可管理性直接影响到中小企业使用服务器的方便程度，良好的可管理性主要包括人性化的管理界面，硬盘、内存、电源、处理器等主要部件便于拆装、维护和升级，具有方便的远程管理、监控功能和具有较强的安全保护措施等。

(7) 可扩展性/可伸缩性

可扩展性主要是指处理器、内存、存储设备、外部设备的可扩展能力和应用软件的升级能力，如 CPU 插槽的个数、内存条插槽数、SCSI 卡可支持多少个硬盘等。

(8) 易用性

易用性是用户在选择服务器时必须关注的问题。这主要表现在是否包括详细、全面而又易于查阅的各类文档，是否具有在线查询的用户导航软件，是否容易获得系统运行状态的各种信息，是否预装有可以对整个系统运行状态进行监控和报警的管理软件，是否具有可使用户易于对系统进行维护的详细指导资料等。

2．服务器产品选型

网络服务器可以说是整个局域网中的核心，如何选择与本单位局域网规模相适应的服务器的型号及配置方案，用户应在投资、可靠性、系统性能等方面综合权衡。在选择服务器产品时，首先应关注设备在高可用性、高可靠性、高稳定性和高 I/O 吞吐能力方面的性能；其次是服务器在系统的维护能力和操作界面等方面的性能。当然，用户还应关注系统软/硬件的网络监控技术、远程管理技术和系统灾难恢复技术等。

要使服务器的性能得到充分发挥，不同应用需求的服务器，其配置是不一样的。

(1) 基本应用服务器

文件和打印服务器需要的 CPU 处理能力比数据库服务器少，但是要处理往来于网络客户端的数据，有很高的 I/O 需求。这类服务器的内存和 I/O 插槽的扩展行应具备最高优先权。域控制器需要对域名查找请求做出快速响应。

信息/电子邮件服务器需要高速的存储 I/O。磁盘 I/O 在这些类型的系统中是常见的瓶颈。为了更有效地实现存储和恢复信息数据，根据信息服务器文件类型，选择不同种类的 RAID 存储方案是非常必要的。处理器的能力在信息服务器作为一个网关或"连接器"，连接一个外部邮件系统时应作为一项更重要的考虑因素。

(2) Web 和 Internet 服务器

电子商务服务器通常提供商务逻辑和用户鉴定服务，因此需要强大的 CPU 处理能力，并且需要选择支持可扩展多路 CPU。此外，内存容量和扩展性的选择同样是非常重要的因素。

ISP 经常为个别公司提供专用服务器完成电子邮件或 Web 服务。对于这类需要尽可能为每个数据中心机房提供最多数量服务器的 ISP 来说，服务器密度是首要因素，因此应考虑服务器的物理尺寸、I/O 速率及内存容量等。单路或多路处理器通常都可以接受。

防火墙服务器需要选择高速 CPU，代理服务器需要足够的内存来存储并缓存 Web 地址。高速缓存代理服务器额外需要用来存储目录的内存和海量存储器。此外，服务器的尺寸也是一个需要考虑的因素，以便使有限的可用空间容纳最多数量的服务器。

（3）数据库应用服务器

数据库应用服务器专门提供在线事务处理（OLTP）、企业资源规划（ERP）和数据存储。这种应用需要相当可观的 CPU 处理能力；在数据存储上，需要适合数据高速缓存的巨大内存容量；需要为大量数据进行目录编写、析取和分析而额外增加的 CPU、内存、输入/输出能力。

大中型企业、重要行业、政府关键部门等应用领域，如金融、证券、ISP/ICP 等用户的后端数据库服务器，以及数据中心、企业 ERP 等领域，可选用集群服务器的硬件平台。

思考与练习 6

1. 如何按应用层次划分服务器等级？各等级服务器的适用范围是什么？
2. 服务器存在哪些安全隐患？
3. 综述服务器的最新技术。
4. 综述服务器硬盘接口的类型和性能。
5. 一个集团用户的网络信息中心要构建网络资源系统，包括 Web 应用服务和网络应用系统，请设计服务器多层架构方案。
6. 综述 Windows 2003 环境下，DNS、DHCP、FTP、Web、邮件等服务器的安装方法。
7. 综述 Linux 环境下，DNS、DHCP、FTP、Web、邮件等服务器的安装方法。
8. 综述 Windows 2003 环境下，新闻组、BBS、聊天、流媒体等服务器以及代理服务器的安装方法。
9. 综述 Linux 环境下，新闻组、BBS、聊天、流媒体等服务器以及代理服务器的安装方法。
10. 综述网络存储技术和数据备份技术。
11. 简述服务器的选型应注意的事项。
12. 综述服务器负载均衡的基本特性、负载均衡策略、负载均衡实施要素。
13. 综述 RAID 技术的工作原理，在个人计算机上怎样配置 RAID？
14. 从外部结构上怎样区别 SATA 接口与 SAS 接口？
15. 综述数据中心的构建方法。

第 7 章 网络规划与设计

【本章导读】

网络规划与设计是网络工程建设中非常重要和关键的环节,是一项富有挑战性的工作,需要严谨的设计作风和深厚的网络技术功底。随着网络技术迅速发展,网络类型越来越多,网络规模越来越大,网络产品不断更新,网络应用环境越来越复杂,如何根据网络建设的需求,通过系统化的网络设计方法,规划和设计一个功能完善、设备先进、性能优良、安全稳定的计算机网络系统,使其充分发挥计算机网络的作用,完全满足用户的应用需求,已成为当前网络建设中的主要任务。本章围绕着这一目标,在学好前面各章内容的基础上,系统介绍网络建设需求分析、网络系统逻辑设计、网络综合布线系统设计、网络安全与管理设计、网络服务与应用设计、网络中心机房设计以及网络设备选型等内容。为了使读者较好地理解各节的内容,又系统地掌握网络规划与设计的过程与方法,我们将一个完整的某高校校园网络建设规划与设计书,分散到相应每章。读者在学习完本章内容后,将其贯通起来,就可以开始练习编写网络工程投标文件的技术方案。

7.1 网络规划与设计基础

网络规划与设计是根据网络系统建设方(以下简称用户)的网络建设需求和用户的具体情况,在进行需求分析的基础上,为用户设计一套完整的网络系统建设方案,其内容涉及网络系统类型与拓扑结构、IP 地址规划与 VLAN 的划分、交换机和路由器等网络设备的配置与应用技术、网络安全与管理技术、网络服务与应用等。网络规划与设计的合理与否对建立一个功能完善、安全可靠、性能先进的网络系统至关重要。一个网络工程项目的成功,切合实际的网络规划与设计是重要的前提和保证。

网络规划与设计要处理好整体建设与局部建设、近期建设与远期建设之间的关系,根据用户的近期需求、经济实力和中远期发展规划,结合网络技术的现状和发展趋势进行综合考虑。

7.1.1 网络规划与设计的原则

计算机网络系统技术复杂,涉及面广。为了使设计的网络系统更为合理和经济,性能更加良好,在进行网络规划与设计时,应根据建设目标,按照从整体到局部、自上而下进行规划和设计,以"实用、够用、好用、安全"为指导思想,并遵循以下原则。

(1) 开放性和标准化原则

网络系统采用开放系统结构,没有特别的限制和额外硬件要求。整个网络系统设计要严格遵守国家法律和行业相关规范,保证项目的各环节的规范、可控,采用的标准、技术、结构、系统组件、用户接口等符合国际化标准。

(2) 先进性和实用性原则

整个网络系统设计要确保设计思想先进、网络技术先进、网络结构先进、网络硬件设备先进、支撑软件和应用软件先进；设计方案中所选择的设备和技术在数年内不落后；同时，要考虑到用户的实际需求和经济实力，实用有效是最主要的规划设计目标。

（3）安全性和可靠性原则

安全性对于网络的运行和发展是至关重要的。网络系统稳定、可靠、安全地运行是网络规划与设计的基本出发点，在设计时既要考虑网络系统的安全性，也要考虑应用软件的安全性。

可靠性是指在网络规划与设计时，既要考虑网络硬件系统长期稳定地运行，故障率降到最小，又要考虑各种数据的高可靠要求，并设计采用相应的技术。

（4）灵活性和可扩展性原则

网络系统功能框架应采用结构化设计，系统功能配置灵活，关键设备选型要具有一定的超前意识，能够在规模和性能两方面进行扩展；要保证技术的延续性、灵活的扩展性和广泛的适应性。应用软件系统的选择应注意与其他产品的配合，保持一致性，特别是数据库的选择，要求能够与异构数据库实现无缝连接。总之，在建设今天网络的同时，要为明天的发展留下足够的余地，以适应应用和技术发展的需要。

（5）可管理性和可维护性原则

网络系统设计要充分考虑到网络设备类型多、涉及的技术范围广等因素，对主要网络设备、服务器、数据存储及备份设备等进行集中管理，以提高系统效率，及时发现问题和排除安全隐患。

一个好的网络系统还应具有良好的可维护性，因此，不仅要保证整个网络系统设计的合理性，还应该配置相应的网络检测设备和网络管理设施。

（6）经济性和效益性原则

经济性是指具有良好的性价比，应从以下 3 方面考虑：① 不要盲目追求最新的设备；② 硬件和软件要尽可能相匹配，不要出现"大马拉小车"的现象；③ 用户计算机应用水平的程度，水平参差不齐也会降低设备的利用率。

效益性是指网络建成之后，应该最大限度满足用户的业务需求。

7.1.2 网络规划与设计的标准与规范

网络规划与设计所遵循的国家标准与规范主要如下：

- 《综合布线系统工程设计规范》（GB50311—2007）。
- 《综合布线系统工程验收规范》（GB50312—2007）。
- 《综合布线系统工程设计与施工》（08X101-3）。
- 《电子计算机场地通用规范》（GB2887—2000）。
- 《电子信息系统机房设计规范》（GB50174—2008）。
- 《电子信息系统机房施工及验收规范》（GB50462—2008）。
- 《电子信息系统机房环境检测标准》。
- 《信息技术设备的无线电骚扰限值和测量方法》（GB9254—1998）。
- 《安全防范工程程序与要求》（GA/T75—1994）。
- 《工业企业通信接地设计规范》（GBJ79—1985）。
- 《建筑物电子信息系统防雷技术规范》（GB50343—2009）。
- 《火灾自动报警系统设计规范》（GB 50116—1998）。
- 《火灾自动报警系统施工及验收规范》（GB 50166—1992）。
- 《气体灭火系统施工及验收规范》（GB 50263）。

- 《住宅装饰装修工程施工规范》（GB 50327）。
- 《建筑装饰装修工程质量验收规范》（GB 50210）。
- 《防静电地面施工及验收规范》（SJ/T 31469）。
- 《建筑电气工程施工质量验收规范》（GB 50303—2009）。
- 《电气装置安装工程施工及验收规范》（GB11232—1992）。
- 《低压配电设计规范》（GB50054—1995）。
- 《通风与空调工程施工质量验收规范》（GB 50243）。
- 《民用闭路监视电视系统工程技术规范》（GB50198—1994）。
- 《民用建筑电缆电视系统工程技术规范》（GBJ）。
- 《建筑工程施工质量验收统一标准》（GB 50300）。
- 《建设工程文件归档整理规范》（GB/T 50328）。

7.1.3 网络规划与设计的内容

根据网络的运行与功能划分，网络规划与设计可按照网络运行系统、网络安全系统、网络应用系统和网络管理系统等四个部分进行。网络运行系统是网络的主要部分，主要包括网络传输线路、网络交换与路由设备、网络中心机房与各类设备间等。网络安全系统主要包括网络安全设备、安全策略、安全措施等。网络应用系统主要包括业务应用系统、应用服务器、存储设备等。网络管理系统主要包括网络管理与维护策略、软件和设备等。具体来讲，主要要完成如下工作：网络建设需求分析，网络系统逻辑设计，网络综合布线设计，网络中心机房设计，网络安全系统设计，网络应用系统设计，网络管理系统设计，网络系统物理设计。

7.1.4 网络工程实例

A 高校依山而建，校园面积约 500 余亩，按其自然地理环境，整个校园分为南北两个校区，北校区为教职工家属区，共有 15 栋住宅楼；南校区为办公、教学和学生宿舍区，共有 11 栋楼宇，其地理分布如图 7-1 所示。

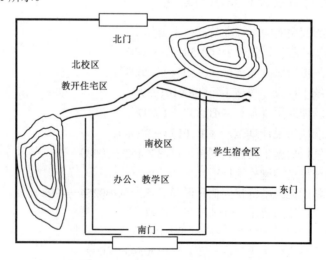

图 7-1 A 高校校园地理分布平面图

该校根据教学与管理需要，决定在南校区校园内新建校园网，其主要目标和内容如下：

① 建立一个以网络技术、计算机技术与现代信息技术为支撑，以办公自动化、多媒体辅助教

学、现代信息校园文化为核心,技术先进、扩展性强、覆盖南校区各楼宇的校园网络;网络主干系统实现 1000 Mbps 光纤到楼栋,桌面终端实现 100 Mbps 联网,将学校的各种计算机、终端设备和机房局域网全部并入校园网络。

② 外网实现与互联网(Internet)和中国教育与科研网(CERNET)互连。

③ 在校园网上运行网络办公系统、综合教务管理系统和网络教学系统,覆盖学校各职能部门的管理业务,为教师提供网络教学平台,实现信息共享,提高办学效率和质量。

④ 开发建立各类教育信息资源库和数字图书馆系统,为学校各类人员提供丰富的数字信息资源和充分的网络信息服务。

整个网络设计方案要符合以下设计原则:

① 设计与实现标准化。所使用的标准、技术、结构、系统组件、用户接口、支撑软件等全部采用国际化标准,易学易用。

② 功能框架模块化。对于所规划设计的校园网络建设方案,学校可根据实际情况,有选择地或分步实施方案中的每个功能模块。

③ 先进性与实用性相结合。设计方案中,网络类型、网络结构和网络硬件设备等都必须是目前最先进的;同时考虑到学校目前的教学、科研和管理工作的实际需求以及学校的财力情况,做到分步实施。

④ 充分考虑兼容性。所设计的网络要充分考虑不同厂商的硬件和软件的兼容性。

⑤ 整体方案的开放性、拓展性和再开发性。方案在设计和实现中,充分认识到校园网建设和信息化教育的现状和未来发展变化,高度实现模块化、标准化和兼容性,具备开放性、拓展性和再开发性,可以随着网络技术和信息化教育的发展而拓展,为用户提供长期的发展空间和效益。

⑥ 完善的安全机制。所设计的网络系统要有完善的措施和技术防御外部攻击、管理内部用户不良的上网行为,确保网络系统安全可靠。

7.2 网络建设需求分析

在网络规划与设计中,最重要的任务之一是确定用户的网络建设需求,只有对网络工程的建设目标、技术目标和各种约束条件进行了全面分析,才能设计出满足用户要求、得到用户认可的网络建设方案。一个好的用户需求分析意味着设计的网络系统已成功了一半,如果需求分析不详细、不到位,即使有良好的设备,选用再好的系统软件,也难以达到用户的要求。

7.2.1 需求分析的目的与要求

网络建设需求分析就是针对不同类别用户的具体情况,对用户目前的基本情况、网络现状、建网的目的和目标、新建网络要实现什么功能和应用、未来对网络有什么需求,性能上有何要求以及建设成本效益等进行调查分析,为设计网络建设方案提供重要的设计依据。

需求分析对于任何网络工程的规划与设计是一个必要的过程,设计人员要深入到用户现场,了解决策者的建设理念和总体目标、了解用户现有网络的特征和运行状况、与用户技术人员详细沟通、收集用户能提供的各种资料、现场勘测建筑物的分布和具体结构等,来全面了解用户对新建网络的各种需求,确定新建网络的建设目标和建设思路,决定双方的工作目标、技术目标和相关约束。

需求分析应该由用户方和设计人员共同完成,二者缺一不可。经过需求分析,用户、网络系统设计人员和网络技术人员之间在网络的功能和性能上应达成共识，并形成一个书面的用户需求书，供专家评审。

7.2.2 需求分析的内容

网络建设需求分析的内容，主要从以下 9 方面进行详细调查和了解。

1．用户的基本情况

用户的基本情况主要包括以下 5 方面。

① 用户的类型：指用户的行业性质，如政府行政部门、高校、中小学、科研部门，企业（大、中、小）、公司、医院等。

② 部门设置与分布情况：特别要注意那些地理上分散但属于同一部门的用户。

③ 人员结构情况：各类人员的数量和工作性质。

④ 地理位置状况：要了解网络覆盖的范围内的土质结构，是否有道路或河流，建筑物之间是否有阻挡物，传输线路布线是否有禁区，是否有可以利用的传输通道等。

⑤ 如果用户已建有网络，则必须详细了解现有网络的现状，一般需要收集以下数据：

- 网络的类型和结构：包括网络拓扑结构图和物理结构、路由器和交换机的位置、服务器和大型主机的位置，连接 Internet 的方法等。
- IP 地址的配置方案：包括子网的划分、VLAN 的设计和 IP 地址的分配等。
- 网络综合布线：包括网管中心的位置、楼宇和楼层的配线间的位置、信息点的分布情况、主干线缆和室内线缆品牌和型号、全网的布线方式和布线图等。
- 网络安全体系：包括采用的安全设备、安全策略、网络安全体系结构等。
- 网络服务和应用系统：包括网络所提供的服务功能、网络业务范畴、运行的应用系统及使用情况等。
- 网络设备配置：包括网络所有设备的品牌、型号、购买时间、所承担的网络任务及具体配置等。
- 网络的运行状况：包括网络的性能、网络的能力、网络的可靠性、网络的利用率、端口数量或容量不足问题、网络瓶颈或性能问题、与网络设计相关的商务约束问题等。
- 网络管理：包括用户现有网络管理人员的结构、分工与个人资料，实行的管理制度和管理流程，是否使用网管软件，网管软件的品牌和功能，网管软件是否满足实际需要，以及网络相关的策略和政策等。

2．建筑物的布局与结构

用户单位的建筑物布局图以及每一栋建筑的结构平面图，一般可以直接从用户处得到详细的图纸，若没有，则只能由设计人员通过现场勘测绘制。

3．网络系统需求

网络系统需求是用户对新建网络系统的目标、规模、与外网的互连等进行需求分析。

① 网络目标：分析明确用户建设网络的近期目标和中远期目标。

② 网络规模：网络规模分析就是对网络建设的范围、上网的人数和资源、网络应用类型和数量等进行分析，从而对网络的规模进行定位。对网络规模进行分析涉及以下内容：

- 需要上网的部门和人数统计及分布情况。

- 需要上网的资源和共享数据的类型及分布情况。
- 现有个人计算机及其他网络终端设备的数量与分布情况。
- 网络上要传输的信息类型有哪些。
- 网络需要支持的"最大数据流量"和"平均数据流量"是多少。

③ 与外部网络互连的方式：采用什么方式与 Internet 互连，是拨号上网还是租用光纤，带宽需要多少，是否与专用网络连接，以及接入 ISP 和计费等方面的内容。

④ 网络设备。如果单位原来已经建有网络，设备需求分析时应先考虑新设备和原有设备的兼容性，或经改造后与之兼容。如果是新建网络系统，应从可靠性、先进性和实用性等方面来综合考虑怎样选配设备；另外，要分析用户现有模拟通信设备，如电话、传感器、广播和视频设备。

⑤ 网络扩展性。任何一个网络都不应是一成不变的，随着上网人数的增加、业务量的扩大、业务范围的扩展，网络的升级改造和规模的扩充都是可能的。因此，网络的扩展性有两层含义：一是指新的部门能够简单地接入现有网络；二是指新的应用能够无缝地在现有网络上运行。可见，在规划网络时，不仅要分析网络当前的技术指标，还要估计网络未来的发展，以满足新的需求，保证网络的稳定性，保护用户的投资。

扩展性分析要明确：用户需求的新增长点，网络节点和布线的预留比率，哪些设备便于网络扩展，带宽的增长估计，主机设备的性能，以及操作系统平台的性能等指标。

4．综合布线需求

网络综合布线受用户的地理环境、建筑物的结构和布局、信息点的数量和分布位置、网络中心机房的位置等因素的制约，因此，综合布线需求分析要明确以下内容：

- 用户建网区域的范围和地理环境、建筑物的地理布局、各建筑物的具体结构。
- 网络中心机房的位置，各建筑物内设备间和电信间的位置，以及电源供应情况。
- 信息点的数量和分布位置，网络连接的转接点分布位置。
- 网络中各种线路连接的距离和要求。
- 外部网络接入点位置。

5．网络中心机房需求

网络中心机房的需求主要从机房环境、机房供电系统、机房防雷与接地保护系统、机房动环监控以及机房消防系统等方面调查了解现有状况和用户的要求。

6．网络安全需求

网络安全要达到的目标包括：网络访问的控制，信息访问的控制，信息传输的保护，攻击的检测和反应，偶然故障的防备，故障恢复计划的制定，物理安全的保护，以及灾难防备计划等内容。网络安全性分析要明确以下安全性需求：

- 用户的敏感性数据及其分布情况。
- 网络要遵循的安全规范和要达到的安全级别。
- 网络用户的安全等级划分。
- 可能存在的安全漏洞。
- 网络设备的安全功能要求。
- 网络系统软件、应用系统、安全软件系统的安全要求。
- 防火墙系统、入侵检测系统、上网行为管理系统、抗拒绝服务攻击系统等配置方案。

7．网络服务与应用需求

网络服务与应用需求是指网络建成后需要提供哪些网络服务功能，如 Web 服务、E-mail 服务、FTP 服务等。用户在网上需要运行哪些业务系统软件，及其对网络的带宽和服务质量的要求。

网络服务功能是用户最关心的问题，直接影响到用户的认可程度。网络业务应用是用户建网的主要目标，也是进行网络规划与设计的基本依据。

8．网络管理需求

网络的管理是用户建网不可缺少的方面。网络是否能够按照设计目标提供稳定的服务，主要依靠有效的网络管理。"向管理要效益"也是网络工程的真理。

网络管理包括两方面：一是人为制定的管理规定和策略，用于规范网管人员操作网络的行为；二是指网络管理员利用网管软件和网络设备提供的管理功能，对网络运行进行全方位的管理。网络管理需求分析要明确以下问题：

- 是否需要对网络进行远程管理，谁来负责网络管理，需要哪些管理功能。
- 选择哪个供应商的网管软件，网管软件的功能是否满足实际需要。
- 选择哪个供应商的网络设备，是否支持网管功能。
- 怎样跟踪和分析、处理网管信息，如何制定和更新网管策略。

9．工程成本预算与效益分析

在进行上述需求分析后，有必要对网络建设的成本进行预算，并从经济的角度分析建立一个网络所需要的投资和由此带来的经济效益。这项工作涉及以下 4 方面。

- 网络建设成本：包括硬件、软件和施工费用等。
- 网络运行与维护费用：包括网络运行所需的管理人员、维护人员和维护费用等。
- 效益分析：对产生的经济效益和社会效益进行分析。
- 风险预测：任何投资都是有风险的，网络建设也不例外，因此，在网络建设需求分析中应对所要建设的网络可能出现的风险做出科学的预测。

7.2.3 需求分析实例

本节是以 7.1.5 节的"网络工程实例"为例进行需求分析，通过对 A 高校进行实地调查、走访、勘测，形成下列"A 高校校园网络工程建设用户需求书"，限于篇幅，只叙述主要内容。

1．学校基本概况

A 高校依山而建，校园面积约 500 余亩，按其自然地理环境，整个校园分为南、北两个校区，北校区为教职工家属区，共有 15 栋住宅楼；南校区为办公、教学和学生宿舍区。本次只对南校区建设网络系统，北校区作为第二期网络建设规划。南校区属于典型的丘陵地貌，校园内网络传输线路布线没有阻挡物和禁区，也没有可以利用的传输通道等。

学校现有在校学生 6000 余人，教职工 400 余人，其中专任教师 260 人，行政管理人员 110 人，工人 30 余人。二级教学单位有计算机与电子信息工程系、建筑工程系、机械与电气工程系、经济与管理系、外国文学系、中国文学系，各系的办公室分布在教学楼。

学校党务、行政部门设置：党委行政办公室（与校长办公室合署）、党委组织部、纪委（与监察处合署）、党委宣传统战部、团委、校工会。教务处、人事处、财务处、科技处、审计处、学工处、保卫处、实验室与设备处、后勤与基建处等，办公室全部分布在综合办公楼。

学校目前没有网络，只有少数部门采用 ADSL 上网查询资料。

2．建筑物布局与结构

（1）学校南校区整体布局

学校南校区南北长约 800 m，东西宽约 500 m，共有 1 栋综合办公楼、1 栋教学楼、1 栋图书馆、1 栋实验楼、5 栋学生宿舍楼、1 栋学生活动中心和 1 栋后勤服务中心。综合办公楼共 6 层，是学校行政部门办公楼，六楼为教职工和离退休人员活动场所。教学楼共 10 层，1~7 层是教室，8~10 层是教学系部办公室。图书馆分前楼和后楼，前楼共 6 层，是阅览室和办公室；后楼共 5 层，主要是书库、电子阅览室学术报告厅。实验楼共 6 层，微机实验室设在整个三楼。学生宿舍楼均为 6 层；学生活动中心楼高 4 层；后勤服务中心楼高 3 层。各楼宇地理分布如图 7-2 所示。

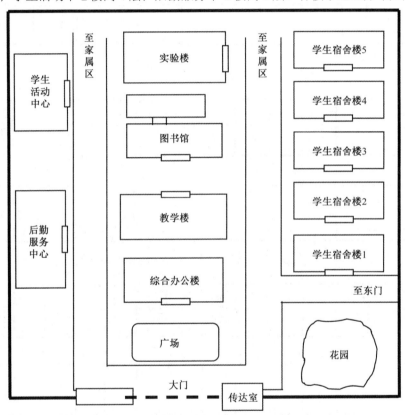

图 7-2 南校区各楼宇地理分布图

（2）部分楼宇建筑平面布局图

① 实验楼平面布局图，如图 7-3 所示。

② 教学楼建筑平面布局图，如图 7-4、图 7-5 所示。

③ 学生宿舍楼平面图，如图 7-6 所示。

④ 图书馆平面图，如图 7-7、图 7-8 所示。

⑤ 综合办公楼平面图，如图 7-9、图 7-10 所示。

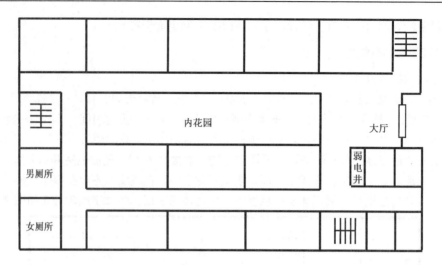

图 7-3　实验楼第 1~6 层实验室分布平面图

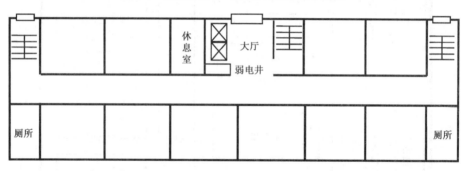

图 7-4　教学楼第 1~7 层教室分布平面图

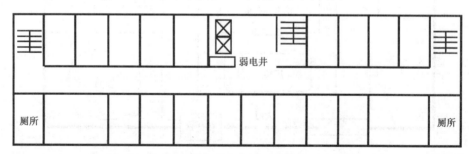

图 7-5　教学楼第 8~10 层办公室分布平面图

图 7-6　学生宿舍第 1 层分布平面图

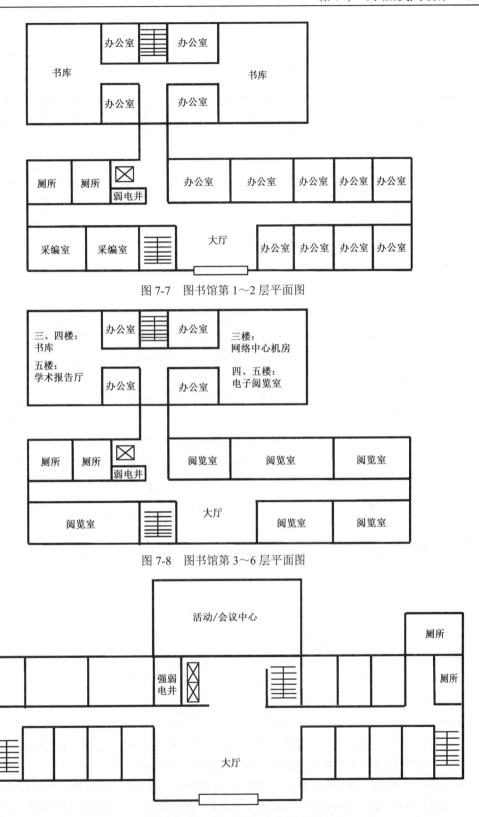

图 7-7　图书馆第 1～2 层平面图

图 7-8　图书馆第 3～6 层平面图

图 7-9　综合办公楼 1 层办公室分布平面图

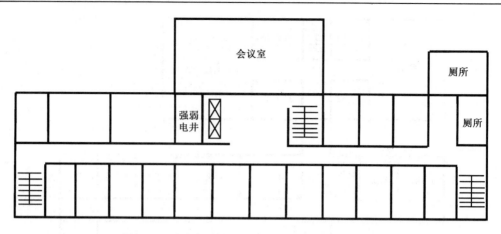

图 7-10 综合办公楼第 2~6 层办公室分布平面图

3. 网络系统需求

（1）建设的原则与目标

本次校园网络建设应本着总体规划、分步实施，实用、够用、好用的原则，建成一个以网络技术、计算机技术和现代信息技术为支撑，以办公自动化、多媒体辅助教学、现代信息校园文化为应用目标，技术先进、安全稳定、扩展性强、覆盖南校区各楼宇的校园网络。

（2）网络范围与规模

① 本次在南校区新建的校园网络覆盖南校区全部楼宇，在各部门办公室、教室、实验室、阅览室、学生宿舍布置相应的信息点，将微机室接入校园网，在图书馆后楼的第四层和第五层各新建 1 个电子阅览室并接入校园网。各楼宇上网人数分布统计如表 7.1 所示。

表 7.1 各楼宇上网人数分布统计表

楼号/楼层	上网人数	备 注
教学楼教室	150	教室共 77 个信息点，每个点计 2 人
教学楼办公	252	办公室共 63 个信息点，每个点计 4 人
图书馆办公	210	办公室、阅览室共 105 个信息点
电子阅览室	210	200 台计算机，考虑服务器等
实验楼办公	156	156 个信息点
微机室	680	660 计算机，考虑服务器等
学生活动中心	144	48 个信息点，每个点计 3 人
综合办公楼	200	128 个信息点，行政人员不超过 200 人
后勤服务中心	60	30 个信息点，每个点计 2 人
学生总人数	6000	每个宿舍 8 人，每层 26 个宿舍，每栋楼 6 层，共 5 栋楼
网络中心	100	服务器、网络设备、管理机等
合 计	8162	同一时间上网的最大人数约 6000 人。

② 目前，各办公室都配有计算机，学校已有两个微机实验室，共 120 台计算机。

③ 本次网络建设只考虑数据与语音（电话）两种信息传输。

④ 网络主干系统实现 1000 Mbps 光纤到各楼栋的接入交换机，100 Mbps 到桌面终端。

⑤ 采用 100 Mbps 光纤接入方式同时与 Internet 和中国教育与科研网（CERNET）互连。能够同时支持 5000 用户登录 Internet，快速获得各种信息。

(3) 网络设备选型

为了便于网络管理,所有网络设备应选用同一品牌产品,所有服务器应选用同一品牌产品。

(4) 网络的扩展性

① 网络系统规模扩展。网络系统第二期工程规模要覆盖到教职工家属区,考虑到学校扩大招生规模的需要,同一时间上网的最大人数要设计到 10000 人。

② 网络设备扩展。网络设备必须同时支持 IPv4 和 IPv6,在日后 IPv6 部署时直接支持,不需新增任何设备与费用。

4. 综合布线系统需求

(1) 总体结构与技术要求

A 高校校园网络工程综合布线系统涉及南校区内每一栋建筑物的室内双线绞布线和建筑物之间主干网光缆的室外布线两部分。

综合布线系统必须达到如下要求:

① 具有高速率高质量传输语音、数据、图像、视频信号等多种类型信息的能力。

② 要达到 100/1000 Mbps 的数据传输速率,并且设计冗余链路。

③ 所有网络布线接插设备、接口模块和网络跳线都必须满足 100/1000 Mbps 数据传输要求。

④ 能够满足不同厂商设备的接入要求,能提供一个开放的、全兼容的系统环境。

⑤ 综合布线的设计必须符合《综合布线系统工程设计规范》、《综合布线系统工程验收规范》、《综合布线系统工程设计与施工》等相关规范的要求,设计和安装都必须完全执行国际和国家标准,最少保证在未来 20 年内的稳定性。

⑥ 双绞线采用符合 EIA/TIA568-B2 等国际标准的超 5 类 UTP,且具有 CMR 防火等级,以保证系统具有较强的防火能力。

⑦ 建筑物内部的双绞线,要求按照相关的标准通过 PVC 套管埋入墙内,管理间进出的每一条线路都必须打上标签,并采用表格的方式加以记录存档。工作区信息点的插座要暗式安装在合适的位置,信息模块均采用超 5 类自压式,信息面板均为双口,一个作为网络数据线(网线)接口,另一个作为电话线接口。

⑧ 建筑物之间的室外光纤,要求按照相关的标准通过 PVC 套管埋入地下,光纤转弯和分支处,要求做光缆井。

(2) 信息点的分布

综合布线系统中考虑到房间的功能,办公室配置数据和语音信息点,教室暂不考虑安排语音信息点。各楼宇信息点的分布需求如下:

① 教学楼:第 1~7 层均为教室,每个教室布一个数据点,每层 11 个点;第 8~10 层均为办公室,小办公室布 1 个数据点和 1 个语音点,大办公室布 2 个数据点和 1 个语音点,每层 21 个数据点,19 个语音点。合计 140 个数据点,57 个语音点。

② 图书馆:第 1~2 层的小办公室和书库布数据点和语音点各 1 个,大办公室各 2 个,每层数据点和语音点各 21 个。第 3 层除网络中心的机房、控制室和办公室外,其他办公室、书库布 1 个点,阅览室布 2 个点,计 16 数据点,18 个语音点。第 4~5 层阅览室布 2 个点,其他办公室等布 1 个点,每层 18 个数据点,10 个语音点。第 6 层阅览室布 2 个点,计 12 个数据点,6 个语音点。第 4~5 层每个电子阅览室 100 台计算机。合计 306 个数据点,86 个语音点。

③ 实验楼:大实验室布 2 个数据点,小实验室布 1 个数据点和 1 个语音点,每层共 26 个数

据点和 4 个语音点；第 3 层都是机房，每个机房 60 台计算机，11 个机房共 660 台计算机，加上服务器和管理机，需 680 个数据点。合计 836 个数据点和 24 个语音点。

④ 综合办公楼：大办公室和会议室布数据点和语音点各 2 个，小办公室各 1 个点，故第 1 层需 18 个数据点，18 个语音点，第 2～6 层各需 22 个点，合计 128 个数据点，128 个语音点。

⑤ 学生宿舍：每个宿舍布 2 个数据点，1 个语音点，每栋楼 308 个数据点 154 个语音点，5 栋宿舍总计 1540 个数据点，770 个语音点。

⑥ 学生活动中心：每层数据点和语音点各 12 个，合计 48 个数据点，48 个语音点。

⑦ 后勤服务中心：每层数据点和语音点各 10，合计 30 个数据点，30 个语音点。

⑧ 网络中心：服务器、管理计算机和其他网络设备所需 40 个数据点和 10 个语音点。

各楼宇信息点分布统计情况如表 7.2 所示。

表 7.2　各楼宇信息点分布统计表

楼号/楼层	数据信息点数	语音信息点数	与中心机房距离/m
教学楼	140	57	200
图书馆	306	86	0
实验楼	836	24	200
学生活动中心	48	48	200
综合办公楼	128	128	500
后勤服务中心	30	30	400
学生宿舍楼（共 5 栋）	1540	770	200～450
网络中心	40	10	
总　计	3067	1145	

5. 网络中心机房需求

为了加强对网络的管理和信息系统的建设，在图书馆后楼第 3 层设立专用网络中心机房，机房的规划与建设应符合国家有关标准。

① 机房环境。机房作为整个网络的枢纽，对环境的要求及布线的要求较高。机房内选择抗静电的金属活动地板；墙面选择不易产生尘埃、不产生静电和对人体无害的涂料；配备具有供风、加热、冷却、除湿和空气除尘能力的机房专用空调设备。

② 供电系统。机房的市电供电应满足《电子计算机场地通用规范》的规定，供电系统的电源频率为 50 Hz，电压为 220 V 或 380 V，并且要稳定安全。同时配置在线式不间断电源系统（UPS），保证在市电停电时机房网络设备正常运转 8 小时。

③ 防雷和接地保护系统。中心机房要有良好的保护接地系统、防雷接地系统、工作接地系统和防静电接地系统，保证人身与设备的安全。防雷接地和设备接地应达到目前国家相关标准要求。

④ 消防系统。机房内配备火灾自动探测器、区域报警器和灭火器，要根据国家现行的《建筑设计防火规范》（GBJ16—1987）中的有关规定，设计消防系统。

6. 网络安全需求

校园网络的安全与管理应从设备与线路、软件和数据、系统运行、网络互连等方面进行周密的考虑，主要达到以下几方面的要求。

① 硬件可靠性。网络服务器、交换设备、路由设备、工作站、连接器件、电源，以及外部设

备的性能和质量必须有全优保证，并对至关重要的设备或器件采用冗余设计。

② 系统运行安全。采取必要的措施，保证网络系统稳定安全运行，防止网络风暴等事件发生。

③ 数据安全。需要设计相应的容错方案、数据备份方案和数据保护措施，保证数据安全可靠。

④ 防攻击防病毒。内网与外网互连，须采用可靠的隔离措施；网络服务器、工作站和系统运行必须采用可靠的防病毒、防攻击措施。

⑤ 上网行为管理。对内网用户的上网行为进行管理、控制和审计，防止不良行为对网络系统运行产生影响。

7．网络服务与应用需求

校园网建成后，需提供下列网络应用和服务。

① 建立学校门户网站，提供 Web 服务。

② 提供基本的 Internet 网络服务功能，如 DNS 服务、DHCP 服务。

③ 在网上运行网络办公系统，实现无纸化办公。

④ 在网上运行综合教务管理系统，对学生的学籍和学习情况实行计算机管理。

⑤ 在网上运行图书馆管理系统和数字图书馆系统，对图书馆的业务办公实行计算机管理，并建立期刊、图书和报纸等方面的数字资源库。

⑥ 在网上运行网络教学系统，为全校教师提供一个网络教学平台，教学课件和教学资料全部上网，学生在网上提交作业。

8．网络管理需求

选用合适的网络管理软件，对网络设备及其运行状况、网络设备的配置等进行管理，对网络故障和性能进行监控，对内网上网用户实行身份认证管理，计费方式采用按月/年固定收费。

7.3 网络系统逻辑设计

网络系统逻辑设计主要是针对网络系统的类型与规模、网络系统拓扑结构、网络的接入模式、IP 地址规划与子网划分、VLAN 设计及其 IP 地址分配、网络性能与可靠性、无线网络覆盖等方面进行规划与设计。

7.3.1 网络类型与规模

1．网络类型

目前，企事业单位组建的内部网络都属于局域网（Local Area Network，LAN），局域网的类型包括：以太网（Ethernet）、光纤分布式数据接口（FDDI）、令牌环网（Token Ring）等。以太网已从标准以太网（Ethernet）、快速以太网（Fast Ethernet）、千兆位以太网（Gigabit Ethernet）发展到了万兆位以太网（10G Ethernet）。40/100 Gbps 以太网已开始进入市场。所以，以太网是目前组网的主流，企业、政府部门、学校、医院、公司等一般都采用千兆位以太网，即 1000 Mbps 主干到楼栋、100 Mbps 到桌面的组网类型。各种迅速增长的带宽密集型项目，如高带宽教育园区骨干网、城域骨干网、数据中心汇聚、服务器集群、网络存储与容灾备份、三网合一（语音、视频、图像和数据）通信、金融交易、医疗保健以及大学的超级计算研究等领域，已开始应用万兆位以太网技术。

2. 网络规模

计算机网络的规模按照网络的覆盖范围，一般可分为工作组级、部门级、园区级和企业级。

① 工作组级网络。工作组级网络一般指处于办公室内部或跨办公室的网络。组网的主要目的是实现硬件设备（如激光打印机、彩色绘图仪、高分辨率扫描仪等）共享、数据资源共享和接入 Internet。

② 部门级网络。部门级网络一般指位于同一楼宇内或同一个部门或小型企业（高校、机关）等的网络。组网的主要目的是实现网络化办公，共享数据资源、硬件资源和软件资源，接入 Internet。

③ 园区级网络。园区级网络是指覆盖整个园区内各楼宇、其范围一般在几千米至几十千米的网络。与部门级相比，园区级网络的目的相同，只是网络规模要大、网络应用要多、网络技术要复杂、网络安全要重要、网络管理要繁重。园区级网络一般由主干传输、桌面接入、与本地区公用网络（如 Internet）互连以及网络资源与服务管理中心等部分组成。

④ 企业级网络。对于一些大型企业，其部门分布可能覆盖全国或全世界，其计算机网络是由分布在各地的局域网络（较大的部门级网络或园区级网络）互连而成的，各地的局域网络之间通过专用线路或公用数据网络互连。企业级网络中包括多种网络系统，一般设置企业网络支持中心来实施对整个网络的管理，并配置大型企业级服务器，支持企业各项业务应用所需的大型应用系统、数据库系统和控制系统的运行，构成整个企业的网络应用环境。

7.3.2 网络拓扑结构

1. 分层拓扑结构模型

网络拓扑结构是网络稳定可靠运行的基础。在规划网络系统时，通常采用三层拓扑结构模型设计。三层拓扑结构为：核心层、汇聚层（分布层）和接入层，如图 7-11 所示。

（1）核心层

核心层是一个高速的交换骨干，是网络所有流量的最终承受者和汇聚者。其设计目标是处理高速数据流，尽可能快地交换数据分组，为下两层提供优化的数据运输功能，而不应卷入具体的数据分组的运算中。核心层一般设置在网络中心，在设计时应该注意以下策略。

① 核心层的所有设备应具有充分的可到达性，即应具有足够的路由信息，智能地交换发往网络中任意目的地的数据分组。在具体的设计中，当网络较小时，通常核心层只包含一台核心交换机，该交换机与汇聚层上所有的汇聚交换机相连。如果网络更小，核心交换机可以直接与接入层的接入交换机连接，即将核心层和汇聚层合并，构成核心层（汇聚层）和接入层的二层拓扑结构，如图 7-12 所示。这样设计的网络易于配置和管理，但扩展性不好，容错能力差。

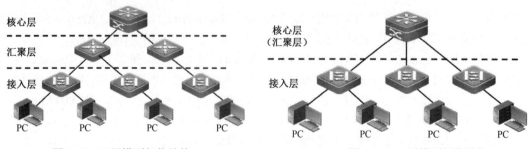

图 7-11　三层模型拓扑结构　　　　　图 7-12　二层模型拓扑结构

② 不要在核心层执行任何网络策略。核心层的中心任务就是高速的数据交换，应尽量避免增

加核心层交换机的网络策略，因为一旦核心层执行策略出错将导致整个网络瘫痪。网络策略的执行一般由接入层设备完成。

（2）汇聚层

汇聚层把大量来自接入层的访问路径进行汇聚和集中，实现通信量的收敛，提供基于统一策略的互连性，提高网络中聚合点的效率，同时减少核心层设备路由路径的数量。汇聚层是核心层和接入层的分界点，在核心层和接入层之间提供协议转换和带宽管理。汇聚层的设计目标主要是隔离网络拓扑结构的变化、控制路由表的大小和网络流量的收敛。汇聚层提供的主要功能是地址的聚集、部门和工作组的接入、VLAN 间的通信、传输介质的转换和安全控制等。

在实际应用中，一般按楼宇的地理分布来设计汇聚层，汇聚交换机尽可能放置在汇聚层的中心位置。汇聚交换机与核心交换机采用千兆以太链路冗余方式互连，以保证主干链路的冗余连接。汇聚交换机用级联的方式，通过千兆位端口与各楼宇的接入交换机连接，使得汇聚层交换机和接入层交换机之间均在全双工模式下进行宽带连接。

（3）接入层

接入层是终端用户与网络的接口，应该提供较高的端口密度和即插即用的特性，同时应该便于管理和维护，所以一般设计在各楼宇内。接入层的主要功能是带宽共享、数据交换、MAC 层过滤、网段划分、访问列表过滤以及为终端用户提供网络访问的途径等。

2. 网络拓扑结构图

网络分层拓扑结构确定后，要画出网络拓扑结构图。拓扑结构图中还应包括网络接入方式、无线覆盖、VLAN、IP 地址方案和设备的品牌型号等内容。绘制工具可选用 Microsoft Visio。

7.3.3 网络接入模式

网络接入模式是指将内部局域网与 Internet 互连的方式，目前主要采用 ADSL 共享接入、光纤接入和卫星接入三种方式。

1. 网络接入设计考虑的问题

在进行网络互连时，首先应当考虑和解决以下一些主要问题：

① 互连的规模问题：设计网络互连的第一步是决定它的规模。规模是指需要互连的网络数量，决定了拓扑结构、传输设施甚至路由选择协议的选取。

② 互连的距离问题：如果互连的网络相距较远，在它们之间自己建立一条专用线路的费用是非常昂贵的，因此应尽量考虑利用公共传输系统进行互连。

③ 互连的层次问题：该问题是指在 OSI 模型的哪一层提供网络互连的链路。各层传输的信息格式是不同的，涉及网络互连的各方面。

④ 数据流量问题：不同类型的网络，所支持的数据流量是有所不同的，在网络互连设计时，要充分考虑如何解决数据流量的匹配问题。

⑤ 寻址问题：不同的网络具有不同的命名方式和地址结构，网络互连应当可以提供全网寻址的能力。

⑥ 服务方式：ISP 提供服务与计费的方式、接入的限制和网络流量控制等。

2. ADSL 共享接入

ADSL 共享接入方式是通过电话线路，采用 ADSL 宽带路由器，将多台计算机共享一个 IP 地址接入 Internet。连接方式如图 7-13 所示，目前大多采用 Wi-Fi 无线路由器，既可以有线接入，也可以无线接入。

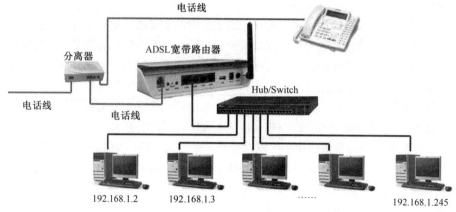

图 7-13　通过 ADSL 宽带路由器共享接入方式

ADSL 共享接入方式一般适用于家庭、办公室、一般部门、小型公司、小型企业等上网人数不多的用户使用。

3．光纤接入

这是一种高性能的宽带接入方式，ISP 提供的光纤（带宽可根据实际需要确定）一直连接到局域网的网络中心机房，经过路由器或防火墙与局域网的三层核心交换机连接，也可以直接与三层核心交换机连接。其连接方式如图 7-14 所示。

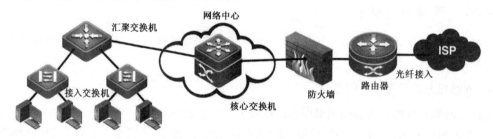

图 7-14　光纤接入方式

光纤接入方式适用于大中型企业、政府机关、学校等，园区级和企业级网络均采用光纤接入 Internet。

4．卫星接入

卫星接入就是利用地球上空的同步通信卫星和用户的卫星接收天线，将数据高速上传与向下广播，实现与 Internet 的接入。这种方式主要应用于大型公司、企业和金融行业。

【网络接入举例】　异地局域网之间互连。

某公司在异地设有多家分公司，现要将总公司局域网与分公司的局域网互连，构成公司整个内网，实现资源共享。解决方法一般是采用 VPN（虚拟专用网络）技术，在位于不同地方且接入 Internet 的总公司和分公司内部网之间建立一条专有的通信线路，实现异地局域网之间的相互连接，如图 7-15 所示。

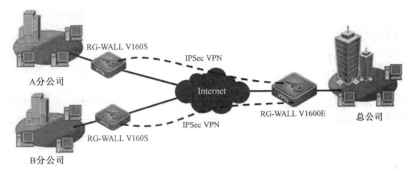

图 7-15　公司总部与分公司的局域网互连

7.3.4　无线网络覆盖

无线网络覆盖设计是指在用户部分工作场所，布置无线路由器或无线 AP（Access Point，无线接入点），使得在这些场所可以无线上网。无线网络覆盖连接方式一般有无线 AP 模式、无线客户端模式、点对点桥接模式和无线中继模式，连接示意图如图 7-16 所示。

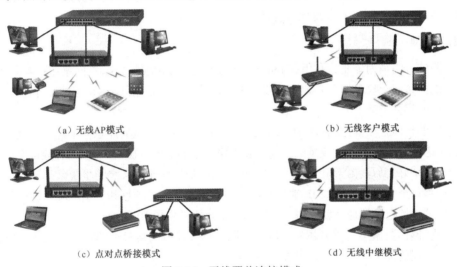

图 7-16　无线覆盖连接模式

在设计无线覆盖时，一定要注意网络与数据安全问题，因为无线没有"单位"界限，只要在无线路由器（或 AP）覆盖范围内，都可以接入用户的局域网，从而获取用户的内部资料，所以要采取比较严密的安全措施，保证不被外客侵入。

7.3.5　IP 地址分配方案

在网络规划与设计中，IP 地址分配方案的设计至关重要。由于 IP 地址一旦分配后，其更改的难度和对网络的影响程度都很大，所以规划制定一个合理的 IP 地址分配方案，将直接影响网络的可靠性、稳定性、可使用性和可扩展性等重要性能。

1. 规划 IP 地址

对于一个局域网来说，涉及两部分 IP 地址，第一部分是接入 Internet 所需的公有地址，第二部分是局域网内部使用的 IP 地址，所以规划 IP 地址主要是针对这两部分地址。

（1）规划公有 IP 地址

对于大中型企业网络来说，公有 IP 地址主要用于两方面，一是用于网络地址转换，使内网主机共用一个或几个公有 IP 地址访问 Internet；二是配置一些重要服务器（如 Web 服务器、电子邮件服务器、域名服务器等），供外网客户访问。

公有 IP 地址需要从网络服务运营商或 IP 地址管理机构那里申请购买，所需 IP 地址的数目可以根据预计的需求及扩展，购买一个 C 类网络地址的一部分（一些 ISP 会一个 C 类网络分成多个地址块），或一个完整的 C 类网络地址块（包含 256 个地址），或者几个连续的 C 类网络地址块。当然，也可以是 B 类或 A 类地址。

（2）规划内部 IP 地址

一般来讲，只要局域网内部主机不直接访问 Internet，使用任何 IP 地址都可以，但为了不引起 IP 地址冲突，建议使用保留的私有 IP 地址。至于具体采用哪类私有 IP 地址，要根据网络规模来确定，一般先采用 C 类地址，只有当 C 类地址无法满足的时候，才考虑采用 B 类或 A 类地址。工作组级、部门级或小型园区级网络可以选择 C 类私有地址；园区级和企业级网络，由于网络设备众多，有的可以达到上万台，则可以选择 B 类私有地址；跨地区联网并且需要统一规划 IP 地址的大型网络，选择 A 类私有地址比较合适。

2. 划分子网

划分子网的目的是为了充分利用在 Internet 上使用的 IPv4 地址资源，在网络工程实际应用中，如果用于分配的是某一有限的公有地址段或私有地址段，一般要划分子网。如果是自由使用私有地址，则可以不划分子网。

划分子网的具体方法请详细参考本书第 1 章的相关内容。这里要注意以下几个问题：

- 在考虑某个网段的主机数量的时候，要考虑一定的扩展，保留一定的 IP 地址空间。因为子网部署好之后，由于 IP 地址不够再重新调整是一件非常头痛的事情。
- 在计算每个子网段的有效 IP 地址时，一定要除去子网号地址和广播地址。即介于子网号与广播地址之间的地址就是每个子网中合法可用的主机 IP 地址。
- 划分子网的数量不是越多越好。因为子网数增多使得网络管理的难度加大，所以在没有特殊必要的情况下，不要设置过多的子网。

3. VLAN 设计

VLAN 的设计是网络建设中的一个重要环节，一个合理的 VLAN 设计方案，除了可以减少网络流量、提高网络性能、简化网络管理、易于扩大网络覆盖范围外，更重要的是可以提高网络的安全性。由于企业之间的具体情况不同（如楼宇的地理分布、部门的设置、网络的功能等），划分 VLAN 的方法也就不一样。在制定 VLAN 的设计方案时，一般包括如下几项内容：

- 设置 VLAN 的方法：是按楼宇设置、部门设置还是按部门的性质设置等。
- 管理 VLAN 的交换机：首先必须支持 VLAN，其次由哪个交换机负责 VLAN 管理，是核心交换机还是汇聚交换机，还是两者兼之。
- 划分 VLAN 的方式：是采用基于端口、基于 MAC、基于 IP，还是基于策略方式等。

4. IP 地址分配方案

在完成上述工作后，最后就是制定 IP 地址的分配方案，包括以下两项内容。

- 子网、VLAN 及其 IP 地址分配表。表中至少包含子网号、子网名称、VLAN 号、VLAN

名称、IP 地址网段、默认网关、使用单位以及有关说明等内容。

⊙ 分配 IP 地址的方式，一般可以采用自动分配 IP 地址、手工设置 IP 地址两种方式。

自动分配 IP 地址是采用一台 DHCP 服务器，为网络内的主机动态分配 IP 地址，传送子网掩码和默认网关等各种配置信息。网内主机可以通过设置自动获取 IP 地址选项，从 DHCP 服务器获得 IP 地址等信息。

手工设置 IP 地址也是经常使用的一种分配方式，是指以手工方式为网络中的每台主机设置 IP 地址、子网掩码、默认网关和 DNS 服务器。手工设置的 IP 地址为静态 IP 地址，在没有重新配置之前，计算机将一直拥有该 IP 地址。这种方式不仅工作量大，还会由于输入失误而经常出错；而且，一旦因为迁移等原因导致必须修改 IP 地址信息，就会给网络管理员带来很大的麻烦，所以一般不推荐使用。

7.3.6 网络性能与可靠性

网络的性能与可靠性设计涉及网络冗余设计、网络服务质量（QoS）设计、数据备份与容灾设计等方面，本节主要介绍网络冗余设计和 QoS 设计。

1. 网络冗余设计

冗余可以简单地理解为备用，网络冗余是提高网络可靠性和可用性目标的最重要方法，利用冗余可以减少网络上由于单点故障而导致整个网络故障的可能性。网络冗余设计包括设备冗余、链路冗余和路由冗余。

（1）设备冗余

网络设备冗余设计主要是为了确保网络设备可靠地运行，对核心交换机、路由器、服务器、网络存储、防火墙等重要设备，以及交换机电源、路由器电源、服务器电源等关键配件作备份设计，确保网络系统、业务应用管理系统正常、稳定、安全、高速地运行，保护用户的业务数据不被丢失。有些厂商为了满足这种冗余设计的需求，设计制造了具有双背板、双电源、双引擎的设备，它们实际上可以看成两台独立的设备。

（2）链路冗余

网络链路冗余设计是为了确保网络传输线路可靠地、及时地传输数据，在核心层与汇聚层之间、汇聚层与接入层之间设计一条或多条备用链路（称为冗余链路），确保网络的互连性。对冗余链路要进行合理的规划和配置，否则会削弱网络的层次性，降低网络的稳定性，甚至会形成环路，产生网络风暴。进行冗余链路设计时，要遵循以下要求：

① 只有在正常链路断掉时，才使用冗余链路，除非冗余链路用做平衡负载之用。一般不要将冗余链路用于负载平衡，否则当发生网络故障需要征用冗余链路时，网络由于负载失衡而产生不稳定性。

② 设计冗余链路后，为了防止形成环路，产生广播风暴，要在相关交换机配置生成树技术。

在网络实际应用中，网络冗余设计可以在核心层实现，也可以在汇聚层实现。核心层可采用两台核心交换机提供冗余。汇聚层可采用"双归接入"和"到其他汇聚层交换机的冗余链接"两种方法提供冗余。所谓双归接入，就是汇聚层交换机通过连接到两个核心层交换机的方式接入核心层。到其他汇聚层路由器的冗余链接是指在汇聚层交换机之间安装链接来提供冗余。图 7-17 是一种网络冗余设计实例。

（3）路由冗余

路由冗余主要采用虚拟路由冗余协议（Virtual Router Redundancy Protocol，VRRP）和热备份路由器协议（Hot Standby Router Protocol，HSRP）两种技术。VRRP 是 IETF 制定的容错协议，HSRP 是 Cisco 公司的私有协议，两者的功能原理完全一致，是在网络边界布置 2 台路由器或三层交换机，一台为主动路由器，另一台为备用路由器，然后在 2 台路由器上配置 VRRP（或 HSRP）和静态路由，如果主动路由器发生故障，备用路由器马上接管工作，从而保证通信畅通、可靠。

【HSRP 配置举例】 如图 7-18 所示是一种路由冗余配置方案，采用 2 台路由器 R1 和 R2 分别通过 2 条链路接入 Internet，在 R1、R2 分别做 NAT，使得内网计算机能够访问外网，并在此基础上实现 HSRP。设 R1 为 HSRP 组 1 的主动路由器，优先级为 120，其虚拟 IP 地址为 202.168.1.3；设 R2 为 HSRP 组 2 的主动路由器，优先级为 95，其虚拟 IP 地址为 202.168.1.4。假设 PC1 的默认网关为 202.103.1.3，PC2 的默认网关为 202.103.1.4。

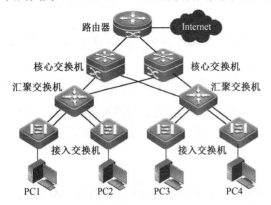

图 7-17　网络冗余设计拓扑

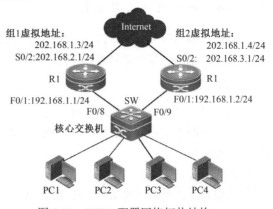

图 7-18　HSRP 配置网络拓扑结构

R1、R2 的配置如下：

（1）R1 上的默认路由，访问控制列表以及 NAT 配置

R1(config-if)#ip address 0.0.0.0 0.0.0.0 s0/1	配置 R1 上的默认路由
R1(config)#access-list 1 permit any	配置 R1 上的访问列表
R1(config)#ip nat inside source list 1 interface s0/1	启用内部源地址的 NAT 转换
R1(config)#interface f0/1	
R1(config-if)# ip address 192.168.1.1 255.255.255.0	设置 R1 内网 f0/1 端口地址
R1(config-if)#ip nat inside	启用内部地址的 NAT 转换
R1(configf)#interface s0/1	
R1(config-if)#ip nat outside	启用外部地址的 NAT 转换
R1(config-if)#end	

（2）R1 上的 HSRP 配置

R1(configf)#int f0/1	
R1(config-if)#standby 1 ip 202.168.1.3	设置组 1 的外网虚拟 IP 地址
R1(config-if)#standby 1 priority 120	设置组 1 优先权值
R1(config-if)#standby 1 preempt	设置组 1 为抢占模式
R1(config-if)#standby 1 track s0/1	设置组 1 的中继干道
R1(config-if)#standby 2 ip 202.168.1.4	设置组 2 的外网虚拟 IP 地址
R1(config-if)#standby 1 priority 95	设置组 2 优先权值
R1(config-if)#standby 1 preempt	设置组 2 为抢占模式
R1(config-if)#standby 1 track s0/1	设置组 2 的中继干道

（3）R2 上的默认路由，访问控制列表以及 NAT 配置

R1(config-if)#ip address 0.0.0.0 0.0.0.0 s0/1
R1(config)#access-list 1 permit any
R1(config)#ip nat inside source list 1 interface s0/1
R1(config)#interface f0/1
R1(config-if)# ip address 192.168.1.2 255.255.255.0
R1(config-if)#ip nat inside
R1(configf)#interface s0/2
R1(config-if)#ip nat outside
R1(config-if)#end

（4）R2 上的 HSRP 配置

R1(configf)#int f0/1
R1(config-if)#standby 1 ip 202.168.1.3
R1(config-if)#standby 1 priority 95
R1(config-if)#standby 1 preempt
R1(config-if)#standby 1 track s0/2
R1(config-if)#standby 2 ip 202.168.1.4
R1(config-if)#standby 1 priority 120
R1(config-if)#standby 1 preempt
R1(config-if)#standby 1 track s0/2
R1(config-if)#end

（5）在 R1 检查 HSRP 配置

R1#sh standby

2．网络 QoS 设计

网络 QoS（Quality of Service，服务质量）是指为网络通信量提供优化服务能力的技术或方法，是对网络业务的流量进行调节。当网络引入音频、视频等多媒体业务后，不同类型业务的带宽可控分配变得尤其重要，网络 QoS 设计能优化带宽利用率，降低时延和丢包率。衡量 QoS 高低的技术指标有：可用带宽、时延、丢包率、时延抖动和误码率。QoS 技术主要应用于广域网、语音和视频等多媒体业务系统。实现 QoS 设计的主要步骤如图 7-19 所示。

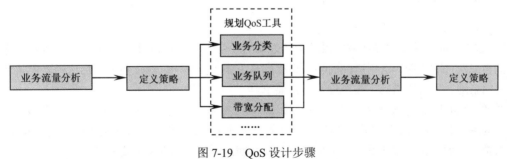

图 7-19　QoS 设计步骤

7.4　网络工程综合布线系统设计

网络工程综合布线是网络建设的基础，综合布线系统设计是一项面向不同用户需求、不同建筑物特点、不同业务应用的综合性设计工作。本书第 2 章详细介绍了网络工程综合布线系统的组

成、规范与技术等,本节主要介绍怎样设计网络工程综合布线系统方案。

7.4.1 综合布线系统的等级与类别

1. 电缆布线系统等级划分

在综合布线系统设计中,根据应用的需求不同,铜缆布线系统共分为 A、B、C、D、E、F 6 个等级与类别,目前,主要应用的是后 4 个等级,具体划分如表 7.3 所示。在实际应用过程中,3 类、5/5e 类(超 5 类)、6 类、7 类布线系统应能支持向下兼容。

表 7.3 电缆布线系统的分级与类别

系统分级	支持带宽/Hz	支持应用器件	
		电缆	连接硬件
C	16M	3 类	3 类
D	100M	5/5e 类	5/5e 类
E	250M	6 类	6 类
F	600M	7 类	7 类

2. 光纤布线信道等级划分

光纤信道分为 OF-300、OF-500 和 OF-2000 三个等级,各等级光纤信道应支持的应用长度不应小于 300 m、500 m 和 2000 m。

综合布线系统工程的产品类别及链路、信道等级的确定,应综合考虑建筑物的功能、网络应用、业务终端类型、业务的需求及发展、性能价格、现场安装条件等因素。综合布线系统的等级与类别的应用如表 7.4 所示,表中的其他应用是指数字监控摄像头、楼宇自控现场控制器(DDC)、门禁系统等采用网络端口传输数字信息时的应用。

表 7.4 布线系统等级与类别的应用

业务种类	配线子系统		干线子系统		建筑群子系统	
	等级	类别	等级	类别	等级	类别
语音	D/E	5e/6	C	3(电缆为大对数)	C	3(电缆为室外大对数)
数据	D/E/F	5e/6/6A/7	D/E/F	5e/6/6A/7(电缆为 4 对)		在不超过 90m 时,也可采用室外 4 对绞线缆
	光纤(多模或单模)	62.5μm 多模/50μm 多模/<10μm 单模	光纤	62.5μm 多模/50μm 多模/<10μm 单模	光纤	62.5μm 多模/50μm 多模/<10μm 单模
其他应用	可采用 5e/6 类 4 对对绞电缆和 62.5μm 多模/50μm 多模/<10μm 单模光缆					

7.4.2 综合布线系统的设计要求

综合布线系统设计一般性要求如下:

① 综合布线系统工程设计应按照近期和远期的通信业务、计算机网络拓扑结构等需要,选用合适的布线器件和设施。选用产品的各项指标应高于系统指标,以保证系统指标达到要求并且具有发展的余地,同时应考虑工程造价及工程要求。

② 综合布线系统在进行系统配置设计时,应充分考虑用户近期与远期的实际需要和发展,使之具有通用性和灵活性,尽量避免布线系统投入正常使用以后,较短的时间又要进行扩建或改建,造成浪费。一般来说,布线系统的水平配线应以远期需要为主,垂直干线应以近期实用为主。

③ 综合布线系统中,单模和多模光缆的选用应符合网络的构成方式、业务的互通互连方式及光纤在网络中的应用传输距离。楼内宜采用多模光缆,建筑物之间宜采用多模或单模光缆,需直接与电信业务经营者相连时宜采用单模光缆。光纤信道应采用标称波长为 850 nm 和 1300 nm 的多模光纤及标称波长为 1310 nm 和 1550 nm 的单模光纤。

④ 综合布线系统中,电缆和接插件之间的连接应考虑阻抗匹配和平衡与非平衡的转换适配。

在工程（D级至F级）中特性阻抗应符合100Ω标准。在系统设计时，应保证布线信道和链路在支持相应等级应用中的传输性能。如果选用6类布线产品，则缆线、连接硬件、跳线等都应达到6类，才能保证系统为6类。如果采用屏蔽布线系统，则所有部件都应选用带屏蔽的硬件。

⑤ 用户对电磁兼容性有较高的要求（电磁干扰和防信息泄漏）时，或网络安全保密的需要，宜采用屏蔽布线系统；综合布线区域内存在的电磁干扰场强高于3V/m时，宜采用屏蔽布线系统进行防护；采用非屏蔽布线系统无法满足安装现场条件对缆线的间距要求时，宜采用屏蔽布线系统；屏蔽布线系统采用的电缆、连接器件、跳线、设备电缆都应是屏蔽的，并应保持屏蔽层的连续性，而且屏蔽层都要接地。

⑥ 对于新建建筑物，综合布线系统设计应与建筑设计同步进行，即要求建筑设计时考虑设置建筑物中的综合布线系统的基础设施，包括设备间、电信间、进线间、弱电井和布放线缆的管槽与桥架等。

7.4.3 综合布线系统设计流程

综合布线系统工程设计是一个较为复杂的过程。设计时应了解建筑物的类型（如办公楼、教学楼、商场，还是公寓、住宅）与功能，了解建筑物内所涉及的各种弱电系统（如通信网络系统、计算机网络系统、建筑设备自动化系统）的功能及构成。一般地，首先根据用户对综合布线系统的要求，确定综合布线系统的设计类型和等级（如C级、D级、E级、F级）；确定设备间的位置与大小、确定干线缆线和水平缆线的路由与布线方式、确定建筑物电缆入口位置，以便建筑设计时能综合考虑设备间、电信间及弱电井的位置，确定布线需用的管槽与线盒。完成该建筑中各楼层的布线平面图、综合布线系统图；计算综合布线系统的设备、线缆及配套硬件、其他材料等清单。如果综合布线工程是在原有建筑物的基础上与室内装修工程同步实施，则必须根据原有建筑物的情况、装修工程设计和实地勘察结果进行布线实施设计。综合布线系统的具体设计流程如图7-20所示。

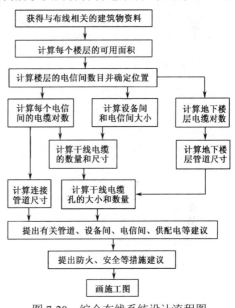

图7-20 综合布线系统设计流程图

7.4.4 综合布线系统设计内容

综合布线系统设计主要是针对综合布线各个子系统进行，以下的设计及其数量计算都是以一栋建筑物为设计单位。

1. 工作区子系统设计

工作区子系统设计主要是围绕信息插座的数量、插座的选型和安装方式，其设计内容如下：
① 确定工作区的位置与大小；
② 在综合布线平面图上用专用图标绘制出信息点的安装位置，标明安装方法。
③ 确定信息插座的类型、品牌、规格、型号。

④ 计算所需信息模块、插座面板、插座底盒、跳线、RJ-45 水晶头的数量。

2．配线子系统设计

配线子系统主要是水平缆线的布放，其设计内容如下：

① 根据电信间、弱电井的位置和工作区标出的信息点位置图，设计水平缆线的布放路由和布线方式。

② 绘制水平缆线平面布线图和立面布线图，其平面布线图称为综合布线系统平面图。

平面图是水平缆线施工的平面详图和依据，可以和其他弱电系统的平面图在一张图上表示。一般每层楼需设计一张平面图，平面图设计应明确如下内容：

- 每层楼信息点的分布、数量、类型、编号，插座的样式、安装标高、安装位置、预埋底盒。
- 水平线缆的路由，由电信间到信息插座之间管道的材料、管径、安装方式、安装位置。如果采用水平线槽，则应当标明线槽的规格、安装位置、安装形式。
- 竖井的数量、位置、大小，是否提供照明电源、220V 设备电源、地线，有无通风设施。
- 当管理区设备需要安装在弱电竖井中，需要确定设备的分布图。
- 竖井中的金属梯架的规格、尺寸、安装位置。

③ 确定配线子系统线缆的类型、品牌、规格、型号，并计算总数量。

④ 根据缆线的布放方式和所采用线缆的类型与规格，确定布放线缆的管槽及配套配件的类型、品牌、规格、型号，并计算总数量。

3．电信间设计

电信间主要是安装楼层配线设备 FD 和楼层计算机网络设备，其设计内容如下：

① 确定各楼层电信间的位置和大小、电源插座的位置和数量，设计电信间的地面、墙壁、顶棚、温度等环境标准。

② 确定数据配线架、语音配线架、光纤配线架（或连接盒）和理线架等配线设备的类型、品牌、规格、型号，并计算总数量。

③ 确定安装网络设备和配线设备机柜的类型、品牌、规格、型号，并计算总数量。

④ 确定机柜内设备的安装位置

4．干线子系统设计

干线子系统主要是连接设备间与电信间之间的干线电缆和光缆的布放，其设计内容如下：

① 设计干线子系统的拓扑结构，确定干线缆线的布放路由。

② 绘制干线子系统布线路由图，该路由图称为综合布线系统系统图。

系统图是一栋建筑物所有配线架和缆线线路的全部通信空间的立面详图，概括布线系统的全貌。一般每栋建筑物需设计一张系统，系统图设计应明确以下内容：

- 工作区子系统，包括各层的插座型号和数量。
- 配线子系统，包括各层水平线缆的型号和数量。
- 干线子系统，从主跳线连接配线架到各水平跳线连接配线架干线线缆的型号和数量。
- 主跳线连接配线架和水平跳线连接配线架所在楼层、型号和数量。

③ 确定干线缆线的类型、品牌、规格、型号，并计算总数量。

④ 确定布放干线缆线的支撑结构。

5. 设备间设计

设备间主要是安装建筑物配线设备 BD 和网络设备，其设计内容如下：

① 确定设备间的位置和大小、电源插座的位置和数量，设计设备间的地面、墙壁、顶棚、温度等环境标准。

② 确定数据配线架、语音配线架、光纤配线架（或连接盒）和理线架等配线设备的类型、品牌、规格、型号，并计算总数量。

③ 确定安装网络设备和配线设备机柜的类型、品牌、规格、型号，并计算总数量。

④ 确定机柜内设备的安装位置

6. 进线间设计

进线间主要是建筑群主干电缆与光缆、公用网和专用网电缆与光缆的入口与端接部位，其设计内容如下：

① 确定进线间的位置和大小。

② 确定防火、防水、通风的措施和方法。

③ 确定各类线缆的入口位置和引入方式。

④ 确定各类线缆及相关配套连接设备的安装位置和安装方式。

7. 建筑群子系统设计

建筑群子系统主要是网络中心机房到建筑物设备间，或建筑物设备间之间缆线的布放，其设计内容如下：

① 根据地理环境及其土质结构、建筑物进线间的位置，设计建筑群子系统主干缆线（光缆与大对线）的路由和冗余缆线的路由，绘制主干线缆敷设平面图。一般只需一张主干线缆敷设平面图，设计时要明确不同地段的敷设方式和人孔井的位置。

② 根据地理环境及其土质结构，确定建筑群子系统主干缆线的敷设方式和施工要求。

③ 确定主干线缆（光缆、大对数线）的类型、品牌、规格、型号和数量；

④ 根据缆线的布放方式和所采用线缆的类型与规格，确定布放线缆的管道、管槽及其他材料与配套配件的类型、品牌、规格、型号，并计算总数量。

8. 标识编码系统设计

综合布线标识编码系统是综合布线系统管理中最重要的标识符系统，要根据综合布线系统的拓扑结构、安装场地、配线设备、缆线管道、水平缆线、主干缆线、缆线终端位置、连接器件、接地等实际情况和特点，进行综合设计，要使综合布线系统中的每一组件都对应一个唯一标识符。

7.5 网络中心机房设计

网络中心机房是网络运行和管理的心脏，网络的所有核心设备，业务应用系统的服务器、存储设备等都部署在中心机房，因此，建设高标准的网络中心机房是确保网络系统安全、稳定、可靠的重要环节。网络中心机房设计主要包括机房选址、机房布局、机房环境、空调系统、供电系统、接地系统、消防系统、监控系统、动环系统和机房综合布线等 10 方面。

1. 机房选址

在选择网络中心机房的位置时，要注意以下 6 方面。

① 机房应尽量建立在建筑的中心位置，要充分考虑布线的距离与地理因素。

② 机房选址应避开垃圾房、厨房、餐厅和灰尘多、易燃易爆、具有腐蚀性有害化学气体、容易引起水渗漏的区域，同时要考虑空调排水问题。

③ 机房应避免选择在建筑物的顶层、底层、四面角落等易漏雨、渗水和易遭雷击的单元。

④ 机房周围没有强电场强磁场干扰、要远离高压输电线、雷达站、无线电发射台、微波站、较强的振动源和噪音源。

⑤ 机房的面积一般设计为设备占用面积的5～7倍为宜。净高应按考虑地面防静电活动地板的高度、机柜的高度、顶部气体灭火、送排风管线高度、管线交叠的高度，以及横梁的高度等。

⑥ 机房的位置还要考虑机房设备、精密空调、防火设备等在运输过程中是否能顺利进出。

2．机房布局

网络中心机房的布局可以按照设备的功能进行划分，如按网络设备、服务器与存储设备、供电系统、空调新风系统和网络管理划分五个功能区，如图7-21所示。也可以按照网络的类型进行划分，如按照内网、外网、保密网、存储区域网络、供电系统、空调新风系统和网络管理划分七个功能区。在设计时根据用户的实际情况确定网络中心机房的布局。

图 7-21　网络中心布局示意

3．机房环境

中心机房作为整个网络的枢纽，对环境的要求较高，机房环境设计主要包括以下4方面：地面、墙面与顶棚、门窗防盗防尘、照明及应急灯系统等。

① 地面。机房地面一般要先做防水防尘处理，再安装全钢防静电无边活动地板。地板的承重量设计必须满足机房设备的荷载要求，必要时设计加装承重架。地板的高度设计要考虑综合布线的管槽、空调的下送风管道与进出水管安装。

② 墙面与顶棚。机房的墙面应选择不易产生尘埃、也不易吸附尘埃的材料涂裱墙面，或采用石膏彩钢板进行装修。机房顶棚最好加装吊顶，既可调温、吸音，也可方便安装。吊顶的高度要综合考虑各种线缆的敷设、空调上送风管道安装、照明灯具和消防管道器件的安装。

③ 门窗。机房的房门必须是防火防盗门，其宽度设计要考虑机房设备的进出。机房窗户应具有良好的密封性，以达到隔音、隔热、防尘的目的。

④ 照明与应急灯。机房应有一定的照明度但不宜过亮，要求照度大，光线分布均匀，光线不能直射。按照国家标准，机房在离地面0.8 m处的照明度应为150～200 lx。在有吊顶的房间可选用嵌入式荧光灯，而在无吊顶的房间可选吸顶灯或吊链式荧光灯。机房应急灯可考虑安装单独的应急灯，或安装由UPS电源供电的照明灯。

4．空调系统

机房空调系统包括温湿度控制与新风控制两部分。机房的温度一般要求保持在：冬季20℃±

2℃、夏季 22℃±2℃，相对湿度保持在 50%±5%，因此在设计空调容量时，通常需要考虑设备发热量、机房照明的发热量、机房人员的热量、机房外围结构和空气流通等因素，通常采用公式 $K=(100\sim300)\times\sum S$（卡路里）来计算空调的容量 K。其中，$\sum S$ 为机房面积。目前，一般采用精密空调；若采用普通空调，则必须加装来电自动启动装置。

机房内同样要保持空气新鲜，因此，一般设计机房新风系统，定时为室内输送新鲜空气。

5．供电系统

网络中心机房的供电系统要按照《电子计算机场地通用规范)》的有关规定进行设计，要力求设计合理，满足设备供电需求、运行稳定可靠、使用安全、维修方便。

① 电力负荷等级。国家电力部门依照用电设备的可靠程度将电力负荷分为三个等级，一级负荷是要建立不停电系统的一类供电，二级负荷是要建立带有备用供电系统的二类供电，三级负荷是普通用户供电系统的三类供电。中心机房采用哪个供电等级，要根据计算机网络系统的工作性质和用户的业务要求来确定。这是供电系统设计的重要一步。

② 供电系统负荷计算。供电系统负荷的计算（也叫负载功率的确定）通常有实测法和估算法两种计算方法。实测法是指在通电的情况下测量负荷电流，如果负载为单相，则以相电流与相电压乘积的 2 倍作为负载功率；如果负载为三相，则以相电流与相电压乘积的 3 倍作为负载功率。估算法是将各个单项（设备）负载功率相加，用所得的和乘以保险系数作为总的负载功率，保险系数一般取 1.3 为宜。用上述方法计算出来的总负载功率再加上为以后设备扩容所留的余量，就是最终确定的总负载功率的设计参数。配电设备、稳压设备、进线或出线的线径都应以此为依据进行选材设计。电源线的线径通常按 1 mm² 的线径不超过 6 A 电流的标准进行设计。

③ 配电系统设计。目前，我国低电压供电系统标准采用的是三相四线制，即相电压与频率相同，而相位不同，三相额定线电压为 380 V，单相额定电压为 220 V，频率为 50 Hz。由于网络中心机房的网络设备、服务器和存储设备要求不间断供电，所以，网络中心机房配电系统一般设计为双路电源供电，一路为市电，采用三相四线制或单相三线制，另一路为不间断电源系统，即 UPS。网络设备、服务器和存储设备由 UPS 供电，空调、新风机、除湿机等辅助设备由市电直接供电。UPS 的功率要根据所供设备总负荷功率和保证不间断供电的时间综合考虑确定。

④ 供电系统的安全。供电系统的安全意味着要尽量避免电源系统的异常对计算机网络系统造成破坏。因此，在设计中心机房配电系统时，要注意以下几个问题：

- 用电设备过载。设计配电系统时，对用电的负荷量要留有充分的余地，防止因用电过荷使电力线发热而引发电源火灾。对 UPS 和交流稳压电源的功率也要有足够的余量。
- 电气保护措施。为了防止供电系统故障而危及计算机网络系统的安全，在设计配电系统时，要采取必要的电气保护措施。一是安装功率匹配的空气开关，二是安装过压保护和过流保护装置，三是增加防雷保护装置。
- 电力线及电源插座的安装。这是指要明确供电系统的施工必须严格按规范操作。

6．接地系统

所谓接地，就是设备的某一部分与土壤之间有良好和电气连接，与土壤直接接触的金属导体叫做接地体或接地极，连接接地体和设备接地部分的导线叫做地线。网络中心机房的接地保护系统包括电源接地系统、防静电屏蔽保护接地系统和防雷保护接地系统。

（1）电源接地系统

机房供电系统的接地通常包括交流接地、直流接地和保护接地。交流接地是将交流电电源的地线与大地相接,其接地电阻要小于 3Ω。直流接地就是将直流电源的输出端的一个极(负极或正极)与大地相接,使其有一个稳定的零电位,直流接地电阻不得大于 1Ω。保护接地通常是指各种设备的外壳与地线相接,其作用是屏蔽外界各种干扰对网络设备的影响,同时防止因漏电造成人身安全,其接地电阻要小于1Ω。

(2)防静电屏蔽保护接地系统

防静电屏蔽保护接地,一是将各种传输线缆中的屏蔽层连接到一起,再连接到地线上;二是在中心机房建立防静电地网,既保证人身、设备的安全,又给机房内游离电子一个顺畅通路。

防静电屏蔽保护接地和电源保护接地设计方法:通常在机房防静电地板下用 3~4 mm 紫铜条制作成环形等电位接地汇流排,将机房金属门窗、顶面龙骨、墙面龙骨、防静电地网、防静电地板的金属支架、机房内各种线路的金属屏蔽管、各种电子设备的金属外壳、机架、金属管槽、金属软管、金属接线盒等全部与接地汇流排连接,再用线径为 6~10 mm 粗的铜线,或厚度为 0.5 cm、宽度为 1 cm 的钢带与接地网连接。等电位接地汇流排及连接示意图如图 7-22、图 7-23 所示。

图 7-22 环形接地汇流排

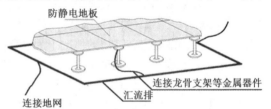

图 7-23 机房设施接地连接示意

(3)防雷保护接地系统

防雷保护接地是将自然界的雷电电流通过地线漏放,以避免雷电瞬时产生的极高电位对网络设备造成影响。防雷保护接地电阻要小于10Ω,而且为了防止防雷接地对其他接地的影响,要求防雷接地点与其他接地点的距离大于 25 m。防雷保护接地系统通常设计采用四级防雷防浪涌系统,第一级是大楼总配电房一级防雷;第二级是在机房配电柜供电系统的电源进线处安装 SPD(Surge Protection Device,浪涌保护器,又称为防雷器),连接线尽可能短而直;第三级在机房 UPS 输入端安装 SPD;第四级是在机柜安装 PDU(Power Distribution Unit,具备电源分配和管理功能的电源分配管理器,即电源插座)。

(4)地线的制作方法

地线的制作方法很多,图 7-24 是一种比较简单的方法,使用金属地板作为接地网,接地网所用的金属材料一般选用 50 cm×50 cm×3 mm 的铜板或钢板,或者 2.5 cm×7 cm 左右的角钢,或选用铜排。将接地网埋入 1.5~4 m 深的坑内,在坑中放入一些如粗盐或木炭之类的降阻材料,再在接地网上焊接一条 2 cm 宽的铜排或钢带引出地面并固定在大楼的墙壁上,然后用线径为 6~10 mm 粗的铜线或厚度为 0.5 cm、宽度为 1 cm 的钢带引入机房内。

7. 消防系统

网络中心机房消防系统主要由火灾自动探测器、区域报警器和灭火设备组成。一般设计采用七氟丙烷灭火系统,分为管网和柜式两种模式,如图 7-25、图 7-26 所示。

8. 监控系统

机房监控系统是指对机房内部、门禁实行全覆盖视频监控。机房监控系统一般由网络高清摄像机、网络高清硬盘录像机、网络存储设备、高清解码器、显示器(或拼接屏)以及配套的视频

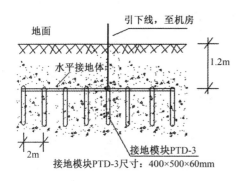

图 7-24 接地网立面

图 7-25 网式灭火系统

监控管理软件平台组成,其拓扑结构如图 7-27 所示。

图 7-26 柜式灭火系统

图 7-27 机房监控系统拓扑结构

9. 动环系统

动环系统(即机房动力环境监控系统)是指通过 TCP/IP 网络、RS-232/RS-485 总线等实现对中心机房或分散于不同地域的机房等场地内的动力系统(配电设备、UPS 主机与电池、开关温度等)、环境系统(新风、空调、温湿度、漏水、照明等)、安防系统(门磁、门禁、安防探头、摄像机等)、消防系统(消防报警主机、监控器等)以及所有网络设备(交换机、路由器、防火墙、服务器、存储设备等)进行有效的集中监测和控制。动环监控系统对所监控的设备具有完善的监测功能,能够实时监测设备的运行状态,检测到设备出现故障时,对设备故障情况进行有效分析和存储,并结合机房的管理策略,对发生的各种故障情况给出处理信息和快速报警,帮助机房管理与维护人员及时了解设备的运行情况。快速报警方式有实时声光报警、电话语音报警、屏幕报警、邮件报警和短信报警等。动环系统能够对报警的记录进行存储,查询和打印,方便事后进行故障分析和诊断,进行责任人员分析。动环系统还具有多样化的控制功能,提供报警联动控制功能,可以让一些发生故障设备自动停止运行;提供定时控制功能,可以辅助用户根据时间段调整设备的运行状态。其拓扑结构如图 7-28 所示。

10. 机房综合布线

机房综合布线是指对进出机房和机房内的各种光纤、双绞线、大对数线、供电电缆等进行综合布线,线缆的敷设方式有:下走线方式和桥架敷设方式。下走线方式是线缆通过安装于地板下的金属管槽(或金属网,或 PVC 管槽)有序敷设。桥架敷设方式是线缆通过安装于吊顶内的金属(或 PVC)桥架有序敷设。如图 7-29、图 7-30 所示。

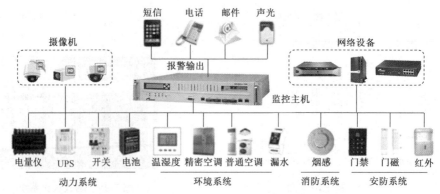

图 7-28 机房动环系统拓扑结构

图 7-29 机房综合布线下走线方式

图 7-30 机房综合布线桥架敷设方式

7.6 网络安全系统设计

网络安全系统设计是网络规划与设计中的重要部分,是确保网络快速、稳定、安全地运行,确保用户数据安全和保密的安全保障体系。

1. 网络安全设计的内容

网络安全系统设计一般从线路与设备的安全、系统运行的安全、软件和数据的安全、网络互连的安全等 4 方面进行考虑。

① 线路与设备的安全。线路与设备的安全应从网络传输线缆的敷设、网络设备的性能和质量、供电系统、防雷接地保护系统等方面综合考虑。

② 系统运行的安全。系统运行的安全应从网络设备与链路的冗余设计、防病毒防攻击措施、上网行为管理措施、上网身份认证、访问权限设置以及网络运行实用技术配置等方面综合考虑。

③ 软件和数据的安全。软件和数据的安全应从数据容错方案(如采用计算机集群、热插拔技术、磁盘阵列、磁盘镜像等技术等)、数据备份措施等方面综合考虑。

④ 网络互连的安全。网络互连的安全要考虑的问题是:内网与外网是否实行物理隔离,是否采用防火墙技术、入侵检测与入侵防御技术、其他安全技术等。

2. 网络安全设计的方法

进行网络安全设计的一般方法如下。

① 分析安全风险:主要是从物理安全、网络安全、系统安全、数据安全及管理安全等几个方面进行分类分析。

② 制定安全策略:针对安全风险分析,制定物理安全策略、系统运行安全策略、网络访问安

全策略、信息加密策略和网络管理安全策略等。

③ 设计安全机制：根据用户的实际需求和制定的安全策略，设计具体的、严密的安全机制，这些安全机制要能够在安全设备中实施与配置。

④ 选择安全技术：根据制定的安全策略和安全机制，选择对应的安全技术及其安全设备，设计安全设备的部署方式与方法，并进行详细的配置。

7.7 网络服务与应用设计

网络服务与应用是网络建设的目标，网络建成后能够提供哪些基本服务和业务应用服务，是用户最关心的问题。在进行规划与设计时，要根据用户的应用需求和资金投入来确定。从网络建设的角度来看，这些服务功能和业务应用主要体现在应用服务器、存储设备、网络操作系统、网络数据库和网络应用软件上。

网络应用服务器包括网络基本功能服务和业务应用服务两大类服务器，执行基本服务功能的服务器主要有：Web 服务器、DNS 服务器、DHCP 服务器、E-mail 服务器、FTP 服务器等；执行业务应用服务功能的服务器的配备要根据用户的业务应用需求而定。

存储设备的配备要根据用户业务应用的数据量确定，可以从近期、中期和远期分段设计。存储设备的类型与构建模式要根据用户业务数据的访问量确定。

网络操作系统能方便有效地管理和配置网络共享资源，为网络用户提供所需要的各种服务。网络操作系统在很大程度上决定整个网络的性能。网络操作系统的选用应该能够满足计算机网络系统的功能要求和性能要求。一般要选用网络维护简单，具有高级容错功能，容易扩充和可靠，以及具有广泛的第三方厂商的产品支持、保密性好、费用低的网络操作系统。目前可选择的网络操作系统有 Windows Server 2003/2008、Linux 和 UNIX 等。

网络数据库方案包括选用什么数据库系统和据此而建的本单位数据库。目前流行的数据库系统有 Oracle、Infomix、Sybase、SQL Server、MySQL Server、DB2 和 Access 等。在 UNIX 平台上，在数据库的稳定性、可靠性、维护方便性以及对系统资源的要求等方面，Infomix 数据库总体性能比其他数据库系统要好。而在 Windows Server 2003/2008 平台上，SQL Server、Oracle 与系统的结合比较完美。在建立数据库时，应尽量做到布局合理、数据层次性好，能分别满足不同层次管理者的要求。同时数据存储应尽可能减少冗余度，理顺信息收集和处理的关系。不断完善管理，符合规范化、标准化和保密原则。

网络系统的应用软件和工具软件等的配备，要根据用户的实际业务需要来选定。

7.8 网络管理设计

网络管理主要包括三个方面：网络运行管理、网络系统文档资料管理和网络管理规章制度。

1. 网络运行管理

网络运行管理是对网络的日常运行进行全方位监管，做到及时发现网络故障设备和链路故障点，及时进行维护，确保网络系统稳定运行。主要包括：故障管理、计费管理、配置管理、性能管理和安全管理。故障管理是指网络系统出现异常时的管理操作；计费管理用于记录网络资源的使用情况和费用；配置管理是定义、收集、监测和管理配置数据的使用；性能管理是收集和统计系统运行与提供服务的数据；安全管理则是指网络系统出现安全危险时的管理操作。

网络运行管理常用的方法是采用网管软件，以直观化的图形界面，完成网络设备管理、资源分配、流量分析、安全控制及故障处理等。目前比较优秀的网管软件有：Intel 公司的 Lan Desk Management Suite、锐捷网络公司的 StarView 和 HP 公司的 OpenView。

2．网络系统文档资料管理

网络系统文档资料管理是指对网络系统的重要文档和保密文档进行严密管理，主要包括：网络拓扑结构图，综合布线系统主干线缆敷设平面图，建筑物综合布线系统图与平面图，综合布线系统标识编码系统，网络设备的名称、品牌、型号、规格、编号、安装位置、购买的日期、登录用户名和密码、详细配置命令，IP 地址规划与分配方案，VLAN 划分方案，以及接入 Internet 方式等。

3．网络管理规章制度

网络管理与维护制度要与用户共同设计，既要制度严密，不留漏洞，也要符合用户的实际情况，做到有章可循，违者必罚。

7.9　网络设备选型

网络设备选型也称为网络系统物理设计，网络系统的设备包括服务器、路由设备、交换设备、接入设备、互连设备、安全设备和网络布线设备等，各种设备的选配应该根据网络的规模和应用需求合理地进行选择和配置，要尽量选购同一品牌产品。至于具体的产品选型和选购，已在相关章节作了论述。

7.10　网络规划与设计实例

本节是以 7.1.5 节的"网络工程实例"为例，在 7.2.3 节所作的"A 高校校园网络工程建设用户需求书"的基础上作出的"A 高校校园网络工程建设规划设计书"，其中只介绍了主要内容。

根据"A 高校校园网络工程建设用户需求书"，A 高校校园网络工程的建设任务和内容按照网络系统与运行平台、网络安全与管理平台、网络服务与应用平台三方面进行建设。具体建设内容如图 7-31 所示。

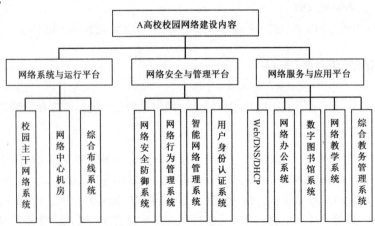

图 7-31　A 高校校园网络建设内容

7.10.1 网络系统逻辑设计

1. 网络类型与规模

根据需求分析，A 高校校园网络确定为园区级网络，主干网络系统采用基于 TCP/IP 协议的千兆位以太网技术构建。

2. 网络拓扑结构

根据需求分析，A 高校校园网络系统采用核心层、汇聚层和接入层三层拓扑结构。按照三个层次选配相应的网络设备。核心交换机与汇聚交换机、核心交换机与接入交换机、汇聚交换机与接入交换机的连接链路采用 1000 Mbps 光纤通信，并提供 2 条冗余线路。从接入交换机到用户桌面计算机采用 100 Mbps 双绞线连接。网络拓扑结构图如图 7-32 所示。

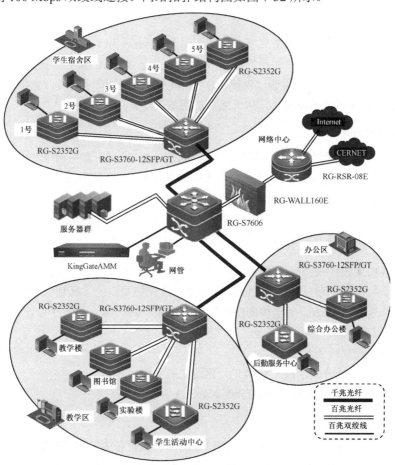

图 7-32 A 高校校园网络拓扑

① 核心层：核心层设在网络中心机房，网络中心机房设在图书馆后楼的第 3 层。

考虑到校园网现有的规模和今后的扩展，核心层选用 1 台锐捷 RG-S7606 万兆三层交换机作为网络核心交换机，负责内网之间及内网与外网之间的信息交换；根据实际需求，合理地分布流量；对全网统一进行 VLAN 划分和管理，实现网络流量的隔离和控制以及网络安全的需求。

RG-S7606 是一台多业务 IPv6 路由核心交换机，提供热插拔的冗余管理模块和冗余电源模块。

全面支持 IPv6 的各种技术，能够平滑扩展到 IPv6 网络。

② 汇聚层：将整个网络划分为 3 个汇聚区。综合办公楼和后勤服务中心为 1 个汇聚区，汇聚交换机放在综合楼第 3 层设备间；教学楼、图书馆、实验楼和学生活动中心为 1 个汇聚区，汇聚交换机放在网络中心机房；学生宿舍为 1 个汇聚区，汇聚交换机放在 3 号学生宿舍楼的第 3 层设备间。各汇聚点配置 1 台锐捷 RG-S3760-12SFP/GT 三层交换机作汇聚交换机，上连至核心交换机，下连至本汇聚区内的各楼宇的接入交换机，均采用光纤千兆连接。

③ 接入层：接入层设备安装在各大楼的设备间。各大楼均设计有弱电井，每层楼都有管理间，可根据各大楼的实际情况设计设备间的位置。接入交换机选用锐捷 RG-S2352G 二层可堆叠接入交换机，1000 Mbps 上连至汇聚交换机，100 Mbps 下连至本楼的桌面计算机。

④ 各种服务器全部直接接入核心交换机。

⑤ 网管计算机、上网行为管理等也直接接入核心交换机。

3．与外部网络互连

根据需求分析，采用光纤接入方式将校园网同时与 Internet 和 CERNET 互连，由 Internet 服务提供商（中国电信）和中国教育科研网提供商各提供 1 条 100 Mbps 光纤接入到网络中心机房的锐捷 RG-RSR-08E 路由器上，再通过锐捷 RG-WALL160E 防火墙接入核心交换机 RG-S7606。路由器负责路由选择和网络地址转换，防火墙负责网络安全。

4．IP 地址规划方案

A 高校校园网 IP 地址实行内网与外网分开，外网向 IP 地址管理机构申购 5 个公有地址：218.75.180.137～218.75.180.141，子网掩码为 255.255.255.248，网关为 218.75.180.129，DNS 为 222.246.129.81。内网采用 C 类私有地址 192.168.0.0/24～192.168.255.255/24。内网与外网之间的通信，通过网络地址转换技术实现。

5．VLAN 设计及其 IP 地址分配

① 按部门性质或楼栋或楼层设置 VLAN，每个 VLAN 内的主机数不超过 254 台。

② 由核心交换机统一划分管理 VLAN，采用基于交换机端口的方式划分 VLAN。

③ 设计一个管理 VLAN，对全校的交换机、路由器、防火墙、上网行为管理等网络设备的 IP 地址进行统一管理。

④ 服务器划分在同一个 VLAN。

⑤ VLAN 的 IP 地址分配，按照 C 类地址网段进行分配。

全校所有 VLAN 的设计及其 IP 地址分配如表 7.5 所示。

6．网络性能与可靠性

为了提高网络的安全性、可靠性和可用性，在网络相关设备中做如下配置：

① 在路由器上配置策略路由、默认路由和网络地址转换以实现内网和外网的互连。

② 在路由器、防火墙和三层交换机上配置 RIPv2 协议使内网通过学习产生路由表实现内网互通。

③ 在防火墙上配置网络访问规则来加强网络的安全防护和数据流量的限量。

④ 在三层交换机上配置 DHCP 服务使整个网络可动态分配 IP 地址。

⑤ 在交换设备上配置 VLAN 信息、生成树协议和链路聚合等技术，以控制网络广播和实现链路的冗余备份。

表 7.5 VLAN 规划表 2

序 号	VLAN 号	VLAN IP 地址/掩码	默认网关	主机用户
1	1	192.168.1.0/24	192.168.1.254	管理 VLAN
2	2	192.168.2.0/24	192.168.2.254	服务器
3	3	192.168.3.0/24	192.168.3.254	管理 PC
4	10	192.168.10.0/24	192.168.10.254	综合楼办公楼
5	11	192.168.11.0/24	192.168.11.254	后勤服务中心
6	21	192.168.21.0/24	192.168.21.254	教学楼办公
7	22	192.168.22.0/24	192.168.22.254	教学楼教室
8	23	192.168.23.0/24	192.168.23.254	图书馆办公
9	24	192.168.24.0/24	192.168.24.254	电子阅览室
10	25	192.168.25.0/24	192.168.25.254	学生活动中心
11	26	192.168.26.0/24	192.168.26.254	实验楼办公
12~21	30~39	192.168.30.0/24~192.168.39.0/24	192.168.30.254	机房
22~27	411~416	192.168.41.0/24~192.168.46.0/24	192.168.41.254	#1 学生宿舍楼 1~6 层
28~33	421~426	192.168.47.0/24~192.168.52.0/24	192.168.47.254	#2 学生宿舍楼 1~6 层
34~39	431~436	192.168.53.0/24~192.168.58.0/24	192.168.53.254	#3 学生宿舍楼 1~6 层
40~45	441~446	192.168.59.0/24~192.168.64.0/24	192.168.59.254	#4 学生宿舍楼 1~6 层
46~51	451~456	192.168.65.0/24~192.168.70.0/24	192.168.65.254	#5 学生宿舍楼 1~6 层

7.10.2 综合布线系统设计

1. 设计范围及要求

（1）设计范围

综合布线的范围包括南校区的每一栋楼宇内数据线、语音线的布线以及从网络中心到每栋楼宇之间的主干光缆的布线两部分。网络中心机房（简称网管中心）位于图书馆后楼的第三层，其他各楼宇的地理分布见图 7-2。目前有综合办公楼、教学楼、实验楼、学生宿舍楼、学生活动中心和后勤服务中心需要与网管中心连接成校园网主干，并且各楼需要进行网络布线，同时通过网管中心将学校校园网与电信网互连。

（2）设计目标与要求

为 A 高校校园网设计的综合布线系统将基于以下目标与要求：

- 符合当前和长远的信息传输要求。
- 布线系统设计遵从国际（ISO/IEC11801）标准。
- 布线系统采用国际标准建议的星型拓扑结构。
- 网络的桌面信息传输为 100 Mbps，网络主干信息传输为 1000 Mbps。
- 布线系统的信息出口采用标准的 RJ-45 插座。
- 布线系统要立足开放原则。

（3）本工程采用的主要标准规范

- 《综合布线工程系统设计规范》（GB50311-2007）。
- 《建筑物电子信息系统防雷技术规范》（GB50343-2004）。
- 其他有关现行国家标准、行业标准及地方标准。

2. 布线系统的组成和器件选择原则

综合布线系统由工作区、配线子系统、干线子系统、建筑群子系统、设备间、进线间等组成。

工作区选择原则：全部选用超 5 类系列信息模块和信息插座面板，性能要求全部达到或超过国际标准 ISO/IEC11801 的指标。

① 水平线缆选择原则：全部选用超 5 类 UTP 双绞线，性能完全满足网络信息 100 Mbps 传输的要求，配合连接硬件产品可以支持多媒体、语音、数据和图形图像等应用。所有产品满足 ANSI/TIA/EIA–568A 及 ISO/IEC11801 等标准。

② 主干线缆选择原则：主干线缆选用 6 芯单模和多模光缆，支持 1000 Mbps 数据传输；选用 25 对 3 类大对数电缆作为语音系统的干线，支持语音传输。

③ 配线架选择原则：考虑今后校园网的发展，保证连接端口的扩充性以及先进性。配线架具有独特的电抗平衡性，可以确保超 5 类线缆的传输性能。

3. 综合布线子系统设计

① 工作区子系统：按照 7.2.3 节 "A 高校校园网络工程建设用户需求书"中对各楼宇信息点的分布设置双绞线信息插座。

② 在配线子系统中，信息点的连接全部采用 4 对超 5 类优质非屏蔽双绞线，用于支持数据和语音传输。缆线从电信间配线架引出，经走廊吊顶内的金属线槽或桥架至室内墙上预埋暗管，连接到信息模块。

③ 干线子系统的线缆选用 6 芯单模光缆支持数据传输，采用 3 类 25 对数电缆支持语音传输。所有线缆通过电信间金属线槽垂直布放。所需设备及材料如表 7.6 所示。

④ 建筑群子系统：从中心机房到各楼宇设备间采用 1 根室外 8 芯单模或多模光纤组成校园主干网，其中 2 芯用于支持数据传输，2 芯用于支持语音传输，余下的 4 芯备用。中国电信的互联网光纤和市话光纤，以及中国教育与科研网的光纤全部进入网络中心机房。从中心机房到各楼宇敷设的光纤的直径为 10 cm 的 PVC 管，直埋地下，在光纤的拐弯处和分支处都设置光缆井。建筑群子系统光纤用量见表 7.6。

⑤ 电信间设置。教学楼、图书馆、实验楼和综合办公楼每 3 层设置 1 个电信间，学生宿舍楼每层设置 1 个电信间，学生活动中心和后勤中心各设置 1 个电信间兼设备间。

⑥ 设备间设置。在每栋楼各设置 1 个设备间；南校区设备间设置在网络中心机房，除配置一般设备间的设备外，还配有防火墙、数据服务器、应用服务器和 BD 等网络设备，电话程控交换机及 BD 等语音设备，电信的互联网连接以及中国教育与科研网连接设备等。

⑦ 配线设备采用三种配线架，分别连接光纤和铜缆。FD 采用 5 类 RJ-45 模块数据配线架用于支持数据，采用语音配线架用于支持干线侧与水平侧语音。BD 采用光纤配线架用于支持数据，采用语音配线架用于支持语音。配线设备种类及数量如表 7.7 所示。

4. 网络工程综合布线系统图纸设计

网络工程综合布线系统图纸是综合布线施工图，主要包括综合布线系统图、综合布线系统平面图和综合布线系统主干光纤敷设平面图。

图 7-33 为教学楼综合布线系统图，其他各楼宇的综合布线系统图由读者参照绘制。

图 7-34 为 A 高校图书馆 1 楼网络综合布线平面图，图中省略了信息点的类型和编号。其余各楼宇各楼层的综合布线平面图由读者参照绘制。

A 高校校园网综合布线系统主干光缆敷设平面图如图 7-35 所示。

表 7.6 建筑群光缆用量

走　向	采用材料	光纤数量/m
教学楼	F-NET 8 芯多模光缆	200
实验楼	F-NET 8 芯多模光缆	200
学生活动中心	F-NET 8 芯多模光缆	200
综合办公楼	F-NET 8 芯单模光缆	500
后勤服务中心	F-NET 8 芯单模光缆	400
学生宿舍楼（共 5 栋）	F-NET 8 芯单模光缆	1600
合　计		3100

表 7.7 布线系统主要设备及材料统计表

名　称	规格及型号	单位	数量
单孔信息插座	面板+模块	套	926
双孔信息插座	面板+模块	套	1216
四孔信息插座	面板+模块	套	215
4 对非屏蔽双绞线	超 5 类	箱	1830
单模室内光纤	6 芯	米	2840
单模室外光纤	6 芯	米	2400
多模室外光纤	6 芯	米	600
大对数电缆	3 类、25 对	箱	36
RJ-45 非屏蔽配线架	24 口+模块	套	602
光纤连接盘	6 口	套	41
光纤配线架	12 口	套	3
光纤配线架	24 口	套	6
IDC 配线架	3 类、100 对	个	36
标准机柜	6U	个	38
标准机柜	30U	个	15
标准机柜	42U	个	14
浪涌保护器	100 对	个	15

7.10.3 网络中心机房设计

网络中心位于图书馆后楼第三层，面积约 120 m²，包括网络中心机房、管理室与办公室。

1．机房功能划分与布局

网络中心机房的功能划分与平面布局图如图 7-36 所示。

2．网络中心机房环境

网络中心机房作为整个网络的枢纽，对环境的要求较高，其设计方案如下：

① 地面：中心机房区地面采用 600×600 全钢抗静电活动地板，载重量不小于 100 磅每平米。
② 墙面：网络中心墙面选择不易产生尘埃、不产生静电和对人体无害的涂料粉刷。
③ 防尘：中心机房区的窗户采用良好的密封技术加封。
④ 防盗：中心机房区的窗户加装牢固的防盗网，采用防盗门
⑤ 环境温度：中心机房区配备 2 台 5P 格力空调，并配置空调控制器，控制 2 台空调自动开关机、自动切换，使机房保持恒温、无尘。
⑥ 照明：室内照明不低于 150 Lx。

3．供电系统

网络中心机房供电系统设计为双路电源供电，一路为市电，采用三相四线制，电源频率为 50 Hz，电压为 220 V/380 V。另一路为在线式不间断电源系统（UPS），采用捷益达蓝堡 RP150L33-K/15KVA 三进三出工频 UPS，保证机房设备正常运转 8 小时，电池放一楼。中心机房内每个电源插座的容量不小于 300 W。

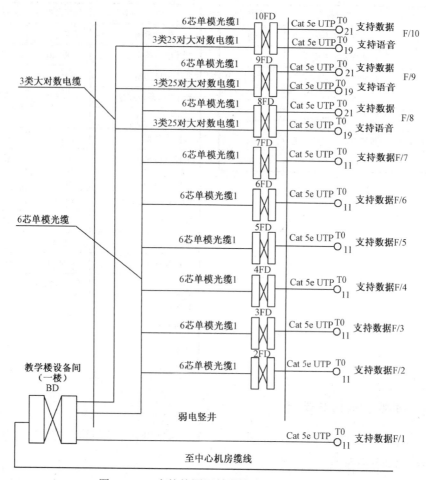

图 7-33　A 高校校园网教学楼综合布线系统图

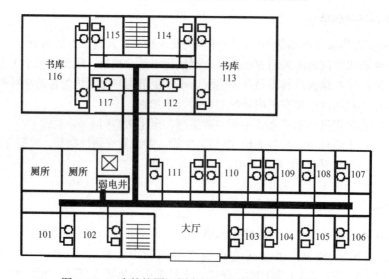

图 7-34　A 高校校园网图书馆 1 楼综合布线平面图

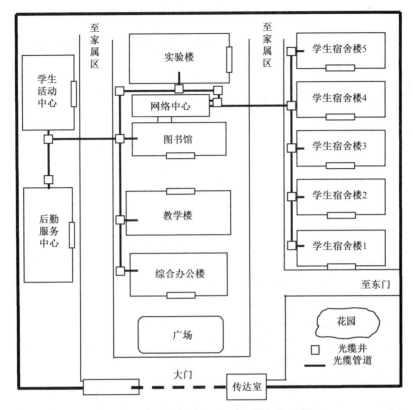

图 7-35 A 高校校园网主干光缆布线平面图

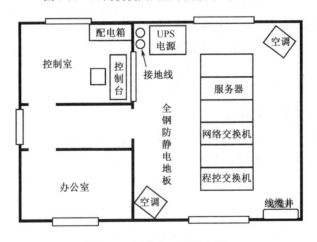

图 7-36 网络中心平面布局

4．防雷接地保护系统

网络中心机房建立两套接地系统。一套为防雷保护接地系统，在配电箱三相电源处安装防雷保护器，通过专用接地线接地。另一套为电源接地与防静电接地系统，将电源的地线、机房中所有金属顶棚、龙骨架、墙面、设备的金属外壳、金属管线、防静电地网、防静电地板的支架连接体全部接入该接地系统。地线按相关规范制作。

5. 消防系统

网络中心机房配备 1 台深圳鸿嘉利 GQQ120/2.5 型无管网七氟丙烷自动灭火系统，实现火灾自动探测、报警器与灭火联动。

7.10.4 网络安全与管理平台设计

A 高校校园网络的安全策略强调重点保护、规范管理和提高效率。网络安全管理的内容包括：保护网络资源不受内部或外部的恶意攻击和破坏，保护网络的配置不受非法的修改；阻止反动的、黄色的信息在网上流动和传播等。这些问题的解决除加强思想教育和组织管理外，最根本的办法就是采取各种有效的措施，加强网络运行管理，维护校园网的安全。

1. 网络安全措施

A 高校校园网在多个层次上从以下 10 方面实现比较完整的安全管理。

① 建立安全管理制度。建立各种安全规章制度，如值班制度、系统安全运行制度等；完善各种事故保护系统，如防火系统、防盗系统、电源安全保护系统等。

② 通过统一出口接入 Internet。

③ 主干网不直接接入用户。

④ 合理划分 VLAN。通过 VLAN 的合理划分，实现不同网段间的互访隔离，使管理要求、安全要求不同的网段彼此分离，加强安全控制。

⑤ 服务器限制服务。对重要的服务器通过 VLAN 实现进一步的隔离，限制其服务的范围。

⑥ 数据备份措施。服务器采用热插拔硬盘，配置 RAID5 进行数据备份和恢复，同时由管理员定期将数据备份到光盘上。

⑦ 设置防火墙隔离外部和内部网络，防止外部和内部的攻击。

⑧ 对校园网所有访问用户实行身份认证。

⑨ 对校园网访问用户上网实行行为管理。

⑩ 全网配置生成树协议，防止网络风暴的产生。

2. 防火墙系统和上网行为管理

防止外部攻击和病毒入侵，设计采用锐捷 RG-WALL160E 千兆防火墙隔离内网与外网。

设计采用 KingGate 上网行为管理，应用旁路模式对校园网内访问用户的上网行为进行安全审计管理，防止内部攻击，并为校园网提供针对病毒、木马、间谍软件等的安全防护。

3. 网络管理

设计采用锐捷网络的 RG-SNC 智能网络管理系统对全网进行管理。

RG-SNC 智能网络管理系统是锐捷网络为精确进行网络管理而设计的网络管理系统。RG-SNC 专注于网络变更与配置管理，采用友好的全中文 Web 浏览器界面，可以远程协同维护和管理，采用非代理模式，避免了传统的 Agent 模式的烦琐和重复性劳动，而且便于实施和后期维护，极大地节省了工作时间和工作繁杂度；主动式的网管，可定义管理任务，主动收集网络状况并及时备份，做到状态变更的及时响应，出现故障可及时恢复；提供美观的网络拓扑图，俯瞰整个网络现状，出现异常时，在拓扑图上及时呈现。产品主要配合锐捷设备使用，提供图形化的配置界面，实现对设备配置修改，从而大大降低管理员的维护强度和难度。

7.10.5 网络服务与应用平台设计

根据 A 高校的应用需求，校园网建成后，按照分步实施的原则，逐步建立和完善网络服务与应用，下面是首期建设的网络服务与应用系统。

1．网络信息服务系统

① 部署 DHCP 服务器。因为 A 高校校园网采用的是 C 类私有地址网段 192.168.0.0/24，所以网内计算机的 IP 地址都采用动态分配和静态分配相结合的办法。学生个人、办公室分配固定 IP 地址，便于管理；其他采用动态分配，部署 1 台 DHCP 服务器，负责动态 IP 地址的分配工作。
② 部署 DNS 服务器，为校内计算机上网提供域名服务。
③ 部署 Web 服务器，建立学校门户网站，主要内容包括：学校概况、学校新闻、师资建设、教学管理、学科科研、校园文化、学生工作等。

2．办公与教学应用系统

购买相应的软件，建立学校网络办公系统、网络教学系统、综合教务管理系统和数字图书馆系统。

根据上述服务与应用的需求，设计部署 10 台 Dell R710 服务器分别作为 Web 服务器、DNS 与 DHCP 服务器、网络办公系统服务器、网络课程中心服务器、科研管理服务器、综合教务管理系统服务器、数字资源服务器、图书馆管理系统服务器、信息门户身份认证服务器、智能网络管理服务器等，所有服务器放置在网络中心机房组建成服务器群。

3．存储系统

根据学校教学应用的实际情况，数据量较大的是综合教务管理系统，因此，设计 1 台磁盘阵列，采用 DAS 方式部署在综合教务管理系统服务器上。

7.10.6 网络设备选型与配置

A 高校校园网络建设所需的交换机、路由器、防火墙、上网行为管理和服务器等主要设备已在上面的叙述中选定，详细设备清单及选型汇总表，由读者自行完成。

思考与练习 7

1．网络规划与设计的原则和内容是什么？
2．在需求分析过程中应对已有网络的现状及运行情况进行调研，如果在已有的网络上制定新的网络升级建设规划，如何保护用户已有投资？
3．子网与 VLAN 有什么联系和区别？划分子网与划分 VLAN 有什么区别？
4．怎样进行 IP 路由设计？
5．怎样进行网络流量分析和网络服务质量分析。
6．综述报告：利用 ADSL 接入 Internet 的方式及其具体安装、配置方法。
7．综述报告：快速以太网、千兆位以太网、万兆位以太网的组建技术和配置方法。
8．综述报告：无线局域网、无线对等网、ADSL 无线接入的技术和方法。

9．综述报告：利用蓝牙技术组建局域网的技术与方法。

10．综述报告：VRRP 在网络中应用与具体配置。

11．根据 7.10.6 节 A 高校校园网络工程建设规划设计书中对网络设备的选型，计算网络中心机房所需的电荷容量。

12．某大学除校本部以外，还有 6 个二级学院分别位于同一城市的 4 个园区中，其中有 1 个二级学院和校本部在一个园区，1 个二级学院单独在一个园区，其他每 2 个二级学院在一个园区。校本部和每个二级学院都拥有 2000 台计算机，都要与 Internet 连接，建有 Web 网站，并为全校提供有关信息化服务。学校向有关申请到 IP 地址块 200.100.12.0/24.试为该大学设计校园网的 IP 地址分配方案。

13．编制某中学校园网络系统建设规划与设计书，具体需求由自己调查确定。

14．绘制 7.10 节实例中没有给出的其他楼宇综合布线系统图和平面图。

第 8 章　网络工程管理

【本章导读】

网络工程管理贯穿网络工程实施的全过程,是确保网络系统建设质量的重要环节。本章从网络工程项目管理、网络系统测试和网络工程竣工验收三个方面阐述了网络工程管理的内容和方法。网络工程项目管理主要包括网络工程项目组织管理、施工管理、进度管理、质量管理、安全管理和文档管理。网络系统测试主要包括网络综合布线系统测试、网络设备测试和全网性能测试。对于网络工程竣工验收,则是按照随工验收、初步验收和竣工验收三部分进行阐述。

有关网络工程管理的详细介绍,读者可以扫描书中二维码或登录相关 MOOC 平台进行学习。

8.1　网络工程项目管理

网络工程项目管理是指对网络工程项目实施的过程和各环节进行科学的安排和管理。管理的内容主要有项目组织管理、项目实施方案、项目进度管理、项目施工管理、项目质量管理、项目安全管理和项目文档管理等。在网络工程项目实施前,需要对工程进行实地勘测、深化设计,并编制项目实施与管理方案。

8.1.1　项目组织管理

(1) 组织机构的组成

网络工程项目施工必须成立管理组织机构,工程承建单位、工程建设单位和工程监理单位联合组建工程项目领导小组和变更委员会,并成立项目经理部,实行项目经理负责制。根据工程需要,项目经理部下可以设若干职能小组,如调度管理组、工程技术组、工程施工组、质量管理组等,其组织机构图如下图 8-1 所示。项目经理在项目领导小组的统一指挥下,通过各个职能小组组长负责制,明确各职能组的职责,以保证工程建设顺利完成。

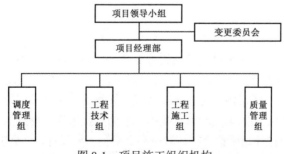

图 8-1　项目施工组织机构

(2) 岗位职责

组织机构各部分的职能可以根据网络工程项目实际情况和特点制定,下面是一种参考。

① 项目领导小组：负责整个项目实施的统一领导，在实施过程中对整个项目进行管理，做出重大决策，由项目建设单位、承建单位和监理单位有关领导组成。

② 项目经理：负责整个工程项目的实施，负责率领项目实施团队，对项目进行计划、组织、协调和控制；负责协调解决工程项目实施过程中出现的各种问题；负责与建设方、监理方及相关人员的协调工作，向项目领导小组负责。

③ 调度管理组：协助项目经理负责整个项目工程施工的调度和管理，督导项目的实施进度，及时发现问题、解决问题；并定期召开审查会议，定期向项目经理报告项目的实施进度。

④ 工程技术组：协助项目经理负责组织项目的工程施工设计、工程的技术指导与实施、技术培训。

⑤ 工程施工组：负责工程项目的具体施工和维护。

⑥ 质量管理组：负责对工程施工的各环节进行质量监控。

（3）机构负责人

详细列出领导小组负责人、项目经理、各职能小组负责人的姓名、职称和职责。

（4）管理规章制度

根据网络工程项目实际情况和特点制定切合实际的各项管理规章制度。

8.1.2 项目实施方案

项目实施方案是对网络工程项目实施的内容、流程、人员等做出具体安排，需要根据具体的网络工程项目制定。

（1）项目实施内容

项目施工内容一般将整个工程的实施分为三个阶段：深化设计和准备阶段、项目实施和调试阶段、工程竣工验收和技术培训阶段。深化设计和准备阶段就是项目施工的前期准备工作，读者可以参照 2.4.3 节介绍的内容编制。项目实施和调试阶段是指网络工程建设的具体施工阶段，其内容是网络系统建设的全部工作，包括网络工程综合布线、网络设备安装与系统集成、网络应用部署与软件安装等。工程竣工验收和技术培训阶段的内容参见 1.3.5 节。

（2）项目实施流程

根据项目的实施内容制定具体的施工流程和工序，网络工程项目建设施工的一般流程参见 1.4 节。

（3）项目人员配置

项目人员配置是指网络工程项目施工过程中各职能小组的人员安排与分工。

8.1.3 项目进度管理

项目施工进度管理是项目施工进度控制的重点之一，是保证施工项目按期完成、合理安排资源供应、节约工程成本的重要措施。施工进度控制是指根据计划的工期要求，编制最优的施工进度计划，在计划实施过程中经常检查施工实际情况，并将其与计划进度相比较，若出现偏差，则分析产生偏差的原因和对工期的影响程度，找出必要的调整措施，修改原计划。施工进度控制是一个动态的控制过程，经过计划→检查→比较→新计划的不断循环，直至工程全部完工交付使用。

项目进度管理的内容包括项目施工进度详细计划（用甘特图表示）、项目施工进度计划实施的内容、项目施工进度计划的过程控制、项目施工进度计划检查措施和项目施工进度计划保证措施。具体内容要根据项目的实际建设内容制定。

8.1.4 项目施工管理

项目施工管理是指对项目施工的过程进行管理,主要内容如下。

1. 施工准备工作

施工准备工作包括施工技术准备、施工现场准备、施工队伍准备、施工设备准备和材料进场准备等。

2. 施工管理制度

施工管理制度包括项目管理组织机构及职责、项目现场标准化管理制度、项目安全管理制度、项目施工生产管理制度、项目质量管理制度、项目技术管理制度、项目材料管理制度、项目机械使用管理制度、项目技术资料管理制度、项目现场管理制度等。

3. 施工过程管理

施工过程管理是对项目施工过程中的一些重要工序、或出现的问题,实行申报、审批、处理记录等。采用的措施通常是填写相应的表格,下面是施工过程管理的一些表格参考样例。

① 设备/材料进场记录:其参考样表如表 8.1 所示。

表 8.1 网络工程设备材料进场记录表

工程名称: 　　　　　　　　　　　　　　建设单位:

序 号	设备/材料名称	规格、型号	单位	计划数量	进场数量	其他
1	24 口 10/100Mbps 交换机		台			
2	48 口 10/100Mbps 交换机		台			
施工单位:			监理单位:			
负责人(盖章):　年　月　日			负责人(盖章):　年　月　日			

本表一式二份,施工单位、监理单位各执一份

② 安装工程量总表:其参考样表如表 8.2 所示。

表 8.2 网络工程安装工程量总表

工程名称: 　　　　　　　　　　　　　　建设单位:

序 号	工程量名称	单 位	数 量	备 注
1	制作安装接地网	块		
2	安装信息插座底盒明装	个		
施工单位:			监理单位:	
负责人(盖章):　年　月　日			负责人(盖章):　年　月　日	

本表一式二份,施工单位、监理单位各执一份

③ 随工验收/隐蔽工程检查签证记录：其参考样表如表 8.3 所示。

表 8.3　网络工程随工验收记录表

工程名称：　　　　　　　　　　　施工单位：

项　目	检查地点	存在的问题	检查结论
超五类双绞线布放质量			
敷设金属线槽			
施工单位： 负责人（盖章）： 年　月　日		监理单位： 负责人（盖章）： 年　月　日	

④ 工程施工变更单：其参考样表如表 8.4 所示。

表 8.4　网络工程施工变更单

工程名称：　　　　　　　建设单位：　　　　　　　施工单位：

项目名称		设备补充图纸名称及图纸号	名称	
			图号	
原设计规定的内容：		变更后的工作内容：		
原设计工程量		变更后工程量		
原设计预算数		变更后预算数		
变更原因及说明：		批准单位名称及文件号：		
建设单位意见： 负责人（盖章）： 年　月　日	设计单位意见： 负责人（盖章）： 年　月　日		施工单位意见： 负责人（盖章）： 年　月　日	

本表一式二份，施工单位、监理单位各执一份

⑤ 停（复）工通知单：其参考样表如表 8.5 所示。

表 8.5　网络工程停（复）工通知单

工程（项目）名称		建设地点	
建设单位		施工单位	
计划停工日期	年　月　日	计划复工日期	年　月　日
停（复）工主要原因：			
拟采取的措施和建议：			
本工程（项目）已于　年　月　日停（复）工，特此报告。 　　　　　　　　　　　　　　　　　填报单位（章）： 　　　　　　　　　　　　　　　　　　　年　月　日			

本通知单一式三份，建设单位、施工单位和监理单位各执一份

⑥ 已安装的设备明细表：其参考样表如表 8.6 所示。

表 8.6 网络工程已安装设备明细表

工程名称： 建设单位：

序 号	设备名称及型号	单 位	数 量	地 点	备 注
1	安装信息插座底盒明装	个			
2	安装非屏蔽信息插座	个			
施工单位代表： 年 月 日			监理工程师： 年 月 日		

本表一式二份，施工单位、监理单位各执一份

⑦ 重大工程质量事故报告单：其参考样表如表 8.7 所示。

表 8.7 网络工程重大工程质量事故报告单

报送单位：

工程名称		建设地点	
建设单位		施工单位	
事故发生时间	年 月 日	报告时间	年 月 日
事故情况			
主要原因			
已采取的措施			
建设单位意见 安全责任人：		施工单位意见 安全责任人：	

本通知单一式三份，建设单位、施工单位和监理单位各执一份

4．文明施工管理

文明施工管理包括文明施工纲要、文明施工目标、文明施工标准、文明施工保障措施、文明施工检查措施等。

8.1.5 项目质量管理

项目质量管理是为了确保网络工程规范与合同中规定的质量标准，所采取的一系列监控措施、手段和方法，其重点是施工各阶段的质量监控。项目质量管理的内容如下：

1．质量管理原则

在进行项目施工质量管理过程中，应遵循以下原则：

① 坚持"质量第一，用户至上"。

② 以人为核心。人是质量的创造者，质量控制必须"以人为核心"，把人作为控制的动力，调动人的积极性、创造性；增强人的责任感，树立"质量第一"观念；提高人的素质，避免人的失误；以人的工作质量保工序质量、促工程质量。

③ 以预防为主。以预防为主就是要从对质量的事后检查把关，转向对质量的事前控制、事中控制；从对工程质量的检查，转向对工作质量的检查、对工序质量的检查。

④ 坚持质量标准、严格检查，一切用数据说话。质量标准是评价工程质量的尺度，数据是质

表 8.8 网络工程施工质量检验方法

序号	施工内容	检验方法
1	隐蔽工程	隐蔽前全检
2	电气设备接地	实测
3	重要设备安装	按工序跟踪检查
4	大批量材料进场	检查合格证明,必要时抽查
5	电气配管、穿线	观察、测量检查
6	电缆敷设	观察和记录检查
7	电缆头制作	观察检查和测量
8	系统调试	观察检查,检测调试记录
9	工程交工验收	检查全部施工记录和交工文件

量控制的基础和依据。工程质量是否符合质量标准,必须通过严格检查,用数据说话。

⑤ 贯彻科学、公正、守法的职业规范。项目经理在处理工程质量问题过程中,应尊重客观事实,尊重科学,正直、公正,不持偏见;遵纪、守法,杜绝不正之风。

⑥ 既要坚持原则、严格要求、秉公办事,又要谦虚谨慎、实事求是、以理服人、热情帮助。

2. 质量管理体系

质量管理体系由质量管理机构、质量管理职责、质量检验方法和质量监控程序组成。质量检验方法如表 8.8 所示。

3. 质量管理措施

质量管理措施要根据网络工程项目的具体情况制定,施工准备阶段、施工阶段、交工验收阶段三个阶段采取的质量管理措施如下。

(1) 施工准备阶段

① 建立质量管理组织机构,明确分工和权责。

② 配备完善的工程质量检测仪器设备。

③ 编制相应的质量检查计划、技术和手段。

④ 对工程项目施工所需的劳动力、原材料、半成品、构配件进行质量检查和控制,确保符合质量要求并可以进入正常运行状态。

⑤ 进行设计交底、图纸会审等工作。

(2) 施工实施阶段

① 完善工序质量控制,把影响工序质量的材料、施工工艺、操作人员、使用设备、施工环境等因素都纳入管理范围。

② 及时检查和审核质量统计分析资料和质量控制图表,处理和解决影响质量的关键问题。

③ 严格工序间交接检查,做好各项隐蔽验收工作,加强受检制度的落实,对达不到质量要求的前道工序决不交给下道工序施工,直至质量符合要求为止。

④ 对完成的分项工程,按相应的质量评定标准和办法进行检查、验收。

⑤ 审核设计变更和图纸修改。

⑥ 如果施工中出现特殊情况,隐蔽工程未经验收而擅自封闭,掩盖或使用无合格证的工程材料,或擅自变更替换工程材料等,项目技术负责人应向项目经理建议下达停工命令。

(3) 交工验收阶段

① 加强工序间交工验收工作的质量控制。

② 竣工交付使用的质量控制。

③ 保证成品保护工作迅速开展,检查成品保护的有效性、全面性。

④ 按规定的质量评定标准和办法,对完成的单项工程进行检查、验收。

⑤ 核查、整理所有的技术资料,并编目、建档。

⑥ 在保质阶段,对工程定期进行回访,及时维护。

8.1.6 项目安全管理

安全施工是项目施工的重要控制目标（质量、成本、工期、安全）之一，也是衡量项目施工管理水平的重要标志。项目安全管理的重点是控制人的不安全行为和物的不安全状态，即除加强施工人员安全意识和进行安全知识教育外，还应采取以防为主的措施，消除潜在的不安全因素。

项目安全管理的内容与项目质量管理类似，包括如下三方面。

1．安全管理原则

① 管理施工同时管安全。安全寓于施工之中，并对施工发挥促进与保证作用，从安全管理与施工管理的目标和目的来看，是安全一致、高度统一的。

② 坚持安全管理的目的性。安全管理的内容是对施工中的人、物、环境因素状态的管理，有效的控制人的不安全行为和物的不安全状态，消除和避免事故。

③ 必须贯彻预防为主的方针。安全生产的方针是"安全第一，预防为主"。

④ 坚持"四全"动态管理。安全生产过程中必须坚持全员、全过程、全方位、全天候的动态安全管理。

⑤ 安全管理重在控制。对施工因素状态的控制，应当是安全管理的重点。

⑥ 在安全管理中发展、提高。在安全管理过程中，不断地总结管理、控制的办法和经验，指导新的变化后的管理，从而使安全管理上升到新的高度。

2．安全管理体系

安全管理体系包括安全管理机构、安全管理职责和安全教育制度三方面。其中，安全管理职责如下：

① 项目经理的安全管理职责：全面负责现场的安全措施，安全生产等，保证施工现场的安全。

② 技术负责人的安全管理职责：制定项目安全技术措施和分项安全方案，督促安全措施落实，解决施工过程中不安全的因素。

③ 安全管理员的安全管理职责：督促施工全过程的安全生产，纠正违章，配合有关部门排除施工不安全因素，安排项目内安全及安全教育的开展。

④ 施工组长的安全管理职责：负责上级安排的安全工作的实施，进行施工前安全交底工作，监督并参与职能组的安全学习。

3．安全管理措施

安全管理措施要根据网络工程项目的具体情况制定，下面是安全施工的参考措施：

① 严禁携带违禁品，易燃易爆品进入工地。谢绝未经邀请的单位、个人到本工地参观，与本工程无关车辆不准停放在工地内。

② 严格遵守安全施工五大纪律：

- 进入现场，必须戴好安全帽，扣好安全帽带，并正确使用个人劳动防护用品。
- 二米以上的高空、悬空作业无安全设施的必须系好安全带，扣好安全钩。
- 高空作业，不准往下或向上抛扔材料和工具物件。
- 各种电动机械设备，要有可靠有效的安全接地和防雷装置，方能开动使用。
- 不懂电器的人员，严禁使用和玩弄机电设备。

③ 各种临时电源的配电箱都应配有漏电保护器，各种机电设备及各种手持电动工具，临时电源必须统一经过漏电装置，安全敷设，专人保养，不准随意乱接乱拉电源线。

④ 安全员要做好工作日记。班组长在施工中途发现施工条件有变化和安全措施执行有困难时，应立即向项目经理提请解决。

8.1.7 项目文档管理

网络工程项目实施过程中，会产生较多的文档资料，这些资料都必须严格管理，在项目竣工验收时全部移交给工程建设方存档。项目施工的有关文档如下。

① 工程技术文档：包括网络拓扑结构图，综合布线系统主干线缆敷设平面图，建筑物综合布线系统图与平面图，综合布线系统标识编码系统，IP 地址规划与分配方案，VLAN 划分方案等。

② 工程施工文档：包括工程实施方案，工程施工过程中产生的各种文件、报告、批复、表格等。

③ 设备技术文档：包括网络系统所有设备的品牌型号、用户手册、安装手册、配置命令手册、保修书（卡）等。

④ 设备部署文档：包括设备的编号、名称、品牌、型号、规格、安装位置、购买的日期、登录用户名和密码、IP 地址、详细配置命令、所属 VLAN 等。

8.2 网络测试基础

网络测试是依据相关的规定和规范，采用相应的技术手段，利用专用的网络测试工具，对网络综合布线系统、网络设备和全网的各项性能指标进行检测的过程，是网络系统验收工作的基础。

8.2.1 网络测试标准与规范

1. 综合布线测试标准与规范

在国际上广泛使用的《用户房屋综合布线》(ISO/IEC11801) 和在我国得到广泛认可的《商用建筑电信布线系统标准》(TIA/EIA568A) 中，规定了 3 类、5 类及 6 类双绞线电缆、接插件、跳线等性能指标和布线链路技术指标，对现场布线系统怎样进行认证测试。

美国 EIA/TLA 委员会 1995 年推出了《非屏蔽双绞线（UTP）布线系统的传输性能测试规范》(TSB–67)，它是国际上第一部综合布线系统现场测试的技术规范，叙述并规定了电缆布线的现场测试内容、方法和对仪表精度要求。它涉及的布线系统，通常是在一条线缆的两对线上传输数据，可利用最大带宽为 100 MHz。

TSB–67 标准首先对大量的水平连接进行了定义，将电缆的连接分为基本链路（Basic Link）和信道（Channel）。基本链路是指建筑物中固定电缆部分，不包含插座至网络设备末端的连接电缆。信道是指网络设备至网络设备的整个连接。因此，基本链路和信道便成了两种测试方法。我国网络工程基本上采用基本链路的测试方法。

1998 年以来，国际标准化组织加快了标准修订和对新标准研究速度。美国于 2001 年推出一个支持千兆局域网的超 5 类（Cat.5E）和 6 类（Cat.6）布线标准 EIA/EIA–568。ISO 也在已有的 ISO/IEC11801–2000 标准草案基础上进行了修订，于 2001 年 10 月修改为 ISO/IEC JTC 1/SC25 N739（涵盖 classD、classE），ISO 已经推出正式 6 类布线标准。

我国对综合布线系统专业领域的标准和规范制定工作也非常重视。1996 年以来，先后颁布了国家标准和行业标准，包括：GB50312—2007《综合布线工程验收规范》、GB/T50312—2000《建筑与建筑群综合布线系统工程验收规范》、YD/T926.1～3(2000)《大楼综合布线总规范》、YD/T1013

—1999《综合布线系统电气性能通用测试方法》、YD/T1019—2000《数字通信用实心聚烯烃绝缘水平对绞电缆》、GB50339—2003《智能建筑工程质量验收规范》。上述几个标准作为综合布线领域的实用性标准，相互补充，相互配合使用。由于综合布线系统工程中尚有不少技术问题需要进一步研究，有些标准内容尚未完善健全，上面的6个标准目前是有效的，但随着综合布线系统技术的发展，有些将会被修订或补充，因此，在工程验收时，应密切注意当时有关部门有无发布临时规定，以便结合工程实际情况进行验收。在综合布线系统的施工和验收中，如遇到上述各种规范未包括的技术标准和技术要求，为了保证验收，可按有关设计规范和设计文件的要求办理。

2．网络设备测试标准与规范

① 《路由器测试规范——高端路由器》（YD/T 1156—2001）：规定了高端路由器的接口特性测试、协议测试、性能测试、网络管理功能测试等，自 2001 年 11 月 1 日起实施。

② 《千兆位以太网交换机测试方法》（YD/T 1141—2001）：规定了千兆位以太网交换机的功能、测试、性能测试、协议测试和常规测试，自 2001 年 11 月 1 日起实施。

③ 《接入网设备测试方法——基于以太网技术的宽带接入网设备》（YD/T 1240–2002）：规定了对于基于以太网技术的宽带接入网设备的接口、功能、协议、性能和网管的测试方法，适用于基于以太网技术的宽带接入网设备，自 2002 年 11 月 8 日起实施。

3．网络性能测试标准与规范

① 《IP 网络技术要求——网络性能测量方法》（YD/T 1381—2005）：规定了 IPv4 网络性能测量方法，并规定了具体性能参数的测量方法，自 2005 年 12 月 1 日起实施。

② 《公用计算机互联网工程验收规范》（YD/T 5070—2005）：规定了基于 IPv4 的公用计算机互联网工程的单点测试、全网测试和竣工验收等方面的方法和标准，自 2006 年 1 月 1 日起实行。

8.2.2 网络性能测试要求

在网络测试过程中，网络性能的测试是整个测试中非常重要的环节。下面就网络性能测试所涉及的测试方法、测试的安全性等方面做简单介绍。

1．测试方法

网络性能的测试方法通常分为两种，即主动测试和被动测试。

（1）主动测试

主动测试是在选定的测试点上利用测试工具有目的地主动产生测试流量注入网络，并根据测试数据流的传送情况来分析网络的性能。主动测试在性能参数的测试中应用十分广泛，因为它可以使任何希望的数据类型在所选定的网络端点间进行端到端性能参数的测试。最为常见的主动测试工具就是"Ping"，可以测试双向时延，IP 包丢失率以及提供主机的可达性等信息。主动测试可以测试端到端的 IP 网络可用性、延迟和吞吐量等。由于一次主动测试只是查验了瞬时的网络质量，因此有必要重复多次，用统计的方法获得更准确的数据。

一方面，主动测试法依赖于向网络注入测试包，利用这些包测试网络的性能，因此这种方法肯定会产生额外的流量。另一方面，测试中所使用的流量大小以及其他参数都是可调的。主动测试法能够明确地控制测量中所产生的流量的特征，如流量的大小、抽样方法、发包频率、测试包大小和类型（以仿真各种应用）等，并且利用很小的流量就可以获得很有意义的测试结果；主动测试意味着测试可以按测试者的意图进行，容易进行场景的仿真，检验网络是否满足 QoS 或 SLA，易于对端到端的性能进行直观的统计。

（2）被动测试

被动测试是指在链路或设备（如路由器和交换机等）上对网络进行监测，而不需要产生流量的测试方法。被动测量利用测试设备监视经过它的流量，这些设备可以是专用的（如 Sniffer），也可以是嵌入在其他设备（如路由器、防火墙、交换机和主机）之中的，如 RMON、SNMP 和 Netflow 使能设备等。测试者周期性地轮询被监测设备并采集信息（在 SNMP 方式时，从 MIB 中采集），以判断网络性能和状态。

被动测试法在测试时并不增加网络上的流量，测试的是网络上的实际业务流量，从理论上说不会增加网络的负担。但是被动测试设备需要用轮询的方法采集数据、陷阱（trap）和告警（利用 SNMP 时），所有这些都会产生网络流量，因此实际测试中产生的流量开销可能并不小。另外，在做流分析或试图对所有包捕捉信息时，所采集的数据可能会非常大。被动测试的方法在网络排错时特别有价值，但在仿真网络故障或隔离确切的故障位置时其作用会受到限制。

主动测试与被动测试各有其优缺点，而且对于不同的参数来说，主动测试和被动测试也都有其各自的用途。对于掌握端到端的时延、丢包和时延变化等参数比较适合采用主动测试；而对于路径吞吐量等流量参数来说，被动测试更适用。因此，对网络性能进行全面的测试需要主动测试与被动测试相结合，并对两种测试结果进行对比和分析，以获得更为全面和科学的结论。

2．测试的安全性

测试安全性包括测试活动对网络安全性的影响和网络中攻击行为对测试活动的影响两方面。

（1）网络对测试方法的安全性要求

在采用主动测试方法时，需要将测试流量注入网络，所以不可避免会对网络造成影响。首先，这种测试流量如果过大，则有可能会影响网络的拥塞情况，甚至导致网络中正常的业务无法顺利进行，因此要谨慎地控制所采用的测试流量，避免因测试而引起网络拥塞。其次，要避免主动测试技术被滥用，在主动测试中一定要保证测试流量是从测试主机到测试主机，如果将测试流量发往网络中的其他主机，那么事实上就造成了对该主机的攻击行为，如果这种测试流量过大，甚至可能造成拒绝服务（Denial of Service，DoS）攻击。

对于被动测试技术，由于需要采集网络上的数据包，因此会将用户数据暴露给无意识的接收者，对网络服务的客户造成潜在的安全问题。所以在进行被动测试的时候，要尽量避免对用户数据的载荷部分进行分析，并适当降低采样速率，以最大限度地保护用户数据。

（2）测试方法自身的安全性要求

在网络中，测试活动本身也可以看做是网络所提供的一种特殊的服务，因此要防止网络中的破坏行为对测试主机的攻击，保证测试活动自身的安全性，其中最主要的就是伪造地址攻击。有目的的破坏者有可能向测试主机发送数据包，并把数据包中的源地址伪造成其他合法测试主机的地址，这样就会破坏测试的结果，甚至可以以这种方法对测试主机本身进行攻击。对于这种情况，其解决方案是对测试数据包进行加密和认证，以排除外界的人为干扰。

3．测试结果统计

对测试结果的统计分为两方面：统计的方式和方法。

对结果的统计方式实际上就是对结果进行抽样。按照统计方式来划分，对测试结果的统计可以分为按时间方式和按空间方式。按时间方式即把测试的结果按时间的分布进行统计（抽样），得到一个时间段上网络性能的分布和变化情况。对网络的测试，一般来说是一种长时间的测试，因为网络在不同时间段,其流量可能是不同的,其性能也将表现出不同的特点。因此,对网络的测试应充分考虑网络中业务和流量在时间上的分布情况,选择合适的时间段和测试时长。按空间方式就是把测试的结果按测试点在网络中所处的空间位置进行统计(抽样),以得到网络性能在空间上的分布。对于网络性能测试,一种常见的方法是在网络的多个端点设置测试点,并按照一定的目的设计测试包的发送端和接收端,使测试流量以所期望的拓扑结构在网络中传输,然后分析不同链路上得到的性能结果。这种统计的结果对网络的设计和优化是非常有价值的。

对测试结果的统计方法就是对测试结果进行统计的不同算法以及对结果的表示方法。由于网络性能的测试一般来说周期将会很长,因此将得到大量的数据,但单纯的罗列数据意义并不大,必须对结果进行统计计算,即在大量的数据中找到其相互间的关联,得到有意义的分析数据,以清楚地反映网络某一方面的性能。

对测试(采样)值的表示可以采用统计分布方法,在不严格的情况下也可以用百分点的方法。统计分布方法是基于对"经验分布函数"(EDF)的计算。经验分布函数 $F(x)$ 是一组梯状分布的值,$F(x)$ 的值等于在一个集合中小于 x 的值所占的比例。如果 x 小于集合中的最小值,那么 $F(x)=0$;如果 x 大于或等于集合中的最大值,那么 $F(x)=1$。

8.2.3 常用测试工具简介

1. 综合布线测试工具

综合布线测试工具是综合布线工程电缆测试的专用仪器。现场测试仪最主要的功能是认证综合布线链路性能能否通过综合布线标准的各项测试,如果发现链路不能达到要求,测试仪具有故障查找和诊断能力就十分必要了。所以在选择综合布线现场测试仪时通常考虑以下几个因素:测试仪的精度和测试结果的可重复性,测试仪能支持多少测试标准,是否具有对所有综合布线故障的诊断能力,使用是否简单容易。

(1)Fluke DSP-100 测试仪

Fluke DSP-100 采用了专门的数字技术测试电缆,不仅完全满足 TSB-67 所要求的二级精度标准,还具有更加强大的测试和诊断功能。其外观如图 8-2 所示。

图 8-2 Fluke DSP-100 测试仪

DSP-100 采用数字测试技术为用户的投资提供了保证,高精度使测量结果准确可靠,节省用户大量时间;对故障准确定位同样节省了用户查找故障的时间;双向 NEXT 测试可以免去在电缆两端来回奔忙。

DSP-100 测试仪由主机和远端单元组成,主机的 4 个功能键取决于当前屏幕显示。TEST 键:自动测试。EXIT 键:从当前屏幕显示或功能退出。SAVE 键:保存测试结果。ENTER 键:确认操作。

DSP-100 测试仪的远端很简洁,RJ-45 插口处有通过 PASS、未通过 FAIL 的指示灯显示,其参数设置与测试方法如下:

<1> 将测试仪旋钮转至 SETUP。

<2> 根据屏幕显示选择测试参数,选择后的参数将自动保存到测试仪中,直至下次修改。

<3> 将测试仪和远端单元分别接入待测链路的两端。

<4> 将旋转钮转至 AUTO TEST,按 TEST 键,测试仪自动完成全部测试。

<5> 按 SAVE 键,输入被测链路编号、存储结果,全部测试结束后,可将测试结果直接送入

打印机。

打印可通过随机软件 DSP-LINK 与计算机连接，将测试结果送入计算机存储打印。如果在测试中发现某项指标未通过，将旋钮转至 SINGLE TEST 根据中文速查表进行相应的故障诊断测试。查找故障后，排除故障，重新进行测试直至指标全部通过为止。测试中有必要的话，可选择某条典型链路测出其衰减与近端串扰对频率的特性图以供参考。

（2）Fluke DSP-FTK 光缆测试仪

目前，常用福禄克公司的 DSP-FTK 光缆测试工具包，用来测试综合布线中光缆传输系统的性能。DSP-FTK 由主机、光源模块、光纤连接适配器和测试连接线组成，如图 8-3 所示。

图 8-3　DSP-FTK 光缆测试工具

DSP-FTK 使用一条短的双绞线将光功率表（DSP-FOM）与 DSP 系列电缆测试仪、One Touch 网络故障一点通或 LAN Meter 企业级网络测试仪仪器连接起来。在光功率表上选择测量的波长（850 nm、1300 nm 和 1550 nm），测试仪就开始测量、显示并存储测试结果。

可以通过 DSP 系列电缆测试仪记录和存储光缆的自动测试报告。每个报告可以指定唯一的用户自定义的标签，并且可以下载至计算机或直接打印到串口打印机上。测试报告包括波长、测量的损耗值、损耗极限值、测试方向及参考值。光缆测试结果可以命名并存储至测试仪的存储器中。该测试仪简单易用，LCD 能显示清晰易懂的菜单，并提供每一步操作的提示。

2．网络测试工具

（1）Fluke 67X 局域网测试仪

Fluke 67X 系列网络测试仪（LANMeter）是 Fluke 公司于 1993 年推出的一种专用于计算机局域网络安装调试、维护和故障诊断的工具。它将网络协议分析仪和电缆测试仪主要功能完美结合起来，形成一个新颖的网络测试仪器，可以迅速查出电缆、网卡（NIC）、集线器（Hub）、桥（Bridge）、路由器（Router）等故障。Fluke 67X 网络测试仪分为 F670（令牌环网）、F672（以太网）和 F675（以太和令牌环网）3 种型号。

（2）Fluke 68X 系列企业级局域网测试仪

Fluke 公司自 20 世纪 90 年代初期推出极其成功的 F67X 系列网络测试仪后，于 1996 年开发出企业级网络测试仪 F68X 系列，如图 8-4 所示。这种手持式的网络测试工具可以在 5 分钟之内解决 80%的网络问题。网络测试仪可给出丰富的网络信息，操作简单。作为手持式的便携仪器，使用者可以携带它到问题的现场进行故障诊断。

图 8-4　68X 系列局域网测试仪

企业级网络测试仪 Fluke 68X 实现了交换环境下的快速以太网的测试，是集中式网络管理的优秀工具。交换环境下的网络对于工程师来说带来了很多维护上的困难，Fluke 68X 是大型网络维护理想的测试仪，若选配 SwitchWizard 和 WideAreaWizard 选件，用户就可以以图形界面方式浏览交换机、路由器和其他 SNMP 统计信息。用户还能深入检查帧中继、ISDN 和 T1/E1 配置，测试带宽利用情况和连接故障等问题。

1998 年推出的 WebRemote Control 选件实现了基于 Web 浏览器远程控制企业级网络测试仪的

功能。这个功能实现了无论在何地都能够使用 Fluke 68X 来分析网络运行情况,并进行故障查找。

（3）EtherScope Series II 系列网络通

EtherScope Series II 系列网络通（以下简称"ES 网络通"）是由 Fluke 公司于 2006 年推出的一款便携式集成网络测试工具,如图 8-5 所示,用于提供有线/无线局域网（LAN）的安装、监测和故障诊断等方面的各种关键的性能量度,其自动测试特性可以快速地验证物理层的性能,搜索网络和设备,并找出配置和性能问题。ES 网络通标准附件齐全,为进行深入分析,还包含了一组诊断工具,用于在网络上定位设备,并验证设备之间的互连性。ES 网络通能够即时地观察网络,提供关于网络健康和状态的重要信息,以便在问题开始影响性能之前提前找出并解决问题。

图 8-5 EtherScope Series II 系列网络通

ES 网络通的主要特性如下。

① 在铜缆和光纤网络上快速解决千兆以太网问题：千兆速度支持全双工 10/100/1000Mbps 双绞线介质和 SX、LX 或者 ZX 光纤介质,集成了 TDR 故障定位、线序测试和数字音频发生等多种功能,快速解决最常见的布线系统问题。

② 无线网络分析：支持对 IEEE802.11a/b/g 无线网的分析选件,可以对目前无线和有线混合的环境进行故障诊断;全面测试,可以详细报告 RF 信号强度,AP 和用户端的配置和流量利用率;列出所有搜索到的无线网设备及其安全设置,并对潜在的安全问题发出告警。

③ 透视交换机的设置：定位和查找 ES 网络通连接到的交换机端口,报告交换机的 MAC、IP、SNMP 名称和每个端口的速率和利用率。

④ 获取丰富的网络信息：定位、查看和存储 1000 个网络设备,并能详细分析每个设备的配置、地址和工作状态。

⑤ 迅速报告网络故障：查找冲突 IP 地址、网络设备配置错误、错误帧类型、以太网冲突、高利用率网段和电缆故障等;擅长对网络接入层问题进行故障诊断,同时利用独特的交换网络分析手段使网络故障变得更加简单。

⑥ 查看并记录重要的网络状态：以太网利用率、冲突和错误,通过分析和记录这些报告来优化网络。

⑦ 监测用户接入情况：对 IEEE802.1x 安全认证、动态选址和 WLAN 等综合问题进行故障诊断;在 LAN 和 WLAN 上支持包括 IEEE802.1x（大于 10 EAP）的认证类型,在 WLAN 上支持 WPA 和 WEP。

⑧ 性能测试：因特网吞吐量选件（ITO）可以为部署和维护企业网进行 IP 性能评测,可以对两点间的上下行带宽进行验证和评估,也可以仿真流量和应用来验证网络性能。

⑨ 易于使用：明亮的彩色触摸屏,直观的用户界面,相关联的帮助文件,简捷易用。

8.3 综合布线系统测试与验收

一个优质的综合布线工程不仅要求设计合理,选择布线器材优质,还要有一支素质高、经过专门培训、实践经验丰富的施工队伍来完成工程施工任务。在实际工作中,用户往往更多注意工程规模、设计方案,而忽略了施工质量。由于存在工程领域的转包现象,施工阶段漏洞甚多,工程质量得不到保障。因此，对于综合布线工程，现场随工测试是规范布线工程质量管理的一个必不可少的环节。

8.3.1 双绞线测试

电缆本身的质量和电缆安装的质量都直接影响网络能否正常地运行。此外，很多布线系统是在建筑施工中进行的，电缆通过管道、地板敷设到各个房间。当网络运行时发现故障是由电缆引起时，此时就很难或根本不可能再对电缆进行修复，即使修复，其代价也相当昂贵，所以最好的办法就是把电缆故障消灭在安装之中。目前使用最广泛的电缆是非屏蔽双绞线。根据所能传送信号的速率，非屏蔽双绞线分为3、4、5、6类。当前绝大部分用户出于将来升级到高速网络的考虑（如100 MHz以太网、ATM等），大多安装非屏蔽双绞线超5类或6类线。那么，安装的电缆是否合格，能否支持将来的高速网络，这就是电缆测试要解决的关键问题。

1. 缆线测试模型

3类和5类布线系统按照基本链路和信道进行测试，超5类和6类布线系统按照永久链路和信道进行测试，测试按图8-6～图8-8进行连接。

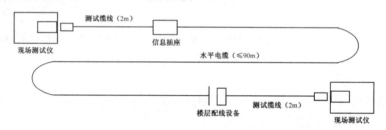

图8-6 基本链路测试连接模型

基本链路连接模型符合图8-6所示的方式。

永久链路连接模型适用于测试固定链路（水平电缆及相关连接器件）性能，链路连接应符合图8-7所示的方式。

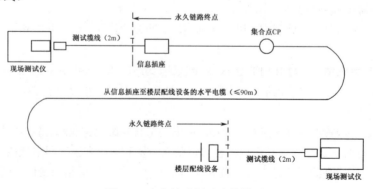

图8-7 永久链路测试连接模型

在永久链路连接模型的基础上，信道连接模型包括工作区和电信间的设备电缆和跳线在内的整体信道性能。信道连接应符合图8-8所示的方式。图中，A为工作区终端设备电缆，B为CP缆线，C为水平缆线，D为配线设备连接跳线，E为配线设备到设备连接电缆，B+C的长度不大于90 m，A+D+E的长度不大于10 m。信道包括最长90 m的水平缆线、信息插座模块、集合点、电信间的配线设备、跳线、设备线缆在内，总长不得大于 100 m。

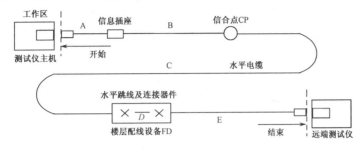

图 8-8　信道测试连接模型

2. 测试要求

（1）接线图的测试

接线图的测试主要测试水平电缆终接在工作区或电信间配线设备的 8 位模块式通用插座的安装连接正确或错误。正确的线对组合为：1-2、3-6、4-5、7-8，分为非屏蔽和屏蔽两类，非 RJ-45 的连接方式按相关规定要求列出结果。

布线过程中可能出现以下正确或不正确的连接图测试情况，具体如图 8-9 所示。布线链路及信道缆线长度应在测试连接图所要求的极限长度范围之内。

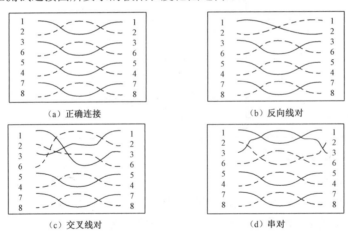

图 8-9　双绞线接线图

（2）性能指标

3 类和 5 类水平链路、信道测试项目及性能指标应符合表 8.10 和表 8.11 的要求，测试条件为环境温度 20℃。表中，基本链路长度为 94 m，包括 90 m 水平缆线及 4 m 测试仪表的测试电缆长度，在基本链路中不包括 CP 点。

超 5 类、6 类和 7 类信道测试应从回波损耗、插入损耗、近端串音、近端串音功率等方面进行测试，具体性能指标要求可参考 GB50312–2007《综合布线工程验收规范》相关内容。

8.3.2　光缆系统的测试

在光纤的应用中，光纤本身的种类很多，但光纤及其系统的基本测试方法大体上都是一样的，所使用的设备也基本相同。

表 8.10　3 类水平链路及信道性能指标

频率/MHz	基本链路性能指标		信道性能指标	
	近端串音/dB	衰减/dB	近端串音/dB	衰减/dB
1.00	40.1	3.2	39.1	4.2
4.00	30.7	6.1	29.3	7.3
8.00	25.9	8.8	24.3	10.2
10.00	24.3	10.0	22.7	11.5
16.00	21.0	13.2	19.3	14.9
长度/m	94		100	

表 8.11　5 类水平链路及信道性能指标

频率/MHz	基本链路性能指标		信道性能指标	
	近端串音/dB	衰减/dB	近端串音/dB	衰减/dB
1.00	60.0	2.1	60.0	2.5
4.00	51.8	4.0	50.6	4.5
8.00	47.1	5.7	45.6	6.3
10.00	45.5	6.3	44.0	7.0
16.00	42.3	8.2	40.6	9.2
20.00	40.7	9.2	39.0	10.3
25.00	39.1	10.3	37.4	11.4
31.25	39.2	11.5	35.7	12.8
62.50	32.7	16.7	30.6	18.5
100.00	29.3	21.6	27.1	24.0
长度/m	94		100	

1．光纤系统基本的测试内容

（1）光纤的连续性

光纤的连续性是对光纤的基本要求，因此对光纤的连续性进行测试是基本的测量之一。进行连续性测量时，通常是把红色激光、发光二极管（LED）或者其他可见光注入光纤，并在光纤的末端监视光的输出。如果在光纤中有断裂或其他的不连续点，在光纤输出端的光功率就会下降或者根本没有光输出。

（2）光纤衰减

光纤的衰减也是经常要测量的参数之一，光纤的衰减主要是由光纤本身的固有吸收和散射造成的。不同类型的光缆在标称的波长，每千米的最大衰减值应符合表 8.12 的规定。

表 8.12　光缆衰减

最大光缆衰减/(dB/km)			
项目	OM1、OM2 及 OM3 多模		OS1 单模	
波长	850 nm	1300 nm	1310 nm	1550 nm
衰减	3.5	1.5	1.0	1.0

光缆布线信道在规定的传输窗口测量出的最大光衰减（介入损耗）应不超过表 8.13 的规定，

该指标已包括接头和连接插座的衰减在内。

表 8.13 光缆信道衰减范围

级别	最大信道衰减/dB			
	单 模		多 模	
	1310nm	1550nm	850nm	1300nm
OF-300	1.80	1.80	2.55	1.95
OF-500	2.00	2.00	3.25	2.25
OF-2000	3.50	3.50	8.50	4.50

光纤链路的插入损耗极限值可按如下公式计算，表 8.14 列出了光纤链路损耗参考值。

光纤链路损耗=光纤损耗+连接器件损耗+光纤连接点损耗
光纤损耗=光纤损耗系数(dB/km)×光纤长度(km)
连接器件损耗=连接器件损耗/个×连接器件个数
光纤连接点损耗=光纤连接点损耗/个×光纤连接点个数

表 8.14 光纤链路损耗参考值

种 类	工作波长/nm	衰减系数/(dB/km)
多模光纤	850	3.5
多模光纤	1300	1.5
单模室外光纤	1310	0.5
单模室外光纤	1550	0.5
单模室内光纤	1310	1.0
单模室内光纤	1550	1.0
连接器件衰减	0.75dB	
光纤连接点衰减	0.3 dB	

2．光纤衰减测试

（1）测试仪的校核调整

在施工现场应对光纤损耗测试仪（选用 Fluke DSP-100 与 DSP-TK）进行调零，以消除能级偏移量。因为在测试非常低的光能级时，不调零会引起很大的误差，调零后还能消除跳线的损耗。为此，将测试仪用测试短线（铜缆）与 DSP-FTK 的光源（输入端口）连接，把 DSP-FTK 光源的检波器插座（输出端口）用光纤测试线连接起来，在光纤测试线缆的另一端连接 DSP-FTK 的接收端，在测试仪的菜单上选择光缆测试，并选择调零，如图 8-10 所示。

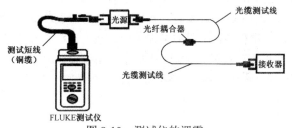

图 8-10 测试仪的调零

（2）测试前的准备工作

① 一台 Fluke DSP 系列测试仪和 DSP-FTK 光缆测试包，分别从 A–B 和 B–A 测试光纤传输损耗。

② 无线电话（或有线电话），以便两个地点测试人员之间的联络。

③ 2 条光纤测试线，用来建立测试仪与光纤链路之间的连接。

④ 测试人员必须戴上眼镜，使眼睛不会受损。

（3）光纤损耗的测试步骤

光纤损耗测试采用两个方向的测试方法，具体测试步骤如下：

<1> 由位置 A 向位置 B 的方向上测试光纤损耗。

<2> 由位置 B 向位置 A 的方向上测试光纤损耗。

<3> 计算光纤的传输损耗。

(4) 记录所有的数据

对光缆的每条光纤进行逐条测试,按上述方法测出结果后,按公式计算的损耗作为布线系统工程光纤的初始值记录在案,以便日后查找。其记录样表如表 8.15 所示。

表 8.15 网络工程测试记录表

工程名称:			
序号	测试项目	测试方法	测试结果
1	XXXX 楼栋主干光纤测试		
2			
测试人签名		组长签名	
施工单位: 负责人(盖章):		监理单位: 负责人(盖章):	

(5) 重复测试

如果测出的数据高于最初记录的光纤损耗值,说明光纤质量不符合要求。为此,应对所有的光纤连接器进行清洗。此外,测试人员还要检查对设备的操作是否正确、测试跳线本身和连接条件有无问题等。如果重复出现较高的损耗值,应检查光纤链路上有没有不合格的接续、损坏的连接器、被压住/夹住的光纤等。检修或查清故障后,再进行校测,直到使光纤损耗传输质量符合标准规定要求为止。

8.3.3 综合布线系统工程验收

综合布线系统工程验收分随工验收、初步验收和竣工验收三个阶段,每个阶段都有其特定的内容。随工验收是在工程施工的过程中,对布线系统的电气性能、隐蔽工程等进行跟踪测试,在竣工验收时,一般不再对隐蔽工程进行复查。初步验收是由建设单位组织相关人员在完成施工调测之后,对所有的新建、扩建和改建项目的工程质量、施工资料等进行初步检验,发现并提出处理问题的建议。竣工验收是在工程施工全部完成后根据系统设计的要求,对各布线子系统进行综合测验的过程,是综合布线工程的最后一个程序,为计算机网络或其他弱电系统的运行打下基础。

1. 综合布线系统工程验收的合格判定

综合布线系统工程应对所涉及的所有项目、内容进行检测。检测结论作为工程竣工资料的组成部分及工程验收的依据之一。

(1) 系统工程安装质量检查

检查各项指标符合设计要求,则被检项目检查结果为合格;被检项目的合格率为 100%,则工程安装质量判为合格。

(2) 系统性能检测

对绞电缆布线链路、光纤信道应全部检测,竣工验收需要抽验时,抽样比例不低于 10%,抽样点应包括最远布线点。

(3) 系统性能检测单项合格判定

① 如果一个被测项目的技术参数测试结果不合格,则该项目判为不合格。如果某一被测项目的检测结果与相应规定的差值在仪表准确度范围内,则该被测项目应判为合格。

② 采用4对对绞电缆作为水平电缆或主干电缆，所组成的链路或信道有一项指标测试结果不合格，则该水平链路、信道或主干链路判为不合格。

③ 主干布线大对数电缆中按4对对绞线对测试，指标有一项不合格，则判为不合格。

④ 如果光纤信道测试结果不满足规范的指标要求，则该光纤信道判为不合格。

⑤ 未通过检测的链路、信道的电缆线对或光纤信道可在修复后复检。

（4）竣工检测综合合格判定

① 对绞电缆布线全部检测时，无法修复的链路、信道或不合格线对数量有一项超过被测总数的1%，则判为不合格；光缆布线检测时，如果系统中有一条光纤信道无法修复，则判为不合格。

② 对绞电缆布线抽样检测时，被抽样检测点（线对）不合格比例不大于被测总数的1%，则视为抽样检测通过，不合格点（线对）应予以修复并复检。被抽样检测点（线对）不合格比例如果大于1%，则视为一次抽样检测未通过，应进行加倍抽样，加倍抽样不合格比例不大于1%，则视为抽样检测通过。若不合格比例仍大于1%，则视为抽样检测不通过，应进行全部检测，并按全部检测要求进行判定。

③ 全部检测或抽样检测的结论为合格，则竣工检测的最后结论为合格；全部检测的结论为不合格，则竣工检测的最后结论为不合格。

（5）综合布线管理系统检测

标签和标识按10%抽检，系统软件功能全部检测。检测结果符合设计要求，则判为合格。

2. 综合布线系统工程验收的项目及内容

综合布线系统工程验收项目及内容如表8.16所示，其中，有一些项目属于随工检查验收，一定要做到在施工过程中及时进行验收，如发现有些检验项目不合格时，应及时查明原因，分清责任，及时解决，以确保综合布线工程质量。

表8.16 综合布线系统工程验收项目及其内容

阶段	验收项目	验收内容	验收方式
施工前	1.环境要求	(1)土建施工情况：地面、墙面、门、电源插座及接地装置；(2)土建工艺：机房面积、预留孔洞；(3)施工电源；(4)地板铺设；(5)建筑物入口设施检查	施工前检查
施工前	2.器材检验	(1)外观检查；(2)型式、规格、数量；(3)电缆及连接器件电气性能测试；(4)光纤及连接器件特性测试；(5)测试仪表和工具的检验	施工前检查
施工前	3.安全、防火要求	(1)消防器材；(2)危险物的堆放；(3)预留孔洞防火措施	施工前检查
设备安装	1.电信间、设备间、设备机柜、机架	(1)规格、外观；(2)安装垂直、水平度；(3)油漆不得脱落标志整齐全；(4)各种螺丝必须紧固；(5)抗震加固措施；(6)接地措施	随工检验
设备安装	2.配线模块及8位模块式通用插座	(1)规格、位置、质量；(2)各种螺丝必须拧紧；(3)标志齐全；(4)安装符合工艺要求；(5)屏蔽层可靠连接	随工检验
电、光缆布放（楼内）	1.电缆桥架及线槽布放	(1)安装位置正确；(2)安装符合工艺要求；(3)符合布放缆线工艺要求；(4)接地	随工检验
电、光缆布放（楼内）	2.缆线暗敷（包括暗管、线槽、地板下等方式）	(1)缆线规格、路由、位置；(2)符合布放缆线工艺要求；(3)接地	隐蔽工程签证
电、光缆布放（楼间）	1.架空缆线	(1)吊线规格、架设位置、装设规格；(2)吊线垂度；(3)缆线规格；(4)卡、挂间隔；(5)缆线的引入符合工艺要求	隐蔽工程签证
电、光缆布放（楼间）	2.管道缆线	(1)使用管孔孔位；(2)缆线规格；(3)缆线走向；(4)缆线的防护设施的设置质量	隐蔽工程签证
电、光缆布放（楼间）	3.直埋式缆线	(1)缆线规格；(2)敷设位置、深度；(3)缆线的防护设施的设置质量；(4)回土夯实质量	隐蔽工程签证

续表

阶段	验收项目	验收内容	验收方式
电、光缆布放（楼间）	1.架空缆线	(1)吊线规格、架设位置、装设规格；(2)吊线垂度；(3)缆线规格；(4)卡、挂间隔；(5)缆线的引入符合工艺要求	隐蔽工程签证
	2.管道缆线	(1)使用管孔孔位；(2)缆线规格；(3)缆线走向；(4)缆线的防护设施的设置质量	
	3.直埋式缆线	(1)缆线规格；(2)敷设位置、深度；(3)缆线的防护设施的设置质量；(4)回土夯实质量	
电、光缆布放（楼间）	4.通道缆线	(1)缆线规格；(2)安装位置，路由；(3)土建设计符合工艺要求	随工检验隐蔽工程签证
	5.其他	(1)通信线路与其他设施的间距；(2)进线间设施安装、施工质量	
缆线终接	1.8位模块式通用插座	符合工艺要求	随工检验
	2.光纤连接器件	符合工艺要求	
	3.各类跳线	符合工艺要求	
	4.配线模块	符合工艺要求	
系统测试	1.工程电气性能测试	(1)连接图；(2)长度；(3)衰减；(4)近端串音；(5)近端串音功率和；(6)衰减串音比；(7)衰减串音比功率和；(8)等电平远端串音；(9)等电平远端串音功率和；(10)回波损耗；(11)传播时延；(12)传播时延偏差；(13)插入损耗；(14)直流环路电阻；(15)设计中特殊规定的测试内容；(16)屏蔽层的导通	竣工检验
	2.光纤特性测试	(1)衰减；(2)长度	
管理系统	1.管理系统级别	符合设计要求	竣工检验
	2.标识符与标签设置	(1)专用标识符类型及组成；(2)标签设置；(3)标签材质及色标	
	3.记录和报告	(1)记录信息；(2)报告；(3)工程图纸	
工程总验收	1.竣工技术文件	清点、交接技术文件	
	2.工程验收评价	考核工程质量，确认验收结果	

8.4 网络测试

网络测试是依据相关的规定和规范，采用相应的技术手段，利用专用的网络测试工具，对网络设备、网络子系统及全网的各项性能指标进行检测。

8.4.1 测试前的准备

在开始网络测试之前，必须做好下列准备工作：

（1）综合布线工程施工完成，且严格按工程合同的要求及相关的国家或部颁标准整体验收合格。

（2）成立网络测试小组。小组的成员主要以使用单位为主，施工方参与（如有条件的话，可以聘请从事专业测试的第三方参加），明确各自的职责；双方共同商讨，细化工程合同的测试条款，明确测试所采用的操作程序、操作指令及步骤，完善测试方案。

（3）确认网络设备的连接及网络拓扑符合工程设计要求。

（4）准备测试过程中所需要使用的各种记录表格及其他文档材料。

（5）供电电源检查。直流供电电压为–48 V，交流供电电压为220 V。

（6）设备通电前，应对下列内容进行检查：

① 设备应完好无损。

② 设备的各种熔丝及电气开关规格及各种选择开关状态。

③ 机架和设备外壳应接地良好，地线上应无电压存在；逻辑地不能与工作地线、保护地线混接。

④ 供电电源回路上应无电压存在,测量其电源线对地应无短路现象。
⑤ 设备在通电前应在电源输入端测量主电源电压,确认正常后,方可进行通电测试。

8.4.2 硬件设备检测

在通电检测设备时,应再次确认检测该设备所采用的操作程序、操作指令及步骤;逐级加上电源,电源接通后,用万用表测量直流–48 V 或交流 220 V 电压是否符合设备要求;检查设备内风扇等散热装置是否运转良好。

（1）路由器设备检测

① 检查路由器,包括设备型号、出厂编号及随机配套的线缆;检测路由器软、硬件配置,包括软件版本、内存大小、MAC 地址、接口板等信息。

② 检测路由器的系统配置,包括主机名,各端口 IP 地址、端口描述、加密口令、开启的服务类型等。

③ 检测路由器的端口配置,包括端口类型、数量、端口状态。

④ 在路由器内的模块（路由处理引擎、交换矩阵、电源、风扇等）具有冗余配置时,测试其备份功能。

⑤ 对上述各种检测数据和状态信息做好详细记录。

（2）交换机设备检测

① 检查交换机的设备型号、出厂编号及软、硬件配置。

② 检测交换机的系统配置,包括主机名、加密口令及 VLAN 的数量、VLAN 描述、VLAN 地址、生成树配置等。

③ 检测交换机的端口,包括端口类型、数量、端口状态。

④ 在交换机内的模块（交换矩阵、电源、风扇等）具有冗余配置时,测试其备份功能。

⑤ 对上述各种检测数据和状态信息做好详细记录。

（3）服务器设备检测

① 检测服务器设备的主机配置,包括 CPU 类型及数量、总线配置、图形子系统配置、内存、内置存储设备（软盘驱动器、硬盘、CD 驱动器、磁带机）、网络接口、外存接口等。

② 检测服务器设备的外设配置,如显示器、键盘、海量存储设备（外置硬盘、磁带机等）、打印机等。

③ 检测服务器设备的系统配置,包括主机名称,操作系统版本,所安装的操作系统补丁情况;检查服务器中所安装软件的目录位置、软件版本。

④ 检查服务器的网络配置,如主机名、IP 地址、网络端口配置、路由配置等。

⑤ 在服务器内的模块（电源、风扇等）具有冗余配置时,测试其备份功能。

⑥ 对上述各种检测数据和状态信息做好详细记录。

（4）设备检测记录表

对硬件设备进行检测,要求作好检测的详细记录,其参考样表如表 8.17 所示。

8.4.3 子系统测试

子系统测试主要针对单点系统各项功能进行验证,必要时应进行功能所遵守的各种协议的一致性测试、功能完备性测试。

表 8.17 网络设备检测记录表

工程名称：				日期： 年 月 日	
设备编号		设备名称		安装位置	
品牌型号					
设备硬件配置：					
设备系统配置：					
硬件配置检查情况：					
系统配置检查情况：					
检查人签名			组长签名		
施工单位： 负责人（盖章）：			监理单位： 负责人（盖章）：		

测试前应准备好必需的仪表（包括软件、硬件），仪表在测试前应作校准；测试若需现网配合，应在测试前做好相关的测试数据准备。测试后要做好详细的测试记录

1．节点局域网测试

若节点局域网中存在几个网段或进行了虚拟局域网（VLAN）划分，测试各网段或 VLAN 之间的隔离性，不同网段或 VLAN 之间应不能进行监听，同时检查 STP 的配置情况。

2．路由器基本功能测试

① 对路由器的测试可使用终端从路由器的控制端口接入或使用工作站远程登录。
② 检查路由器配置文件的保存。
③ 检查路由器所开启的管理服务功能（DNS、SNMP、NTP、Syslog 等）。
④ 检查路由器所开启的服务质量保证措施。

3．服务器基本功能测试

① 根据服务器所用的操作系统，测试其基本功能，如系统核心、文件系统、网络系统、输入/输出系统等。
② 检查服务器中启动的进程是否符合此服务器的服务功能要求。
③ 测试服务器中应用软件的各种功能。
④ 在服务器有高可用集群配置时，测试其主备切换功能。

4．节点连通性测试

① 测试节点各网段中的服务器与路由器的连通性。
② 测试节点各网段间的服务器之间的连通性。
③ 测试本节点与同网内其他节点、与国内其他网络、与国际互联网的连通性。

5．节点路由测试

① 检查路由器的路由表，并与网络拓扑结构尤其是本节点的结构比较。
② 测试路由器的路由收敛能力，先清除路由表，检查路由表信息的恢复。

③ 路由信息的接收、传播和过滤测试：根据节点对路由信息的需求、节点中路由协议的设置，测试节点路由信息的接收、传播和过滤，检查路由内容是否正确。

④ 路由的备份测试：当节点具有多于一个以上的出入口路由时，模拟某路由的故障，测试路由的备份情况。

⑤ 路由选择规则测试：测试节点对于路由选择规则的实现情况，对于业务流向安排是否符合设计要求流量疏通的负载分担实现情况，网络存在多个网间出入口时流量疏通对于出入口的选择情况等。

6．节点安全测试

（1）路由器安全配置测试：
① 检查路由器的口令是否加密。
② 测试路由器操作系统口令验证机制屏蔽非法用户登录的功能。
③ 测试路由器的访问控制列表功能。
④ 对于接入路由器，测试路由器的反向路径转发（RFP）检查功能。
⑤ 检查路由器的路由协议配置，是否启用了路由信息交换安全验证机制。
⑥ 检查路由器上应该限制的一些不必要的服务是否关闭。
⑦ 测试路由器上的其他安全配置内容。

（2）服务器安全配置测试
① 测试服务器的重要系统文件基本安全性能，如用户口令应加密存放，口令文件、系统文件及主要服务配置文件的安全，其他各种文件的权限设置等。
② 测试服务器系统被限制的服务应被禁止。
③ 测试服务器的默认用户设置及有关账号是否被禁止。
④ 测试服务器中所安装的有关安全软件的功能。
⑤ 测试服务上的其他安全配置内容。

7．子系统测试记录表

对子系统进行测试，要求作好测试的详细记录，其参考样表如表 8.18 所示。

表 8.18 网络子系统测试记录表

工程名称：		日期： 年 月 日	
子系统名称			
子系统构成：			
测试内容：			
测试方法：			
测试情况：			
检查人签名		组长签名	
施工单位：		监理单位：	
负责人（盖章）：		负责人（盖章）：	

8.4.4 全网测试

全网测试是对网络的连通性、全网路由、全网性能、网络安全和网管等五个部分进行测试。

1. 网络连通性测试

① 网内连通性测试。根据网络拓扑结构形成网络节点之间的连通性矩阵,并据之进行两节点间的连通性测试。其方法是在网内任意一台计算机上采用 ping 命令,按系统配置要求,ping 通或者 ping 不通网内其他任意计算机。

② 国内网间连通性测试。根据网络与国内其他互联网的互联情况,测试本网与国内其他互联网的连通性。其方法是登录国内任意网站。

③ 国际网间连通性测试。根据网络与其他国家和地区互联网的互连情况,测试本网与国际其他互联网的连通性。其方法是登录国际任意网站。

2. 全网路由测试

全网路由测试主要包括全网路由策略及协议测试和全网路由协议收敛测试。下面以 OSPF 协议为例,说明测试的方法和步骤。

【全网路由测试举例一】 OSPF 协议及其策略。

测试对象:网内路由器。

测试目的:检查 OSPF 路由协议及策略。

测试平台:从工作站远程登录至路由器,在用户模式。

测试过程:如表 8.19 所示。

表 8.19 全网测试记录表

序号	测试项目	测试步骤	正确结果	结论
1	全网路由 OSPF 协议及其策略	检查 OSPF 数据库信息 >show ip ospf database	显示 OSPF 链路状态数据库的信息,其中 LINKID 为路由器的 ID,通常为 loopback 地址	
		查看 OSPF 路由表 > show ip route ospf	显示 OSPF 路由表	
		对指定的网络检查 OSPF 工作情况 >show ip route network_address	显示 OSPF 路由正确	

【全网路由测试举例二】 OSPF 协议收敛速度测试。

测试对象:OSPF 路由协议。

测试目的:测试 OSPF 路由协议收敛速度。

测试平台:路由器,工作站。

测试过程:如表 8.20 所示。

3. 全网性能测试

全网性能测试主要测试以下几项内容,所采用的方法是从网内某一台路由器或交换机向另一台距离最远的路由器或交换机 ping 100 个数据,记录时延和丢包率。

时延测试:测试网络所有各节点间的 IP 包传输单向或双向时延。

时延变化测试:测试网络所有各节点间的 IP 包传输时延变化。

IP 包丢失率:测试网络所有各节点间的 IP 包丢失率。

表 8.20 全网测试记录表

序号	测试项目	测试步骤	正确结果	结论
2	全网路由 OSPF 协议收敛速度测试	在一网络工作站上用 ping 命令监视网内一服务器的连接状态 #ping –s ip_address	能够 ping 通	
		在与该网络工作站相连的路由器上清除 OSPF 路由表 #clear ip ospf *	从 ping 命令的输出看出在 t1 停止收到 echo reply 包，一段时间后，从 t2 开始又收到 echo reply 包。则 T=t2-t1 为 OSPF 路由收敛时间	

4．网络安全测试

网络安全测试主要是采用网络安全审计工具软件，对全网设备进行安全漏洞扫描。

5．网管测试

网管测试是对使用的网管软件从网络拓扑结构管理、设备管理、网络故障管理、监视设备信息、路由路径、关键设备性能管理和设备信息采样等方面进行软件功能测试。

8.5 网络工程验收

网络工程验收是指对完工的网络系统进行各项指标测试，确定是否符合设计要求和相关规范、达到设计目标。网络工程验收是网络工程建设的最终环节，在此之前已经完成了综合布线系统工程的验收，并且有详细的验收和测试记录，在网络工程验收时只需查验相关记录即可。因此，网络工程验收主要是初步验收和竣工验收两部分。

8.5.1 工程初步验收

网络工程初步验收是网络工程承建单位在网络工程全部完工后，按照相关规定，整理好文档资料，向建设单位提出交工报告，由建设单位组织相关人员检查工程施工质量和施工文档资料、检测硬件设备、测试网络系统等，发现并提出处理问题的建议。初验测试的主要指标和性能达不到要求时，应重新进行系统调测。

1．施工质量检查

① 检查是否清理施工场地，修补好各种布线槽孔。
② 检查各种网络设备、配线设备、信息插座和机房其他各种设备是否按规范和设计要求安装到位，安装工艺是否合格。
③ 审查综合布线竣工验收记录，检查各种缆线插接是否规范、牢固，是否按设计要求连接。
④ 检查电信间、设备间、中心机房等供电设施是否按照规范、设计要求和设备说明书的要求安装，供电线路连接是否规范、牢固、正确，是否符合网络系统运行的要求。

2．施工文档资料检查

施工文档资料检查是按照 8.1.7 节项目文档管理的内容，检查资料是否齐全、完好。

3．硬件设备检测

硬件设备检测是对网络系统的各种设备进行通电检测，按照 8.4.2 节介绍的方法和程序进行，测试的内容和数量应按相关规范及合同的要求，在审查承建方进行硬件设备检测记录的基础上，由建设方、承建方和监理方协商确定。

4．网络系统测试

网络系统测试是对网络系统进行通电测试，测试的内容和数量应按相关规范及合同的要求，在审查承建方进行子系统测试记录的基础上，由建设方、承建方和监理方协商确定。

5．口令移交

初步验收合格后，承建方应向建设单位移交所有设备的登录名、口令和测试账号，建设单位应派专人做好接收与管理工作，检查所有的系统口令、设备口令等的设置是否相符，并根据有关规定重新进行设定，重新设定的口令必须与原口令不同，所有的系统口令、设备口令应做好记录并妥善保存。

8.5.2 工程竣工验收

工程竣工验收是在网络工程初步验收合格后，进行网络系统试运行，并由建设单位会同监理单位组织专家组，查验竣工技术文件，对网络系统进行抽测，确定网络系统是否交付建设单位正式运行使用。下面介绍工程竣工验收的内容与程序。

1．系统试运行

网络系统试运行是对网络系统的主要指标、性能和稳定性测试的重要阶段，是对设备、系统设计、施工实际质量最直接的检验。系统试运行要按下列要求进行。

① 试运行期间，应接入一定容量的业务负荷联网运行。

② 试运行阶段应从工程初验合格后开始，试运行时间一般为1～3个月。

③ 试运行期间的统计数据是验收测试的主要依据，如果主要指标不符合要求或对有关数据发生疑问，经过双方协商，应从次日开始重新试运行3个月，对有关数据重测，以资验证。

试运转期间主要指标和各项功能、性能应达到规定要求后，方可进行工程竣工验收。

2．竣工验收申请

网络系统通过试运行，各项指标和性能达到了规定要求后，承建单位可以向建设单位提出竣工验收申请，递交竣工验收报告和竣工验收申请表，其样表如表8.21所示。

3．竣工技术文件

为了便于网络工程验收和今后网络系统管理，在工程竣工后和验收前，承建单位必须负责编制整理网络工程建设的所有技术文件资料，并全部移交给工程建设单位。竣工验收专家组在竣工验收时，以此为依据，进行竣工验收工作。竣工技术文件必须做到内容齐全，数据准确无误，文字表达条理清楚，文件外观整洁，图表内容清晰，不应有互相矛盾、彼此脱节和错误遗漏等现象。竣工技术文件由以下6部分组成。

（1）工程技术文档

包括网络工程的所有设计文档、施工图纸和网络系统配置方案等：① 网络系统规划与设计书；② 网络工程项目施工方案；③ 网络拓扑结构图；④ 综合布线系统主干线缆敷设平面图；⑤ 综合布线系统系统图；⑥ 综合布线系统平面图；⑦ 综合布线系统标识编码系统；⑧ IP 地址规划与分配方案；⑨ VLAN 划分方案。

表 8.21 网络工程竣工验收申请表

报送：（建设单位）		抄送：（监理单位）	
工程名称		建设地点	
建设单位		施工单位	
开工日期	年　月　日	完工日期	年　月　日
申请验收日期	年　月　日		
工程概况：（可另附页）			
工程完成情况：（可另附页）			
工程质量自检情况： 　　　　项目经理（签名）： 　　　　　　　　　年　月　日		质量监督员意见： 　　　　责任质监员（签名）： 　　　　　　　　年　月　日	
建设单位意见 　　　　负责人（盖章）： 　　　　　　　　年　月　日		施工单位意见 　　　　负责人（盖章）： 　　　　　　　　年　月　日	

本申请表一式三份，施工单位、建设单位、填报单位各执一份。

（2）工程施工文档

包括工程施工过程中产生的各种文件、报告、批复、表格等：① 开工报告；② 设备/材料进场记录；③ 安装工程量总表；④ 工程施工变更单；⑤ 停（复）工报告与通知单；⑥ 重大工程质量事故报告单；⑦ 工程遗留问题及其处理意见表；⑧ 竣工图纸，在施工中有少量修改时，可利用原工程设计图更改补充，不需再重作竣工图纸，但在施工中改动较大时，则应另作竣工图纸。

（3）工程测试文档

包括对硬件设备和网络系统进行测试的记录表单、随工验收记录表、初步验收记录与报告等：① 随工检查记录和阶段验收报告；② 综合布线系统随工验收、初步验收和竣工验收表单与报告；③ 网络设备检测记录表；④ 网络子系统测试记录表；⑤ 网络工程初步验收记录表与报告；⑥ 网络系统全网测试记录表与报告。

（4）设备技术文档

① 网络系统所有设备的品牌型号、用户手册、安装手册、配置命令手册、保修书（卡）等；② 日常操作维护指导：系统安装、配置、测试、操作维护、故障排除等说明文件；③ 操作系统、数据库系统、业务应用系统和其他软件的用户操作手册。

（5）设备部署文档

① 已安装的设备（硬件设备、软件等）明细表；② 网络系统所有设备的编号、名称、品牌、型号、规格、安装位置、购买的日期、登录用户名和密码、IP 地址、所属的 VLAN 等；③ 交换机、路由器、服务器、存储设备、安全设备等的配置文件和数据；④ 网络设备配置图；⑤ 中心机房、设备间和电信间中的配线设备之间跳接图；⑥ 所有软件系统系统管理员、操作人员的登录名和密码。

（6）竣工验收文档

① 竣工验收申报表和申请报告；② 竣工验收证明书和验收报告；③ 材料/备件及工具移交清单，其样表如表 8.22 所示；④ 网络系统图纸移交清单，其样表如表 8.23 所示；⑤ 竣工资料移交清单，其样表如表 8.24 所示。

表 8.22 网络工程材料备件及工具移交清单

序号	名 称	规格型号	单位	设计数量	实交数量	备 注
1						
2						
移交人：		日期：		签收人：		日期：

本清单一式二份，建设单位和施工单位各执一份

表 8.23 网络系统图纸移交清单

工程名称：					
序 号	图纸名称	图 号	页 数	份 数	备 注
1					
2					

表 8.24 网络工程相关资料清单

工程名称：					
序 号	资料名称	资料编号	页 码	份 数	备 注
1	各相关资料参见文件夹				
2					
移交人		日期： 年 月 日	签收人		日期： 年 月 日

4．竣工验收

竣工验收专家组正式对网络工程进行验收检查，其内容包括：

① 审验竣工技术文档。

② 清点核实设备的品牌、型号、规格、数量。

③ 确认各阶段测试与验收结果。凡经过随工检查和阶段验收合格并已签字的，在竣工验收时一般不再进行检查。

④ 验收组认为必要时，采用抽测的方式对网络系统性能进行复验，复验结果作好详细记录。

⑤ 对工程进行评定和签收。若验收中发现质量不合格的项目，则由承建单位及时查明原因，分清责任，专家组提出处理意见。若竣工验收合格，专家组则签发网络工程竣工验收证明书，并递交竣工验收报告。竣工验收证明书的样式如表 8.25 所示。

表 8.25 网络工程竣工验收证明书

工程名称		工程地点	
工程范围		建筑面积	
工程造价			
开工日期	年 月 日	竣工日期	年 月 日
计划工作日		实际工作日	
验收意见			
验收专家签名			
建设单位主管（签字） （公章）		监理单位主管（签字） （公章）	施工单位主管（签字） （公章）

本证明书一式三份，建设单位、施工单位和监理单位各执一份

思考与练习 8

1. 怎样编写网络工程项目实施方案？
2. 网络系统测试与验收过程中所采用的主要标准及规范有哪些？它们各有什么作用？
3. 在进行网络性能测试时，采用的测试方法有哪些？它们各有什么优缺点？在设计测试参数时，应主要考虑哪些方面的因素？
4. 网络测试是对整个网络工程的全面检查。那么，在进行网络测试时应该具备什么样的条件？有哪些注意事项？
5. 请查阅相关资料，简单说明设备机房环境对网络系统运行的影响。
6. 请查阅相关资料，简单说明交换机端口的测试项目及常用的方法。
7. 防火墙是网络工程中常用的网络设备，你知道测试它的方法吗？
8. 服务器是网络系统中不可缺少的组成部分。请根据教材中提到的测试项目，分别设计对 WWW、FTP 及 DHCP 服务器的测试方案。
9. 请查阅相关文献，试做一个简单网络工程综合布线系统的竣工验收技术文件。
10. 网络系统的验收分成几部分？如果你是验收小组的成员，在验收过程中最应该注意哪些环节的检查？

第 9 章　基础性实验

【本章导读】

本章是与理论篇介绍的交换机技术、路由器技术、网络安全技术和服务器技术相配套的基础实验,目的是使读者进一步加深对理论知识的理解和运用。读者在学习相关章节内容后,要完成相应的实验。在每个实验中,实验描述给出实验的架构和原理;实验内容是读者必须完成的具体步骤,重点突出实验过程和细节。在实验前要做好预习,设计实验方案,写出相关设备的配置命令,这样才能收到实效,达到实验目的。实验后的总结也不能忽视,这是进一步疏理相关技术及其应用的过程。

实验参考中的内容仅供读者在设计实验方案时参考,更多的参考资料可以扫描书中二维码或登录 MOOC 平台进行学习。

9.1　交换机的连接和基本配置

一、实验目的

① 掌握计算机(PC)与交换机的连接方法。
② 掌握交换机的基本配置命令。

二、实验描述

实验原理图如图 9-1 所示,用 Console 端口配置连接线将计算机 PC1 的 COM1 口与交换机 SWITCH 的 Console 端口相连;用直通双绞线将 PC1 网卡(NIC)与交换机 SWITCH 的 F0/1 端口相连,PC2 网卡与交换机 SWITCH 的 F0/2 端口相连。请完成交换机 SWITCH 的基本配置。

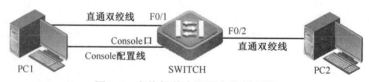

图 9-1　交换机基本配置实验原理图

三、实验内容

(1)根据原理图,画出实验设备的实际网络拓扑连接图,在图中注明设备的型号、编号及连线时所用到的交换机的端口。

(2)完成计算机与交换机的连接,配置超级终端程序。

(3)登录到交换机的特权模式,查看交换机中所有的 FLASH 文件,记录并说明每个文件的功能。

(4)删除交换机的配置文件,重新启动交换机,仔细观察交换机的启动过程并大致记录加载的信息。

（5）完成交换机的基本配置

① 给交换机命名为 SWITCH。

② 设置交换机的管理 IP 地址 192.168.10.10/24 及默认网关 192.168.10.254/24。

③ 设置交换机 Telnet 的登录密码"star"和特权密码"rg"。

④ 设置交换机 F0/1 接口的速率和通信模式，对 F0/1 接口描述为"To PC1"。

⑤ 设置当前的日期和时间为交换机的系统日期和时间

（6）保存配置，重新启动交换机。

（7）设置好 PC1 的 IP 地址为 192.168.10.20/24，利用 Telnet 登录到交换机，并进入特权模式。此时 PC1 和交换机的连接与 Console 端口配置连接线有无关系，解释说明。

（8）查看交换机配置，尝试读懂交换机的配置信息，记录此时交换机的 IP 地址、默认网关、密码存在的形式以及 F0/1 接口的速率和通信模式。

（9）在交换机特权模式下，运行 Ping 192.168.10.20，观察记录实验现象并做出解释。

（10）交换机的管理 IP 地址不变，设置 PC1 的 IP 地址为 192.168.1.1/24，PC2 的 IP 地址为 192.168.1.2/24，在 PC1 上分别 Ping 交换机和 PC2，观察记录实验现象，说明交换机的管理 IP 与 PC1、PC2 通信所用 IP 的相关性。

（11）如果实验用到了不同类型的交换机（二层或三层），请对比交换机默认网关的配置情况，尝试解释这种现象。

四、实验总结

① 本实验的收获。

② 实验过程中遇到的问题及解决办法。

③ 目前还存在的疑虑及设想。

五、实验参考

① 教材第 3.2 节的内容，或扫描书中二维码或登录 MOOC 平台参考相关资料。

② 交换机配置手册和命令手册。

9.2 交换机堆叠的连接与配置

一、实验目的

① 理解交换机堆叠的原理。

② 掌握交换机堆叠的配置方法。

二、实验描述

实验原理图如图 9-2 所示，SWITCH1 和 SWITCH2 两台交换机通过堆叠的方式连接，主机 PC1 和 PC2 分别连接在交换机的 VLAN1 上，SWITCH1 的管理 IP 地址为 192.168.1.1/24，SWITCH2 的管理 IP 地址为 192.168.1.2/24。请设计实验方案，实现 PC1 和 PC2 能通信，同时，验证交换机堆叠的其他性质。

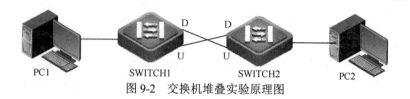

图 9-2 交换机堆叠实验原理图

三、实验内容

（1）根据原理图，画出实验设备的实际网络拓扑连接图，在图中注明设备的型号、编号及连线时所用到的交换机的端口。

（2）将堆叠模块分别插入两台交换机的相应接口（先不连接堆叠线缆）。

（3）将两台交换机按原理图所示，分别命名为 SWITCH1 和 SWITCH2，管理 IP 地址分别设定为 192.168.1.1/24 和 192.168.1.2/24。

（4）分别查看并记录两台交换机的 VLAN 信息及其成员组成。

（5）对 SWITCH1 进行堆叠配置，设置其优先级为 4。

（6）显示并记录堆叠组当前的成员信息、设备信息以及插槽和模块信息

（7）分别设置 PC1 和 PC2 的 IP 地址为 192.168.1.10/24 和 192.168.1.20/24，将 PC 机和交换机相连接。在两台 PC 机上分别 Ping 与之相连的交换机，观察并记录实验结果。

（8）将 SWITCH1 与 SWITCH2 用两根堆叠连接线按图连接好（SWITCH2 不做任何堆叠配置）。分别察看两台交换机的标示符和管理 IP，对照第 3 步的设置做出解释。

（9）查看并记录堆叠组当前的 VLAN 信息及其成员组成，与第 4 步的结果做比较，解释此时端口编号的组成及含义。

（10）显示并记录堆叠组当前的成员信息（特别要注意堆叠组主机信息）、设备信息以及插槽和模块信息，与第 6 步的结果做比较。

（11）在两台 PC 机上分别 Ping 两台交换机和对方主机，观察并记录实验结果，对照第 7 步的结果做出解释。

（12）设置 SWITCH2 交换机堆叠优先级为 8（此时 SWITCH2 交换机优先级比 SWITCH1 高），观察堆叠组当前的主机是否是优先级高的交换机 SWITCH2。如果不是，怎么样使 SWITCH2 变成堆叠组的主机。

（13）显示交换机堆叠组的全部配置信息并大致记录。

（14）如果将两台交换机的优先级都设置为默认值，根据以上的实验结果，请判别哪台交换机可能成为堆叠组中的主机，理由是什么？

（15）查阅文献资料，了解二、三层交换机或全三层交换机能不能混合堆叠？

四、实验总结

① 本实验的收获。
② 实验过程中遇到的问题及解决办法。
③ 目前还存在的疑虑及设想。

五、实验参考

① 教材第 3.3.3 节的内容，或扫描书中二维码或登录 MOOC 平台参考相关资料。
② 交换机配置手册和命令手册。

9.3 跨交换机相同 VLAN 间通信

一、实验目的

① 掌握 VLAN 的基本配置方法。
② 实现跨交换机相同 VLAN 间的通信。

二、实验描述

实验原理图如图 9-3 所示,在两台交换机上配置 2 个 VLAN：VLAN10、VLAN20。其中,PC1、PC4 是 VLAN10 中的成员,PC2、PC3 是 VLAN20 中的成员。请设计实验方案,实现 PC1 和 PC4 能通信,PC3 和 PC2 能通信,同时,验证 VLAN 通信的其他性质。

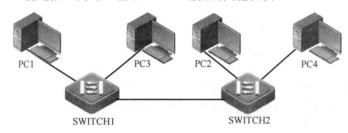

图 9-3 跨交换机相同 VLAN 间的通信实验原理图

三、实验内容

（1）根据原理图,画出实验设备的实际网络拓扑连接图,在图中注明设备的型号、编号及连线时所用到的交换机的端口。

（2）显示交换机中 VLAN,删除 VLAN1 以外的其他 VLAN。

（3）观察交换机接口的表示形式,试着设置 SWITCH1 和 SWITCH2 的第 10 号接口的 IP 地址为 192.168.100.1/24,观察系统提示或实验结果,并解释原因。

（4）分别在两台交换机上完成下列工作,实现 PC1 和 PC4 能通信,PC2 和 PC3 能通信：
① 划分 VLAN；② 将相应的端口以正确的模式划入对应 VLAN 中；③ 配置好 TRUNK 口,查看 TRUNK 口信息并大致记录。

（5）查看交换机各 VLAN 中端口的分配情况（特别注意 TRUNK 口的表现形式）,并记录。

（6）对 SWITCH1 交换机的 VLAN10、VLAN20 分别配置 IP 地址：192.168.10.1/24、192.168.20.1/24,对 SWITCH2 交换机的 VLAN10、VLAN20 分别配置 IP 地址：192.168.10.2/24、192.168.20.2/24,查看 4 个 VLAN 接口的生效情况（UP/DOWN）,并对这种情况（分二层和三层交换机）做出解释。

（7）自行规划四台主机的 IP 地址,完成各主机网络参数的配置并记录。

（8）按实际网络拓扑图连线。分别用 PC1 ping PC3、PC1 ping PC4、PC3 ping PC2,记录实验结果并说明原因。

（9）在不改变主机网络参数和网络拓扑的情况下,如果此时要求 PC2 跟 PC3 能通信而不允许 PC1 和 PC4 通信,请完成相关配置。

（10）若要实现处在不同 VLAN 中的主机 PC1 和 PC3 能通信,你能用什么办法。请尝试画出网络原理图并作简要说明。

(11) 对于 PC1 和 PC3 在没有划分 VLAN 时的通信和通过步骤 10 实现的通信有何不同，为什么？

四、实验总结

① 本实验的收获。
② 实验过程中遇到的问题及解决办法。
③ 目前还存在的疑虑及设想。

五、实验参考

① 教材第 3.4 节的内容，或扫描书中二维码或登录 MOOC 平台参考相关资料。
② 交换机配置手册和命令手册。

9.4 生成树技术的应用

一、实验目的

① 理解生成树协议 STP 和 RSTP 的原理
② 掌握 STP 和 RSTP 的配置方法以及在冗余链路设计中的应用。

二、实验描述

实验原理图如图 9-4 所示，根据需求，为了提高网络的可靠性，需要在两台交换机上形成 L1 和 L2 两条冗余链路。请设计实验方案，避免网络出现环路，要求指定 SWITCH2 为根交换机，L1 为主链路。

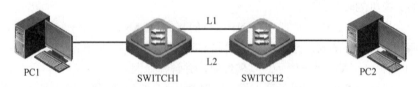

图 9-4 生成树技术应用实验原理

三、实验内容

（1）根据原理图，画出实验设备的实际网络拓扑连接图，在图中注明设备的型号、编号及连线时所用到的交换机的端口。

（2）用 show 命令查看所用交换机的版本信息，并大致记录。

（3）完成两交换机的相关配置，规划并配置 PC1 和 PC2 的网络参数，确保两主机能互相通信。

（4）连接 L2 链路，用 PC1 和 PC2 两台主机相互 ping 对方，观察结果，查看两台交换机的 MAC 地址表并记录。

（5）再连接 L1 链路（L2 不拆除），用 PC1、PC2 同时 ping 一个网络中不存在的 IP 地址（如 10.0.0.1），观察交换机接口指示灯的反应，查看并记录两台交换机的 MAC 地址表，用 PC1 Ping PC2，观察实验结果解释原因，请说明 "ping 一个网络中不存在的 IP 地址" 所起的作用。

（6）拆除 L1 链路后，根据实验描述的要求（指定 SWITCH2 为根交换机，L1 为主链路），设定交换机和相关端口的优先级， 配置 RSTP 或 STP。

（7）清除交换机 MAC 表中的信息，连接 L1 链路，观察交换机接口指示灯的反应，间隔几秒钟后，用 PC1 和 PC2 两台主机相互 ping 对方，观察实验结果，解释原因。查看两台交换机的 MAC 地址表并记录，比较三次记录的 MAC 地址表，解释原因。

（8）用 show 命令查看两台交换机生成树的状态，重点观察并记录交换机的角色、网桥标识（bridge ID）、优先级及路径开销情况，查看并记录两台交换机中与两条链路相关的四个端口的角色、优先级和转发状态。

（9）先运行"PC1 ping PC2 – t"，拆除 L2 链路，观察实验结果，并对现象做出解释。

（10）查看并记录两台交换机中与两条链路相关的四个端口的角色和转发状态，对此现象做出解释。

（11）先运行"PC1 ping PC2 – t"，连接 L2 链路后再拆除 L1 链路，观察实验结果，查看并记录两台交换机中与两条链路相关的四个端口的角色和转发状态，并对现象做出解释。

（12）请说明上述实验与 VLAN 的关系，如果要想使两者紧密结合，你能用什么办法实现，这样做有什么好处？

四、实验总结

① 本实验的收获。
② 实验过程中遇到的问题及解决办法。
③ 目前还存在的疑虑及设想。

五、实验参考

① 教材第 3.5 节的内容，或扫描书中二维码或登录 MOOC 平台参考相关资料。
② 交换机配置手册和命令手册。

9.5 路由器连接与静态路由配置

一、实验目的

① 掌握路由器之间及其与主机的连接方法。
② 掌握路由器的基本配置命令和静态路由配置方法。

二、实验描述

实验原理图如图 9-5 所示，两台路由器 Route A 和 Route B 利用专用缆线通过各自的串口（广域网口）相连接，PC1 和 PC2 利用双绞线连接到各自路由器的局域网接口，接口参数如图所示。请设计实验方案，完成路由器的基本配置，利用静态路由技术实现全网路由可达。

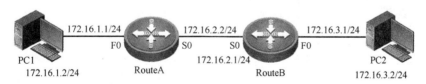

图 9-5 路由器与静态路由配置实验原理图

三、实验内容

（1）根据原理图，画出实验设备的实际网络拓扑连接图，在图中注明设备的型号、编号及连线时所用到的路由器端口，按网络拓扑要求连接好设备。

（2）登录到路由器的特权模式，查看路由器中所有的 FLASH 文件，记录并说明每个文件的功能。

（3）删除路由器的配置文件，重新启动路由器，仔细观察路由器的启动过程并大致记录加载的信息。

（4）完成路由器的基本配置

① 给两台路由器分别命名为 Route A 和 Route B。

② 设置路由器 F0、S0 的 IP 地址及子网掩码并激活端口。

③ 设置路由器 Telnet 的登录密码"star"和特权密码"rg"。

④ 设置当前的日期和时间为路由器的系统日期和时间。

（5）保存配置，重新启动路由器。

（6）设置并记录好 PC1 和 PC2 主机的 IP 地址、子网掩码及网关，利用 Telnet 通过 F0 接口登录到各自路由器，在特权模式下，分别 Ping 两台主机，观察记录实验现象并做出解释。

（7）查看路由器全部配置，尝试读懂路由器的配置信息。

（8）显示路由器所有接口的摘要信息，记录 F0、S0 接口的相关信息。

（9）在 PC 主机上分别 Ping 与之相连路由器 F0、S0 接口及对端路由器的 S0 接口。观察记录实验现象并做出解释（特别注意，两个路由器的 S0 口直接相连，为什么主机 A 可以 ping 通路由器 A 的 S0 接口，而不能 ping 通路由器 B 的 S0 接口）。

（10）显示路由器所有的路由信息并记录。

（11）分别给 Route A 和 Route B 配置静态路由（宣告各自路由器的非直连网段）。

（12）显示路由器所有的路由信息，与第 10 步的结果做比较，说明所增加路由条目的含义。

（13）两台 PC 主机互 Ping，观察记录实验现象；显示路由器所有接口的摘要信息，重点查看 S0 接口的状态。

（14）配置两台路由器同步串口的时钟频率，显示路由器全部配置，查看时钟频率的生效情况并做出解释。

（15）显示路由器的路由信息及所有接口的摘要信息，用两台 PC 主机互相 Ping，观察记录实验现象。

四、实验总结

① 本实验的收获。

② 实验过程中遇到的问题及解决办法。

③ 目前还存在的疑虑及设想。

五、实验参考

① 教材第 4.4.2 节的内容，或扫描书中二维码或登录 MOOC 平台参考相关资料。

② 路由器配置手册和命令手册。

9.6 RIP 动态路由协议的应用

一、实验目的

① 理解 RIP 的工作原理和配置方法。

② 掌握通过 RIP 路由方式实现网络的连通。

二、实验描述

实验原理图如图 9-6 所示，路由器 A 的 F0 口连接 192.168.1.128/27 子网，路由器 B 的 F0 口连接 192.168.1.96/27 子网，两个路由器通过 192.168.1.32/27 子网相连。请设计实验方案，通过配置 RIP 协议，保证全网路由。

图 9-6　RIP 路由协议实验原理

三、实验内容

（1）根据原理图，画出实验设备的实际网络拓扑连接图，在图中注明设备的型号、编号及连线时所用到的端口。

（2）用 show 命令查看所用路由器的版本信息，并大致记录。

（3）用 show 命令查看路由器各接口状态，并记录。

（4）PC1 主机的 IP 地址为 192.168.1.138/27，PC2 主机的 IP 地址为 192.168.1.106/27，根据实验要求，设计路由器相关接口 IP 地址，并标注在实际连接图中。

（5）配置主机网络参数（实验过程中网卡一直启用），配置路由器各接口的 IP 地址、时钟频率，查看路由器的接口状态信息并记录。

（6）配置 RIPv1 协议。

（7）查看两个路由器的路由信息并记录。

（8）用 PC1 Ping PC2，观察并记录实验结果。

（9）将 192.168.1.32/27 子网改为 192.168.1.32/30 子网，查看并记录两个路由器的路由信息，比较第 7 步记录的路由信息，对此现象做出解释。

（10）用 PC1 Ping PC2，观察并记录实验结果，对此现象做出解释。

（11）请设计实验方案，做适当的配置，继续采用 RIP 协议，实现第 9 步更改后的网络全网路由（PC1 Ping PC2 通）。

（12）用 show 命令查看并记录两个路由器的路由信息，大约过三、四分钟后再次查看两个路由器的路由信息并记录，将两次得到的路由信息作比较，对此现象做出解释。

（13）用 PC1 Ping PC2，观察并记录实验结果。

（14）第 9 步完成后，在不改变 RIP 协议版本的情况下，能不能通过改变 PC1 和 PC2 的 IP 地址，使两台主机能通信。如果可行，两台主机各自的 IP 地址可能是什么？

四、实验总结

① 本实验的收获。

② 实验过程中遇到的问题及解决办法。

③ 目前还存在的疑虑及设想。

五、实验参考

① 教材第 4.4.3 节的内容，或扫描书中二维码或登录 MOOC 平台参考相关资料。
② 路由器配置手册和命令手册。

9.7 OSPF 动态路由协议的应用

一、实验目的

① 掌握 OSPF 路由协议的原理和配置方法。
② 掌握通过 OSPF 路由方式实现网络的连通。

二、实验描述

实验原理图如图 9-7 所示，三层交换机 A 的 F1 口连接 192.168.10.0/24 网段，F2 口连接 192.168.22.0/24 网段，F3 接口和路由器 F1 接口通过 192.168.13.0/24 网段相连。路由器 B 的 F0 口连接 192.168.8.0/24 网段。请设计实验方案，通过配置 OSPF 协议，保证全网路由。各网段的区域分配如图 9-7 所示。

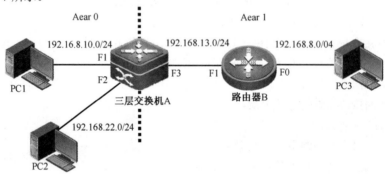

图 9-7 OSPF 路由协议应用实验原理

三、实验内容

（1）根据实验原理图，画出实验设备的实际网络拓扑连接图，在图中注明设备的型号、编号及连线时所用到的端口。

（2）用 show 命令查看三层交换机的版本信息，并大致记录。

（3）设计网络中各设备接口的 IP 地址和主机的网络参数。配置主机网络参数（实验过程中网卡一直启用），按实际连接图连接好各设备。

（4）配置三层交换机 A 中的 F1、F2 的三层接口以及 F3 端口所在 VLAN 的 SVI 接口，用 show 命令查看 IP 地址的设置情况并记录。

（5）配置路由器 B 中 F0 和 F1 接口的 IP 地址，用 SHOW 命令查看端口的摘要信息并记录。

（6）全网配置 OSPF 协议，用 show 命令查看三层交换机和路由器的路由信息并记录。

（7）用三台主机互 Ping，查看并记录结果。

（8）配置三层交换机 Loopback 地址为 100.10.1.1，路由器 Loopback 地址为 192.168.1.1，请用相关命令查看此时三层交换机和路由器的 Router ID，观察 Loopback 地址的生效情况，并解释原因。

（9）将 192.168.8.0/24 网段改至 Area 2，其他的网络拓朴和配置不变，用 PC1 Ping PC3，查看结果并说明原因。

（10）针对第 9 步的问题，请设计方案并完成配置，实现全网路由。

四、实验总结

① 本实验的收获。
② 实验过程中遇到的问题及解决办法。
③ 目前还存在的疑虑及设想。

五、实验参考

① 教材第 4.4.4 节的内容，或扫描书中二维码或登录 MOOC 平台参考相关资料。
② 路由器配置手册和命令手册。
③ 交换机配置手册和命令手册。

9.8 访问控制列表技术的应用

一、实验目的

① 掌握标准访问控制列表的配置。
② 了解扩展访问控制列表。
③ 掌握访问控制列表技术在网络访问安全方面的应用。

二、实验描述

实验原理图如图 9-8 所示。某公司有经理部（172.16.2.0/24 网段）、销售部（172.16.3.0/24 网段）和财务部（172.16.4.0/24 网段），部门之间通过路由器通信。现要求经理部能访问财务部，而销售部不能访问财务部，但销售经理（172.16.3.20/24）除外，请设计实验方案，完成相应的配置，实现客户这个需求。

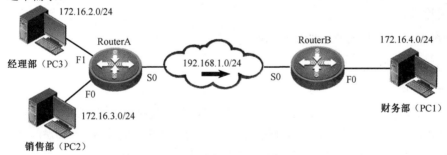

图 9-8 ACL 技术应用实验原理图

三、实验内容

（1）根据原理图，画出实验设备的实际网络拓扑连接图，在图中注明设备的型号、编号及连线时所用到的端口。

（2）设计网络中各设备接口的 IP 地址，各主机的网络参数。

（3）配置路由器接口的 IP 地址，用 show 命令查看端口的摘要信息并记录。

（4）用 show 命令查看路由器的路由信息并记录。

（5）配置动态路由协议，实现全网路由。

（6）用 SHOW 命令查看路由信息，并与第 4 步的显示信息作比较，如显示信息相同则查找原因并解决，如显示信息不同，请做出解释说明。

（7）设置主机的网络参数，用三台主机互 Ping，查看结果并记录。

（8）配置 ACL 规则，满足"经理部能访问财务部，而销售部不能访问财务部，但销售经理（172.16.3.20/24）除外"要求。

（9）根据实验要求，将 Access-list 应用 RouterB 中 F0 接口。

（10）将 PC3 和 PC2（销售经理）分别 Ping PC1 主机，观察结果并记录。

（11）用 PC2（非销售经理）分别 Ping PC1 主机及其网关地址，观察、记录结果并做出解释。

（12）清除 Access-list 在 RouterB F0 接口上的应用，将 Access-list 应用 RouterB 中 S0 接口，重复第 11 步。

（13）PC1 作为财务部的服务器 24 小时工作，但为了安全起见，规定工作时间 8 小时之外，非财务部人员均不能访问 PC1。请查阅文献资料，尝试提出一个设备配置方案以满足这个要求。

四、实验总结

① 本实验的收获。
② 实验过程中遇到的问题及解决办法。
③ 目前还存在的疑虑及设想。

五、实验参考

① 教材第 4.6 节的内容，或扫描书中二维码或登录 MOOC 平台参考相关资料。
② 路由器配置手册和命令手册。

9.9 网络地址转换技术的应用

一、实验目的

① 掌握静态 NAT 技术的配置方法和应用。
② 了解静态 NAPT 原理。

二、实验描述

实验原理图如图 9-9 所示，路由器 A 为出口路由器，用于连接内外部网络，内部网络采用 C 类私有地址部署，网段的地址规划及接口分配如图 9-12 所示，PC1 为向外网发布信息的 WEB 服务器（192.168.10.1/24）；现从 ISP 申请到的外网地址为 211.169.10.96/30，外网主机 PC2 处于 211.16.1.0/24 网段。请设计实验方案，完成相关配置，实现外网主机 PC2 能访问内部的 PC1 服务器。

图 9-9　NAT 技术应用实验原理

三、实验内容

(1) 根据原理图，画出实验设备的实际网络拓扑连接图，在图中注明设备的型号、编号及连线时所用到的端口。

(2) 设计网络中各设备接口的 IP 地址，各主机的网络参数。

(3) 配置三层交换机、路由器接口的 IP 地址及时钟频率，用 SHOW 命令查看各设备端口的摘要信息并记录。

(4) 配置路由协议，实现内部网络的全网路由。

(5) 用 SHOW 命令查看路由器和交换机的路由信息。

(6) 配置默认路由，保证内部的各网段信息都能到达内部网络的出口。

(7) 用 SHOW 命令查看路由器和交换机的路由信息，并与第 5 步观察到的信息做比较，解释多出的路由选项的含义和作用。

(8) 配置主机网络参数，用两台主机互 Ping，观察并记录实验结果。

(9) 配置网络地址转换，实现 PC1 能向外发布信息。

(10) 用两台主机互 Ping，观察并记录实验结果，对此现象做出解释。

(11) 请问外网用户怎样访问 WEB 服务器？

(12) 如果在三层交换机上除 WEB 服务器外，还有另一台 FTP 服务器（192.168.10.2/24）也要对外提供服务，请设计一个配置方案满足这个要求。

(13) 针对第 12 步 NAT 转换成功与否的验证，还能否继续采用第 10 步的方法，如果不能，请说明原因并重新请设计一个验证方案。

四、实验总结

① 本实验的收获。
② 实验过程中遇到的问题及解决办法。
③ 目前还存在的疑虑及设想。

五、实验参考

① 教材第 4.7 节的内容，或扫描书中二维码或登录 MOOC 平台参考相关资料。
② 路由器配置手册和命令手册。

9.10 防火墙的配置与应用

一、实验目的

① 掌握防火墙的基本配置。
② 掌握通过防火墙实现内网向外网的访问。

二、实验描述

实验原理图如图 9-10 所示，路由器模拟整个互联网（外网），内网的核心三层交换机通过防火墙与外网相连接，各设备的主要配置参数如图 9-10 所示。要求通过防火墙的配置，实现内网和外网的安全互连。

图 9-10 防火墙配置实验原理

三、实验内容

（1）根据原理图，画出实验设备的实际网络拓扑连接图，在图中注明设备的型号、编号及连线时所用到的所有设备的端口。

（2）按网络拓扑图连接好设备，配置路由器接口的 IP 地址，完成三层交换机的配置，实现内网全网路由可达。

（3）通过网线将配置主机和防火墙的默认管理接口连接。根据防火墙管理接口的默认 IP，设置配置主机的网络参数。

（4）在配置主机浏览器的地址栏，输入防火墙管理接口的默认 IP 地址，用系统默认的管理员用户名和密码登录。

（5）配置防火墙的路由工作模式（设置防火墙内、外网接口地址），并激活内、外网接口。

（6）新添加一个管理员，设置新管理员用户名和登录密码，新管理员允许的登录 IP 地址为 172.16.11.2/24。

（7）保存配置，重启防火墙。从 PC1（172.16.11.2/24）以 WEB 方式登录、配置防火墙。

（8）查看并记录防火墙的主机信息，授权信息和系统资源。

（9）配置防火墙的路由，添加一条指向外网的静态默认路由，同时，还要保证防火墙能访问内部网络的所有网段。

（10）设置好 PC1 和 PC2 的网络参数，用两台主机互 Ping，观察并记录实验结果，解释实验现象。

（11）配置防火墙的 NAT 转换，将内部网络中地址为"172.16.11.0/24"和"172.16.100.0/24"的两个网段，与 211.69.232.0/24 网络中的公网地址进行转换。

（12）用 PC1 和 PC2 两主机互 Ping，观察并记录实验结果，解释实验现象。

（13）配置并启用防火墙 PERMIT 策略，用 PC1 和 PC2 两主机互 Ping，观察并记录实验结果，解释实验现象。

四、实验总结

① 本实验的收获。
② 实验过程中遇到的问题及解决办法。
③ 目前还存在的疑虑及设想。

五、实验参考

① 教材第 5.2 节的内容，或扫描书中二维码或登录 MOOC 平台参考相关资料。
② 交换机命令手册与配置手册。
③ 路由器命令手册与配置手册。
④ 防火墙命令手册与配置手册。

9.11 网络常用服务器构建

一、实验目的

① 掌握 DHCP 服务器安装过程与配置方法。
② 掌握 Web 服务器安装过程与配置方法。
③ 掌握 FTP 服务器安装过程与配置方法。
④ 掌握 DNS 服务器安装过程与配置方法。
⑤ 对建成的服务器所提供服务进行统一调试。

二、实验描述

实验原理图如图 9-11 所示，在两台交换机上连接了 4 台服务器，分别是 DHCP 服务器、Web 服务器、FTP 服务器和 DNS 服务器。DHCP、Web 服务器和测试机处于 SWITCH1 的 VLAN 10，FTP、DNS 服务器处于 SWITCH2 的 VLAN 20，各服务器的参数如图 9-11 所示。请手工完成 4 个服务器的基本配置任务，最后用测试机对 4 台服务器进行统一调试。

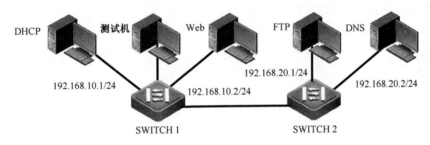

图 9-11 网络常用服务器构建实验原理

三、实验内容

（1）根据原理图，画出实验设备的实际网络拓扑连接图，在图中注明设备的型号、编号及连线时所用到的端口。

（2）对两台交换机完成必要的配置，保证全网路由可达。

（3）按网络拓扑图连接好设备，对 4 台服务器按原理图要求做好网络参数配置，相互 Ping 通 4 台服务器。

（4）构建 DHCP 服务器，通过 DHCP 服务器为测试机提供必要的主机参数，包括 IP 地址、子网掩码、默认网关、DNS 服务器地址等。

（5）构建 Web 服务器，完成 Web 服务器的基本配置，把学校网站首页文件复制到网站根目录，并确认网站的默认首页文件名已经设置为默认首页文档。

（6）构建 FTP 服务器，完成 FTP 服务器的基本配置，允许不同的用户登录，并设置目录访问权限。

（7）构建 DNS 服务器，完成 DNS 服务器的基本配置，建立正、反向搜索区域，新建 2 个主机项，将 Web 服务器的域名 www.jsj.com 解析为 192.168.10.2，FTP 服务器的域名 ftp.jsj.com 解析为 192.168.20.1。

（8）修改测试机的网络连接属性，设置"自动获得 IP 地址"和"自动获得 DNS 服务器地址"，在 CMD"命令提示符"下输入命令"ipconfig/all",查看并记录测试机从 DHCP 服务器上获得主机参数,主要包括 IP 地址、子网掩码、默认网关、DHCP 服务器地址和 DNS 服务器地址。

(9)打开测试机上的浏览器,在地址栏中输入"http://www.jsj.com",查看此时浏览器显示的内容是否与学校网站首页一致。

(10)如果第 9 步中,浏览器显示的内容与学校网站首页不一致,可以在浏览器的地址栏中输入"ttp:// 192.168.10.2"。如此时显示的内容一致,请说明之前的问题可能出现在哪里,如此时显示的内容仍然不一致,可能出现的问题又在哪里?

(11)打开测试机上的浏览器,在地址栏中输入"ftp://ftp.jsj.com",看是否能允许授权用户登录并查看、下载或上传文件,如果不能,按此第 10 步类似的方法查找问题。

(12)将测试机移至 SWITCH2 的 VLAN 20 中,其他的网络拓扑和配置都不改变,查看并记录测试机从 DHCP 服务器上获得主机参数,与第 8 步的参数做比较,如果不正常,请说明可能存在的问题并提出解决方案。

四、实验总结

① 本实验的收获。
② 实验过程中遇到的问题及解决办法。
③ 目前还存在的疑虑及设想。

五、实验参考

① 教材第 6.2 节内容。
② 扫描书中二维码或登录 MOOC 平台参考相关资料。

第 10 章 综合性、设计性实验

【本章导读】

本章介绍的内容，全部属于综合性或设计性实验，目的是使读者牢固掌握各种网络技术在网络工程中的综合运用，能够独立设计安全稳定、性能优良的网络系统，能够独立管理和维护各种计算机网络，能够及时排除网络系统运行的各种故障。读者在学习时，一定要在理解实验描述的基础上，认真设计实验方案，独立完成实验的连接、配置和调试，详细记录实验过程出现的有关数据，编写实验报告，及时总结实验的收获以及存在的问题。

有关实验的参考资料，读者可以扫描书中二维码或登录到相关 MOOC 平台进行学习。

10.1 VLAN 之间的通信实现

一、实验目的

掌握利用三层交换机实现不同 VLAN 之间通信。

二、实验描述

某公司有销售、技术和财务三个部门。销售部、技术部和财务收费均位于一楼，财务办公室位于三楼。要求一楼的办公主机通过本楼层接入交换机汇聚到三楼，各部门的网络保持相对独立，相互之间可以访问。请提出简要的技术方案，设计网络拓扑并配置实现。

三、需求分析

需求 1：网络应便于管理、保持相对独立。
分析 1：通过 VLAN 管理各子网。
需求 2：位于一楼和三楼的财务部内部要求通信畅通。
分析 2：实现跨交换机相同 VLAN 内部通信。
需求 3：各部门之间可以相互访问。
分析 3：实现跨交换机不同 VLAN 之间的通信。

四、实验原理图

如图 10-1 所示。

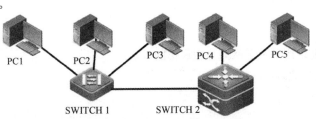

图 10-1 VLAN 之间的通信实现网络拓扑

五、预备知识

（1）VLAN 对应于 OSI 模型的第二层，一个 VLAN 就好像是一个孤立的网段，VLAN 间不能直接通信。实现 VLAN 间互联必须借助于路由器（或三层交换机）。

（2）三层交换机配置路由接口的方法

① 开启三层交换机物理接口的路由功能。

```
Switch(config)#interface fastethernet 0/5
Switch(config-if)#no switchport                    将物理接口设为路由接口
Switch(config-if)#ip address 192.168.1.1 255.255.255.0
Switch(config-if)#no shutdown
```

② 采用 SVI（switch virtual interface）方式。

```
Switch(config)#interface vlan 10                   创建虚拟接口 vlan 10
Switch(config-if)#ip address 192.168.1.1 255.255.255.0
Switch(config-if)#no shutdown
```

六、设计思路

（1）提出技术方案，结合实验环境设计网络拓扑。

① 根据需求，进行设备选型，如 S2126G、S3550 各 1 台。

② 明确在各台设备上应实现的技术。

③ 网络地址规划。

（2）设备配置

① 二层交换机 S2126：创建 3 个 VLAN 和 1 个 Trunk 口。

② 三层交换机 S3550：创建 3 个 VLAN 和 1 个 Trunk 口，对各 SVI 端口分配 IP 地址。

③ 三层交换机开启路由功能（默认情况已开启）：

```
Switch(config)#ip routing                          开启三层交换机路由功能
```

（3）实验测试

① 按规划的网络地址配置好各计算机（网关均为所在 VLAN 的 SVI 地址）。

② 按网络拓扑图要求连接好各设备。

③ 用 ping 命令测试网络连通性。

（4）实验结果：各 VLAN 中的主机均能相互 ping 通。

七、问题与思考

（1）三层交换机上用物理接口或虚拟接口实现 VLAN 间通信有何不同？

（2）用路由器或三层交换机实现 VLAN 间通信的原理有何区别？

10.2 局域网设计

一、实验目的

① 掌握子网 IP 地址规划及子网间互相通信的方法。

② 掌握局域网的构建方法。

二、实验描述

某中学拟建设一个校园网，网络使用 192.168.10.0/24 这个地址段。计算机主要分布如下：两个学生机房各为 30 台；教师办公共 25 台；管理部门 25 台。要求将这些机器根据使用者和用途分类，按不同的区域划分子网进行管理。子网均由各自楼层的二层交换机接入（教师办公和管理部门共用一个交换机），最后连接到三层交换机，保证所有的主机都能互相访问。请提出简要的技术方案，设计网络并配置实现。

三、需求分析

需求 1：110 台主机分子网管理。
分析 1：将 192.168.10.0/24 网络划分成子网。
需求 2：按不同的区域分子网管理。
分析 2：配 4 个 VLAN，每个 VLAN 对应一个子网。
需求 3：所有的主机都能互相访问。
分析 3：实现跨交换机不同 VLAN 之间的通信。

四、设计思路

（1）提出技术方案，结合实验环境设计网络拓扑。
① 规划子网地址。
② 根据需求，进行设备选型。
③ 明确在各台设备上应实现的技术。
（2）设备配置
① 二层交换机：创建 VLAN 和 Trunk 口。
② 三层交换机：创建 4 个 VLAN，Trunk 口；按规划的子网地址对每个 VLAN 的 SVI 接口启用路由功能。
（3）实验测试
① 按规划的网络地址配置好各 PC 机（网关均为所在 VLAN 的 SVI 地址）。
② 按网络拓扑图要求连接好各设备。
③ 用 PING 命令测试网络连通性。
（4）实验结果：各子网中的主机均能相互 PING 通。

五、注意事项

新版 ISO 路由器支持全 0 和全 1 的子网，默认情况已开启。
　　Router(config)#ip subnet-zero　　　　　全 0 和全 1 的子网开启

六、问题与思考

（1）已知一个 B 类网络，进行子网划分，每个子网最少要求有 100 台主机，请问最多可以划分多少个子网，子网掩码是多少？
（2）IP 地址 192.168.1.32/27、255.255.255.240/28 能不能分配给路由器作为端口地址,为什么？

10.3　局域网与互联网的连接

一、实验目的

① 掌握局域网与互连网的连接技术。

② 掌握访问控制规则的设置方法。

二、实验描述

某中学校园网网络初步规划如下：学生机房使用 192.168.10.0/24 网段；办公主机使用 192.168.20.64/29 网段；FTP 服务器地址为 192.168.30.2/24；外网家属区使用 211.10.10.0/24 网段。连接外网的接入路由器出口地址为 202.69.10.9，下一跳地址为 202.69.10.10，从 ISP 申请到的公网地址 202.69.10.3～202.69.10.5。

具体需求：① 校园网通过租用专线连接到 Internet，供办公主机上网；② 外网家属区和学生机房能访问 FTP 服务器；③ 办公主机不能访问 FTP 服务器；④ 请提出简要的技术方案，设计网络并配置实现。

三、需求分析

需求 1：校园网使用私有 IP 地址，而办公主机要求上网。
分析 1：将私有地址动态转换成公网地址。
需求 2：外网家属能访问 FTP 服务器。
分析 2：内网向外网提供主机服务（NAT）。
需求 3：办公主机不能访问 FTP 服务器。
分析 3：设置访问规则（ACL）。

四、预备知识

（1）静态 NAT/NAPT
① 需要向外网络提供信息服务的主机。
② 永久的一对一 IP 地址映射关系。
（2）动态 NAT/NAPT
① 只访问外网服务，不提供信息服务的主机。
② 内部主机数可以大于全局 IP 地址数。
③ 最多访问外网主机数决定于全局 IP 地址数。
④ 临时的一对一 IP 地址映射关系。
（3）动态 NAPT 配置
① 定义内网接口和外网接口
```
Router(config-if)#ip nat outside
Router(config-if)#ip nat inside
```
② 定义内部本地地址范围
```
Router(config)#access-list 10 permit 192.168.1.0 0.0.0.255
```
③ 定义内部全局地址池
```
Router(config)#ip nat pool abc 200.8.7.3 200.8.7.3 netmask 255.255.255.0
```
④ 建立映射关系
```
Router(config)#ip nat inside source list 10 pool abc overload
```

五、设计思路

（1）提出技术方案，结合实验环境设计网络拓扑。
① 选取接入路由器 A，外网路由器 B，视路由器接口情况可增选交换机。

② 在路由器 A 上配置 NAT。
③ 在 FTP 服务器接口设置访问控制规则。
（2）设备配置
① 路由器 A：静态 NAT，动态 NAT 或 NAPT。
② 交换机（可选）：创建 VLAN，并对每个 VLAN 的 SVI 接口启用路由功能。
（3）实验测试
① 按规划的网络地址配置好各计算机（网关均为所在 VLAN 的 SVI 地址）。
② 按网络拓扑图要求连接好各设备。
③ 用 ping 命令测试网络连通性及验证访问控制规则。

六、问题与思考

（1）如果对相同的内部本地地址和内部全局地址同时做 NAT 和 NAPT，结果会怎样？
（2）在本实验中，如果对外网只允许 211.10.10.0/24 网段能访问 FTP 服务器，而其他网段不允许访问 FTP 服务器但除此之外的业务都可以允许。如何实现？

10.4 无线网络应用

一、实验目的

① 了解局域网中，无线覆盖的基本架构与工作原理。
② 掌握无线网络常用组网设备 WiFi 的功能、连接方法和配置方法。
③ 掌握应用无线网络覆盖组网的拓扑结构和系统配置方法。

二、实验描述

某校需要在办公楼会议室内利用 WiFi 建立一个无线网络覆盖，便于参加会议人员无线接入校园网，再连接 Internet。实验原理如图 10-2 所示，核心交换机通过防火墙与 Internet 连接，Web 服务器连接在防火墙的 DMZ 区。在核心交换机上配置 2 个 VLAN：VLAN10、VLAN20。其中，PC1、PC2 是 VLAN10 中的成员，PC3、PC4 是 VLAN20 中的成员。请设计实验方案，实现：
① PC1、PC2 能够接入 Internet，而 PC3、PC4 可以通过 WiFi 接入 Internet（可用一台路由器模拟）。
② PC1、PC2、PC3、PC4 可以访问本校 Web 服务器，且可以相互访问。
③ 校外可以访问该校 Web 服务器。

图 10-2　无线网络覆盖应用实验原理

三、设计思路

（1）根据原理图，画出实验设备的实际网络拓扑连接图，在图中注明设备的型号、编号及连线时所用到的所有设备的端口。

（2）根据网络拓扑结构，分别对核心交换机、接入交换机进行配置，实现内网全网路由可达，

（3）配置防火墙，使 PC1、PC2 可以通过校园网接入 Internet。

（4）配置防火墙 DMZ 接口和 NAT 转换，配置 Web 服务器，使 PC1、PC2 可以访问 Web 服务器，校外也可以访问该校 Web 服务器。

（5）对 WiFi 进行配置，实现 PC3、PC4 通过 WiFi 接入 Internet，并且可以访问 Web 服务器。

（6）PC1、PC2、PC3、PC4 互相 Ping，实现相互访问。

五、问题与思考

① 在一个办公区域同时存在多个 WiFi 时，怎样保证计算机与 WiFi 连接的唯一性？

② 无线网络覆盖实现后，为了确保学校的网络安全和信息安全，对网络相关设备如何配置，才能实现只有本校教职员工能够无线上网，办公楼隔壁人员无法接入？

③ 若要在办公楼多个会议室实现无线接入，如何部署无线网络覆盖？

10.5 网络设备远程管理

一、实验目的

① 掌握实现三层交换机与路由器通信的技术。

② 掌握网络设备远程管理的配置方法。

二、实验描述

某学校东校区有后勤处和财务处两个部门，网络中心设在西校区。对应各部门网络均采用二层交换机接入。东校区通过三层交换机使各子网互通，并连接到西校区的路由器。要求东、西校区各部门能互相通信，所有的网络设备均可由网络中心远程登录控制。路由器只能由主机 211.69.224.1/24 远程管理。请提出简要的技术方案，设计网络并配置实现。

三、需求分析

需求 1：区域网络管理，保持相对独立、子网互通。

分析 1：通过 VLAN 管理，实现 VLAN 之间的通信。

需求 2：全校各部门能互相通信。

分析 2：实现三层交换机与路由器间的通信。

需求 3：网络设备均可远程登录控制。

分析 3：实现 Telnet 远程管理。

四、预备知识

（1）锐捷路由器 Telnet 管理配置

① 配置远程 TELNET：

```
router#configure terminal
router (config)#line vty 0 4
router (config-line)#password star
router (config-line)#login
router (config-line)#exit
```

② 配置特权模式密码：

```
router #configure terminal
router (config)# enable secret level 15 0 rg
```
③ 配置管理地址：
```
router # configure terminal
router (config)#interface  s 0
router (config-if)#ip address X.X.X.X  X.X.X.X
router (config-if)#no shutdown
```
（2）锐捷交换机 Telnet 配置

① 配置远程登录密码：
```
switch (config)#enable secret level 1 0 star
```
② 配置特权模式密码：
```
switch#configure terminal
switch(config)# enable secret level 15 0 rg
```
③ 配置管理地址：
```
switch# configure terminal
switch(config)#interface   vlan X
switch(config-if)#ip address X.X.X.X   X.X.X.X
switch(config-if)#no shutdown
switch(config)#ip default-gateway X.X.X.X              只用于二层交换机
```
（3）锐捷路由器远程管理控制：
```
router (config)#access-list 1 permit host X.X.X.X
router (config)#line vty 0 4
router (config-line)#password XXX
router (config-line)#login
router (config-line)#access-class 1 in
router (config-line)#exit
```

五、设计思路

（1）提出技术方案，结合实验环境设计网络拓扑。

① 设计网络地址。

② 选取三层交换机 1 台，路由器 1 台，二层交换机若干台。

③ 在三层交换机上实现各 VLAN 之间的通信。

④ 实现三层交换机与路由器互通。

（2）设备配置

① 三层交换机：创建 VLAN，并对每个 VLAN 的 SVI 接口启用路由功能。

② 配置各设备的 Telnet 远程管理，对路由器配置 ACL。

③ 配置全网路由。

（3）实验测试

① 按设计的网络地址配置好各计算机（注意网关地址配置）。

② 按网络拓扑图连接好各设备。

③ 用 ping 命令测试网络连通性，对各网络设备实行 Telnet 登录。

六、问题与思考

① 通过网络对网络设备进行管理的方法有哪些？

② 对二层交换机的 SVI 接口配置 IP 地址有什么作用？如果对其多个 VLAN 配置不同的 IP

地址，结果会是怎样？为什么？

10.6 网络互连

一、实验目的

① 掌握局域网与互联网的连接技术。
② 掌握链路封装 PPP 协议及验证方式的配置方法。

二、实验描述

某学校校园网分布在东、西两个校区，两校区通过两台汇聚层三层交换机连接，再从西校区通过一台路由器连接到互联网。

网络初步规划如下。东校区：学生机房 60 台主机使用 192.168.1.0/24 网络，服务器使用 192.168.2.0/24 网络。西校区：办公主机使用 192.168.3.0/24 网络；连接外网的接入路由器出口地址为 202.69.101.9，下一跳地址为 202.69.101.10，从 ISP 申请到的公网地址为 202.69.101.3～202.69.101.5。外网家属区使用 202.169.11.0/24 网络。

具体需求：① 校园网服务器可对外提供信息服务；② 办公主机可访问互联网；③ 内网三层交换机通过学习产生路由表；④ 接入路由器与互联网路由器明文方式验证对方身份；⑤ 请提出简要的技术方案，设计网络并配置实现。

三、需求分析

需求 1：校园网使用私有 IP 地址，而办公主机要求上网。
分析 1：将私有地址动态转换成公网地址（动态 NAT/NAPT）。
需求 2：服务器向外提供信息服务。
分析 2：内网向外网提供主机服务（静态 NAT/NAPT）。
需求 3：三层交换机通过学习产生路由表。
分析 3：配置动态路由协议。
需求 4：路由器明文验证对方身份。
分析 4：链路封装 PPP 协议，配置 PAP 验证。

四、预备知识

（1）PPP 的配置

```
RA(config)#interface seriel 1/2
RA(config-if)# encapsulation ppp        封装 PPP 协议
```

注：路由器广域网默认封装方式为 HDLC。

（2）PAP 验证的配置

① 客户端（被验证方）

```
RA(config)#interface seril 0
RA(config-if)# encapsulation ppp                       封装 PPP 协议
RA(config-if)#ppp pap sent-username HELLO password 123   向验证方发送用户名 HELLO 和密码 123
```

② 服务端（验证方）

```
RB(config)#username HELLO password 123   向数据库中添加用户名为 HELLO 密码为 123 的用户
RB(config)#interface seril 0
RB(config-if)# encapsulation ppp         封装 PPP 协议
```

RB(config-if)#ppp authentication pap   设置验证方式为 pap

五、设计思路

（1）技术要求：选取接入路由器 A，外网路由器 B，三层交换机和二层交换机。
（2）结合实验环境设计网络拓扑。
（3）设备配置。
① 路由器 A：静态 NAT 或 NAPT，动态 NAT 或 NAPT，配置 PAP 认证（设为被验证方），配置动态路由协议（RIP），配置默认路由。
② 路由器 B：配置 PAP 认证（设为验证方）。
③ 三层交换机：创建 VLAN 和 SVI 接口，配置动态路由协议（RIP）。
（4）实验测试
① 按规划的网络地址配置好各计算机（网关均为所在 VLAN 的 SVI 地址）。
② 按网络拓扑图连接好各设备。
③ 用 ping 命令测试网络连通性。

六、问题与思考

① PPP 协议下有哪几种验证方式？路由器之间可相互验证吗？
② 广域网中数据链路层协议有哪几种？路由器可模拟成帧中继吗？

10.7 多网段 IP 地址自动分配

一、实验目的

① 掌握 VLAN 间通信的配置。
② 掌握多网段自动分配 IP 地址的配置方法。

二、实验描述

某教学楼分为教学区、办公区、机房三个区域，对应二层交换机上划分了三个 VLAN，使用三层交换机使网络互通。Web、FTP 和 DHCP 服务器连在三层交换机上，客户机（除服务器）均动态分配 IP 地址。学校规定机房能访问 Web 服务器，不能访问 FTP 服务器，教学区和办公区无此限制。请提出简要的技术方案，设计网络拓扑并配置实现。

三、需求分析

需求 1：各部门之间可以相互访问。
分析 1：实现跨交换机不同 VLAN 间的通信。
需求 2：客户机需动态分配 IP 地址。
分析 2：实现 DHCP 服务。

四、预备知识

IP 地址自动分配。
（1）DHCP 服务器安装
安装并启动 DHCP 服务；对应每个网段，新建一个工作域并激活。
（2）三层交换机的配置

Switch(config)#service dhcp   启用 DHCP 服务

Switch(config)#ip helper-address X.X.X.X   X.X.X.X 为 DHCP 服务器 IP 地址

五、设计思路

（1）提出技术方案，结合实验环境设计网络拓扑。
① 根据需求，进行设备选型，选取三层交换机和二层交换机。
② 明确在各台设备上应实现的技术。
③ 网络地址规划。
（2）设备配置
三层交换机创建 VLAN 和 SVI 接口，配置 DHCP 服务，配置 ACL。
（3）实验测试
① 按规划的网络地址配置好各计算机（网关均为所在 VLAN 的 SVI 地址）。
② 按网络拓扑图要求连接好各设备。
③ 用 ping 命令测试网络连通性。

六、问题与思考

① 可提供 DHCP 服务的网络设备有哪些？
② 客户机是如何获得自己网段的 IP 地址？

10.8 网络服务应用

一、实验目的

① 掌握 VLAN 间通信与无线网络的配置。
② 掌握网络内自动分配 IP 地址的配置方法。

二、实验描述

某学校分为教学区、办公区、学生区三个区域，对应二层交换机上划分了 VLAN10、VLAN20 和 VLAN30 共 3 个 VLAN，使用三层交换机使网络互通。学校向电信局申请了一条专线，通过路由器接入互联网，保证所有主机高速接入互联网。教学区需要采用无线技术进行全方位、立体式无线覆盖，让师生们用 WEP 加密方式连接到整个校园网络，享受随时随地、移动式网络接入服务。学校内部计算机（除服务器）均动态分配公网 IP 地址，Web、FTP 和 DHCP 服务器连在三层交换机上，学校规定学生区能访问 Web 服务器，不能访问 FTP 服务器，教学区和办公区无此限制。请提出简要的技术方案，设计网络拓扑并配置实现。

三、需求分析

需求 1：各部门之间可以相互访问。
分析 1：实现跨交换机不同 VLAN 间的通信。
需求 2：教学区需采用无线技术连接到校园网。
分析 2：实现无线网络与有线网络的通信。
需求 3：校园网客户机需动态分配 IP 地址。
分析 3：实现 DHCP 服务。

四、设计思路

（1）提出技术方案，结合实验环境设计网络拓扑。

① 根据需求，进行设备选型，选取接入路由器、无线路由器、三层交换机和二层交换机。
② 明确在各台设备上应实现的技术。
③ 网络地址规划。
（2）设备配置。
① 路由器：配置路由。
② 三层交换机：创建 VLAN 和 SVI 接口，配置路由，配置 DHCP 服务，配置 ACL。
③ 无线路由器：配置 DHCP 服务，配置 WEP 认证。
（3）实验测试：
① 按规划的网络地址配置好各计算机（网关均为所在 VLAN 的 SVI 地址）。
② 按网络拓扑图要求连接好各设备。
③ 用 ping 命令测试网络连通性，登录网络服务器测试网络服务。

五、问题与思考
（1）常见的无线网络协议有哪些？
（2）在三层交换机与路由器上配置 ACL 有何不同之处？

10.9 VRRP 技术应用

一、实验目的
① 掌握局域网与互联网的连接技术。
② 掌握访问控制规则的设置方法。
③ 掌握 VRRP 技术的配置方法。

二、实验描述

某公司设有销售部、市场推广部和财务部三个部门。公司内部网络使用二层交换机作为用户的接入设备。为了使网络更加稳定可靠，公司决定用 2 台三层交换机作为核心层设备，考虑到销售部和市场推广数据量较大，要求实现流量的负载均衡，公司已从 ISP 申请到 4 个注册地址，公司网络通过路由器以身份验证方式接入互联网；内部网络禁止 QQ 聊天（QQ 服务器 UDP 8080 端口，或主机 61.144.238.146 等）；FTP 服务器和 Web 服务器直接连接在三层交换机上，Web 服务器只面向整个外网服务，FTP 服务器只允许公司销售部使用。请提出简要的技术方案，设计网络拓扑并配置实现。

三、需求分析

需求 1：各部门之间可以相互访问。
分析 1：实现跨交换机不同 VLAN 间的通信。
需求 2：公司使用 2 台核心层设备，要求流量的负载均衡。
分析 2：实现 VRRP 技术。
需求 3：公司内部网络要求上网。
分析 3：将私有地址动态转换成公网地址（动态 NAT/NAPT）。
需求 4：服务器向外提供信息服务。
分析 4：内网向外网提供主机服务（静态 NAT/NAPT）。

需求3：内部网络禁止QQ聊天，Web服务器只面向整个外网服务，FTP服务器只允许公司销售部使用。

分析3：设置访问规则（ACL）。

四、实验原理图

如图10-3所示。

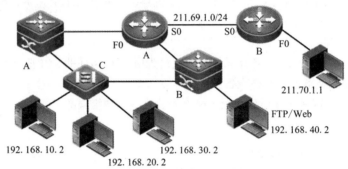

图10-3 VRRP技术应用网络拓扑

五、设计思路

（1）提出技术方案，结合实验环境设计网络拓扑。

① 根据需求，进行设备选型，选取路由器、三层交换机和二层交换机。

② 明确在各台设备上应实现的技术。

③ 网络地址规划。

（2）设备配置。

① 路由器：配置路由、NAT、ACL。

② 三层交换机：创建VLAN和SVI接口，配置VRRP。

（3）实验测试：

① 按规划的网络地址配置好各计算机（网关均为所在VLAN的SVI地址）。

② 按网络拓扑图连接好各设备。

③ 用ping命令测试网络连通性，登录网络服务器测试网络服务。

六、问题与思考

① VRRP协议是如何选择主路由器？

② 在三层交换机和路由器上配置VRRP有何区别？

10.10 路由重分布技术应用

一、实验目的

① 掌握动态路由协议RIPv2和OSPF的配置方法。

② 掌握路由重分布的配置方法。

二、实验描述

某公司业务拓展，收购了另外一公司，新收购的公司原来的网络运行RIPv2协议，总公司运行 OSPF 协议，为了使总公司和子公司正常更新路由信息，需要进行路由双向重分布。请提出简要的技术方案，并配置实现。

三、实验原理图

如图 10-4 所示。

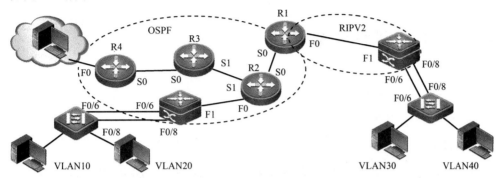

图 10-4　路由重分布技术应用网络拓扑

四、需求分析

需求 1：子公司各部门之间可以相互访问。

分析 1：配置 RIPv2 协议。

需求 2：总子公司各部门之间可以相互访问。

分析 2：配置 OSPF 协议。

需求 1：总公司和子公司能更新路由信息。

分析 1：实现路由双向重分布。

五、预备知识

（1）配置 OSPF，设置重分布路由

　　R(config)#router ospf 100

　　R(config-router)# redistribute rip metric 10 metric-type 1 subnets

（2）配置 RIP，设置重分布路由

　　R(config)# router rip

　　R(config-router)# redistribute ospf 100 metric 3

六、设计思路

（1）提出技术方案，结合实验环境设计网络拓扑。

① 根据需求，进行设备选型，选取路由器、三层交换机和二层交换机。

② 明确在各设备上应实现的技术。

③ 网络地址规划。

（2）设备配置。

① 路由器：配置路由、路由重分布。

② 三层交换机创建 VLAN 和 SVI 接口，配置动态路由协议。

（3）实验测试：

① 按规划的网络地址配置好各计算机（网关均为所在 VLAN 的 SVI 地址）。

② 按网络拓扑图连接好各设备。

③ 用 ping 命令测试网络连通性。

七、问题与思考

① 从 RIPv2 重分布的路由将在 OSPF 中默认度量值是多少？
② 为什么路由重分布容易造成路由环路？

10.11 小型网络安全设计

一、实验目的

① 掌握内网和外网隔离的技术。
② 掌握高级访问控制列表的应用。

二、实验描述

某公司总部设有销售部、市场推广部、财务部和后勤保障部，分部同样设有销售部和财务部。公司内部网络使用二层交换机为接入用户的交换机，三层交换机为公司网络的核心设备，总部和分部各 1 台，用于汇聚公司网络中的所有接入层设备，使网络互通；公司内部均使用私有地址，且已从 ISP 申请到 4 个注册地址；总部建有一个用于内部技术交流的 FTP 服务器和用于介绍公司情况的 Web 服务器。公司通过路由器以身份验证方式接入互联网，可以和处于外省的子公司通信。为了保证公司网络安全性，要求如下：

业务相同的部门，实行相同的子网管理。

公司员工都可以浏览网页和下载文件，218.47.38.20 为不良网站，禁止访问。

Web 服务器面向整个外网服务，而 FTP 服务器只允许公司（包括外省子公司）内部使用。

请提出简要的技术方案，设计网络拓扑并配置实现。

三、需求分析

需求 1：实现内网和外网的有效连接和提供信息服务。
分析 1：采用网络地址转换技术。
需求 2：为了保证公司网络安全性。
分析 2：利用高级 ACL 控制网络用户访问权限。

四、实验原理图

如图 10-5 所示。

五、设计思路

（1）提出技术方案，结合实验环境设计网络拓扑。

① 根据需求，进行设备选型，选取三层交换机 2 台，路由器 2 台，二层交换机若干台，服务器 1 台。
② 明确在各台设备上应实现的技术。
③ 网络地址规划。

（2）设备配置。

① 路由器：静态 NAT，动态 NAPT，配置 PAP 认证，配置动态路由协议（RIP），配置默认路由。

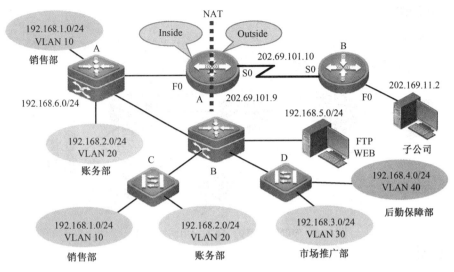

图 10-5 小型网络安全设计网络拓扑

② 三层交换机：创建 VLAN、Trunk 口和 SVI 接口，配置动态路由协议（RIP）。
③ 二层交换机：创建 VLAN 和 Trunk 口。
（3）实验测试：
① 按规划的网络地址配置好各计算机（网关均为所在 VLAN 的 SVI 地址）。
② 按网络拓扑图要求连接好各设备。
③ 用 ping 命令测试网络连通性。

六、问题与思考

① 怎么实现一个网段某一时间段不能上网？

10.12 VPN（PPTP）技术应用

一、实验目的

① 掌握局域网与互联网的连接技术。
② 掌握 VPN（PPTP）技术的配置方法。

二、实验描述

某公司内部网络使用二层交换机作为用户的接入设备，三层交换机作为核心层设备。公司已从 ISP 申请到 1 个注册地址，内部网络通过路由器以身份验证方式接入互联网；Web 服务器直接连接在三层交换机上，Web 服务器只面向内网服务，公司在外出差的员工也需访问公司的 Web 服务器。请提出简要的技术方案，设计网络拓扑并配置实现。

三、需求分析

需求 1：内部网络通过路由器接入互联网。
分析 1：将私有地址动态转换成公网地址（动态 NAT/NAPT）。
需求 2：在外出差的员工需访问 Web 服务器。
分析 2：实现 VPN，使得远程用户安全地连接并访问公司网络。

四、实验原理图

如图 10-6 所示。

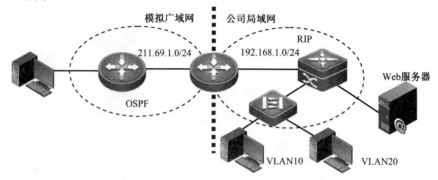

图 10-6 VPN（PPTP）技术应用网络拓扑

五、预备知识

PPTP 服务端配置（以 RG-R2624 为例）。

（1）配置本地地址池

    R(config)# ip local pool poolname first-ip [last-ip]

（2）配置用户信息

    R(config)# username user-name password password

（3）配置 vpdn 全局参数

    R(config)# vpdn enable   启用 vpdn 功能

（4）配置 virtual-template 接口

    R(config)#interface virtual-template number   创建指定 virtual -template 接口
    R(config-if)#ip address ip-address ip-mask   配置 virtual -template 接口 IP 地址
    R(config-if)#peer default ip address pool poolname
    R(config-if)#ppp authentication pap

（5）配置 vpdn-group

    R(config)# vpdn-group name   创建指定 vpdn-group 单元
    R(config-vpdn)#accept-dialin   允许接受远程客户端拨入
    R(config-vpdn-acc-in)#protocol {any | l2tp | pptp}   设置隧道协议
    R(config-vpdn-acc-in)# virtual-template number   设置使用的虚模板

六、设计思路

（1）提出技术方案，结合实验环境设计网络拓扑。

① 根据需求，进行设备选型，选取路由器、三层交换机和二层交换机。

② 明确在各台设备上应实现的技术。

③ 网络地址规划。

（2）设备配置。

① 路由器：配置路由、NAT、VPN。

② 三层交换机创建 VLAN 和 SVI 接口，配置 RIP 路由协议。

（3）实验测试：

① 按规划的网络地址配置好各计算机（网关均为所在 VLAN 的 SVI 地址）。

② 按网络拓扑图连接好各设备。

③ 用 ping 命令测试网络连通性。

七、问题与思考

（1）VPN 有哪几种实现模式？
（2）哪些设网络设备可实现 VPN？

10.13 企业网络搭建及应用

一、实验目的

掌握企业网络组建与常用网络技术配置方法。

二、实验描述

图 10-7 为某企业网络组建网络拓扑图，接入层采用二层交换机，汇聚和核心层使用两台三层交换机，网络边缘采用一台路由器用于连接到外部网络，另一台路由器是其子公司的网络。

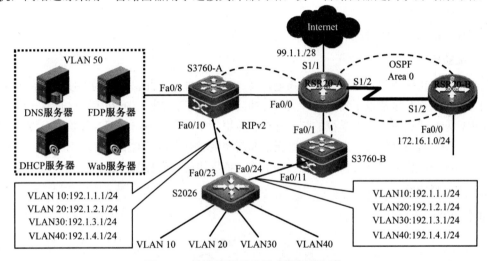

图 10-7 企业网络搭建及应用网络拓扑

为了提高网络的安全性、可靠性、可用性，需要配置 OSPF、RIP、VRRP、ACL、CHAP、NAT、路由重分布等功能。

三、具体需求

（1）基本配置
① 在所有网络设备配置 IP 地址。
② 在交换设备上配置 VLAN 信息。
（2）路由协议配置
① 配置静态路由或默认路由。
② 配置 OSPF 路由协议。
③ 配置 RIPv2 路由协议。
④ 配置路由重分发，实现全网互通。
（3）VRRP 协议配置
① 创建 4 个 VRRP 组，分别为 group10、group20、group30、group40。

② 配置 S3750-A 是 VLAN10、VLAN20 活跃路由器，是 VLAN30、VLAN40 的备份路由器。
③ 配置 S3750-B 是 VLAN30、VLAN40 活跃路由器，是 VLAN10、VLAN20 的备份路由器。
（4）网络安全配置
① 将路由器 RSR20-A 和 RSR20-B 之间的链路封装为 PPP 协议，并启用 CHAP 验证，将 RSR20-A 设置为验证方，口令为 123456。
② 只允许 VLAN10、VLAN20 的用户访问 FTP、DHCP 服务器。
③ 不允许 VLAN10 与 VLAN20 互相访问，其他不受限制。
④ 配置 NAT，内网中的 VLAN10、VLAN20 能够通过地址池（99.1.1.3～99.1.1.5/28）访问互联网；内网中的 VLAN30、VLAN40 能够通过地址池（99.1.1.6～99.1.1.8/28）访问互联网；只将 Web 服务器的 Web 服务发布到互联网上，其公网 IP 地址为 99.1.1.10。

10.14　网络故障排除

一、实验目的

掌握局域网网络故障排除的步骤与方法。

二、实验描述

某学校位于市区中心。随着学校的高速发展，学校规模也不断扩大。为了使学校有更大的发展空间，学校在市郊区建设了新校区。大部分的院系搬到了新校区，但在旧校区仍有一些院系。学校在进行网络建设时考虑到学校的统一管理和应用，租用了一条广域网专线将两个校区连接起来。在一次网络改造升级后，发现旧校区无法和新校区进行访问，对旧校区的网络设备进行管理时，也无法登录。作为网络公司资深工程师的你，请尽快解决学校的问题。

三、实验原理图

如图 10-8 所示。

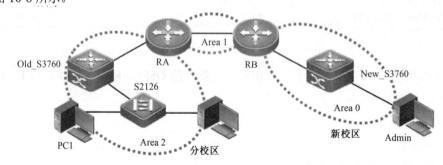

图 10-8　网络故障排除网络拓扑

三、故障现象

通过和客户的沟通，了解到以下故障现象：① 旧校区内部网络可以正常访问，但旧校区的主机无法访问新校区的各种服务器；② 旧校区的一台 S2126 接入层交换机无法进行远程登录管理；③ 旧校区的接入交换机上配置了 ACL，用于禁止 VLAN 101 访问新校区的 FTP 服务器 172.16.7.1，但旧校区 VL101 的学生无法访问任何资源。

五、地址规划

IP 地址规划如表 10.1 所示。

表 10.1 IP 地址规划表

设备名称	接口规划	IP 地址	备注
S2126	F0/3　VLAN101	VLAN101　192.168.101.253/24	VLAN101 为管理 VLAN
	F0/5　VLAN201		
	F0/10　Trunk		
Old_s3760	F0/10　Trunk		
	F0/24　VLAN80	VLAN80　192.168.80.253/24	OSPF Area 2
		VLAN101　192.168.101.254/24	OSPF Area 2
		VLAN201　192.168.201.254/24	OSPF Area 2
RA	F1/0 连接 Old_s3760	192.168.80.254/24	OSPF Area 2
	S1/2 连接 RB	201.35.8.1/30	OSPF Area 1
RB	S1/2 连接 RA	201.35.8.2/30	OSPF Area 1
	F1/0 连接 New_s3760	172.16.7.254/24	OSPF Area 0
New_s3760	F0/5　VLAN70	VLAN70　172.16.7.253/24	OSPF Area 0
PC1		192.168.101.5/24	
Admin		172.16.3.5/24	

六、设备配置

（1）基本配置

① S2126 基本配置：

```
S2126(config)#vlan 101
S2126(config-vlan)#exit
S2126(config)#vlan 201
S2126(config-vlan)#exit
S2126(config)#int f0/3
S2126(config)#switch access vlan 101
S2126(config-if)#exit
S2126(config)#int f0/5
S2126(config-if)#switch access vlan 201
S2126(config)#enable secret level 1 0 rg
S2126(config)# enable secret level 15 0 rg
S2126(config)#int vlan 101
S2126(config-if)#ip addess 192.168.101.253
S2126(config-if)#exit
```

② Old_s3760 基本配置：

```
Old_s3760(config)#int f0/10
Old_s3760(config-if)#switch mode trunk
Old_s3760(config-if)#exit
Old_s3760(config)#vlan 80
Old_s3760(config-vlan)#exit
```

```
Old_s3760(config)#vlan 101
Old_s3760(config-vlan)#exit
Old_s3760(config)#vlan 201
Old_s3760(config-vlan)#exit
Old_s3760(config)#int f0/24
Old_s3760(config-if)#switch access vlan 80
Old_s3760(config)#int vlan 80
Old_s3760(config-if)#ip addess 192.168.80.253 255.255.255.0
Old_s3760(config-if)#no shutdown
Old_s3760(config-if)#exit
Old_s3760(config)#int vlan 101
Old_s3760(config-if)#ip address 192.168.101.254 255.255.255.0
Old_s3760(config-if)#no shutdown
Old_s3760(config-if)#exit
Old_s3760(config)#int vlan 201
Old_s3760(config-if)#ip address 192.168.201.254 255.255.255.0
Old_s3760(config-if)#no shutdown
Old_s3760(config-if)#exit
```

③ RA 基本配置：
```
RA(config)#int F1/0
RA(config-if)#ip address 192.168.80.254 255.255.255.0
RA(config-if)#no shutdown
RA(config-if)#exit
RA(config)#int S1/2
RA(config-if)#ip address 201.35.8.1 255.255.255.252
RA(config-if)#clock rate 64000
RA(config-if)#no shutdown
RA(config-if)#exit
```

④ RB 基本配置：
```
RB(config)#int F1/0
RB(config-if)#ip address 172.16.7.254 255.255.255.0
RB(config-if)#no shutdown
RB(config-if)#exit
RB(config)#int S1/2
RB(config-if)#ip address 201.35.8.2 255.255.255.252
RB(config-if)#clock rate 64000
RB(config-if)#no shutdown
RB(config-if)#exit
```

⑤ New_s3760 基本配置：
```
New_s3760(config)#vlan 70
New_s3760(config-vlan)#exit
New_s3760(config)#vlan 301
New_s3760(config-vlan)#exit
New_s3760(config)#int f0/5
New_s3760(config-if)#switch access vlan 70
New_s3760(config-if)#exit
```

```
New_s3760(config)#int f0/8
New_s3760(config-if)#switch access vlan 301
New_s3760(config-if)#exit
New_s3760(config)#int vlan 70
New_s3760(config-if)#ip addess 172.16.7.253 255.255.255.0
New_s3760(config-if)#no shutdown
New_s3760(config-if)#exit
New_s3760(config)#int vlan 301
New_s3760(config-if)#ip address 172.16.3.254 255.255.255.0
New_s3760(config-if)#no shutdown
New_s3760(config-if)#exit
```

(2) OSPF 配置

```
Old_s3760(config)#interface loopback 1
Old_s3760(config-if)#ip address 1.1.1.1 255.255.255.0
Old_s3760(config-if)#no shutdown
Old_s3760(config-if)#exit
Old_s3760(config)#router ospf
Old_s3760(config-router)#network 192.168.101.0 0.0.0.255 area 2
Old_s3760(config-router)#network 192.168.201.0 0.0.0.255 area 2
Old_s3760(config-router)#exit
RA(config)#interface loopback 1
RA(config-if)#ip address 2.2.2.2 255.255.255.0
RA(config-if)#no shutdown
RA(config-if)#exit
RA(config)#router ospf 10
RA(config-router)#network 192.168.80.0 0.0.0.255 area 2
RA(config-router)#network 201.35.8.0 0.0.0.3 area 1
RA(config-router)#exit

RB(config)#interface loopback 1
RB(config-if)#ip address 3.3.3.3 255.255.255.0
RB(config-if)#no shutdown
RB(config-if)#exit
RB(config)#router ospf 10
RB(config-router)#network 172.16.7.0 0.0.0.255 area 0
RB(config-router)#network 201.35.8.0 0.0.0.3 area 1
RB(config-router)#exit
RB(config)#interface s1/2
RB(config-if)#ip ospf hello-interval 3      //OSPF 报文的发送时间间隔，邻居路由器上的此参数应保持一致//
RB(config-if)#exit
RB(config)#interface f1/0
RB(config-if)#ip ospf hello-interval 3
RB(config-if)#exit

New_s3760(config)#interface loopback 1
New_s3760(config-if)#ip address 4.4.4.4 255.255.255.0
New_s3760(config-if)#no shutdown
```

```
New_s3760(config-if)#exit
New_s3760(config)#router ospf
New_s3760(config-router)#network 172.16.7.0 0.0.0.255 area 0
New_s3760(config-router)#network 172.16.3.0 0.0.0.255 area 0
New_s3760(config-router)#exit
New_s3760(config)#interface vlan 70
New_s3760(config-if)#ip ospf hello-interval 3
New_s3760(config-if)#exit
```

(3) OSPF 虚链路配置

```
RA(config)#router ospf 10
RA(config-router)#area 2 virtual-link 201.35.8.2
RB(config)#router ospf 10
RB(config-router)#area 2 virtual-link 201.35.8.1
```

(4) 访问控制列表

```
S2126(config)#ip access-list extended deny_ftp
S2126(config-ext-nacl)#deny tcp any host 172.16.7.1 eq 21
S2126(config-ext-nacl)#exit
S2126(config)#interface vlan 101
S2126(config-if)#ip access-group deny_ftp in
```

参 考 文 献

[1] 谢希仁. 计算机网络（第6版）. 北京：电子工业出版社，2013
[2] 张卫，俞黎阳. 计算机网络工程（第2版）. 北京：清华大学出版社，2010
[3] 胡胜红，陈中举，周明. 网络工程原理与实践教程（第3版）. 北京：人民邮电出版社，2013
[4] 王建平，姚玉钦. 实用网络工程技术. 北京：清华大学出版社，2009
[5] 闫宏生，王雪莉，杨军. 计算机网络安全与防护（第2版）. 北京：电子工业出版社，2010
[6] 陈志德，许力. 网络安全原理与应用. 北京：电子工业出版社，2012
[7] 曹关华. 网络测试与故障诊断实验教程（第2版）. 北京：清华大学出版社，2011
[8] 王恩东. 高效能计算机系统设计与应用. 北京：科学出版社，2014
[9] 易建勋，姜腊林，史长琼. 计算机网络设计（第2版）. 北京：人民邮电出版社，2011
[10] 杨雅辉. 网络规划与设计教程. 北京：高等教育出版社，2008
[11] 陈桂芳，王建珍. 综合布线技术教程. 北京：人民邮电出版社，2011
[12] 吴方国，杨晓斌. 智能楼宇网络工程实训. 南昌：江西高校出版社，2009
[13] 王公儒. 综合布线工程实用技术. 北京：中国铁路出版社，2011
[14] 陈鸣. 网络工程设计教程——系统集成方法. 北京：机械工业出版社，2008
[15] （美）RICHARD A.DEALCISCO. 路由器防火墙安全. 北京：人民邮电出版社，2006
[16] 信息产业部. 公用计算机互联网工程验收规范. 北京：北京邮电大学出版社，2005
[17] 信息产业部. IP网络技术要求——网络性能测量方法. 北京：人民邮电出版社，2005
[18] 杨威，王云等. 网络工程设计与系统集成. 北京：人民邮电出版社，2005
[19] 杨卫东. 网络系统集成与工程设计（第2版）. 北京：科学出版社，2005
[20] 曾慧玲，陈杰义. 网络规划与设计. 北京：冶金工业出版社，2005

反侵权盗版声明

电子工业出版社依法对本作品享有专有出版权。任何未经权利人书面许可，复制、销售或通过信息网络传播本作品的行为；歪曲、篡改、剽窃本作品的行为，均违反《中华人民共和国著作权法》，其行为人应承担相应的民事责任和行政责任，构成犯罪的，将被依法追究刑事责任。

为了维护市场秩序，保护权利人的合法权益，我社将依法查处和打击侵权盗版的单位和个人。欢迎社会各界人士积极举报侵权盗版行为，本社将奖励举报有功人员，并保证举报人的信息不被泄露。

举报电话：（010）88254396；（010）88258888
传　　真：（010）88254397
E-mail：dbqq@phei.com.cn
通信地址：北京市万寿路 173 信箱
　　　　　电子工业出版社总编办公室
邮　　编：100036